电子技术与应用

主　编　李仲秋　黄　荻
副主编　王承文　罗德凌
参　编　贺　瑛　李　波

机 械 工 业 出 版 社

本教材以完成任务、解决问题为导向，将理论知识点与实践技能训练整合为一体。本教材共分为八个单元，其中与模拟电子技术知识相关的单元有五个，包括电子元器件的识别与测试，直流电源电路的分析与制作，音频放大电路的分析与仿真，功率放大电路的分析与制作，集成运算放大器电路的分析与应用；与数字电子技术知识相关的项目有三个，包括组合逻辑电路的分析与设计，555 定时器电路的分析与应用，时序逻辑电路的分析与应用。每个项目均以典型的、实际应用的小型简单电子产品为载体，将知识点融合到任务的完成过程中。

本教材可作为高等职业技术学院或技师学院应用电子技术、飞机电子设备维修、电气自动化、民航通信技术等专业的"电子技术""模拟电子技术""数字电子技术"等理实一体化课程的教学用书，也可作为电子设计制作爱好者的自学指导用书。

图书在版编目（CIP）数据

电子技术与应用/李仲秋，黄荻主编．—北京：机械工业出版社，2018.6
ISBN 978-7-111-58980-8

Ⅰ．①电…　Ⅱ．①李…　②黄…　Ⅲ．①电子技术-教材　Ⅳ．①TN

中国版本图书馆 CIP 数据核字（2018）第 027232 号

机械工业出版社（北京市百万庄大街 22 号　邮政编码 100037）
策划编辑：王　博　责任编辑：王　博
责任校对：刘志文　封面设计：路恩中
深圳市鹰达印刷包装有限公司印刷
2018 年 2 月第 1 版第 1 次印刷
184mm×260mm · 16.25 印张 · 432 千字
0 001—3 000 册
标准书号：ISBN 978-7-111-58980-8
定价：45.00 元

凡购本书，如有缺页、倒页、脱页，由本社发行部调换

电话服务	网络服务
服务咨询热线：010-88379833	机 工 官 网：www.cmpbook.com
读者购书热线：010-88379649	机 工 官 博：weibo.com/cmp1952
	教育服务网：www.cmpedu.com
封面无防伪标均为盗版	金 书 网：www.golden-book.com

前　言

“电子技术与应用”课程（以下简称为本课程）被确定为航空电子设备维修专业群（以下简称为本专业群，包括应用电子技术、飞机电子设备维修、导弹维修、电气自动化和民航通信技术）专业基础能力平台课程。为了使本课程能够充分满足本专业群内相关专业对模拟电子技术和数字电子技术基础理论教学与电子技术基本技能训练的培养需要，本专业群的相关老师与企业专家在协同创新中心的合作框架下，广泛调研、深入研究，制定了本课程的培养标准和内容，为本教材的编写确定了基本框架。

本教材内容的选取紧紧围绕课程目标和职业院校学生专业技能抽查标准，并融合相关职业资格标准对知识、技能和态度的要求，将理论知识点与实践技能训练整合为一体，力求体现“实用、适用、先进”的编写原则和“通俗、精练、可操作”的编写风格，力图用一本教材对“教、学、做”三个环节实现一体化指导。本教材理论知识以够用为度，强化了实际操作训练，做到理论知识学习与实践操作技能完全融合，以做助学，边做边学，理实一体。

本教材遵循从简单到复杂的技能积累形成规律，以典型的、实际应用的小型简单电子产品为项目载体，以完成任务并解决问题为导向，重点关注如何综合运用理论知识来完成工作任务。这样，不仅可以使学习内容的呈现更加直观，而且有利于增强学习者的成就感。

本教材由长沙航空职业技术学院李仲秋、黄荻主编。李仲秋编写了单元五～单元八，并负责统编全稿；黄荻编写了单元一～单元四；王承文、罗德凌和中飞长沙飞机工业有限责任公司的高级工程师李波承担了项目载体电路的开发工作并提供了宝贵的现场资料和建议；贺瑛为本教材的中英文对比及英文缩写进行了审定与校对。本教材在编写和载体的开发与选取过程中，得到了长沙航空职业技术学院航空电子设备维修专业群有关领导和老师的大力协助及指导，宋烨教授对本教材进行了仔细审阅并提出了宝贵的修改意见，在此一并表示感谢。

由于编者水平有限，加之电子技术的发展日新月异，书中难免有不足和疏漏之处，敬请广大读者批评与指正。

编　者

目　录

前　言
单元一　电子元器件的识别与测试 …… 1
项目一　阻容元件的认知与测试 …… 1
任务一　熟悉电阻器的类型与特性 …… 1
任务二　熟悉电容器的类型与特性 …… 4
任务三　熟悉电感器的类型与特性 …… 5
任务四　万用表的使用与阻容元件参数的测量 …… 6
项目二　半导体器件的认知与测试 …… 8
任务一　了解半导体基础知识 …… 8
任务二　掌握二极管的特性与测试 …… 12
任务三　掌握晶体管的特性与测试 …… 15
项目三　元器件参数与手册查阅 …… 19
任务一　查找元器件资料的一般方法 …… 19
任务二　二极管参数的查阅与理解 …… 20
任务三　晶体管参数的查阅与理解 …… 21
习题 …… 23
单元二　直流电源电路的分析与制作 …… 25
项目一　直流稳压电源的分析与仿真 …… 25
任务一　掌握直流稳压电源电路的组成 …… 25
任务二　整流电路的分析与仿真 …… 26
任务三　滤波电路的分析与仿真 …… 34
任务四　串联型稳压电路的分析与仿真 …… 37
项目二　集成稳压器稳压电源的设计与制作 …… 40
任务一　集成稳压器的类型与应用 …… 40
任务二　集成稳压器稳压电源的设计实例 …… 43
任务三　集成稳压器稳压电源的安装与调试 …… 48
项目三　开关稳压电源的制作与测试 …… 48
任务一　开关稳压电路的分析 …… 48
任务二　开关稳压电源电路的制作与测试 …… 50
习题 …… 52
单元三　音频放大电路的分析与仿真 …… 55
项目一　晶体管基本放大电路的研究 …… 55
任务一　掌握放大电路的组成 …… 55
任务二　晶体管共发射极放大电路的分析 …… 58
任务三　晶体管共集电极放大电路的分析 …… 64
任务四　放大电路的调试与参数测试 …… 67
项目二　助听器电路的分析与仿真 …… 71
任务一　了解多级放大电路与级间耦合方式 …… 71
任务二　掌握放大电路的反馈 …… 73
任务三　助听器电路的分析 …… 78
习题 …… 86
单元四　功率放大电路的分析与制作 …… 88
项目一　功率放大电路的原理分析 …… 88
任务一　了解功率放大电路的特点和分类 …… 88
任务二　互补对称功率放大电路的结构原理分析 …… 89
任务三　功率放大电路的性能指标分析 …… 94
项目二　OTL 功放电路的测试 …… 95
项目三　集成功率放大电路的制作 …… 96
任务一　熟悉常见集成功率放大器 …… 96
任务二　集成功率放大电路的制作 …… 99
习题 …… 101
单元五　集成运算放大器电路的分析与应用 …… 104
项目一　基本运算电路的分析与测试 …… 104
任务一　掌握集成运算放大器的组成及特性 …… 104
任务二　集成运算放大器线性应用电路分析与仿真 …… 113
项目二　方波－三角波发生器的分析与测试 …… 120
任务一　集成运放的非线性应用 …… 120
任务二　方波－三角波形发生器的分析与测试 …… 122
项目三　正弦波振荡器的分析与测试 …… 124
任务一　掌握振荡电路的组成及产生振荡的条件 …… 124
任务二　常用正弦波振荡电路的分析 …… 125

任务三　RC 正弦波振荡器的测试 …… 131
习题 …… 132
单元六　组合逻辑电路的分析与设计 …… 135
项目一　基本逻辑门的功能分析与测试 …… 135
任务一　掌握逻辑代数基础知识 …… 135
任务二　掌握集成逻辑门电路的组成与特性 …… 150
任务三　逻辑门的功能测试 …… 163
项目二　数显逻辑笔电路的分析与制作 …… 165
任务一　了解编码器和译码器 …… 165
任务二　数显逻辑笔的制作 …… 172
项目三　简易抢答器电路的分析与设计 …… 175
任务一　组合逻辑电路的分析与设计 …… 175
任务二　简易抢答器电路的设计与测试 …… 180
习题 …… 182
单元七　555 定时器电路的分析与应用 …… 185
项目一　555 集成定时器的组成与功能分析 …… 185
任务一　了解 555 集成定时器的基本结构 …… 185
任务二　掌握 555 集成定时器的引脚功能 …… 185
项目二　用 555 定时器构成单稳态触发器 …… 186
任务一　单稳态触发器工作原理的分析 …… 186
任务二　掌握集成单稳态触发器的功能 …… 187
任务三　单稳态触发器的应用与测试 …… 188
项目三　用 555 定时器构成多谐振荡器 …… 189
任务一　多谐振荡器工作原理的分析 …… 189
任务二　熟悉其他多谐振荡器 …… 190
任务三　多谐振荡器的应用与测试 …… 192
项目四　用 555 定时器构成施密特触发器 …… 194
任务一　施密特触发器工作原理的分析 …… 194
任务二　掌握集成施密特触发器的功能 …… 195
任务三　施密特触发器的应用与测试 …… 195
项目五　简易三角波发生器的组装与调试 …… 196
任务一　掌握简易三角波发生器的组成与原理 …… 196
任务二　简易三角波发生器的组装与调试 …… 197
习题 …… 198
单元八　时序逻辑电路的分析与应用 …… 201
项目一　触发器的功能分析与测试 …… 201
任务一　掌握基本 RS 触发器 …… 201
任务二　掌握时钟触发器 …… 204
任务三　掌握维持阻塞 D 触发器（74LS74） …… 206
任务四　掌握负边沿 JK 触发器（74LS76） …… 208
任务五　掌握 T 触发器和 T′触发器 …… 210
任务六　掌握触发器的逻辑功能分类及相互转换 …… 211
项目二　简易定时器的设计与制作 …… 212
任务一　时序逻辑电路的分析与设计 …… 212
任务二　计数器的功能及测试 …… 218
任务三　简易定时器电路的制作 …… 232
项目三　测频仪的设计与制作 …… 234
任务一　掌握寄存器 …… 234
任务二　掌握顺序脉冲发生器 …… 237
任务三　熟悉数字电路系统设计基本技术 …… 238
任务四　测频仪设计与制作的步骤 …… 246
习题 …… 249

单元一　电子元器件的识别与测试

电子元器件是构成电子电路的基本单位，识别常见的电子元器件，熟悉它们的性能和参数，并能对它们的性能参数进行测试，是分析和设计电路的基础。

项目一　阻容元件的认知与测试

任务一　熟悉电阻器的类型与特性

一、电阻器的外形与符号

电阻器是电子电路中应用最广泛，型号规格最多的一种元器件。按照其功能可以分为调节电路参数的电阻器、用作电路负载的电阻器、实现信号变换的电阻器等；按照其制造方式，则可以分为线绕电阻器、带绕电阻器、铸制电阻器和冲制电阻器等。图 1-1 所示为常见电阻器的外形。

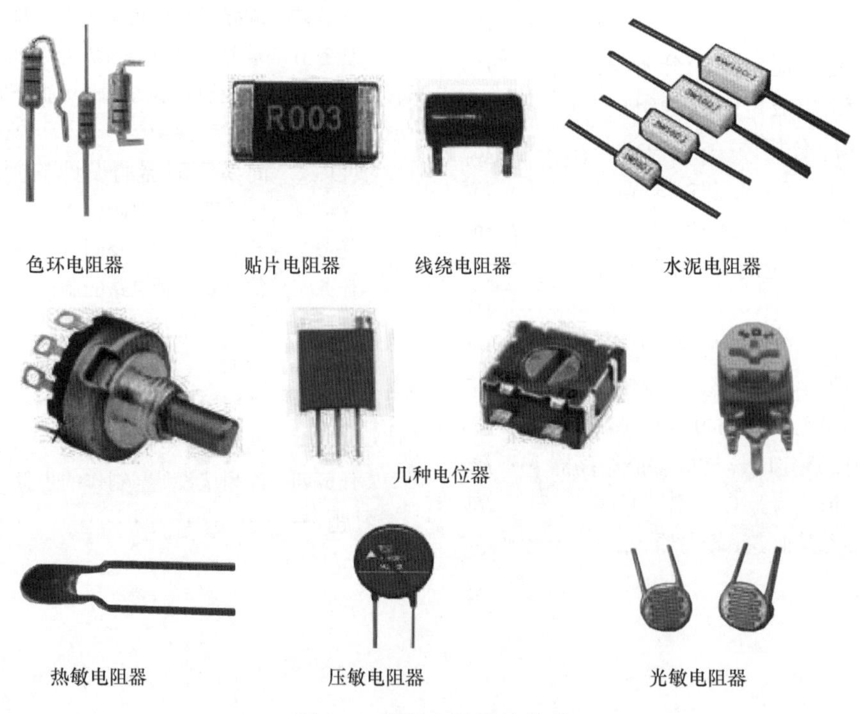

图 1-1　常见电阻器的外形

其中电位器是一种可调电阻器，常用于电路参数的调节。热敏电阻器、压敏电阻器、光敏电阻器分别对温度、电压和光强敏感，常用作传感器，是构成一些检测电路的基础。

在电路图中，各种元器件使用不同的图形符号和文字符号来表示，为了使其具有规范性和可读性，这些图形和文字符号应当按照相关的国家标准或行业标准来绘制。熟悉元器件的电路符号是读懂电路图的基础。

图 1-2 所示是常见电阻器的图形符号，符合我国现行国家标准。

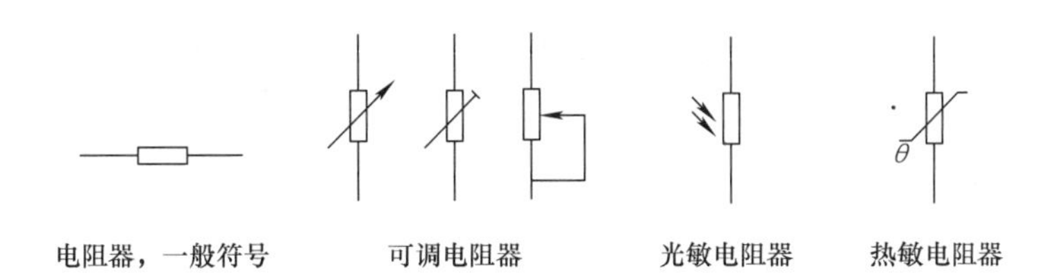

图 1-2 电阻器的图形符号

表 1-1 列出了常见电阻器的文字符号。

表 1-1 常见电阻器的文字符号

序号	元件类型	基本文字符号	
		单字母	双字母
1	一般电阻器	R	
2	电位器	R	RP
3	热敏电阻器	R	RT
4	压敏电阻器	R	RV
5	光敏电阻器	R	RL

二、电阻器的参数与标注

电阻器是一种耗能元件。对于线性电阻器而言，其电压电流关系满足欧姆定律，即

$$u = Ri \tag{1-1}$$

式中 R——线性电阻值，不随 u、i 的变化而变化。

电阻器的主要参数有标称阻值（简称阻值）、额定功率和允许偏差。对固定电阻器而言，这些参数通常都可以通过观察其外部标识获得。

电阻器的参数标注方法有直标法、数标法和色标法。

1. 直标法

直标法用阿拉伯数字和文字符号两者有规律的组合来表示标称阻值、额定功率、允许误差等级等。符号前面的数字表示整数阻值，后面的数字依次表示第一位小数阻值和第二位小数阻值，其文字符号所表示的单位见表 1-2。如 1R5 表示 1.5W，2K7 表示 2.7kΩ。

表 1-2 表示电阻器单位的文字符号

文字符号	R	K	M	G	T
表示单位	欧姆（Ω）	千欧姆（kΩ）	兆欧姆（MΩ）	吉欧姆（GΩ）	太欧姆（TΩ）

另外，通过电阻器上所标的字母还可以判断其制成材料或工艺，字母的意义见表 1-3。

表 1-3 表示电阻器材料的字母

字母	T	J	X	H	Y	C	S	I	N
材料/工艺	碳膜	金属膜	线绕	合成膜	氧化膜	沉积膜	有机实心	玻璃釉膜	无机实心

采用直标法的电阻器误差通常分为 3 个等级：阻值误差≤±5% 称为Ⅰ级；阻值误差≤±10% 称为Ⅱ级；阻值误差≤±20% 称为Ⅲ级。有些电阻器的误差等级用百分数的形式直接标注在电阻器上。

以下是一个直标电阻器的实例：

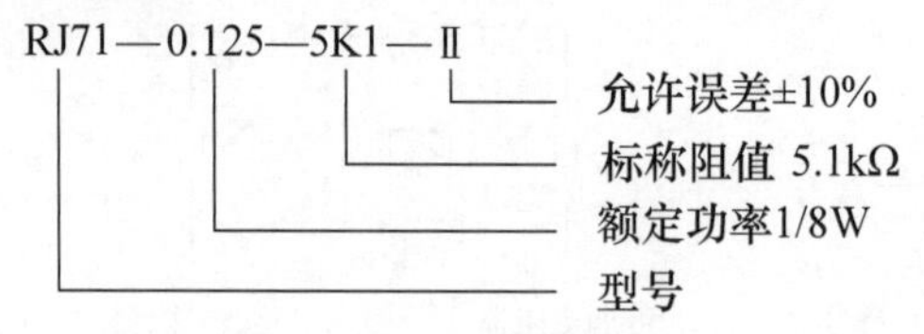

此标号是金属膜电阻器，额定功率为1/8W，标称阻值为5.1kΩ，允许误差为±10%。

2. 数标法

数标法常见于贴片电阻器上，一般用3～4位数字表示阻值大小。三位数标的前两位表示有效数字，第三位数字是10的多少次方；四位数标的前三位表示有效数字，第四位数字是10的多少次方；单位都是欧姆（Ω）。

例如，图1-3所示两个贴片电阻器的阻值分别为：$10\times10^3\Omega=10k\Omega$ 和 $150\times10^2\Omega=15k\Omega$。

图1-3　电阻器的数标法

3. 色标法

色标法通过在电阻器表面印上多条色环来表示标称阻值，多用在小功率的碳膜和金属膜电阻器上，如图1-4所示。

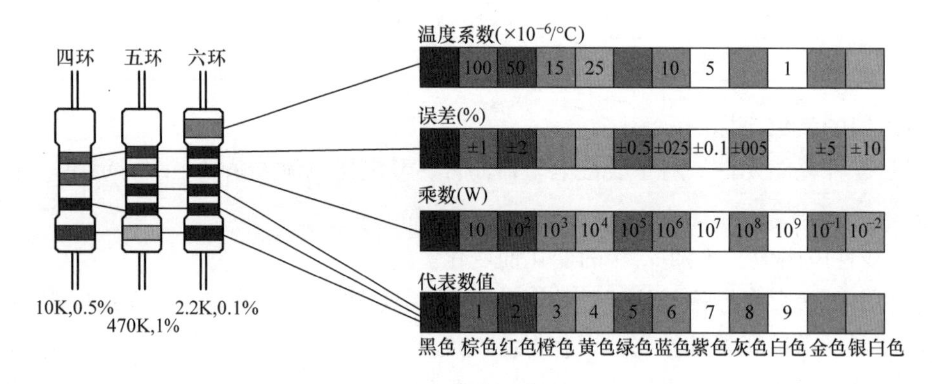

图1-4　电阻器的色标法

电阻器按图中方式放置后，按照从下至上的顺序，前两至三环表示电阻值的有效数字，接下来的一环表示乘以10的多少次方，再接下来的一环，也就是四环或五环电阻器的最后一环，表示精度，即误差范围，六环电阻器还有一环用来表示温度系数（注意：通常末两环间的间距比其他相邻环之间的间距要大，可以据此判断读环的顺序）。

电阻器的额定功率通常可以从其尺寸看出来。图1-5所示是色环电阻器的几个关键尺寸，L 是电阻的本体长度，D 是最大直径，H 是引脚长，d 是引线直径。

图1-5　色环电阻器的尺寸

常见碳膜色环电阻器功率与尺寸对比见表1-4。

表1-4　碳膜色环电阻器功率与尺寸对比

型号	额定功率/W	尺寸参数/mm			
		L	D	H	d
RT12	1/8	3.2±0.2	1.5±0.2	26±2	0.48±0.02
RT25	1/4	6.0±0.5	2.3±0.3	26±2	0.60±0.02
RT50	1/2	9.0±0.5	3.2±0.2	26±2	0.60±0.02
RT100	1	11±1.0	4.0±0.5	35±3	0.80±0.02
RT200	2	15±1.0	5.0±0.5	35±3	0.80±0.02

厚膜贴片电阻器尺寸与额定功率等参数的对比见表1-5。其中尺寸0402是指长为0.04in，宽为0.02in，根据单位换算1in = 25.4mm，这种电阻器的大小约1mm×0.5mm。

表1-5　厚膜贴片电阻器尺寸与额定功率等参数的对比

尺寸	额定功率/W	最高工作电压/V	最高过载电压/V
0402	1/32	25	50
0603	1/16	50	100
0805	1/10	150	300
1206	1/8	200	400
1210	1/4	200	400
2010	1/2	200	400
2512	1	200	400

由此可以看出，对于同类电阻器而言，尺寸越大，其额定功率越大。

任务二　熟悉电容器的类型与特性

一、电容器的外形与符号

电容器在电子电路中应用也十分广泛。其种类和功能很多，按照结构分三大类，固定电容器、可变电容器和微调电容器；按用途分为旁路、滤波、去耦、振荡、调谐、耦合、中和和自举电容器等。图1-6展示了一些常见电容器的外形。

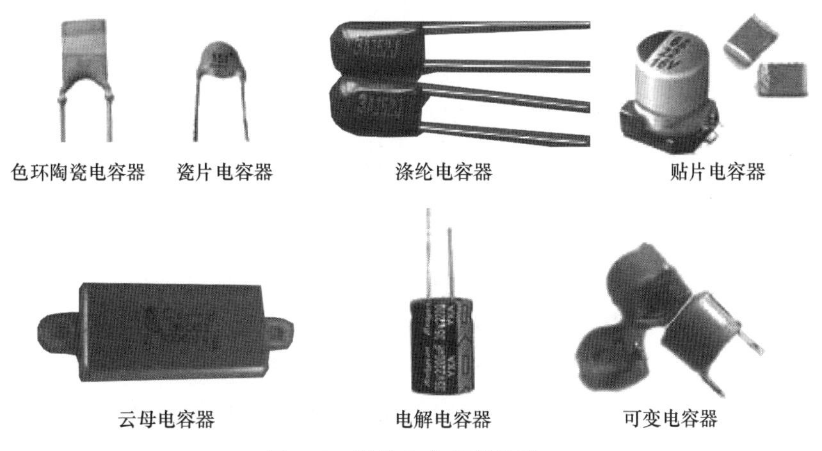

图1-6　常见电容器的外形

图1-7所示是国家标准中电容器的电路符号，字母符号用C表示。

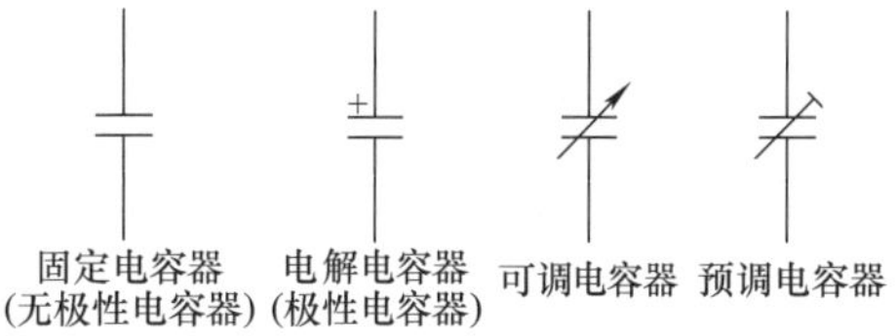

固定电容器(无极性电容器)　电解电容器(极性电容器)　可调电容器　预调电容器

图1-7　电容器的图形符号

二、电容器的参数与标注

电容器是一种储能元器件。由于具备储存电荷的功能，它的电压不能发生跃变。在关联的参考方向下，其电压电流关系满足式（1-2），即

$$i = C\frac{\mathrm{d}u}{\mathrm{d}t} \tag{1-2}$$

电容器的主要参数有标称容量、允许偏差、额定电压（又称为耐压值）、绝缘电阻和损耗等。这些参数通常也可以通过观察其外部标识获得。

电容器的参数标注方法可分为直标法、色标法和数标法。

1. 直标法

体积比较大的电容器多采用直标法。标注的内容有标称容量、额定电压和允许偏差。如某电解电容器上可以看到如下标注：10μF/16V。应当指出的是，电容器的额定电压是指在规定温度下，能保持其连续工作而不被击穿的电压。电解电容器的额定电压比较小，通常会在元器件上标出，随着额定电压的增加，其价格也会升高。非电解电容器的额定电压一般为几百伏，比实际电子电路的电源电压高很多，很多情况下都不标注。

此外，电解电容器是有极性的，为避免在连接电路时将其正负极性接错，厂家通常在外壳上靠近负极引脚一侧，标出了“－”号。此外，新型电解电容器正极引脚长于负极，这也是一种极性标注方式。

2. 色标法

色标法是从顶端向引线方向，用不同的颜色表示不同的数字。一般采用三环标注，第一、二环表示电容量，第三环表示有效数字后零的个数，单位为 pF。颜色代表的数值与色环电阻器相同。

3. 数标法

数标法一般用三位数字表示容量大小，前两位表示有效数字，第三位数字是 10 的多少次方，单位为 pF。如：102 表示 10×10^{2}pF = 1000pF，203 表示 20×10^{3}pF = 0.02μF。数标法中还有一种字母表示法，电容器的单位除基本单位法拉（F）外，还有毫法（mF）、微法（μF）、纳法（nF）和皮法（pF）。其中 1F = 10^{3}mF = 10^{6}μF = 10^{9}nF = 10^{12}pF。借用数量级的字母，可将电容标志如下：1mF = 1000μF，1p2 = 1.2pF。

有些用数标法标注的电容在三位数字后还用一位字母表示其误差，字母意义为：F（±1%）、G（±2%）、J（±5%）、K（±10%）、L（±15%）和 M（±20%）。

任务三　熟悉电感器的类型与特性

一、电感器的外形与符号

电感器是用导线绕制而成，具有一定匝数，能产生一定自感量或互感量的电子元器件。由于其基本结构是由导线绕制的线圈，所以又称为电感线圈，是第三类常用的电子元器件。其在电路中主要起到滤波、振荡、延迟和陷波等作用，还可以用于筛选信号、过滤噪声、稳定电流及抑制电磁波干扰等。根据功能的不同，电感器也有不同的材料、结构和外形。常见电感器的外形如图 1-8 所示。

图 1-8　常见电感器的外形

图 1-9 所示是国家标准中电感器的电路符号，字母符号用 L 表示。

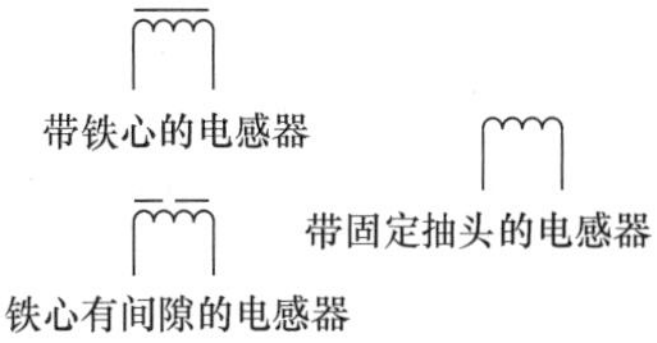

带铁心的电感器

带固定抽头的电感器

铁心有间隙的电感器

图 1-9 电感器的图形符号

二、电感器的参数与标注

电感器是一种能够把电能转化为磁能而存储起来的元件，能够阻碍电流的变化。在关联的参考方向下，其电压电流关系满足式（1-3），即

$$u = L\frac{\mathrm{d}i}{\mathrm{d}t} \tag{1-3}$$

电感器的主要参数有电感量、允许偏差、品质因数、分布电容及额定电流等。电感量等参数也可以通过观察电感器外部的标识获得。

电感器的常见标注方法也分为直标法，色标法和数标法。

1. 直标法

采用直标法的电感器上的数字即是标称电感量，单位有微亨（μH）或者毫亨（mH），$1\mu H = 10^{-6}H$，$1mH = 10^{-3}H$。

2. 色标法

电感器的色标法有色环标称和色点标称两种。色环电感器的外观类似一个小功率电阻器，不同的是它一般用三条色环来表示，其中前两环表示有效数字，第三环表示乘以 10 的多少次方，颜色代表的数值与色环电阻相同，单位是 μH。色环电感器的电感量一般不大，通常在几微亨到几百微亨之间。

色点电感器计值方法和色环电感器相同，通常有四个色点，按照从小到大的顺序，第一、二个色点表示有效数字，第三个色点代表乘以 10 的多少次方，颜色代表的数值与色环电阻器相同，单位也是 μH。第四个色点最大，涂在电感器的侧面，表示误差，有金、银两种颜色，误差分别为 ±5% 和 ±10%。有些电感器只有三个色点，即没有误差色点，其误差范围为 ±20%。

3. 数标法

电感器的数标法由三位数字和一位英文字母组成，三位数表示电感量，前两位表示有效数字，第三位数字是 10 的多少次方，单位为 μH。不足 10μH 的电感，小数点用 R 表示，比如 5.6μH 标为 5R6。最后一位英文字母表示误差，字母意义同电容器的数标法。例如：标称为 220K 的电感器，其电感量为 22μH，误差为 ±10%。

任务四　万用表的使用与阻容元件参数的测量

万用表又称为多用表、三用表等，是电子测量中不可缺少的仪表，一般以测量电压、电流和电阻为主。万用表按显示方式分为指针式万用表和数字式万用表，是一种多功能、多量程的测量仪表。一般万用表可测量直流电流、直流电压、交流电流、交流电压、电阻和音频电平等，有的还可以测电容量、电感量及半导体的某些参数（如 β）。

一、指针式万用表的使用

以 MF47 型万用表为例，其外形如图 1-10 所示。

使用指针式万用表，应当遵循以下注意事项。

1）在使用之前，应先进行“机械调零”，即在没有测量时，使万用表指针指在零电压或零电流的位置上。

2）在使用过程中，不能用手去接触表笔的金属部分，这样一方面可以保证测量结果准确，另一方面也可以保证人身安全。

3）在测量某一电量时，不能在测量的同时换档，尤其是在测量高电压或大电流时更应注意。否则，会使万用表毁坏。如需换档，应先断开表笔，完成换档后再去测量。

4）使用时，必须水平放置，以免造成误差。同时，还要注意避免外界磁场对万用表的影响。

5）使用完毕后，应将转换开关置于交流电压的最大档。如果长期不使用，还应将万用表内部电池取出，以免电池腐蚀表内其他元器件。

使用指针式万用表测量电压和电流时，应当注意以下几点。

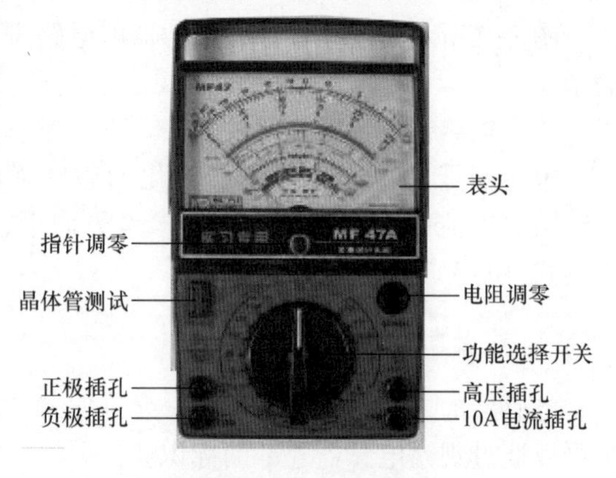

图 1-10　MF47 型万用表的外形

1）一般情况下，红表笔接“+”，黑表笔接“COM”，选择合适的量程档位。

2）注意被测量极性。

3）正确使用刻度和读数。

4）测量电流时，应将万用表串联在被测电路中，使流过电流表的电流与被测支路电流相同。具体方法是：断开被测支路，将万用表红、黑表笔串接在被断开的两点之间。应特别注意，电流表不能并联接在被测电路中，这样做是很危险的，极易使万用表烧毁。

5）当选取交流电压的 2500V 档时，红表笔应插在高压插孔内，量程开关可以置于电压档的任意量程上；同理当选取直流电流的 10A 档时，红表笔应插在 10A 测量插孔内，量程开关可以置于直流电流档的任意量程上。

使用指针式万用表测量电阻时，则应当注意以下几点。

1）选择合适的倍率，使指针指示在中值附近。最好不使用刻度左边 1/3 的部分，这部分刻度密集，精度很差。

2）使用前要调零。应当指出，一块好的指针式万用表，机械调零旋钮一般不需要经常调节。而电阻档调零，则在每次切换档位后都需要进行。

3）电阻档不能带电测量。

4）被测电阻器不能有并联支路。

使用指针式万用表可以测量 0.01μF 以上的电容器的好坏。把万用表打到“1k”或者“100”电阻档，两只表笔分别接被测电容器的两个电极。观察表针的反应，如果表针很快接近零位，然后慢慢往回走（向无穷大方向走），走到某处停下来，说明电容器基本正常。返回停留位越接近无穷大，说明质量越好，反之说明漏电较多。如果万用表表针很快摆到零位或者接近零位并保持不动，说明电容器两极已经发生了短路故障，不可再使用。如果表笔和电容器两个极连接时表针纹丝不动，说明电容器内部连接已经断开，也不能再使用。

二、数字式万用表的使用

以 DT9205 型万用表为例，DT9205 型万用表的外形如图 1-11 所示。

使用数字式万用表测量电压应当注意以下事项。

1）红表笔插入 VΩ 孔，黑表笔插入 COM 孔，量程旋钮打到 V－（直流）或 V～（交流）适当位置，读出显示屏上的数据。

2）若显示为“1”，则表明量程太小，应当加大量程后再测量。

3）若在测量直流电压时数值左边出现“－”，则表明表笔极性与实际电源极性相反，此时红表笔接的是低电位。

4）无论测量交流还是直流电压，都要注意人身安全，不要随便用手触摸表笔的金属部分。

使用数字式万用表测量电流应当注意以下事项。

1）黑表笔插入 COM 端口，红表笔根据被测电流的大小选择插入 mA 或者 20A 端口，量程旋钮置于 A -（直流）或 A ~（交流）适当位置，读出显示屏上的数据。

2）若显示为“1”，则表明量程太小，应当加大量程后再测量。

3）如果使用前不知道被测电流的范围，则将量程旋钮置于最大量程并逐渐下降。

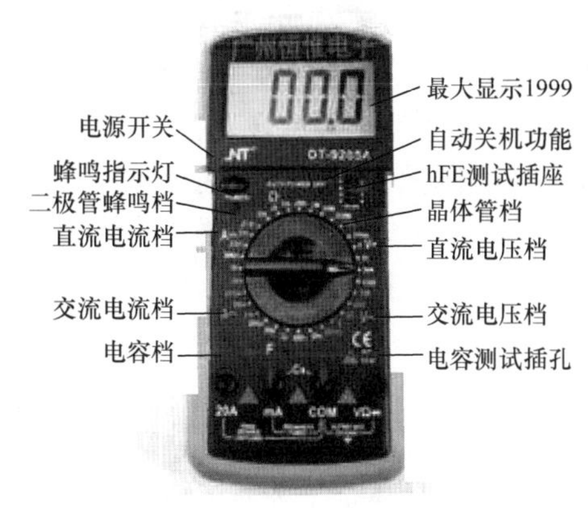

图 1-11　DT9205 型万用表的外形

4）电流测量完毕后应将红笔插回 VΩ 孔，否则可能因为下一次进行电压测量而损坏万用表或被测电子产品。

5）mA 插孔表示最大输入电流为 200mA，过大的电流将烧坏熔丝，20A 量程无熔丝保护，测量时不能超过 15s。

使用数字式万用表测量电阻应当注意以下事项。

1）红表笔插入 VΩ 孔，黑表笔插入 COM 孔，量程旋钮打到“Ω”量程档适当位置，分别用红黑表笔接到电阻器两端金属部分，读出显示屏上的数据。

2）若显示为“1”，则表明量程太小，此时应换用较之更大的量程；反之，量程选大了时，会显示一个接近于 0 的数，此时应换用较之更小的量程。

3）电阻档的读数是显示屏上的数字再加上档位选择的单位。在“200”档时单位是“Ω”，在“2k ~ 200k”档时单位是“kΩ”，在“2M ~ 200M”档时单位是“MΩ”。

4）对于大于 1MΩ 或更大的电阻，要几秒钟后读数才能稳定，这是正常的。

5）检查被测电路的阻抗时，要保证移开被测电路中的所有电源，所有电容放电。否则，电路中的电源和储能元件，会影响电路阻抗测试正确性。

使用数字式万用表测量电容应当注意以下事项。

1）测量前后应将电容器两端短接进行放电，确保数字式万用表和后续操作的安全。

2）将功能旋转开关置于电容“F”测量档，并选择合适的量程。

3）将电容器插入万用表 CX 插孔，读出显示屏上数字。

4）测量大电容时稳定读数需要一定的时间。

项目二　半导体器件的认知与测试

任务一　了解半导体基础知识

一、半导体的概念

按照导电能力的强弱，物质可分为导体、绝缘体和半导体三类。具有良好导电性能的物质称为导体，如铜、铁、铝等金属；导电能力很差或不导电的物质称为绝缘体，如橡胶、塑料、陶瓷等；导电能力介于导体和绝缘体之间的物质称为半导体，如锗、硅、砷化镓、氮化镓等。

半导体之所以作为制造电子器件的主要材料，在于它的三个主要特性：

1）杂敏性。在纯净的半导体（即本征半导体）中掺入极其微量的杂质元素可使它的导电性能大大提高。如在纯净的硅单晶中只要掺入百万分之一的杂质硼，则它的电阻率就会从 214 000Ω · cm 下降到 0. 4Ω · cm（变化约 50 万倍），这也是提高半导体导电性能最有效的方法。

2）热敏性。温度升高会使半导体的导电能力大大增强，如：温度每升高 8℃，纯净硅的电阻率就会降低 1/2 左右（而金属每升高 10℃，电阻率只改变 4% 左右），利用这种特性，可制造用于自动控制的热敏电阻器及其他热敏元器件。

3）光敏性。当半导体材料受到光照时，其导电能力会随光照强度变化。利用半导体这种对光敏感的特性可制造成光敏元器件，如光敏电阻器、光敏二极管、光敏晶体管等。

半导体的这些特性是由其结构决定的。

二、本征半导体的共价键结构和导电特性

本征半导体是一种完全纯净、结构完整的半导体晶体。

纯净的硅和锗都是四价元素，在最外层轨道上具有四个电子，称为价电子，硅和锗的原子结构用图 1-12 所示的简化模型表示。

半导体具有晶体结构，每一个硅或锗原子与相邻的四个原子各共用一对电子，形成较稳定的共价键结构，如图 1-13 所示。

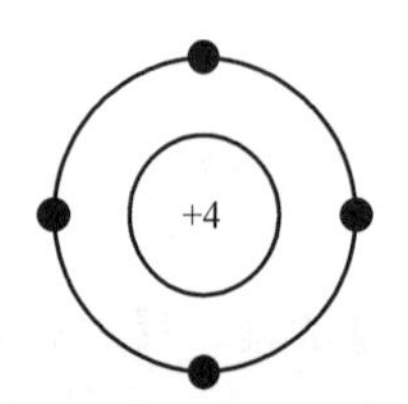

图 1-12　硅和锗原子结构简化模型

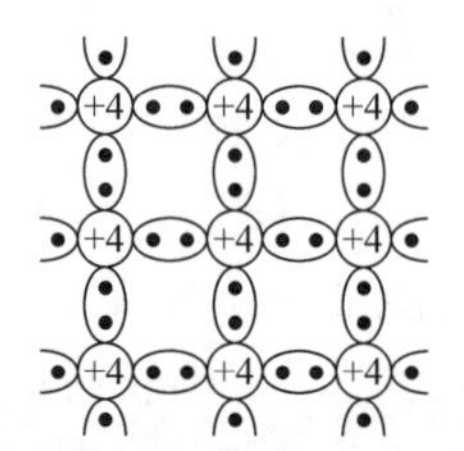

图 1-13　本征半导体的共价键结构

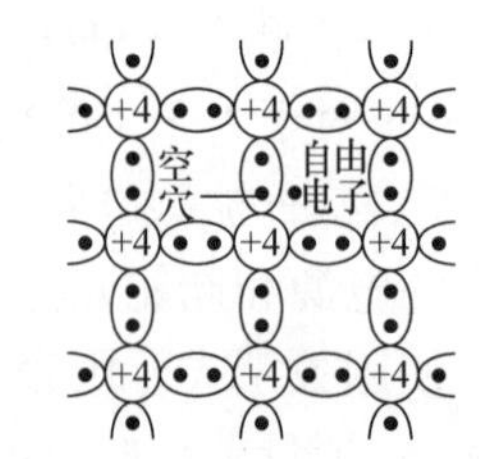

图 1-14　自由电子和空穴

多数价电子不易挣脱原子核束缚而成为自由电子，因此本征半导体的导电能力较差。但也有一些价电子在随机热运动中获得足够的能量或从外界获得一定的能量而挣脱共价键的束缚，成为自由电子，这时在共价键中就会留下一个带正电的空位，称为“空穴”，如图 1-14 所示。如果在本征半导体两端外加电场，这时自由电子和空穴将定向移动从而形成电流，因此将它们统称为载流子。在本征半导体中，自由电子和空穴总是成对出现，半导体在热激发下产生电子和空穴对的这种现象称为本征激发。而当自由电子损失能量后又可能被共价键俘获，使得自由电子与空穴成对消失，这一过程称为自由电子与空穴对的复合。

当温度升高或光照增强，半导体内更多的价电子能获得能量挣脱共价键的束缚而成为自由电子并产生相同数目的空穴，从而使半导体的导电性能增强，这就是半导体具有光敏性和热敏性的原因。

三、杂质半导体

向本征半导体中有控制地掺入特定的杂质可以改变它的导电性，这种半导体被称为杂质半导体。根据掺入杂质的性质不同，杂质半导体可分为空穴型（或 P 型）和电子型（或 N 型）半导体。

N 型半导体是在本征半导体硅（或锗）中掺入微量的五价元素（如磷、砷、锑）形成的。由于杂质原子的最外层有五个价电子，除与周围硅原子形成共价键外，还多出了一个电子，如图 1-15 所示。这个多余的电子易受热激发而成为自由电子，而杂质原子则变为不能移动的正离子，使得整个半导体中自由电子的数量远远多于空穴的数量，故称自由电子为多数载流子（简称多子），空穴为少数载流子（简称少子）。

P型半导体是在本征半导体硅（或锗）中掺入微量的三价元素（如硼、铟等）形成的。这些杂质原子的最外层中有三个价电子，当它们与周围的硅原子形成共价键时，势必多出一个空位，如图1-16所示。当某个硅原子的电子挣脱共价键的束缚后移入这个空位时，三价原子在晶格上又接受了一个电子，变为不能动的负离子。原来硅原子的共价键中因缺少一个电子形成了空穴，使得半导体中空穴的数量远多于自由电子的数量，故称空穴为多子，自由电子为少子。

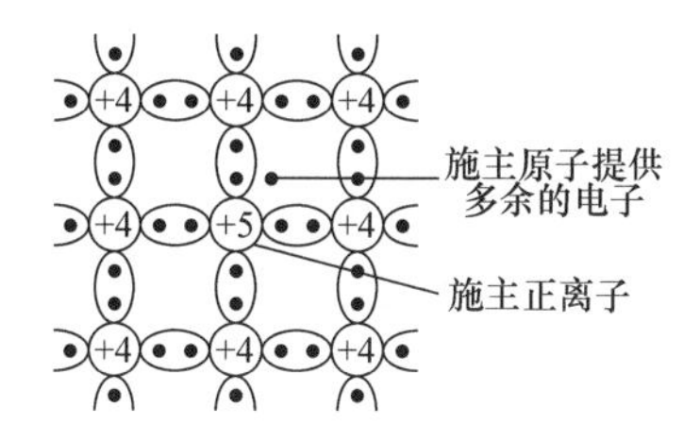

图1-15 N型半导体的共价键结构

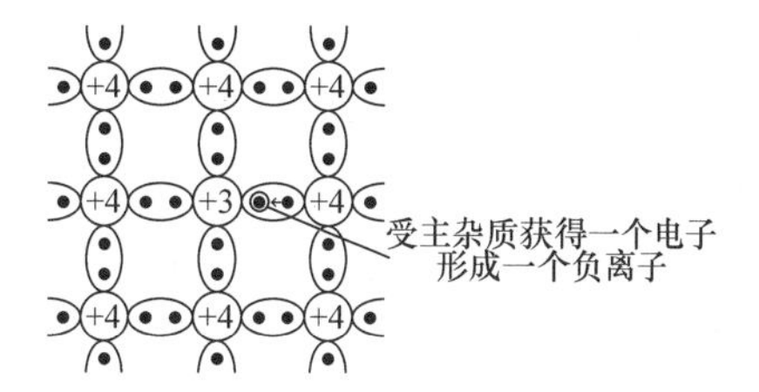

图1-16 P型半导体的共价键结构

从以上分析可知，导体掺杂是提高其导电性能最有效的方法，这就是半导体具有杂敏性的原因。

四、PN结的形成及单向导电性

在同一块本征半导体中采用不同的掺杂工艺，同时形成P型和N型半导体，在它们的交界面会形成空间电荷区，称为PN结。其具有单向导电性，是构成半导体器件的基础。

1. PN结的形成

P型半导体中具有多子空穴、少子自由电子和带负电的离子，N型半导体中具有多子自由电子、少子空穴和带正电的离子。这两种掺杂半导体如图1-17所示。

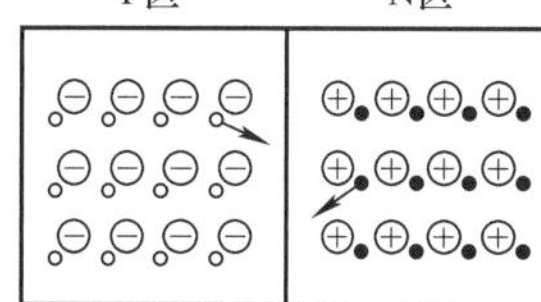

图1-17 载流子的扩散

当P型半导体和N型半导体结合在一起时，在其交界处就存在浓度差，即P型区的空穴远多于N型区的空穴，而N型区的自由电子远多于P型区的自由电子。这将引起物质的扩散运动，即从浓度高的地方向浓度低的地方运动。P型区的空穴向N型区扩散，N型区的自由电子向P型区扩散，扩散过程中很多自由电子—空穴对被复合掉，使交界面附近多子浓度下降。这时P区边界出现负离子区，N区边界出现正离子区，这些离子不能移动，不参与导电，称为空间电荷，在P区和N区的边界形成一层空间电荷区，如图1-18所示。

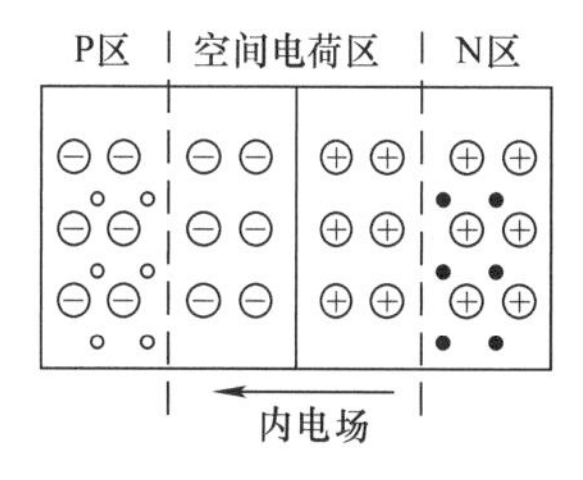

图1-18 PN结的形成

从图1-18可看出，在空间电荷区内离子间相互作用形成的内电场，方向从N区指向P区。这个内电场一方面由于方向与载流子扩散运动的方向相反，阻碍扩散运动的进行；另一方面，它又促使N区的少子空穴进入P区，P区的少子自由电子进入N区，这种在内电场力的作用下少子的运动漂移为漂移运动。扩散运动使空间电荷区增厚，内电场增强，而漂移运动与扩散运动的作用正好相反。当这两种运动达到动态平衡时，空间电荷区也基本稳定，即为PN结。

2. PN结的单向导电性

（1）PN结加正向电压时处于导通状态　图1-19所示为当PN结加上外加电源V_{CC}，电源的正极接P区，负极接N区，则称PN结加正向电压或正向偏置。这时外加电压的方向与内电场方

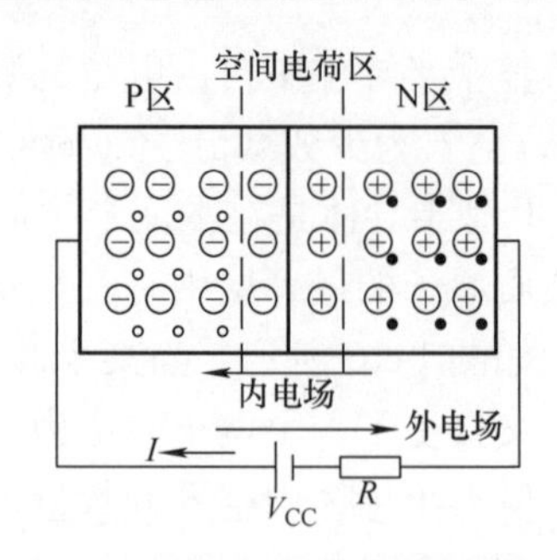

图 1-19　外加正向电压时的 PN 结

向相反，削弱了内电场，使 PN 结即空间电荷区厚度变窄，从而打破了 PN 结原来的平衡状态，多子的扩散运动加剧，而少子的漂移运动减弱。由于电源 V_{CC}的作用，使得 P 区空穴不断扩散到 N 区，N 区的自由电子不断扩散到 P 区，从而形成了从 P 区流入 N 区的电流，称为正向电流。由于参与形成正向电流的是浓度较高的多子，因此电流较大，PN 结呈现的正向电阻很小，这时称 PN 结处于正向导通状态。对于硅材料半导体而言，PN 结导通时的结电压只有 0.7V 左右，锗材料半导体的 PN 结导通时的结电压只有 0.3V 左右。因此在回路上加一个限流电阻以防止 PN 结因正向电流过大而遭损坏。

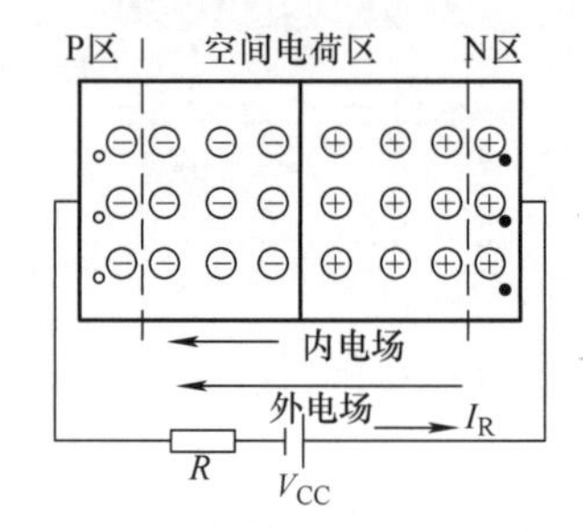

图 1-20　外加反向电压时的 PN 结

（2）PN 结外加反向电压时处于截止状态　图 1-20 所示为当外加电源的正极接在 PN 结的 N 区，负极接在 PN 结的 P 区时，称 PN 结加反向电压或反向偏置。这时外加电压的方向与内电场方向相同，使空间电荷区厚度变宽，阻止扩散运动的进行，同时更容易产生少子的漂移运动，这也打破了 PN 结原来的平衡状态，从而形成反向电流 I_R。由于少子的浓度很小，I_R 值很小，一般为微安级。此时 PN 结由于呈现出很大的电阻，可认为它基本不导电，称为反向截止。反向电流还具备一个特点：在一定温度下，由于少子的数量基本恒定，当电压在一定范围内变化时，电流值趋于恒定，这时称反向电流为反向饱和电流，用 I_S 表示。但当电压过大时，外电场将从共价键中拉出大量的电子，使载流子的数目激增，电流增加到很大，这就是 PN 结的反向击穿。

此外，由于半导体的热敏性，I_S 受温度影响较大，例如：当环境温度升高时，少子的浓度增加，I_S 随之增加，这将造成半导体器件工作不稳定。在实际应用中要注意这个问题。

综上所述，PN 结的单向导电性表现在：PN 结正向偏置时处于导电状态，正向电阻很小；反向偏置时处于截止状态，反向电阻很大。

五、PN 结的电容效应

PN 结在一定条件下具有电容效应，这种电容效应可分为势垒电容和扩散电容。

1. 势垒电容 C_B

当 PN 结外加电压变化时，空间电荷区的宽度也跟着变化，相当于电子和空穴分别流入或流出 PN 结，即 PN 结的电荷量随外加电压而发生变化，这种现象与电容器的充放电过程相似，即形成电容效应，我们就用势垒电容 C_B 来描述。这种电容效应一般在反向偏置时起主要作用，尤其在高频时影响更大，可以利用这一特性制成变容二极管。

2. 扩散电容 C_D

当 PN 结正向偏置时，多子在扩散过程中会引起电荷积累，且这种积累会随外加电压变化而变化，也与电容器的充放电过程相似，故将这种电容效应等效为扩散电容 C_D，用来反映在外加电压作用下载流子在扩散过程中的积累情况，一般在 PN 结正向偏置时起作用。

由此可见，PN 结的结电容 C_J 是势垒电容和扩散电容之和，即 $C_J = C_B + C_D$。由于 C_B 和 C_D 都很小，对于低频信号呈现为很大的容抗，可不考虑这种电容效应，当信号频率较高时才考虑这种电容作用。当 PN 结处于正向偏置时，C_D 起主要作用，$C_J \approx C_D$，当 PN 结处反向偏置时，C_B 起主要作用，$C_J \approx C_B$。

任务二　掌握二极管的特性与测试

一、二极管的外形与符号

二极管是一种典型的半导体器件，常见二极管的外形如图 1-21 所示。

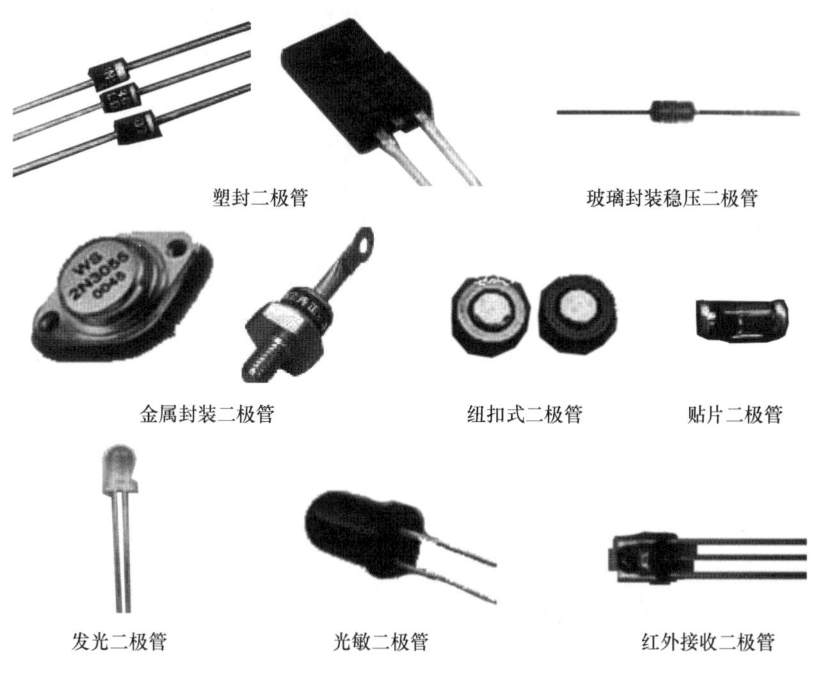

图 1-21　常见二极管的外形

常用二极管的电路符号如图 1-22 所示。其单字母符号为 V，普通二极管双字母符号为 VD，稳压二极管双字母符号为 VS。

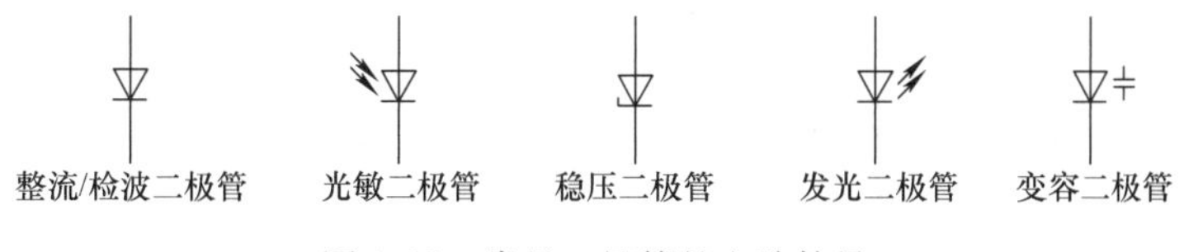

图 1-22　常见二极管的电路符号

二、普通二极管的特性及测试

二极管的核心就是一个 PN 结，因此它体现出的重要特性就是 PN 结的单向导电性。从半导体 P 区接出的电极为二极管的正极，也称为阳极；从半导体 N 区接出的电极为二极管的负极，也称为阴极。二极管的正极接高电位端，负极接低电位端的电路接入方式称为正向偏置，简称正偏，此时二极管对外电路呈现较小的电阻，有较大的电流流过，这时二极管导通；反之，二极管的正极接低电位端，负极接高电位端的电路接入方式称为反向偏置，简称反偏，此时二极管对外电路呈现很大的电阻，流过的电流很小，这时二极管截止。

用指针式万用表可以对二极管的好坏和极性进行简单的判别。测试方法如下。

将万用表置于电阻档的“$R\times100$”或“$R\times1\text{k}$”档，用红黑表笔分别接触二极管的两只引脚，测量其阻值，然后对调表笔，再测量一次阻值。对于一只完好的二极管，两次测量万用表指针的偏转应当相差甚远，电阻小的一次应低于几千欧，电阻大的一次为几百千欧，几乎可以视为开路。测量电阻小的那一次，万用表黑表笔所接的是二极管的正极；红表笔所接的是二极管的负极。

在上述测量中，如果两次测量指针偏转均很小，阻值很大，则该二极管内部断线；若两次测量指针偏转均很大，即阻值很小，则该二极管内部短路或被击穿。若两次测量时阻值有差异但差异不大，说明该二极管能用但性能不佳。

用数字式万用表也可以对二极管的好坏、极性和材料进行简单的判别。测试方法如下。

红表笔插入 VΩ 孔，黑表笔插入 COM 孔，量程旋钮打在二极管档，红黑表笔分别接二极管两脚，然后颠倒表笔再测一次。如果两次测量的结果一次显示“1”，另一次显示零点几，那么该二极管正常；假如两次显示都相同，那么该二极管已经损坏。显示屏上显示的数字即是二极管的正向压降：硅材料为 0.6V 左右；锗材料为 0.2V 左右。根据二极管的特性，可以判断此时红表笔接的是二极管的正极，而黑表笔接的是二极管的负极。

用晶体管特性图示仪可以进一步测试二极管的伏安特性。

晶体管特性图示仪是一种专用示波器，它能直接观察各种晶体管的特性曲线及曲性簇。图 1-23 所示是 XJ4810 型晶体管特性图示仪。

图 1-24 所示是用晶体管特性图示仪测出的二极管 1N4148 伏安特性曲线，应当注意，图 1-24中正负方向坐标单位长度的刻度不同。

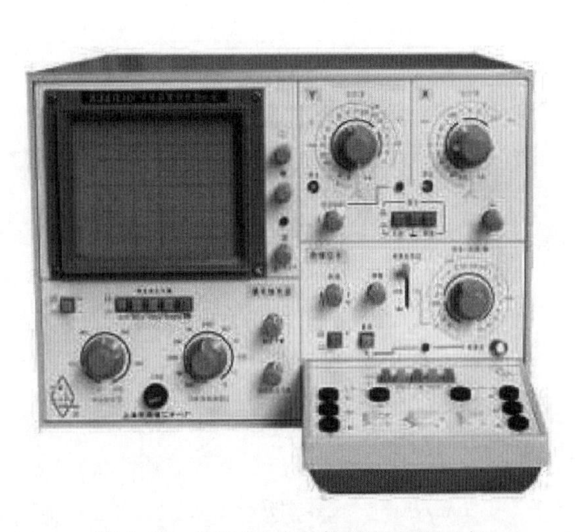

图 1-23　XJ4810 型晶体管特性图示仪

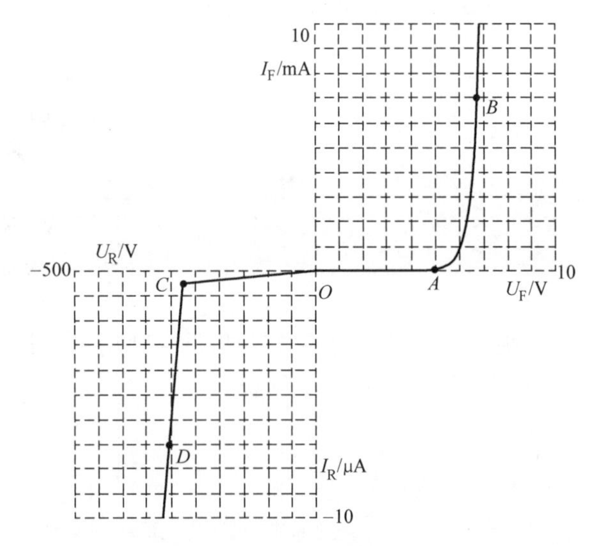

图 1-24　二极管伏安特性曲线

（1）正向特性　*OA* 段：不导电区或称为死区。在该区间内，二极管呈现一个大电阻，正向电流几乎为零，*A* 点对应的正向电压值称为门槛电压，也称为死区电压，其值与二极管材料有关。由图 1-24 可以看出 1N4148 的死区电压约为 0.5V，说明是一只硅材料的二极管。如果是一只锗管，则死区电压约为 0.1V。

AB 段：正向导通区，当正向电压超过死区电压时，二极管呈现很小的电阻。电流随之迅速增大，二极管正向导通，这时二极管两端的电压值相对恒定几乎不随电流的增大而变化。该电压称为正向压降（或管压降），其值也与二极管材料有关，一般硅管约为 0.7V，锗管约为 0.3V。由图 1-24 可以看出 1N4148 的正向压降约为 0.7V。

（2）反向特性　*OC* 段：反向截止区。当二极管两端施加反向电压时，二极管呈现很大的电阻，形成很小的反向饱和电流，用 I_s 表示，一般硅管的反向电流为几微安以下，而锗管达几十至几百微安。由图 1-24 可以看出 1N4148 的反向饱和电流小于 1μA。

CD 段：反向击穿区。当反向电压增大到超过某值时，反向电流急剧增加，这种现象叫作反

向击穿。反向击穿时所对应的反向电压值称为反向击穿电压，用 V_{BR}表示，发生击穿后由于电流过大会使 PN 结结温升高，如果不加以控制会引起热击穿而损坏二极管。由图 1-24 可以看出，二极管 1N4148 的反向击穿电压可以达到 270V。

二极管伏安特性曲线进一步体现了二极管的单向导电性。

三、稳压二极管工作特性与测试

稳压二极管的正向特性与普通二极管相似，反向特性击穿区更陡，几乎与纵轴平行，而且可以工作在击穿区的一定范围内而不会过热损坏。它的伏安特性如图 1-25 所示。当反向电压小于击穿电压时，反向电流很小；当反向电压临近 U_Z 处时反向电流急剧增大，这时电流在很大范围内改变时，管子两端的电压基本保持不变，这就是稳压二极管的稳压作用，U_Z 就称为稳压二极管的稳压值。曲线越陡，动态电阻 $r_Z = \Delta U_Z / \Delta I_Z$ 越小，说明稳压二极管的稳压性能越好。

用万用表可以测量稳压二极管的稳压值。

按图 1-26 连接电路可以测试稳压二极管的稳压值（请注意稳压二极管 VS 的符号与普通二极管的区别）。从零开始慢慢调大可调直流稳压源的输出电压，当电压表指示的电压值不再随可调稳压电源输出电压变化时，电压表上所指示的电压值即为稳压二极管的稳压值 U_Z。

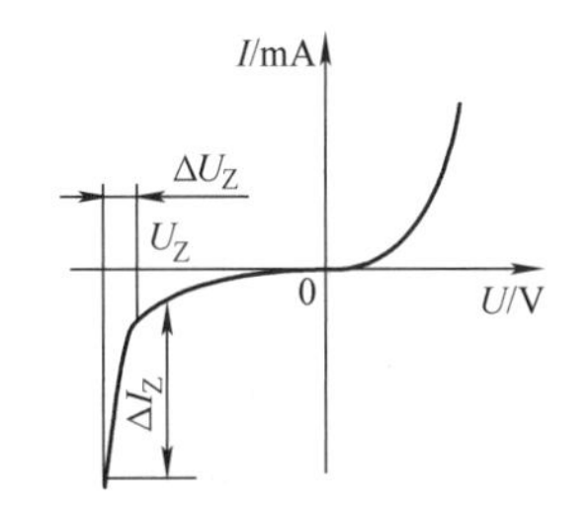

图 1-25　稳压二极管伏安特性

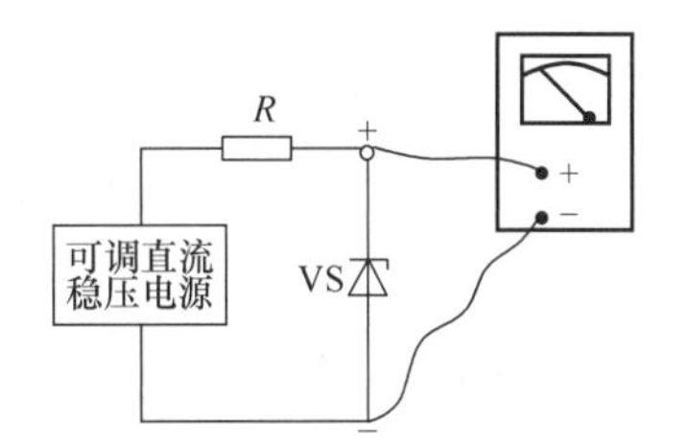

图 1-26　测量稳压二极管稳定电压的接线

图中电阻 R 为限流电阻，如果不加限流电阻，稳压二极管击穿后电流增长过大，使得 PN 结过热而引起热击穿被烧毁。

稳压二极管在使用时应当注意。

1）用于稳压时必须接反向电压，这是不同于普通二极管的工作方式。

2）为保证正常工作，必须串接合适的限流电阻。

3）几只稳压二极管可以串联使用，串联后的稳压值为各管稳压值之和，但不能并联使用。因为每只稳压二极管稳压值不同，并联后会使电流分配不均匀，可能使其中某个管因分流过大而损坏。

四、发光二极管工作特性与测试

发光二极管的功能是将电能转换为光能，具有功耗低、体积小、可靠性高、寿命长和反应快的优点，广泛应用于仪器仪表、计算机、汽车、电子玩具、通信、显示屏、景观照明和自动控制等领域。发光颜色和构成 PN 结的材料有关，通常有白、红、黄、绿、蓝和紫等颜色。近年来，高亮发光二极管更是越来越广泛地用作节能光源。

发光二极管的伏安特性与普通二极管类似，但它的正向压降较大，并在正向压降达到一定值（多为 1.5～2.5V）时发光，工作电流一般为几毫安至几十毫安。

由于发光二极管与普通二极管一样具有单向导电性，所以也可以用万用表测试其极性。

如果使用指针式万用表，将万用表置于“$R\times 1$k”档，用红黑表笔分别接触二极管的两只管脚，测量其阻值。正反各测一次，阻值较小的那次，黑表笔接触的为正极，红表笔接触的为负极。

也可以用指针式万用表加一节 1.5V 干电池同时判断其好坏与极性。具体测量方法如图 1-27

所示。将万用表置于“$R\times10$”或“$R\times100$”档，在万用表外部串接一节1.5V干电池。这种接法就相当于给指针式万用表串接上了1.5V电源，使检测电压增加至3V（发光二极管的开启电压约为2V）。检测时，用万用表两表笔轮换接触发光二极管的两管脚。若管子性能良好，必定有一次能正常发光，此时黑表笔所接为正极，红表笔所接为负极。

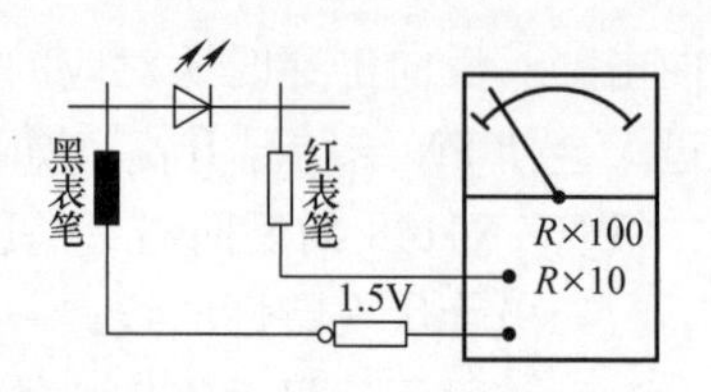

图1-27　发光二极管检测电路

使用数字式万用表测量发光二极管则更为简单。将红表笔插入VΩ孔，黑表笔插入COM孔，量程旋钮打在二极管档，红黑表笔分别接二极管两脚，然后颠倒表笔再测一次。如果发光二极管未损坏，则必有一次管子能正常发光，此时红表笔所接为正极，而黑表笔所接为负极。

任务三　掌握晶体管的特性与测试

一、晶体管的外形与符号

双极型晶体管（以下简称晶体管）是一种具有三个引脚的半导体器件。常见晶体管的外形如图1-28所示。

图1-28　常见晶体管的外形

按照结构的不同，晶体管可以分为两大类型，即NPN型和PNP型，其图形符号如图1-29所示，文字符号用字母V或VT表示。

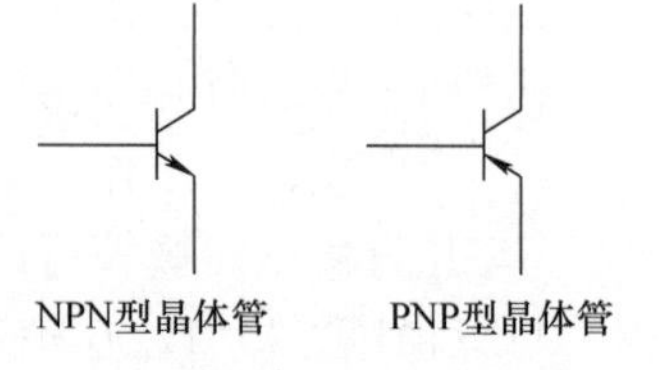

图1-29　晶体管图形符号

二、晶体管结构与工作原理

晶体管是一种具有电流放大能力的半导体器件。图1-30所示为NPN型和PNP型管的结构。

由图可看出，晶体管分为三个区，分别称为发射区、基区和集电区。由三个区各自引出三个电极，对应地称为发射极E、基极B和集电极C，并有两个PN结：

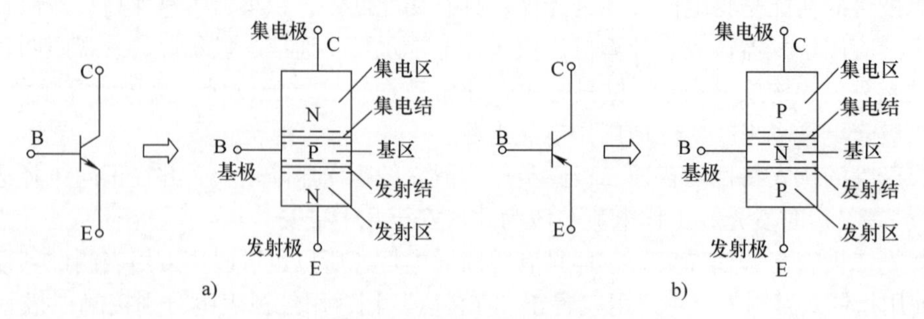

图1-30　晶体管的结构

a）NPN型晶体管结构　b）PNP型晶体管结构

发射区与基区交界处的 PN 结称为发射结，集电区与基区交界处的 PN 结称为集电结。

为使晶体管具有电流放大作用，在制造工艺中要具备以下内部条件。

1）发射区高掺杂。其掺杂浓度要远大于基区掺杂浓度，能发射足够的载流子。

2）基区做得很薄且掺杂浓度低，以减小载流子在基区的复合机会。

3）集电结面积比发射结大，便于收集发射区发射来的载流子及散热。

为使晶体管能正常放大信号，让发射区发射电子，集电区收集电子，晶体管除在工艺制造上内部应满足的条件外，所加工作电压必须使发射结正向偏置，集电结反向偏置，下面以 NPN 型晶体管为例进行讨论。

晶体管内部载流子的传输过程如下。

（1）发射区向基区发射电子　由于发射结正向偏置，使发射区的多数载流子电子不断通过发射结扩散到基区，形成发射极电流 I_E（如图 1-31 所示），其方向与电子流动方向相反，即流出晶体管。基区的空穴也会向发射区扩散，但基区杂质浓度很低，空穴形成的电流很小，一般忽略不计。

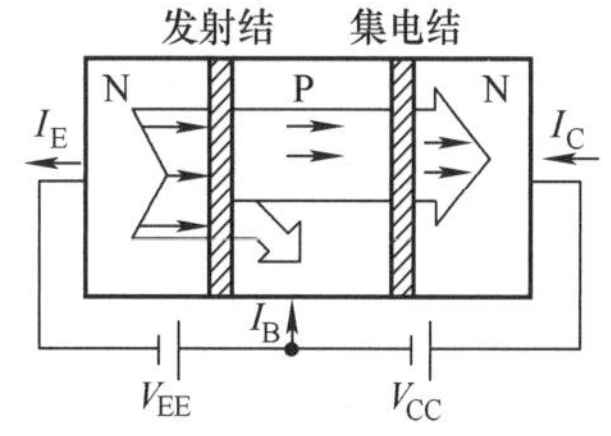

图 1-31　晶体管载流子传输过程

（2）电子在基区中扩散与复合　由于基区很薄且杂质浓度低，因此发射到基区的电子与基区内的空穴复合机会小，只有极小部分与空穴复合，形成基极电流 I_B，且 I_B 值很小。绝大部分电子都会扩散到集电结。

（3）集电区收集扩散的电子　集电结的反向偏置，阻碍集电区的多子电子和基区原有的多子空穴通过集电结，但它对从发射区扩散来到达集电结边缘的电子有很强的吸引力，可使电子全部通过集电结为集电区所收集，从而形成集电极电流 I_C，I_C 方向电子移动方向相反，即流进晶体管。

由此可知，扩散电子形成的电流（I_E）在基区中分配为 I_C 与 I_B，因此存在以下表达式

$$I_E = I_C + I_B \tag{1-4}$$

又因为电流分配的比例取决于管子的掺杂浓度、几何结构等，故对于某一只晶体管而言，I_C 与 I_B 的比例为一定值，即

$$I_C = \overline{\beta} I_B \tag{1-5}$$

$\overline{\beta}$为一常数，范围通常在几十至数百。式（1-5）所描述的 I_C 与 I_B 这两个电流的关系称为晶体管的电流放大关系，晶体管在电路中用作放大器件就是基于这个原理。$\overline{\beta}$因此被称为共发射极直流电流放大系数，它是晶体管最重要的参数之一。

为衡量晶体管的交流电流放大能力，又定义了共发射极交流电流放大系数 β，即

$$\beta = \frac{\Delta i_C}{\Delta i_B} \tag{1-6}$$

实践证明 β 与 $\overline{\beta}$ 的差别很小，应用时通常对两个参数不加区分。

三、用万用表检测晶体管

1. 用万用表判别晶体管的管型与电极

用指针式万用表检测判别晶体管的管型与电极的具体方法如下。

首先判定基极与管型。用万用表“$R\times100$”或“$R\times1\text{k}$”档测量三个电极中每两个极之间的正、反向电阻值。当用第一根表笔接某一电极，而第二根表笔先后接触另外两个电极均测得低阻值时，则第一根表笔所接的那个电极即为基极 B。这时，要注意万用表表笔的极性，如果红表

笔接的是基极 B，黑表笔分别接在其他两极时，测得的阻值都较小，则可判定被测晶体管为 PNP 型管；如果黑表笔接的是基极 B，红表笔分别接触其他两极时，测得的阻值较小，则被测晶体管为 NPN 型管。

接下来判定集电极 C 和发射极 E。若为 NPN 型管，已确定的基极经一个 100kΩ 的电阻接黑表笔（万用表内部电池的正极），这相当于给基极注入很小的电流 I_B，然后，用万用表两根表笔分别接触两个未知电极，观察接上电阻时表针摆动的幅度大小。将两未知电极与万用表表笔的连接对调一次，观察接上电阻时表针摆动的幅度大小，两次测量方法如图 1-32a、b 所示。根据晶体管放大原理可知，表针摆动大（电阻小，电流大）的一次，说明 I_B 被放大，满足集电结反偏，发射结正偏的电流放大条件（见图 1-32a），黑表笔所接的为集电极 C，另一个为发射极 E。

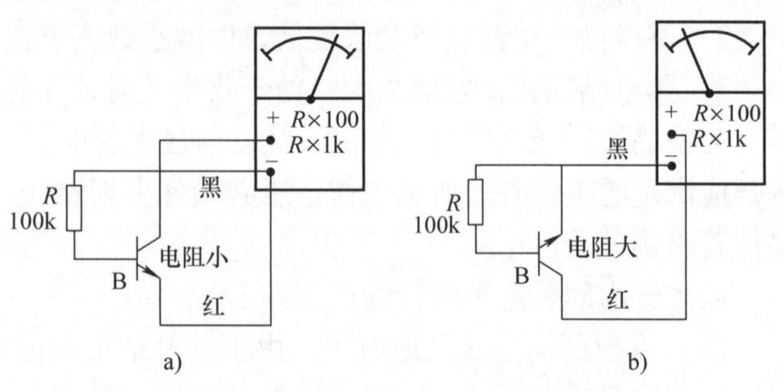

图 1-32　用万用表判定集电极 C 和发射极 E

如果是 PNP 型管，则应该调换红黑表笔进行判断。

这种判断方法还可进一步简化。用手捏住基极 B 与表笔（不要使基极与表笔相碰），以人体电阻代替 100kΩ 电阻来判别晶体管的电极，这样就不必专门连接一个测试电路了。

如果使用数字式万用表，则只要将上述关于红黑表笔的判断全部反过来。例如：如果数字式万用表红表笔接的是基极 B，黑表笔分别接在其他两极时，测得的阻值都较小，则可判定被测晶体管为 NPN 型管。

2. 用万用表判断晶体管质量

用指针式万用表判断晶体管质量的方法如下。

1）将万用表置于“$R\times100$”或“$R\times1k$”档测量结电阻（B－E 间 B－C 间）。其中，发射结和集电结的正向电阻值应当较小，一般为几百欧到几千欧，反向电阻值应当很大，一般为几百千欧至无穷大。应当注意，不管是低电阻还是高电阻，硅材料的极间电阻要比锗材料的极间电阻大得多。

2）将万用表置于“$R\times100$”或“$R\times1k$”档测量 C－E 间电阻。对于 PNP 型管，黑表笔接 E 极，红表笔接 C 极；对于 NPN 型管，黑表笔接 C 极，红表笔接 E 极。要求测得的电阻越大越好。C－E间的阻值越大，在基极开路时，流过的电流越小，即三极管的穿透电流，记为 I_{CEO}，其值越小，性能越稳定；反之，所测阻值越小，说明被测管的 I_{CEO} 越大，性能不稳定。一般说来，中、小功率硅管以及锗材料低频管，其阻值应分别在几百千欧、几十千欧及十几千欧以上。如果阻值很小或测试时万用表指针来回晃动，则表明 I_{CEO} 很大，三极管的性能不稳定，质量较差。

3）用万用表测量晶体管放大倍数 β。测量晶体管放大倍数 β 只在具有这一功能的万用表上才可以进行，具体方法如下。

先将指针式万用表量程开关拨到 ADJ 位置，把红、黑表笔短接，调整调零旋钮，使万用表指针指示为 $300h_{FE}$，然后将量程开关拨到 h_{FE}位置，并使两短接的表笔分开，把已确定好管型和引脚的被测晶体管插入测试插孔，即可从 h_{FE} 刻度线上读取管子的放大倍数。

数字式万用表先将功能开关拨至 h_{FE}档，把已确定好管型和引脚的被测晶体管插入测试插座后，直接读数即可。

四、晶体管的特性与参数的测试

晶体管接入电路的方式有三种，分别为共发射极、共集电极和共基极方式，这里测试的特性指共射极特性。测试原理如图 1-33 所示。图中电源 E_b，电阻器 R_b 和晶体管的 B、E 间部分，构成输入回路；电源 E_c，晶体管 C、E 间部分构成输出回路，或者说，晶体管的 B、E 构成一对输入端口，C、E 构成输出端口，发射极 E 成为输入、输出端口的公共部分，因此称为共射极工作方式。

当集电极与发射极间电压 U_{CE} 为常数时，基极电流 I_B 与发射结电压 U_{BE} 之间的关系曲线称为输入特性曲线。当基极电流 I_B 为常数时，集电极电流 I_C 与集电极、发射极间电压 U_{CE} 之间的关系曲线称为输出特性曲线。曲线的测试可以通过调节可变直流稳压电源 E_b 或 E_c，然后测量电流，再描点作图的方法来进行。也可以使用晶体管图示仪将曲线直接测试出来，测出的输入输出曲线如图 1-34 所示。

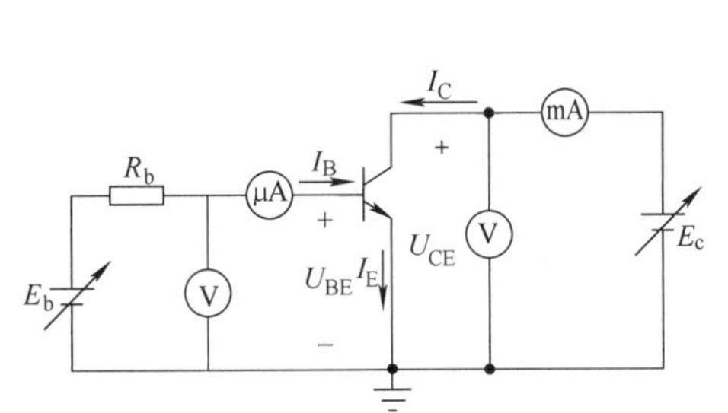

图 1-33 晶体管共射极特性测试电路

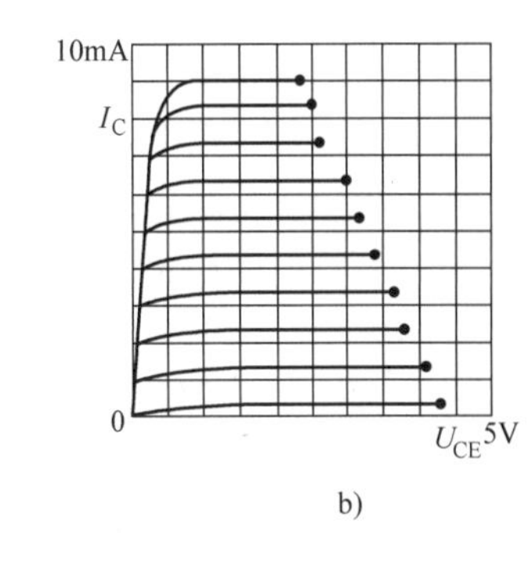

图 1-34 晶体管共发射极特性曲线

a）输入特性曲线 b）输出特性曲线

1. 输入特性

从图 1-34a 可以看出，晶体管的输入特性与二极管的正向特性极为相似，这是因为在晶体管的基极与发射极之间存在一个 PN 结——发射结。当在 B、E 间加上正向电压时，就相当于在发射结上加了正向电压，所以呈现出 PN 结的正向特性。在这条特性曲线上也存在一个与二极管类似的死区电压 $U_{BE(ON)}$。当 $U_{BE} < U_{BE(ON)}$ 时，不足以使发射结导通。硅管死区电压约为 0.5V，锗管约为 0.1V。当 B、E 间外加输入电压超过死区电压时，晶体管才开始导通，此时，硅管发射结的压降为 0.7V，锗管发射结的压降为 0.3V。

应当指出，晶体管的特性毕竟不同于二极管，电压 U_{CE} 的变化将给输入特性带来影响。当 U_{CE} 增大时，输入特性曲线略向右移，但 $U_{CE} > 1V$ 后的曲线与 $U_{CE} = 1V$ 基本重合。

2. 输出特性与晶体管工作区

晶体管的输出特性曲线，可以分为三个部分：截止区、放大区和饱和区，即晶体管的三个工作区，如图 1-35 所示。

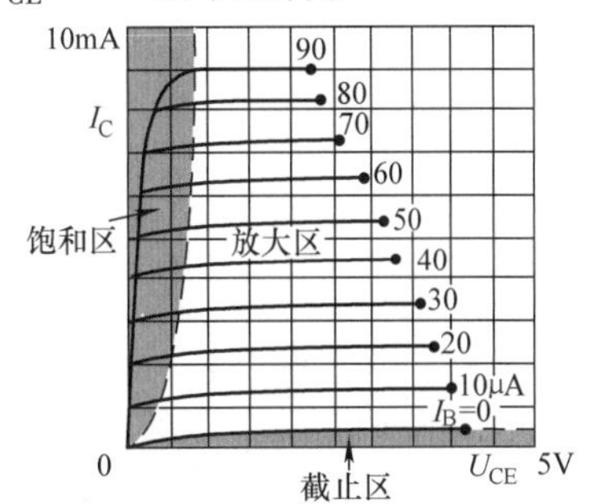

图 1-35 晶体管的工作区

（1）放大区 在这个区域内，当 I_B 作等差变化时，输出特性是一族近似与横轴平行的等距离直线，即 I_C 也作等差变化。这说明 I_C 受 I_B 控制，与 U_{CE} 无关，此时 I_C 满足式（1-5）描述的电流控制和放大关系，因此称作放大区。

利用输出特性曲线可以计算晶体管的 $\overline{\beta}$ 值。以图 1-35 所示测量结果为例，任意选取曲线族中的一根，例如 $I_B = 90\mu A$，

可以读出 $I_C = 9mA$，则这只晶体管 $\overline{\beta} = I_C / I_B = 100$。

仔细观察放大区的特性曲线也可以发现，曲线族并不与横坐标轴完全平行，而是随 U_{CE} 的增大 I_C 略有增加。这是由于 U_{CE} 的增加使集电结空间电荷区宽度增大，基区的有效宽度则缩减，载流子在基区复合的机会减小，更易于越过基区被集电结收集，这使得电流放大倍数 $\overline{\beta}$ 增大。$\overline{\beta}$ 的增大导致了在 I_B 不变的情况下，I_C 随 U_{CE} 的增大略有增加，即特性曲线向上倾斜。这种现象称为基区调宽效应。

由晶体管的工作原理可知，NPN 型晶体管工作在放大区的必要条件是三个极的电位 $V_C > V_B > V_E$，PNP 型晶体管工作在放大区的必要条件则是 $V_C < V_B < V_E$。此时发射结处正向偏置状态，集电结处反向偏置状态。

（2）截止区　指 $I_B = 0$ 对应曲线以下的区域。处于此区域时，晶体管发射结反向偏置或零偏（$U_{BE} < U_{BE(ON)}$），集电结也处于反向截止状态，发射区不具备电子发射能力，集电结也不能完成对电子的收集，这种情况相当于晶体管内部各电极之间开路。当 $I_B = 0$ 时，有很小的电流由 C 流向 E，这个电流称为集电极—发射极反向饱和电流 I_{CEO}。由于 I_{CEO} 很小（小功率硅管在几微安以下，小功率锗管为几十微安），计算时一般将其忽略。但 I_{CEO} 随温度的增加而增大，被认为是判断三极管温度稳定性的重要依据，即 I_{CEO} 越小，晶体管受温度影响越小，性能越稳定。

NPN 型晶体管处于截止区的充分条件是 $V_B \leqslant V_E$，$V_B < V_C$；PNP 型晶体管则为 $V_B \geqslant V_E$，$V_B > V_C$，即两个 PN 结都截止。

（3）饱和区　输出特性曲线从上升段到弯曲部分称为饱和区，在这个工作区内，I_C 随 U_{CE} 迅速增大，这是由于 U_{CE} 很小（约 1V 以下）时，集电结的反向电压很小或正偏，对到达基区的电子吸引不够，随着 U_{CE} 的增大，吸引力增加，从基区到集电区的电子迅速增加。

另外，饱和区内曲线族起始部分重合，说明集电极电流 I_C 处于饱和状态而不受 I_B 控制，晶体管失去电流放大作用。

当需要晶体管处于可靠的饱和状态时，通常使集电结和发射结均正向偏置，这时其集电极与发射极间呈现低电阻，相当于开关闭合。对于 NPN 型管，工作于饱和区的条件是 $V_B > V_E$，$V_B > V_C$，PNP 型管则为 $V_B < V_E$，$V_B < V_C$。由于晶体管的两个 PN 结在物理结构上并不完全对称，饱和时 C、E 间存在较小的电压 U_{CES}，这个电压称为饱和压降。对于小功率硅管，其值 $U_{CES} \approx 0.3V$，对锗管 $U_{CES} \approx 0.1V$。

从以上特性可以看出，晶体管常见的两种用途：一种是当它工作于放大区时，可以实现信号的控制与放大；另一种是通过改变 B 点的电位，使晶体管在截止区和饱和区之间切换，C、E 两点间则在开路与短路间切换，这就形成了一只受 B 点电位控制的电子开关。

项目三　元器件参数与手册查阅

任务一　查找元器件资料的一般方法

在已知元器件型号的情况下，可以通过查阅元器件手册来获得其特性与参数的详细信息。查找的常规途径有两条：第一种方式是利用工具书，即各种版本的元器件使用手册、数据手册或替换手册等。现在有很多手册都已设计得能够像字典一样方便快捷地查找。第二种方式就是利用互联网，有一些很实用的网站，如集成电路查询网等，只需要在搜索栏中输入要查找的元器件型号，就可以搜索到相应元器件的说明书。

一般来说，国外半导体器件都有独立的元器件说明书，用网络查找非常方便，虽然其说明书多使用英文，但是说明书多采用图表描述，因此也不难读懂。国产半导体器件一般没有独立说明书，因此要借助工具书。

读懂资料并从中提取出重要信息的前提是理解常见半导体器件的特性和各参数的意义。

任务二　二极管参数的查阅与理解

1. 查阅二极管 1N4007 的参数

经查找可得二极管 1N4007 的参数，见表 1-6。资料来源于 1N4007 元器件说明书。

表 1-6　二极管 1N4007 参数

参数名称	符号	取值
最高反向工作电压	U_{RM}	1000V
最大正向平均整流电流	I_F	1A
正向峰值浪涌电流	I_{FSM}	30A
最高瞬时正向电压	V_F	1.1V
反向饱和电流	I_S	5.0μA（25℃） 500μA（100℃）
结电容典型值	C_J	15pF
温度范围	T_J	-65 ~ 175℃

其中几个比较重要的参数如下。

1）最大整流电流 I_F。I_F 是指管子长期使用时允许通过的最大正向平均电流，它的值与 PN 结结面积和外部散热条件有关。如果电路中流过二极管的正向电流超过了此值，引起管子的发热量太多，使得 PN 结结温超过允许的最高结温 T_{jm}（对硅管 $T_{jm}=150$℃，锗管 $T_{jm}=90$℃），因 PN 结烧坏而使二极管报废。对于一些通过大电流的二极管，要求使用散热片保证其能安全工作。在用晶体管特性图示仪测试正向特性时，功耗电阻的选择就要参考此参数。

2）最高反向工作电压 U_{RM}。U_{RM}是指为了保证二极管不至于反向击穿而允许外加的最大反向电压。超过 U_{RM}时，二极管就可能反向击穿而损坏。为了保证二极管能安全工作，一般规定 U_{RM}为反向击穿电压的 1/2。显然，使用 XJ4810 型晶体管特性图示仪检测不到 1N4007 的反向击穿特性。

3）反向饱和电流 I_S。I_S 是指二极管未击穿时的反向电流，I_S 越小，表示该管的单向导电性越好。值得注意的是 I_S 对温度很敏感，温度升高会使反向电流急剧增大而使 PN 结结温升高，超过允许的最高结温会造成热击穿，因此使用二极管时要注意温度的影响。

4）最高工作频率 f_M。f_M 是指保证管子正常工作的上限频率。当频率超过 f_M 时，对 PN 结的充放电影响加剧进而影响其单向导电性（1N4000 系列二极管通常用于对工频交流电的整流，属于低频二极管）。

此外，通过电子元器件手册还可以知道，1N4007 是美国半导体器件的型号，与其参数相近的国产二极管型号为 2CZ55L，可以考虑相互替换。

2. 查阅稳压二极管 2CW110 的参数

经查找可得稳压二极管 2CW110 的参数，见表 1-7。资料来源于常用电子元器件手册。

表 1-7　稳压二极管 2CW110 参数

参数名称	符号	取值
最大耗散功率	P_{ZM}	1W
最大工作电流	I_{ZM}	76mA
动态电阻	R_Z	≤500Ω（I_Z =1mA）/≤200Ω（I_Z =20mA）
稳定电压	U_Z	11.5～12.5V
反向电流	I_R	≤0.5μA
正向压降	U_F	≤1V
电压温度系数	α_U	≤9×10⁻⁴/℃

1）稳定电压 U_Z。U_Z 即稳压二极管的反向工作电压值。由于受到半导体制造工艺的制约，同一型号的稳压二极管 U_Z 值有一定的离散性。如2CW110 的 U_Z 值在11.5～12.5V，但每一个稳压二极管有一个确定的稳压值。

2）最大工作电流 I_{ZM}。I_{ZM}是指稳压二极管工作在反向击穿区时允许通过的最大工作电流。超过此值，稳压二极管将由于过热引起热击穿而损坏。这也是在应用电路中稳压二极管必须加限流电阻器的原因。

3）最大耗散功率 P_{ZM}。P_{ZM}是指管子不因热击穿而损坏的最大耗散功率，其数值通常定为稳压二极管的稳定电压 U_Z 与最大稳定电流 I_{ZM}的乘积。

4）动态电阻（记为 r_Z 或 R_Z）。R_Z 是指当稳压二极管工作在稳压区时，该电压变化量 ΔU_Z 与其反向电流变化量 ΔI_Z 之比，即 $r_Z = \Delta U_Z / \Delta I_Z$，反映稳压二极管的稳压性能。动态电阻值越小，说明该稳压二极管的稳压性能越好。

5）电压温度系数 α_U。α_U 是描述稳压二极管受温度变化影响的参数。电压温度系数有正负之分，稳压值随温度升高而上升，电压温度系数为正；稳压值随温度升高而下降，电压温度系数为负。通常稳压值高于6V 的稳压二极管具有正温度系数，；稳压值低于4V 的稳压二极管具有负温度系数。表1-7 说明，2CW110 具有正温度系数，但温度上升引起稳压值的相对变化量小于或等于 9×10^{-4}/℃，即0.09%。

任务三　晶体管参数的查阅与理解

晶体管的参数从不同侧面反映了其特性，是正确使用和合理选择元器件的重要依据。

参数查阅实例：查阅晶体管 9013 的参数

查找到晶体管 9013 的说明书，其中提供了两个参数表格：绝对最大额定值（见表 1-8）和电参数（见表 1-9）。

表 1-8　晶体管 9013 的绝对最大额定值

参数	符号	范围	单位
集－基间电压	V_{CBO}	40	V
集－射间电压	V_{CEO}	20	V
射－基间电压	V_{EBO}	5	V
集电极电流	I_C	500	mA
集电极耗散功率	P_C	625	mW
结温	T_j	150	℃
储存温度	T_{stg}	－55～150	℃

表 1-9 晶体管 9013 的电参数（25℃）

参数	符号	测试条件	最小值	典型值	最大值	单位
集－基间击穿电压	BV_{CBO}	$I_C=100\mu A$，$I_E=0$	40			V
集－射间击穿电压	BV_{CEO}	$I_C=1mA$，$I_B=0$	20			V
射－基间击穿电压	BV_{EBO}	$I_E=100\mu A$，$I_B=0$	5			V
集电结截止电流	I_{CBO}	$U_{CB}=25V$，$I_E=0$			100	nA
发射结截止电流	I_{EBO}	$U_{EB}=3V$，$I_C=0$			100	nA
直流电流放大倍数	h_{FE}	$U_{CE}=1V$，$I_C=50mA$	64	120	202	
特征频率	f_T	$U_{CE}=6V$，$I_C=20mA$	140			MHz
集－射间饱和电压	$U_{CE(sat)}$	$I_C=500mA$，$I_B=50mA$		0.16	0.6	V
基－射间饱和电压	$U_{BE(sat)}$	$I_C=500mA$，$I_B=50mA$		0.91	1.2	V
基－射间开启电压	$U_{BE(on)}$	$U_{CE}=1V$，$I_C=10mA$	0.6	0.67	0.7	V

表格中较重要的参数意义如下。

1）直流电流放大系数 h_{FE}，即$\overline{\beta}$。h_{FE}反映晶体管电流放大能力的强弱。同一型号的晶体管$\overline{\beta}$值是离散的，元器件说明书只提供一定的范围。在要求较高的场合，使用前仍需用仪器测试其$\overline{\beta}$值。表 1-9 说明在 $U_{CE}=1V$，$I_C=50mA$ 的测量条件下，晶体管 9013 的$\overline{\beta}$值在 64～202 变化。考虑到$\overline{\beta}$的离散范围很大，有些厂家提供了元器件的分型号。晶体管 9013 就有五种分型号，标识符和$\overline{\beta}$范围分别为：D（64～91）、E（78～112）、F（96～135）、G（112～166）、H（144～202）。

2）集电结截止电流 I_{CBO}，又称集基间反向饱和电流。I_{CBO}是指发射极开路，在集电极与基极之间加上一定的反向电压时所产生的反向电流，当温度一定时，I_{CBO}是一个常量。温度升高，I_{CBO}将增大，它是造成晶体管工作不稳定的主要因素。

有的元器件说明书提供参数 I_{CEO}（集射间反向饱和电流）。它指基极开路，集电极与发射极之间加一定反向电压时的反向电流，该电流穿过两个反向串联的 PN 结，故又称为穿透电流。它与 I_{CBO}存在以下关系

$$I_{CEO}=(1+\beta)I_{CBO} \tag{1-7}$$

反向电流 I_{CEO}与 I_{CBO}都可以用来衡量晶体管热稳定性的好坏。但式（1-7）说明 I_{CEO}比 I_{CBO}要大得多，测量起来更加容易。

选用晶体管时，当然希望反向电流越小越好，而在相同的环境温度下，硅管的反向电流比锗管小得多，因此，目前使用的晶体管大多采用的是硅管。

3）极限参数。其是指 I_{CM}、P_{CM}、BV_{CBO}、BV_{CEO}和 BV_{EBO}。

集电极电流 I_C 最大值记为 I_{CM}。晶体管正常工作时 β 值基本不变，但当 I_C 很大时，β 值会逐渐下降。一般规定，当 β 下降到额定值的 2/3（或 1/2）时所对应的集电极电流即为 I_{CM}。当 $I_C>I_{CM}$时，虽然不一定会损坏管子，但 β 值明显下降，因此在应用中，I_C 不允许超过 I_{CM}。

集电极耗散功率 P_C 最大值记为 P_{CM}。晶体管集电结消耗的功率超过此值会使集电结温度升高，晶体管过热而烧毁。由于 $P_{CM}=I_CU_{CE}$，在输出特性上可以画出一功率损耗线。此外，P_{CM}值与环境温度有关，环境温度越高，其值越小。硅管的上限温度约为 150℃，锗管的上限温度约为 90℃，超过上限温度时，管子特性会明显变坏，直至热击穿而烧毁。对于大功率管，为提高

P_{CM}，要加装规定尺寸的散热装置。

BV_{CBO}，也可表示为 $U_{(BR)CBO}$，是指发射极开路时集电极与基极之间的反向击穿电压，实际上就是集电结所能承受的最高反向电压，数值较大。

BV_{CEO}，也可表示为 $U_{(BR)CEO}$，是指基极开路时集电极与发射极之间的反向击穿电压，一般取 $U_{(BR)CBO}$的 1/2 左右比较安全。

BV_{EBO}，也可表示为 $U_{(BR)EBO}$，是指集电极开路时发射极与基极之间的反向击穿电压，实际上就是发射结所能承受的最高反向电压，一般只有几伏甚至低于 1V。

为保证晶体管能可靠地工作，由极限参数 I_{CM}、$U_{(BR)CEO}$及 P_{CM} 可确定晶体管的安全工作区，如图 1-36 所示。

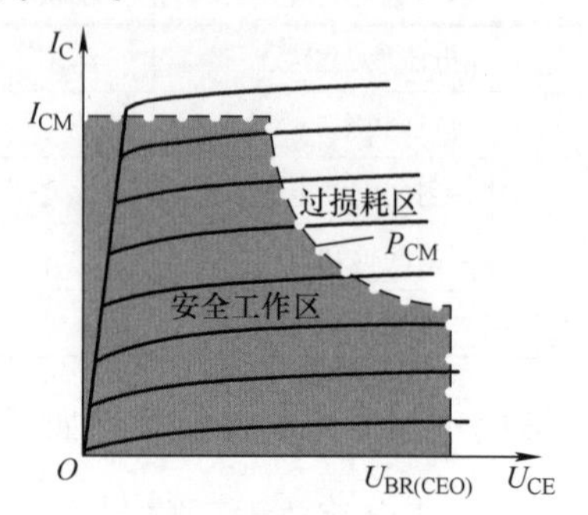

图 1-36　晶体管的安全工作区

4）特征频率 f_T。晶体管 β 值是频率的函数，在中频段时 $\beta=\beta_0$，几乎与频率无关，但随着频率升高，β 值下降。当 $\beta=1$ 时，所对应的频率称为特征频率。当工作频率 $f>f_T$ 时，晶体管就失去了放大作用。显然，晶体管 9013 只适用于频率低于 140MHz 的电路。

有些元器件说明书提供另一个频率参数 f_β，即共发射极截止频率，它是指 β 值下降到中频段 β_0 的 $1/\sqrt{2}$倍时所对应的频率。

通过查阅晶体管 9013 的说明书，可以看出其是一种可工作于较高频率的小功率晶体管。

习　　题

1. 二极管是由一个 PN 结构成的，晶体管是由两个 PN 结构成的。能否用两个二极管构成一个晶体管？

2. 能否将 1.5V 的干电池以正向接法接到二极管两端？为什么？

3. 电路如图题 1-1 所示，$u_i=5\sin\omega t$(V)，试画出输出电压 u_o 的波形。

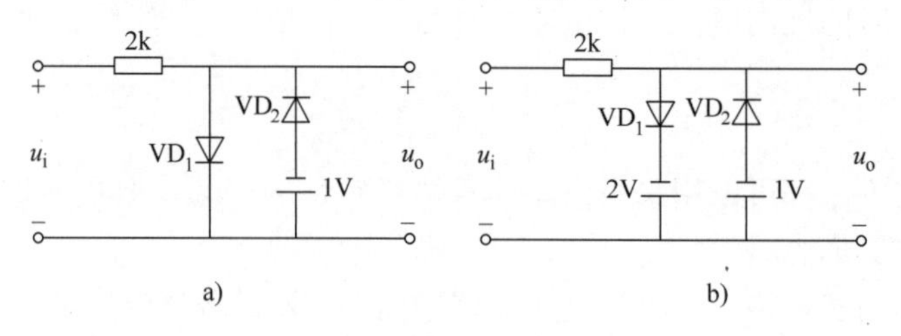

图题 1-1

4. 现有两个稳压二极管，它们的稳定电压分别为 6V 和 8V，正向导通电压为 0.7V。试问：

1）若将它们串联相接，则可得到几种稳压值？各为多少？

2）若将它们并联相接，则又可得到几种稳压值？各为多少？

5. 有两个晶体管，一个 $\beta=200$，$I_{CEO}=200\mu A$；另一个 $\beta=100$，$I_{CEO}=10\mu A$，其他参数大致相同。你认为应选用哪个晶体管？为什么？

6. 测得工作在放大状态的两个晶体管的三个引脚上电流如图题 1-2 所示：

1）判断它们各是 NPN 型管还是 PNP 型管，在图中标出 E，B，C 极。

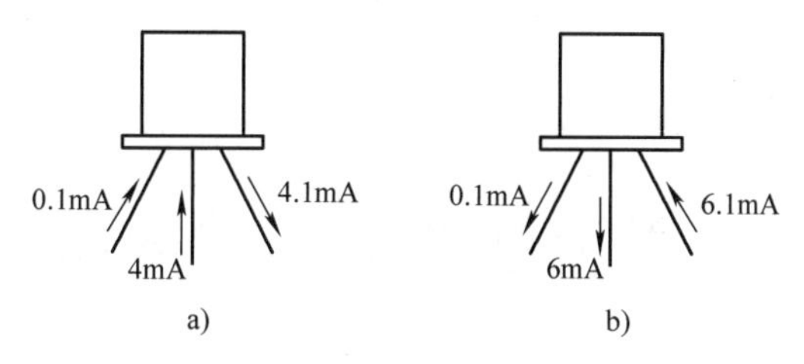

图题 1-2

2）估算图中晶体管的 β 值。

7. 用万用表测量某些晶体管的管压降得到以下几组数值，说明每个管子是 NPN 型还是 PNP 型，是硅管还是锗管，并说明它们工作在哪个区域。

1）$U_{BE}=0.7V$，$U_{CE}=0.3V$。

2）$U_{BE}=0.7V$，$U_{CE}=4V$。

3）$U_{BE}=0V$，$U_{CE}=4V$。

4）$U_{BE}=-0.2V$，$U_{CE}=-0.1V$。

5）$U_{BE}=-0.2V$，$U_{CE}=-4V$。

6）$U_{BE}=0V$，$U_{CE}=-4V$。

8. 在图题 1-3 所示电路中，发光二极管导通电压 $U_D=1.5V$，正向电流在 5 ~ 15mA 时才能正常工作。试问：R 的取值范围是多少？

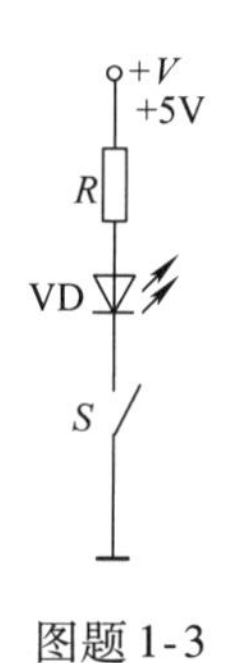

图题 1-3

单元二　直流电源电路的分析与制作

由于电子技术的特性，电子设备对电源电路的要求就是能够提供持续稳定、满足负载要求的电能，而且通常情况下都要求提供稳定的直流电能。符合这些条件的电源就是直流稳压电源。直流稳压电源在电子电路中占有十分重要的地位。

项目一　直流稳压电源的分析与仿真

任务一　掌握直流稳压电源电路的组成

直流稳压电源电路的功能是将220V工频交流电转换为稳定的直流电，为各种电子电路提供直流电源。一个性能较好的单相小功率直流稳压电源主要由四部分电路构成，即变压、整流、滤波和稳压电路，其原理框图如图2-1所示。

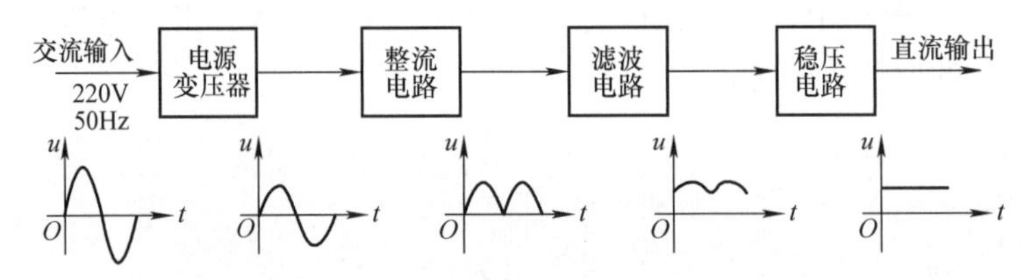

图2-1　典型直流稳压电源电路原理框图

交流变压的工作由变压器来完成，其作用是将电网提供的220V，50Hz交流电压转换成一般电子设备需求的几伏到几十伏。变压器还能起到将直流电源与电网隔离的作用。

变压器只能将交流电压的幅度进行改变，要将交流电压改变成直流电压则需要经过整流电路。整流是指将交流电变成单向脉动直流电的过程，通常利用二极管的单向导电性来完成。

整流后的脉动直流电压可以分解成交、直流成分的叠加，这时需要采用滤波电路滤去其交流成分，得到平滑的直流电压，这种滤波电路实际上是一种特殊的低通滤波器。最简单的滤波电路是无源滤波电路，利用电容器或电感器对不同频率的电流具有不同的阻抗这一特点来进行滤波。

经过滤波虽然已可以获得平滑的直流电压，但当电网波动或负载变化时，直流电压的值可能发生改变，这时还需要稳压电路使输出电压基本不受电网电压波动和负载变化的影响，能够达到足够的稳定性。

图2-2所示为一个典型直流稳压电源，它可分解为框图所示的四部分。

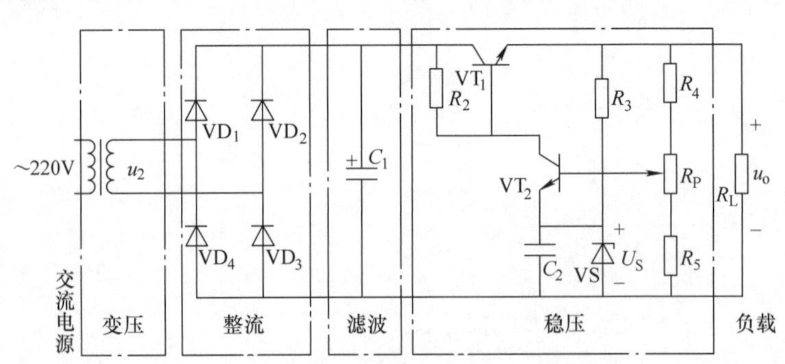

图2-2　典型直流稳压电源电路结构分析

任务二 整流电路的分析与仿真

一、整流电路的分析

常用的整流电路有半波整流、全波整流和桥式整流三种。

1. 半波整流电路

（1）工作原理和波形 半波整流电路如图2-3a所示，为了简化分析，认为二极管正向导通时电阻为零，正向导通压降忽略不计，反向截止时电阻为无穷大。

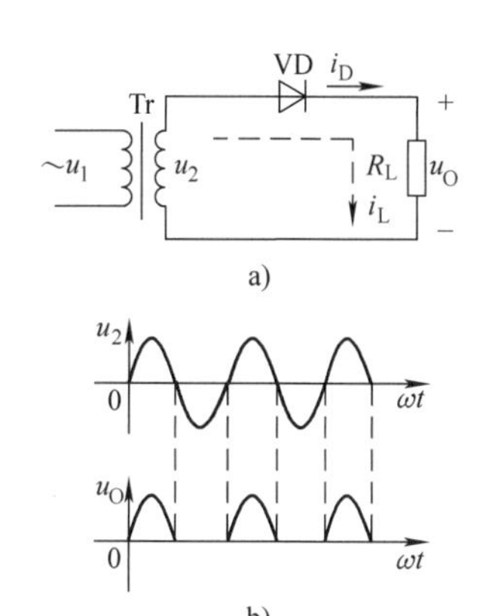

图2-3 半波整流电路及电压波形
a）电路 b）电压波形

设 $u_2=\sqrt{2}U_2\sin\omega t$，其中 U_2 是二次电压的最大有效值。当 u_2在正半周时，变压器二次侧实际电位为上正下负，二极管因正向偏置而导通，电流流过负载。$u_O=u_2=\sqrt{2}U_2\sin\omega t$，其中 t 在 $0\sim k\pi$（$k=1, 2, \cdots, n$）。当 u_2在负半周时，变压器二次侧电位为下正上负，二极管因反向偏置而截止，负载中没有电流流过。由于在正弦电压的一个周期内，R_L上只有半个周期内有电流和电压，所以这种电路称为半波整流电路。负载电阻 R_L上的电压波形如图2-3b所示。

（2）输出直流电压、电流值和脉动系数的计算 由于交流分量的电压平均值为零，负载上得到的电压平均值即为输出的直流电压分量，因此，经过理论计算可知半波整流电路输出的直流电压为

$$U_L = U_O = \frac{1}{T}\int_0^{2\pi} u_O \mathrm{d}(\omega t) = \frac{1}{2\pi}\int_0^{\pi}\sqrt{2}U_2\sin\omega t\mathrm{d}(\omega t) = \frac{\sqrt{2}}{\pi}U_2 = 0.45U_2 \tag{2-1}$$

负载中通过的电流平均值为

$$I_L=\frac{U_L}{R_L}=0.45\frac{U_2}{R_L} \tag{2-2}$$

通过以上讨论可以看出，由于单相半波整流电路只利用了交流电的半个周期，其输出的直流电压只有变压器二次电压有效值的45%，如果负载较小，考虑到二极管的正向电阻和变压器的内阻，转换效率还要更低。

整流电路输出电压的脉动系数 S 是指输出电压最低次谐波的幅值与输出电压平均值的比值。脉动系数越大，说明输出直流量的波动越大。

将半波整流电路的输出电压用傅里叶级数分解后，其基波的幅度是$\frac{\sqrt{2}}{2}U_2$，则其脉动系数 S 为

$$S=\frac{U_{O1M}}{U_O}=\frac{\frac{\sqrt{2}}{2}U_2}{\frac{\sqrt{2}}{\pi}U_2}\approx 1.57 \tag{2-3}$$

单相半波整流电路的特点是：结构简单，所用元器件少，但输出电压脉动大，整流效果差，只适用于要求不高的场合。

（3）二极管的选择 由图2-3a可知，二极管两端所加最大反向电压，是二极管截止时加到二极管上的 u_2负半周的最大值。因此，在选用二极管时要保证二极管的最大反向工作电压 U_{RM} 大于变压器二次电压 u_2的最大幅值，即

$$U_{\mathrm{RM}} > \sqrt{2}U_2 \tag{2-4}$$

因为通过二极管的电流与流经负载的电流相同，所以二极管的最大整流电流 I_F 应大于负载电流 I_L，即

$$I_F > I_L \tag{2-5}$$

在工程实际中，为了使电路能安全、可靠地工作，选择整流二极管时应留有充分的余量，避免整流二极管工作于极限状态。

2. 全波整流电路

(1) 工作原理及波形　全波整流电路如图 2-4a 所示。在 u_2 的正半周时，VD_1 为正向导通，电流 i_{D1} 经 VD_1 流过 R_L 回到变压器的中心抽头。此时 VD_2 处于反向偏置而截止。

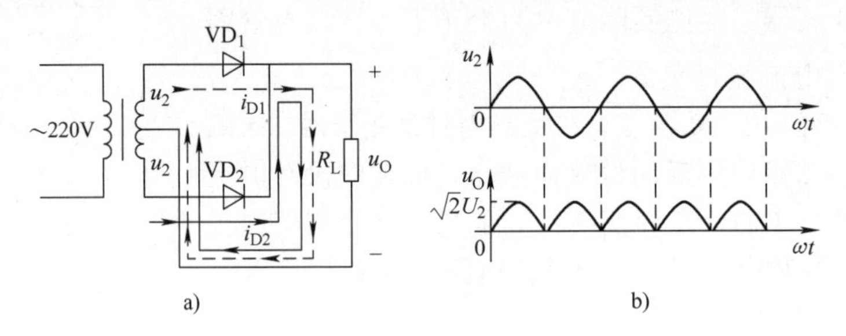

图 2-4　全波整流电路

a) 电路　b) 电压波形

在 u_2 的负半周，VD_2 正向导通，电流 i_{D2} 经 VD_2 流过 R_L 回到变压器的中心抽头，此时 VD_1 处于反向偏置而截止。

由此可见，全波整流电路在 u_2 的正半周和负半周中，VD_1 和 VD_2 轮流导通，负载 R_L 在 u_2 的正、负半周中均有电流通过，且通过的电流方向相同，这样就将双向交流信号变成了单向信号。其电压波形如图 2-4b 所示。

(2) 输出直流电压、电流值和脉动系数的计算　由于在 u_2 的正、负半波期间负载 R_L 上均有电压且波形完全相同，全波整流电路输出的直流电压应为半波整流的两倍，即

$$U_L = \frac{2\sqrt{2}U_2}{\pi} = 0.9U_2 \tag{2-6}$$

负载上的直流电流也应为半波整流的两倍，即

$$I_L = \frac{0.9U_2}{R_L} \tag{2-7}$$

将全波整流电路的输出电压分解为傅里叶级数后，其最低次谐波的幅度是 $U_{\mathrm{O1M}} = 4\sqrt{2}U_2/(3\pi)$，由此可知脉动系数为

$$S = \frac{\dfrac{4\sqrt{2}U_2}{3\pi}}{\dfrac{2\sqrt{2}U_2}{\pi}} \approx 0.67 \tag{2-8}$$

S 值比半波整流的脉动系数（1.57）要小，说明全波整流输出电压的波动性相对较小。

(3) 二极管的选择　从图 2-5a 中可以看出，当一个二极管导通时，另一个处于截止状态，二极管承受的最大反向电压 $U_{\mathrm{RM}} = 2\sqrt{2}U_2$。因此在选用二极管时应保证其最大反向工作电压满足：

$$U_{RM} > 2\sqrt{2}U_2 \tag{2-9}$$

由于二极管在 u_2 的正、负半周轮流导通，所以通过每一个二极管的电流是负载电流的1/2，故二极管的选择应满足：

$$I_F > \frac{1}{2}I_L \tag{2-10}$$

通过上面的分析可以看出，单相全波整流电路整流效率比单相半波整流电路高一倍，输出波动较小，但二极管所承受的最大反向电压 U_{RM} 也比单相半波整流电路要高一倍，此外，任意一个半周只利用到了变压器上1/2的输出电压，对变压器的利用不够充分。

3. 桥式整流电路

（1）工作原理及波形　图2-5a中四个二极管 VD_1 ~ VD_4 构成电桥的形式，所以称为桥式整流电路，又称为整流桥。整流桥的接线规律是同极性端接负载，异极性端接电源。一般要求四个二极管的性能参数尽可能一致，整流桥有集成的器件，俗称桥堆，性能参数比分立元器件构成的要好。

桥式整流电路的工作原理如图2-5a所示。在 u_2 的正半周，电压的瞬时极性是a端为正，b端为负，二极管 VD_1 和 VD_3 导通，VD_2 和 VD_4 截止，电流从变压器二次侧的a端出发，流经负载 R_L 而由b端返回，R_L 上得到 u_2 的正半周电压。在 u_2 的负半周，电压的瞬时极性是b端为正、a端为负，二极管 VD_2 和 VD_4 导通，VD_1 和 VD_3 截止，电流从变压器二次侧的b端出发，流经负载 R_L 而由a端返回。R_L 上得到 u_2 的负半周电压，且与正半周方向一致。

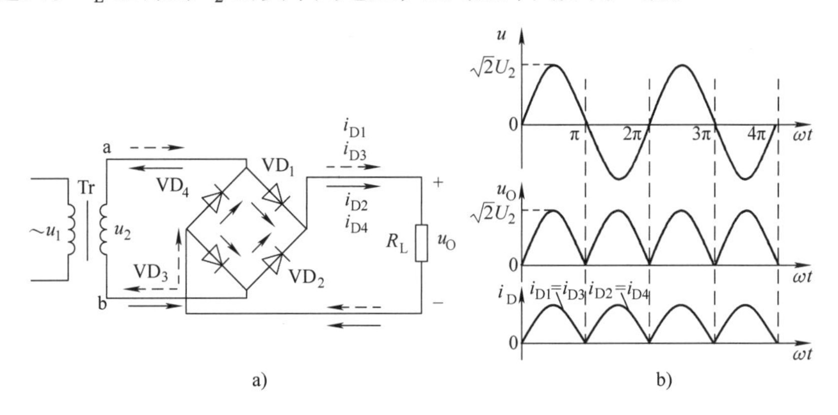

图2-5　桥式整流原理及电压波形

a）电流流向　b）电压波形

由此可见，在 u_2 整个周期里，四个二极管分为两组，在正半周和负半周轮流导通，负载中都有电流流过，而且方向相同，负载上的电压波形与全波整流的电压波形完全一样，如图2-5b所示。

（2）输出直流电压、电流值和脉动系数的计算　由于桥式整流电路的输出电压的波形与全波整流完全相同，因此输出直流电压、电流值和脉动系数也与全波整流电路完全相同。

（3）二极管的选择　由于每只二极管反向截止时，承受的反向电压就是 u_2，所以桥式整流二极管承受的最大反向电压就为 $\sqrt{2}U_2$。要求二极管的最高反向工作电压 U_{RM} 应满足：

$$U_{RM} > \sqrt{2}U_2 \tag{2-11}$$

由于每只二极管都导通半周，截止半周，因此通过每个二极管的平均电流 I_D 应为负载平均电流的1/2，每只二极管的最大整流电流 I_F 应满足：

$$I_F > \frac{1}{2}I_L \tag{2-12}$$

桥式整流电路的输出电压波动较小，每只二极管上承受的最大反向电压也比较小，对变压器要求较低，不需要中心抽头，是性能较好的一种整流电路，只是它的元器件数目较多，电路相对复杂。在实际应用中，应当根据电路的性能要求，合理地选择整流电路的类型和元器件参数。

二、整流电路的仿真

对整流电路的整流效果，既可以用示波器检测其波形，也可以用仿真的办法来分析。电路仿真是电路分析和设计的重要方法，以下用电子仿真软件 Multisim10 来对桥式整流电路进行波形仿真。

1. Multisim10 电路仿真软件基本操作

Multisim10 是美国国家仪器公司开发的完整电路设计工具软件的一个组成部分，具有非常大的元器件数据库和丰富的仿真分析能力，适用于板级的模拟/数字电路板的设计工作。它包含了电路原理图的图形输入、电路硬件描述语言输入方式、全部的数模 Spice 仿真功能、FPGA/CPLD 综合、RF 设计能力和后处理能力，还可以进行从原理图到 PCB 布线工具包的无缝数据传输，与 Ultiboard10 相配套，可以完成从电路的原理设计到 PCB 设计的全套工作。本书只介绍 Multisim10 关于模拟/电路仿真部分的内容。

（1）Multisim10 主界面　双击 Multisim10 桌面图标，即进入软件主界面，在默认情况下，界面上各子窗口、菜单栏、工具栏等的位置如图 2-6 所示。通过菜单操作：【View】→【Toolbars】→【……】，界面上所有的工具条都可以根据需要打开、关闭，也可以用鼠标将它们拖动至使用者喜好的位置。打开主界面的同时也就默认打开了一个新建原理图文件，如不作修改，其文件名为“circuit1. ms10”。

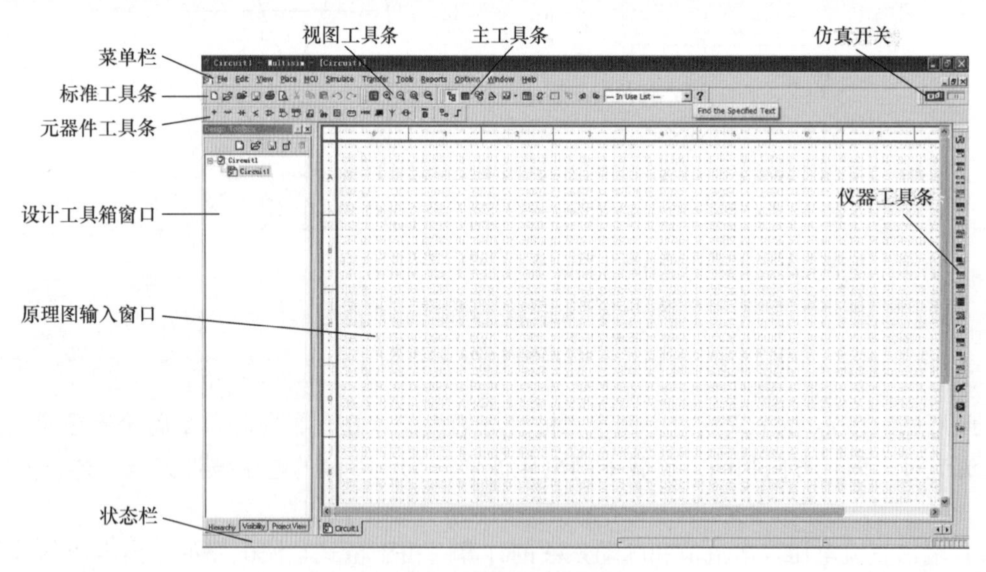

图 2-6　Multisim10 主界面

（2）文件的保存与打开　保存新建文件时，选择菜单【File】→【Save】，将弹出标准的 Windows 保存对话框，选择好一定的路径后，键入文件名，按“保存”按钮即可。被保存的原理图文件后缀名为“. ms10”。经编辑并存盘关闭后的文件下次打开时，选择菜单【File】→【Open】，在弹出的 Open File 对话框中选择相应的路径及文件名后按“打开”按钮即可。当然文件的新建、打开和保存也可以使用标准工具条中相应的按钮：、和。无论 Multisim10 软件是否已经启动，还可以通过双击各级文件夹中原理图文件的图标打开已有的Multisim10原理图文件。从这些文件的操作方式可以看出，Multisim10具有一般Windows应用软件的界面风格，非常容易掌握它的基本方法。与众不同的是，在标准工具条中还有一个蓝色的按钮，按下按钮后将弹开一个指向Multisim10安装文件夹下Circuit Design Suite 10.0/Samples文件夹的Open File对话框，在这个文件夹里，放有大量电路设计和仿真实例，可以给初学者提供很好的借鉴，在对话框中选中感兴趣的原理图文件双击就可以打开它了。

（3）元器件的放置　需要在原理图的输入窗口里放置元器件时，选择菜单【Place】→【Component】，将弹出Select a Component（元器件选择）窗口，它包含的各表框的内容如图2-7所示。元器件可以按“Database/Group/Family/Component”（“库/种类/系列/元器件”）逐级选择，被选在范围内的元器件名出现在“元器件选择”表框中，在这个表框中选中所需要的元器件后，其电路符号、功能、厂家/标识和封装形式都在相应的位置被显示出来。确定好需要的元器件后，单击按钮“OK”，Select a Component窗口消失，被选中的元器件符号粘附在鼠标上，移动到原理图窗口相应的位置后，单击鼠标左键，元器件即被放置。注意，随后元器件选择窗口再次自动弹出，以供选择其他元器件。此时若无需要，直接关闭该窗口即可。此外，如果清楚元器件所属的种类，可以使用主界面上元器件工具条的按钮更快地选择。

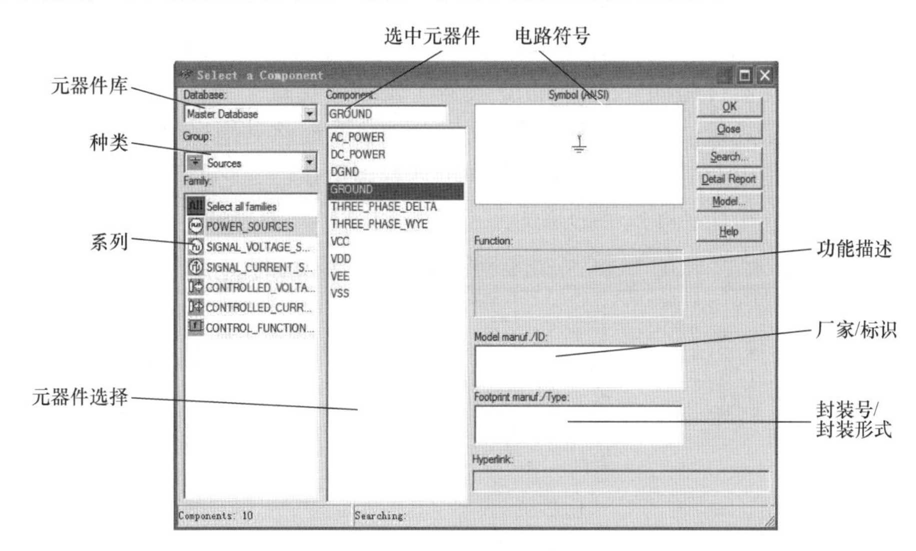

图2-7　元器件选择窗口

（4）元器件布局　按以上方式在原理图上放置元器件后，如果需要更改放置方向，可以选中该元器件，然后单击鼠标右键，在右键菜单中根据需要选择水平翻转、垂直翻转、顺时针旋转90°或逆时针旋转90°。菜单中同时注明了这些操作的快捷方式，熟记这些快捷方式可以使操作更方便。

（5）元器件参数修改　许多元器件在选择后还需要待定或修改参数，简单的如电阻器的阻值，初次选定和放置电阻器时，在电阻器选择窗口中，直接选择所需的阻值（例如10kΩ）即可，如图2-8a所示。在原理图中放置好电阻器后，如果需修改其阻值，则可以双击元器件符号，将弹出属性对话框，选择Value标签页，在图2-8b所示位置修改其阻值，在属性对话框的Label标签页中还可以修改标号。例如将10kΩ电阻表示为负载R_L。

（6）电路连线　单击元器件的某个引脚开始连线，光标会变成十字，移动鼠标，将出现一条连线随光标移动。单击第二个元器件的某个引脚，连线完成，Multisim10会自动形成转折以使

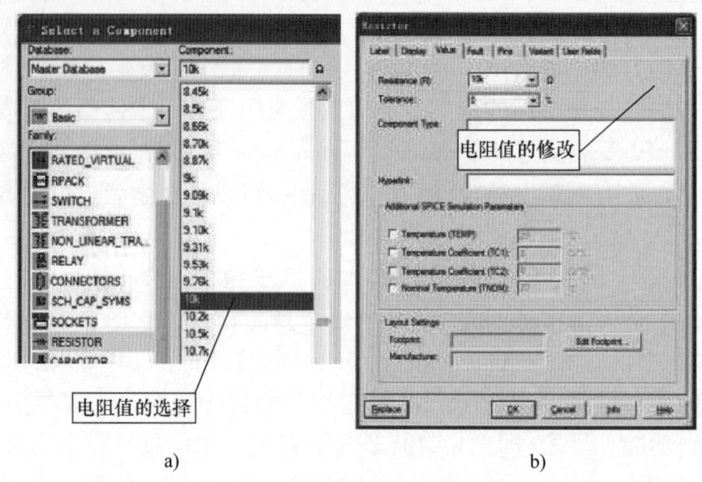

图 2-8　电阻值的选择和修改
a）电阻值的选择　b）电阻值的修改

连线有合适的结构。当然也可以根据自己的喜好来画出连线的形状，这只需在连线过程中在希望转折的位置单击一下鼠标左键，然后更改方向继续画下去，直至连接到下一个引脚。

（7）电路仿真　要对电路进行仿真分析和测试，还需添上电源和仪器。电源是元器件的一种，添加方法与其他元器件相同。Multisim10 仪器工具条中提供了 20 多种的仪器，如图 2-9 所示。默认情况下仪器工具条位于界面右侧，为方便说明，暂时将其拖至原理图输入窗的顶部。这些仪器中最具特点的是由安捷伦和泰克公司提供的四种虚拟仪器，它们具有与真实仪器一模一样的面板，能带给使用者操作实际仪器的感受。

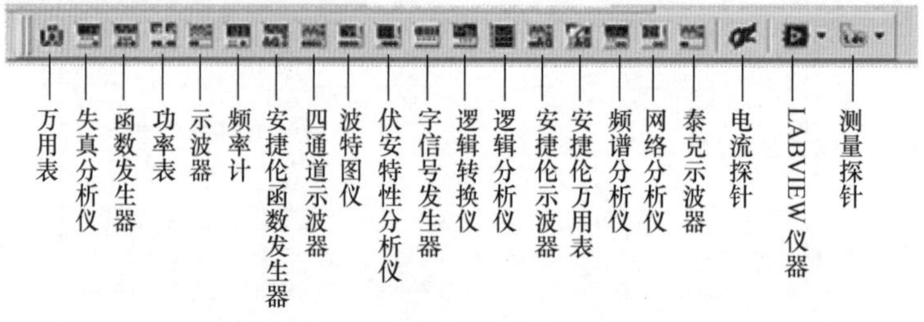

图 2-9　仪器工具条说明

2. 桥式整流电路的仿真测试

图 2-10 所示为桥式整流电路 Multisim10 仿真原理，变压器电压比为 220∶9，R 为负载。观察整流输出波形，并测出输出电压的直流分量。

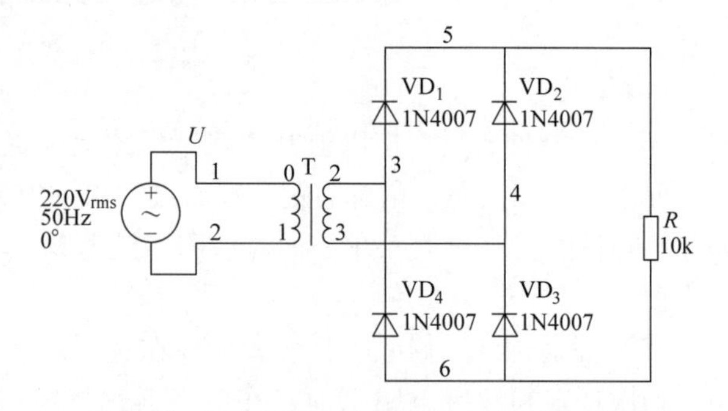

图 2-10　桥式整流电路 Multisim10 仿真原理

（1）按图 2-10 选择元器件并设置其参数，作出原理图

1）电源的选择与设置。单击元器件工具条的第 1 个按钮 ÷（电源库），在弹出的选择窗口的 Family 选择框中选择 POWER_SOURCES，然后在 Component 下的选项框中选择 AC_POWER，单击按钮“OK”，就完成了交流电压源的选择，再单击鼠标将选中的电压源放置在合适位置。接下来对电源进行设置：双击电压源符号，在打开的元器件属性对话框中单击 Value 标签页，将电压有效值 Voltage（RMS）项设置为 220V，频率 Frequency（F）项设置为 50Hz，单击

按钮“OK”完成设置。

2）变压器的选择与设置。单击元器件工具条的第2个按钮（基本元器件库），在弹出的选择窗口的 Family 选择框中选择 TRANSFORMER，然后在 Component 下的选项框中选择 TS_XFMR1，单击按钮“OK”，并将选中的变压器放置在合适位置。接下来对变压器进行设置：双击变压器符号，在打开的元器件属性对话框中单击 Value 标签页，对一－二次侧匝数比 Primary－to－Secondary Turns Ratio 进行设置。该匝数比的定义是二次侧线圈匝数/一次侧线圈匝数，默认的线圈匝数比是1。此处将其改为输入交流220V，输出9V 的变压器，则这一比值应当为 $9/220\approx0.041$。将 Primary－to－Secondary Turns Ratio 的值改为0.041，然后单击按钮“OK”完成设置。

3）整流二极管 $VD_1\sim VD_4$的选择与设置。单击元器件工具条的按钮（二极管库），在弹出的选择窗口的 Family 选择框中选择 DIODE，然后在 Component 下的选项框中选择1N4007，单击按钮“OK”，并将选中的二极管放置在合适位置。重复以上操作放置四个二极管，并将标号修改为 $VD_1\sim VD_4$。元器件标号的修改方法与前文所述电阻器相同。

4）放置负载电阻 R。完成连线，构成桥式整流电路。

（2）为电路添加虚拟仪表　这里使用两种仪表进行检测，用示波器观察其输出波形，并用万用表测量输出电压的直流分量。添加仪表后的电路如图2-11所示。

1）示波器的添加与连接。单击仪表工具条中的按钮，再在原理图上合适位置上单击，即完成了示波器的放置，示波器的符号为 XSC。此处选择示波器的 A 通道来观察整流电路输出端的波形，B 通道观察变压器输出波形以对比。示波器连线方式如图2-11所示，注意：使用示波器时要求至少设置一个参考地，否则仿真时会报错。另外，虚拟示波器仿真时每一路波形的颜色都与这一路信号正输入端连线的颜色相同，为方便分辨两个波形，可将示波器正输入端连线的颜色进行设定。颜色设定方法是：在一段导线上单击鼠标右键，在右键菜单中选择 Segment Color，在弹出的色卡上选择颜色后单击“OK”按钮就完成了修改。此处将 B 通道正输入端连线改为绿色，A 通道保持为默认的红色。

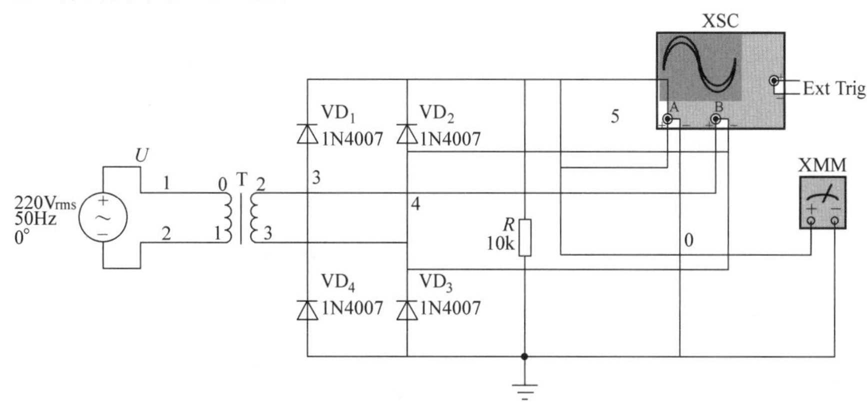

图2-11　为桥式整流电路添加虚拟仪表

2）万用表的添加与连接。单击仪表工具条中的按钮，再在原理图上合适位置上单击完成放置，万用表的符号为 XMM。连线如图2-11所示。

（3）仿真　电路和设备都连接完成后，按下仿真开关开始仿真

1）用示波器观测波形。双击示波器将其扩大，示波器背景色默认为黑色，单击面板上的 Reverse 按钮可以将背景色翻转为白色，这时看到波形如图2-12所示。

波形由于持续扫描而不停变化，这时可以使用仿真开关旁的暂停按钮来进行静态观察。时基

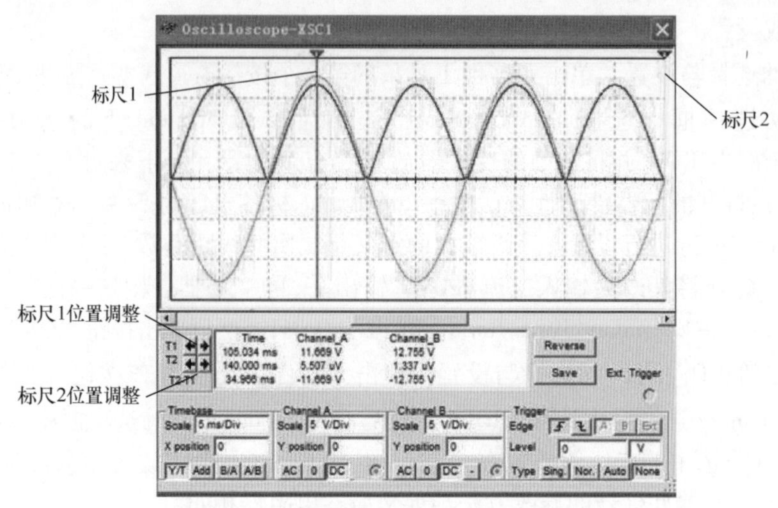

图 2-12　用示波器观察桥式整流电路波形

和电压幅度灵敏度均可以修改，单击对应的 Scale 组合框进行选择，此处将时基选定为 5ms/Div，A、B 通道电压灵敏度选定为 5V/Div。

从波形显示可以看出，桥式整流输出的波形确实与理论分析的结果相一致。只是整流后输出波形的幅度略有损失，损失量可以由示波器的标尺读出。在 Multisim 示波器波形显示窗口中有两根标尺，初始时，它们分别位于波形视窗的两侧，如图 2-12 中的标尺 1 和标尺 2。使用时可以直接用鼠标将它们水平拖动至欲测量的位置。图 2-12 中的标尺 1 已被移动来测量波形的峰值。除用鼠标拖曳外，也可以使用标尺位置调整按钮，该按钮通常用作微调。

由标尺测定的数据显示在波形显示窗下方的列表框中，如图 2-13 所示。图中所示数据第一行含义是：标尺 1 处于时间轴 105.034ms 处（横坐标），此时 A 通道信号值（即整流后电压的输出幅度）为 11.669V，B 通道信号值（即整流前正弦电压的幅度）为 12.755V，由此可以计算出经整流后输出电压幅度约损失 1.1V。这一点很容易理解，因为在信号的任意一个半周，电路都等效于两个导通的二极管与输出负载串联，损失的电压就是二极管上的正向压降。

Time	Channel_A	Channel_B
105.034 ms	11.669 V	12.755 V
140.000 ms	5.507 uV	1.337 uV
34.966 ms	-11.669 V	-12.755 V

图 2-13　示波器标尺的数据列表

该列表框显示数据的第二行是标尺 2 处的时间与电压值，第三行则是标尺 1 与标尺 2 处的时间差值与电压差值。

2）用万用表测量输出电压的直流分量。双击万用表图标将其放大展开，按下电压符号“V”和直流符号“—”，如图 2-14a 所示，可以测得输出电压的直流分量为 7.13V。

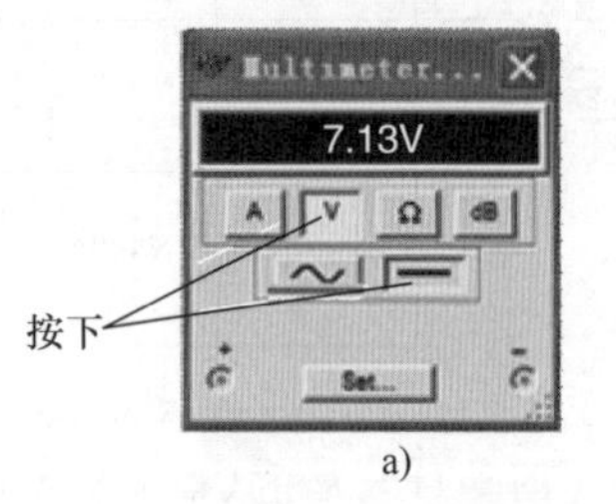

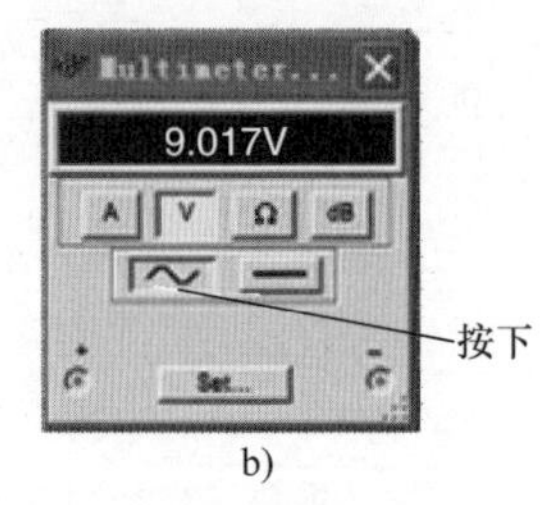

图 2-14　万用表测试整流前后电压的变化

a）整流后输出电压的直流分量　b）整流前交流电压有效值

还可以将万用表改接到变压器输出端，如图 2-15 所示，测量整流前交流分量的有效值。将万用表展开后，单击交流符号“～”，如图 2-14b 所示，整流前交流分量的有效值为 9.017V。

由测量结果发现整流前后电压不完全满足式（2-6），即 $U_L \neq 0.9U_2$，这主要是因为式（2-6）是在忽略二极管正向压降的理想情况下导出的，而 Multisim 仿真中则考虑了元器件真实特性，更接近于电路的实际情况。

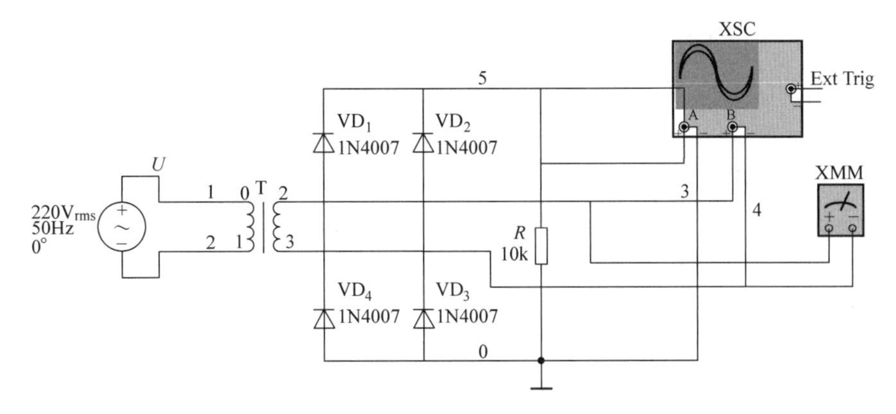

图 2-15 万用表测量整流前电压电路

任务三 滤波电路的分析与仿真

在滤波电路中，最简单的是由电容器、电感器等元器件构成的无源滤波电路，以下仅对几种无源滤波电路进行讨论。

一、电容器滤波电路

图 2-16 中的滤波电路就由一个电容器 C_1 构成，可以先利用 Multisim 仿真来看一看电容器滤波效果。在整流电路之后，并联一只电容器 C_1，如图 2-16 所示，将电容值选为 10μF，然后用示波器观察波形。

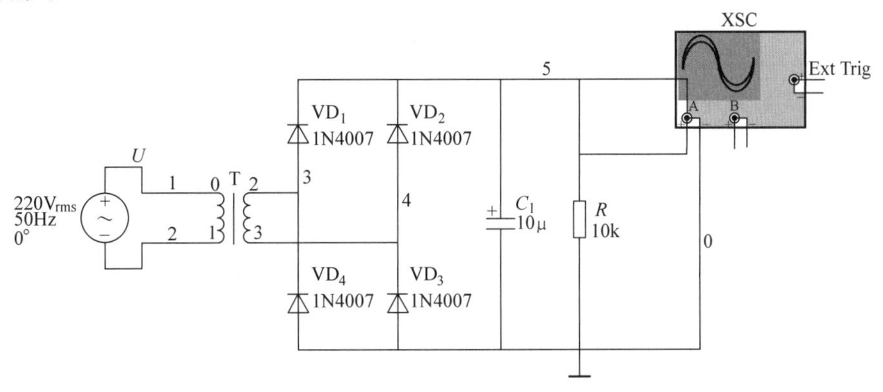

图 2-16 桥式整流电容器滤波电路仿真原理

开始仿真后双击展开示波器可以看到输出波形如图 2-17 所示。由图可以看出，负载上的波形较加电容器之前，脉动性明显减小，趋向于平稳的直流。

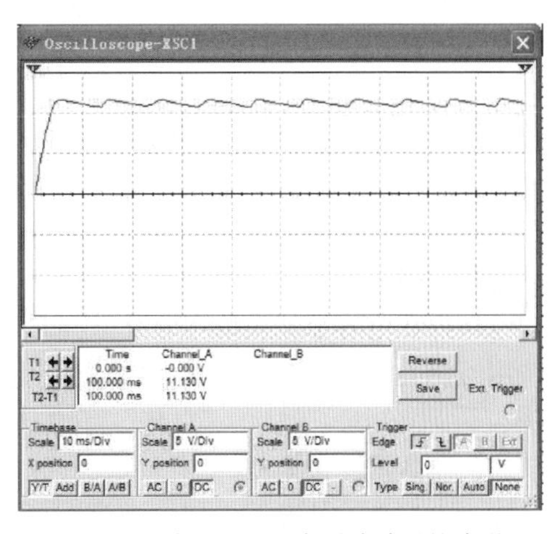

图 2-17 加 10μF 电容器滤波后的波形

电容器滤波电路的基本工作原理就是利用电容器的充放电作用，使负载电压趋于平滑（见图 2-18）。

图 2-18 中虚线为未采用电容器滤波时桥式整流电路的输出波形，u_2 为变压器二次线圈输出电压，U_2 为其有效值，由前文可知，整流波形的最大值为 $\sqrt{2}U_2$。当 u_2 在某一个半周由零值上升的过程中，二极管处于正偏而导通，电源向负载供电，同时也给电容器 C_1 充电，其电压 u_C 的极性为上正下负，由于

充电回路电阻较小，充电很快，可以认为 $u_C=u_2$。当 u_2 上升到其最大值 $\sqrt{2}U_2$ 时（图中 a 点），u_C 也充电到最大值 $\sqrt{2}U_2$，见图 2-18 中曲线的 $0a$ 段。当 u_2 上升到峰值后开始下降，电容器两端电压 u_C 也开始下降，下降开始阶段曲线与 u_2 基本相同，见图 2-18 中曲线 ab 段。但是，由于电容器按指数规律放电，因而当 u_2 下降到一定值后，u_C 的下降速度就会小于 u_2 的下降速度，使 u_C 大于 u_2，此时，二极管承受反向电压变为截止状态，电容器 C_1 充当电源向 R_1 放电，u_C 按指数规律下降，见图中曲线 bc 段。放电速度由放电时间常数 $\tau=R_1C_1$ 决定。

直到 u_2 的下一个半周整流电压增大到大于电容器两端的电压时，二极管才重新导通。u_2 给负载供电的同时，也给电容器充电，直到整流电压越过峰值后又下降到小于 u_C，C_1 又开始放电。如此周而复始的进行下去，负载上就得到平滑的输出电压。

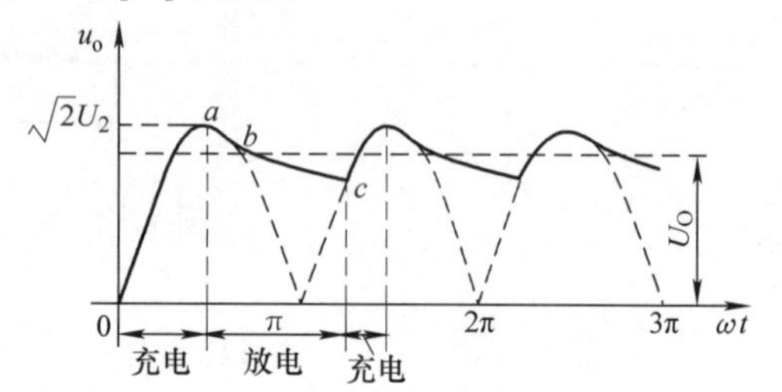

图 2-18　电容器滤波电路波形分析

由于放电的速度取决于时间常数 $\tau=R_1C_1$，显然，电容值越大，放电时间越长，波形越平滑，滤波效果越好。例如，将图 2-16 所示电路中的 C_1 改为 1000μF，将得到如图 2-19 所示的仿真波形。显然电压的波动更小了，而且平均电压增大了。

是否可以据此认为滤波电容器越大好呢？这还需要考虑另外一个方面。在桥式整流电路中，每只二极管均有半个周期处于导通状态，对应的相位角为 π，这个相位角称为二极管的导通角 θ。加电容器滤波后，只有当 $|u_2|$ 大于 u_C 时，二极管才导通，因此每只二极管的导通角都小于 π，并且 R_1C_1 的值越大，放电时间越长，θ 将越小。由于电容增大后输出电压电流的平均值也增大，而二极管的导通角却减小，在短暂的导通时间内将流过一个很大的冲击电流，影响其使用寿命，因此滤波电容器的选择并不是越大越好。而且滤波电容器通常选用有极性的电解电容器，其电容量越大，价格越贵，也没必要一味地追求大电容量。

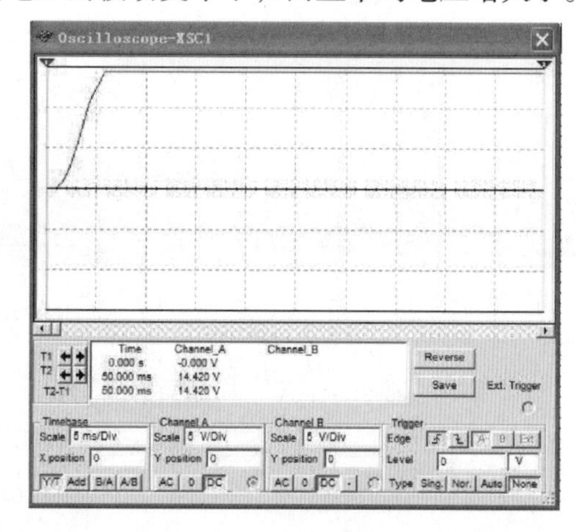

图 2-19　加 1000μF 电容器滤波后的波形

在实际工作中经常根据式（2-13）选择滤波电容，即

$$\tau=R_1C_1\geqslant(3\sim5)\frac{T}{2} \tag{2-13}$$

式中　T——输入交流电的周期。

在 R_1 和 C_1 满足式（2-13）时，输出电压平均值在工程上可按式（2-14）估算。即

$$U_O=U_L\approx1.2U_2 \tag{2-14}$$

此外应当选择较大容量的整流二极管，一般可按（2～3）I_L 来选择。由于电流可能很大，必要时还可以在电容器滤波前串联几欧到几十欧的电阻器，来限制电流保护二极管。

用万用表测量此时负载两端的直流电压，其值在 11.3V 左右，与式（2-14）的计算结果相符。

二、电感器滤波电路

在大电流负载情况下常用电感器滤波，即在整流电路与负载之间串联一个带铁心的电感器

L，如图 2-20a 所示。

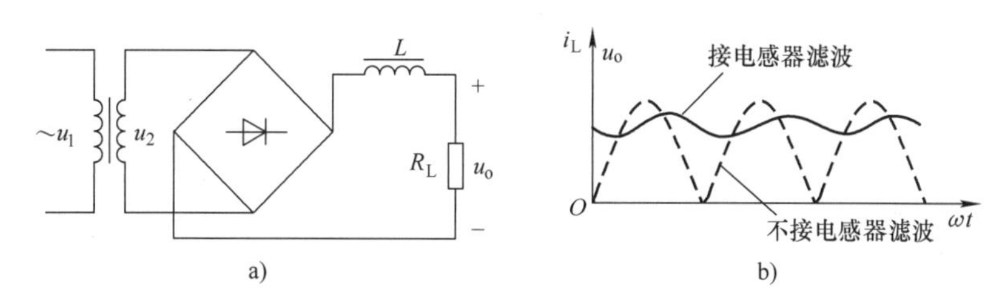

图 2-20　电感器滤波电路及波形

a）电感器滤波电路　b）电感器滤波波形

电感器滤波的基本原理是电磁感应原理：当电感器线圈通过变化的电流时，它的两端将产生自感应电动势阻碍电流的变化，使得整流电流变得平缓，滤除了电路中的脉动成分，如图 2-20b 所示。

由于电感器的直流电阻很小，整流电路输出的电压中的直流分量几乎全部加到了负载上，$U_O \approx 0.9U_2$。而电感器线圈对交流的阻抗很大，所以交流分量大部分降落在线圈上。电感器滤波的特点是峰值电流很小，输出特性较平坦。其缺点是由于铁心的存在，笨重，体积大，易引起电磁干扰。这种电路一般适合于大电流、低电压的场合。

三、复式滤波电路

当单用电容器或电感器进行滤波难以满足要求时，为了进一步减小负载电压中的脉动成分（纹波），提高滤波质量，可以采用复式滤波电路。复式滤波电路是将电容器、电感器及电阻器组合而成，通常有 LC 型、$LC-\pi$ 型、$RC-\pi$ 型几种。它的滤波效果比单一的滤波电路要好，所以应用广泛。

1）LC 型滤波器：是由电感器和电容器组成滤波电路。脉动成分经过双重滤波作用，交流分量大部分被电感器滤除，剩余部分再经过电容器滤波，使输出电压更加平缓。

2）$LC-\pi$ 型滤波器：可以看成是电容器滤波和 LC 型滤波器组合而成，因此滤波效果更好，负载上的电压也更平滑。

3）$RC-\pi$ 型滤波器：当负载上的电流很小，为降低成本可以用电阻 R 代替电感 L。R 的阻值越大，在电阻上的直流压降也越大。当使用一级复式滤波电路达不到负载的要求时，也可以考虑增加级数，构成多级 RC 复式滤波电路。

以上几种复式滤波电路的形式、性能特点及适用场合见表 2-1，供选用时参考。

表 2-1　几种复式滤波电路的性能比较

名称	LC 型滤波	$LC-\pi$ 型滤波	$RC-\pi$ 型滤波
电路形式	L, C, R_L	L, C_1, C_2, R_L	R, C_1, C_2, R_L
输出电压 U_O	$U_O=0.9U_2$	$U_O=1.2U_2$	$U_O=\frac{1.2R_L}{R+R_L}U_2$
整流管冲击电流	小	大	大
适用场合	大电流且变动大的负载	小电流负载	小电流负载

任务四　串联型稳压电路的分析与仿真

一、稳压二极管并联稳压电路分析

典型的稳压二极管并联稳压电路如图 2-21 所示，VS 和负载 R_L 为并联关系，R 为限流电阻器。

由于电路中的电压与电流满足如下关系：

$$U_O = U_I - IR = U_S \quad I = I_S + I_L$$

能引起负载电压不稳定的因素一般是两个：一是输入电压的波动，二是负载电阻的变化。以下针对这两个方面来分析稳压原理。

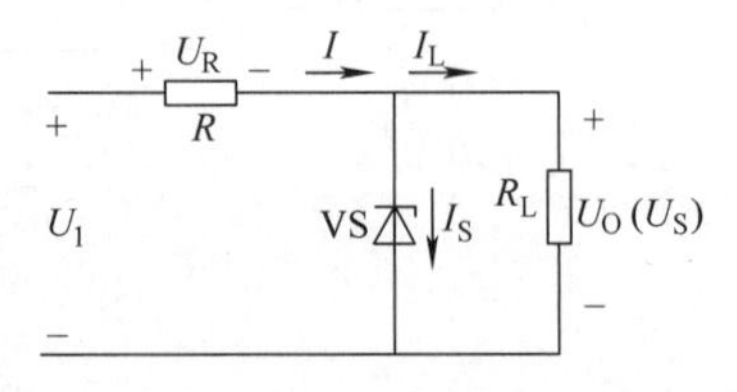

图 2-21　典型的稳压二极管并联稳压电路

设负载电阻不变，当输入电压 U_I 增大时，输出电压将上升，使稳压二极管的反向电压略有增加。根据稳压二极管反向击穿特性，其反向电流将大幅度增加，于是流过限流电阻器 R 的电流 I 也将增加很多，所以限流电阻器上的电压将增大，使得 U_I 增量的绝大部分降落在 R 上，从而使输出电压 U_O 基本保持不变。其工作过程如下。

$$U_I \uparrow \to U_O \uparrow \to I_S \uparrow \to I \uparrow \to U_R \uparrow \to U_O \downarrow$$

如果输入电压 U_I 减小，则变化过程相反。

若输入电压 U_I 不变，当负载电阻 R_L 减小时，流过负载的电流 I_L 将增大，导致限流电阻器上的总电流 I 增大，则其上的压降增大。因输入电压不变，所以使输出电压下降，即稳压二极管上的电压下降，其反向电流 I_S 立即减小，如果 I_L 的增加量和 I_S 的减小量基本相等，则 I 基本不变，输出电压 U_O 也基本不变，上述过程可描述如下：

$$R_L \downarrow \to I_L \uparrow \to I \uparrow \to U_R \uparrow \to U_O \downarrow \to I_S \downarrow \to U_R \downarrow \to U_O \uparrow$$

如果 R_L 增大，则变化过程相反。

稳压二极管并联稳压电路的优点是结构和原理都很简单，但它存在的最大问题是：由于负载与稳压二极管并联，负载上的电压即为稳压二极管的稳压值，不能够调整。

二、串联稳压电路分析

串联稳压电路有四个基本组成部分：取样、基准、比较放大和调整。其框图如图 2-22 所示，它是按照如下原理工作的：取样电路从输出电压取样一部分，与基准电路产生的基准电压一起送入比较放大电路，比较放大电路将输出电压的变化量放大来控制调整电路 AB 两端电压的变化。调整电路 AB 段是与输出端负载相串联的，当电路总电压基本稳定时，串联的两部分电路上的电压是此消彼长的关系。如果比较放大电路检测到输出电压有增大的趋势，则控制调整电路，使 AB 段电压也增大，从而使输出电压增量减少，起到稳定输出电压的作用。反之，如果比较放大电路检测到输出电压有减小的趋势，则控制调整电路，使 AB 段电压也减小，从而使输出端电压减小量也少一些。

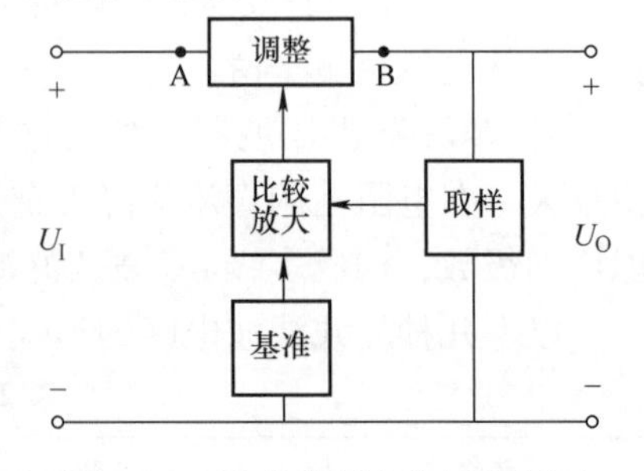

图 2-22　串联稳压电路原理框图

分析实例：分析图 2-22 所示稳压电路类型及工作原理。

可如图 2-23 所示的四个部分，即调整、比较放大、基准和取样。其中 R_2 的作用是双重的，兼作比较放大电路中 VT_2 的集电极负载电阻器和调整管 VT_1 的基极偏置电阻器。

（1）基准电路分析　由 R_3 和 VS 构成的基准电路实际上是一个稳压二极管并联稳压电路，R_3 是 VS 的限流电阻器，这部分电路提供的基准电压就是稳压二极管的稳定电压 U_S，它为 VT_2 的发射极提供了一个基准电位。

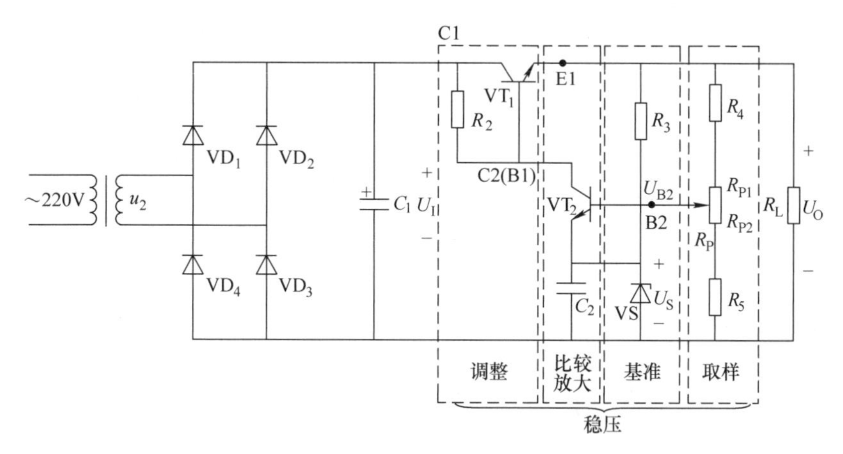

图 2-23 典型串联稳压电源稳压电路分析

(2) 取样电路分析 取样电路由 R_4、R_5、R_P 构成，它其实就是一个电阻器分压电路，由于晶体管 VT_2的基极电流很小，一般只有几十微安，因此 R_4、R_5、R_P上电流近似相等，如果将 R_P的上下两部分电阻分别记为 R_{P1}和 R_{P2}，则图 2-24 中 B_2点的电位计算为

$$U_{B2}=\frac{R_5+R_{P2}}{R_4+R_5+R_P}U_O \tag{2-15}$$

即将输出电压按比例取出一部分送到 VT_2的基极。

取样电路还有一个作用，就是调节输出电压的大小，由于 NPN 型晶体管 VT_2处于放大状态，其 B、E 间电压约为 0.7V，即 $U_{B2}=U_S+0.7V$，代入式（2-15）可得

$$U_O=\frac{R_4+R_5+R_P}{R_5+R_{P2}}(U_S+0.7V) \tag{2-16}$$

式（2-16）说明图 2-23 中串联稳压电路输出电压可调。

(3) 比较放大电路分析 比较放大电路的核心器件是晶体管 VT_2，它利用 VT_2上电压 U_{BE}和 U_{CE}的反向特点（详见单元三）来工作：当晶体管工作在放大区时，电压 U_{BE}和 U_{CE}的变化趋势相反。即 U_{BE}增大会引起 U_{CE}减小，反之，U_{BE}减小则 U_{CE}增大。

对于 VT_2而言，它的发射极电位由基准电路基本固定，B2 点电位根据式（2-15）从输出电压 U_O取样。VT_2的作用就是通过与发射极基准电位的比较，将 B2 点电位的变化反映到它的集电极 C2 点，再由这一点电位的变化来控制调整电路电压的变化。具体来说就是：U_{B2}升高使 U_{BE2}增大，导致 U_{CE2}减小，即集电极 C2 点电位 U_{C2}降低；反之，U_{B2}降低则 U_{C2}升高。

电路中的电容器 C_2将 VT_2的发射极连接到地，目的是防止发生自激振荡影响电路工作的稳定性。

(4) 调整电路分析 VT_1是调整电路的核心器件，从图 2-23 中可以看出，调整管 VT_1与负载具有电压串联关系。设稳压电路的输入电压为 U_I，则有

$$U_I=U_O+U_{CE1} \tag{2-17}$$

如果电网电压或负载变化引起输出电压 U_O上升，则将发生如下的调节过程：由式（2-15）可知，U_O上升将引起 U_{B2}上升，从比较放大电路的分析可知 U_{B2}上升将引起 U_{C2}的下降，升高的 U_O（E1 点电位升高）和降低的 U_{B1}（U_{C2}）共同导致了 U_{BE1}的减小，由于 VT_1上也具有 U_{BE}和 U_{CE}反向的特点，所以引起了 U_{CE1}的增大，由式（2-17）知，U_{CE1}的增大必定会抑制 U_O的上升而使之趋于稳定。

$$U_O\uparrow\rightarrow U_{B2}\uparrow\rightarrow U_{C2}(U_{B1})\downarrow\rightarrow U_{BE1}\downarrow\rightarrow U_{CE1}\uparrow\rightarrow U_O\downarrow$$

若电网电压或负载变化引起 U_O下降时，则产生相反的调节过程，读者可以自行分析。

三、稳压电路仿真分析

分析实例：典型串联稳压电路（见图 2-23）输出波形与输出电压范围分析。

（1）元器件的选择与放置　打开 Multisim 软件并在原理图输入窗口中合适的位置放置图 2-24 中的元器件，它们的类型或参数设定如下：$VD_1 \sim VD_4$ 选用二极管 1N4007，VT_1和 VT_2选用晶体管 2SC2001，$R_2 = 1k\Omega$，$R_3 = 1k\Omega$，$R_4 = 300\Omega$，$R_5 = 510\Omega$，$R_P = 1k\Omega$，$C_1 = 470\mu F$，$C_2 = 10\mu F$。

（2）线路连接　按图 2-23 将元器件用导线连接起来。

（3）放置虚拟仪表　按图 2-23 连接线路并放置示波器用于观察波形，示波器 A 通道用于观察稳压电路输出端波形，B 通道用于观察稳压电路输入端波形以进行对比。放置万用表测试输出电压。放置好仪表的原理图如图 2-24 所示。

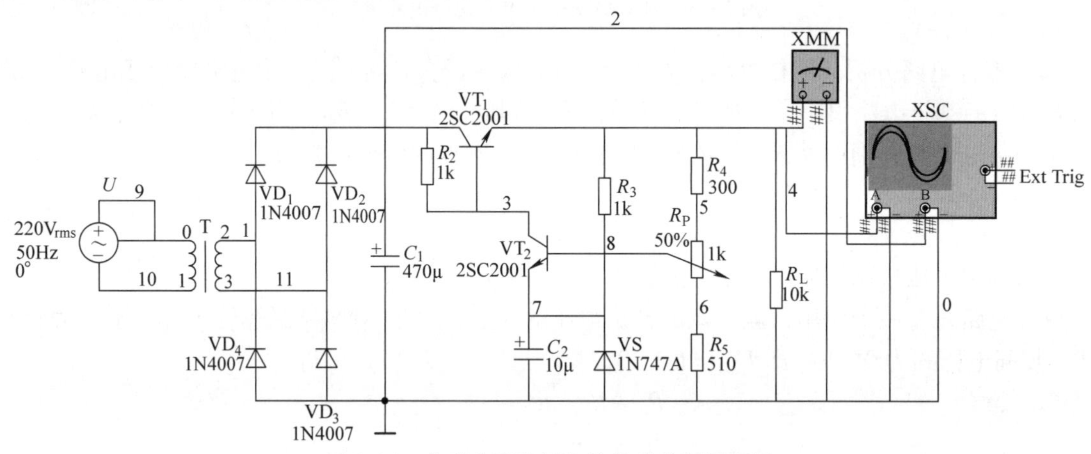

图 2-24　典型串联稳压电路仿真分析原理图

（4）按下仿真开关开始仿真。

（5）双击展开示波器观察波形　稳压前后波形比较如图 2-25 所示，可以看出稳压后输出直流电压更稳定。

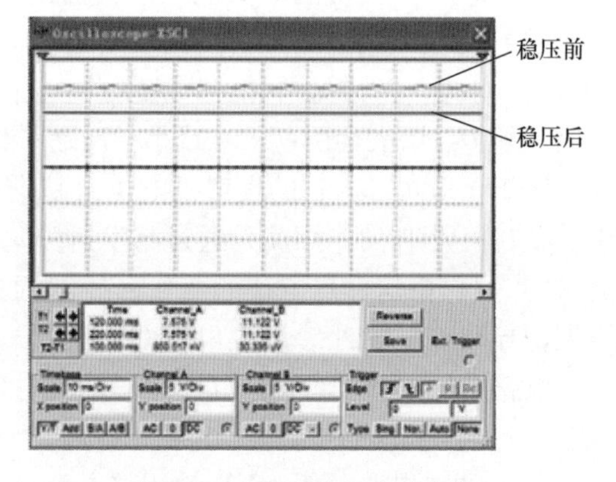

图 2-25　稳压前后波形比较

（6）双击展开万用表　用直流电压档测量输出电压范围。将鼠标移到电位器 R_P 的位置上，电位器将显示滑动条。这里电位器的电阻比是电位器滑动端箭头偏向一侧的部分电阻与电位器总电阻的比，默认值为 50%。用鼠标拖动滑动条，可以改变电阻比。

将滑动条拖至最左端，即电阻比为 0% 时，测得输出电压为 10.356V。

将滑动条拖至最右端，即电阻比为 100% 时，测得输出电压为 5.088V。

经以上测试过程可知输出电压的调节范围为 5.088 ~ 10.356V。

将上述电压的调节范围与式（2-16）的计算结果进行比较。先用万用表测量一下稳压二极管 1N747A 的稳压值 U_S，其值为 3.57V，则 U_O的最小值为

$$U_{O(min)} = \frac{R_4 + R_5 + R_P}{R_5 + R_P}(U_S + 0.7V) = \frac{300 + 510 + 1000}{510 + 1000} \times (3.57 + 0.7)V = 5.12V$$

U_O的最大值为

$$U_{O(\min)}=\frac{R_4+R_5+R_P}{R_5+0}(U_S+0.7V)=\frac{300+510+1000}{510}\times(3.57+0.7)V=15.15V$$

即理论计算的电压调节范围为5.12～15.15V，输出电压的最小测量值与计算值只存在微小误差，且是可以接受的，因为VT_2发射结压降0.7V是一个大略的值。输出电压最大测量值与计算值却相差甚远，造成输出电压达不到15V左右的原因是滤波电容器两端的电压只有约11V，由调整管与负载的电压串联关系可知，输出电压不可能大于11V。实际上，当R_P的滑动端下移到R_{P2}接近0时，VT_2的基极电位已经很低，VT_2的发射结不能导通，因此式（2-16）也不再成立。

项目二　集成稳压器稳压电源的设计与制作

任务一　集成稳压器的类型与应用

一、集成稳压器的概念与分类

将稳压电路的基准、取样、比较放大和调整等部分集成在一块芯片上，再加上限电流保护、过电压保护、过热保护等辅助电路，就构成了性能更加稳定、外围电路简单的集成稳压器。利用集成稳压器能够设计出体积小，可靠性高、使用简单的直流稳压电源。

集成稳压电路种类很多，按引出端的数目可分为三端集成稳压器和多端集成稳压器。其中，三端集成稳压器的应用最广，它只有三个外部接线端子，采用与晶体管同样的封装形式，使用和安装也和晶体管一样方便，因此广泛应用于各种电子设备中。三端集成稳压器按照输出电压是否可调又可分为固定式和可调式两类。

固定式三端集成稳压器的三个外部接线端子为输入端、输出端和公共端，通用产品主要有CW7800系列（输出固定正电源）和CW7900系列（输出固定负电源）。输出电压由具体型号的后两位数字代表，有5V，6V，9V，12V，15V，18V和24V等。其额定输出电流以78（79）后面的字母来区分。L表示0.1A，M表示0.5A，无字母表示1.5A。例如CW7812表示稳压输出+12V电压，额定输出电流为1.5A。其外形及引脚排列如图2-26所示。

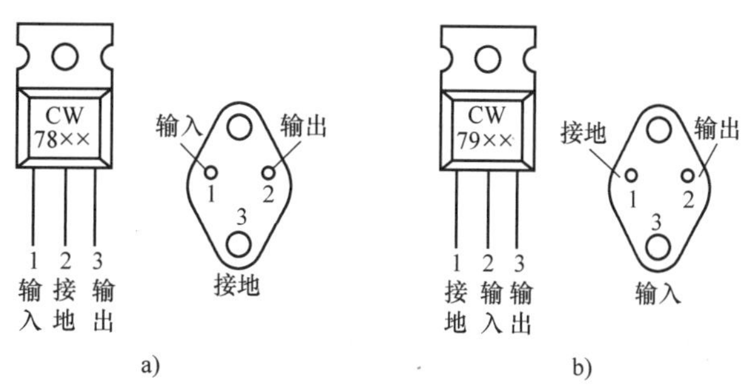

图2-26　固定式三端集成稳压器的外形及引脚排列
a）78××系列　b）79××系列

可调式三端集成稳压器的三个外部接线端子为输入端、输出端和调整端，典型产品有输出正电压的LM117、LM 317系列和输出负电压的LM 137、LM 337系列。同一系列的内部电路和工作原理基本相同，但在参数上有一些差别，而且同一型号不同封装形式的产品其性能参数也有微小差别，在使用时应当注意辨别。

以LM317为例，其封装有三种形式，外形及引脚排列如图2-27所示。其中图2-27a、b为金属封装；图2-27c、d为带散热片的塑料封装，散热片均与输出端连在一起，图2-27d是贴片封装。

二、集成稳压器的参数

集成稳压器的参数可分为性能参数、工作参数和极限参数三类。

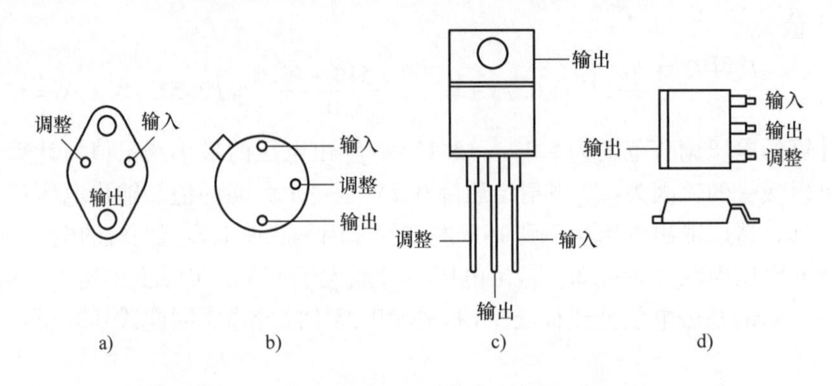

图 2-27　三端可调稳压器 LM317 的外形及引脚排列
a) TO-3 封装　b) TO-39 封装　c) TO-220 封装　d) TO-263 封装

1. 性能参数

集成稳压器的性能参数是指在给定的工作条件下，集成稳压器本身所能达到的性能指标。其中主要有电压（线路）调整率、电流（负载）调整率和输出电阻等。这些参数的定义与前述直流稳压电源相应的技术指标相同。

2. 工作参数

工作参数是指集成稳压器能够正常工作的范围和保证正常工作所必需的条件。工作参数主要有以下几个。

（1）最大输入-输出电压差 $(U_I-U_O)_{max}$　最大输入-输出电压差是指集成稳压器输入端和输出端之间的电压降所允许的最大值，若超过此值，会造成稳压器被击穿而损坏。

（2）最小输入-输出电压差 $(U_I-U_O)_{min}$　最小输入-输出电压差是指能保持集成稳压器正常稳压的输入-输出电压降的最小值，若小于此值，稳压器将失去稳压（电压调整）作用。

（3）输出电压范围 $(U_{Omin}\sim U_{Omax})$　可调集成稳压器的输出电压范围是指在规定的输入-输出压差内，能获得稳定输出电压的范围。对于固定式三端稳压器而言，输出电压则是一个确定的值。

（4）静态工作电流 I_Q　静态工作电流是指在加上输入电压以后，集成稳压器内部电路的工作电流。当输入电压变化或输出电流变化时，静态工作电流也相应地变化。这个变化值越小越好。

3. 极限参数

极限参数反映集成稳压器的安全工作条件。

（1）最大输入电压 U_{Imax}　最大输入电压是保证集成稳压器能安全工作的最大输入电压值。它取决于稳压器内部器件的耐压和功耗，使用中不应超过此值。

（2）最大输出电流 I_{Omax}　集成稳压器能正常工作的最大输出电流定义为最大输出电流，具有内部过电流保护的集成稳压器，当输出电流达到规定的电流极限时，内部过电流保护电路将起保护作用。

（3）最大功耗 P_M　集成稳压器的最大功耗 P_M 表示它所能承受的最大耗散功率。由于集成稳压器静态工作电流较小，所以在输出电流较大时，稳压器的功耗可表示为

$$P\approx(U_I-U_O)I_O$$

需要说明的是，集成稳压器的最大功耗与稳压器的外壳、外加散热器尺寸及环境温度有关。它的热特性就通过集成稳压器的最大功耗 P_M 来反映，只要它的芯片发热程度不超过最高结温或者处于芯片热保护能力之内，即可认为集成稳压器的功耗是处于允许范围之内。

三、集成稳压器的基本应用方式

1. 固定式三端稳压器

固定式三端稳压器典型应用电路如图 2-28 所示。

图 2-28a 所示是用 CW7812 组成的输出 12V 固定电压的稳压电路。图中 C_i 用以减小纹波以及抵消输入端接线较长时的电感效应，防止自激振荡，并抑制高频干扰。一般取 0.1 ~ 1μF。C_o 用以改善负载的瞬态响应，减小脉动电压并抑制高频干扰，可取 1μF。使用时应注意防止公共端开路，同时 C_i 和 C_o 应紧靠集成稳压器安装。

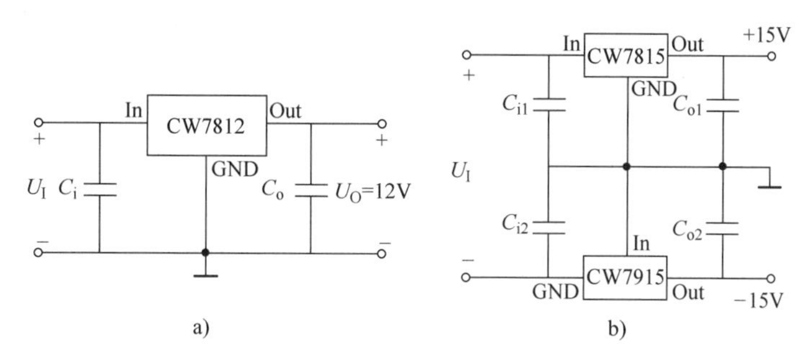

图 2-28 三端稳压器典型应用电路

a）固定电压输出电路 b）正负双向电压输出电路

电路中经常需要能同时输出正、负电压的双向直流稳压电源，集成稳压器常用来制作此类电源。图 2-28b 是用 CW 7815 和 CW 7915 系列集成稳压器构成的双向稳压电源，电路中 CW 7815 和 CW 7915 共用整流滤波电路，具有共同的公共端，可以同时输出正、负两种电压。

在所需稳压电源输出电压高于集成稳压器的标准输出电压的场合，可以采用升压电路来提高输出电压。图 2-29 所示是提高稳压器输出电压的应用电路。

图 2-29a 是外接稳压二极管来提高输出电压的电路，由图可以看出

$$U_O = U_{\times\times} + U_S$$

式中，$U_{\times\times}$ 是集成稳压器的输出电压，U_S 是稳压二极管的稳定电压。电阻器 R 是稳压二极管 VS 的限流电阻，VD 是保护稳压器的续流二极管。正常工作时 VD 处于反向截止状态，当输出端短路时，VD 导通，稳压二极管两端电压形成的电流可以流经导通的二极管和短路的输出端形成的回路，而不会倒流进稳压器的接地端，造成损坏。

也可以用外接电阻器提高输出电压，如图 2-29b 所示，但由于公共端电流的变化，采用这种方式提高电压稳压精度较低。

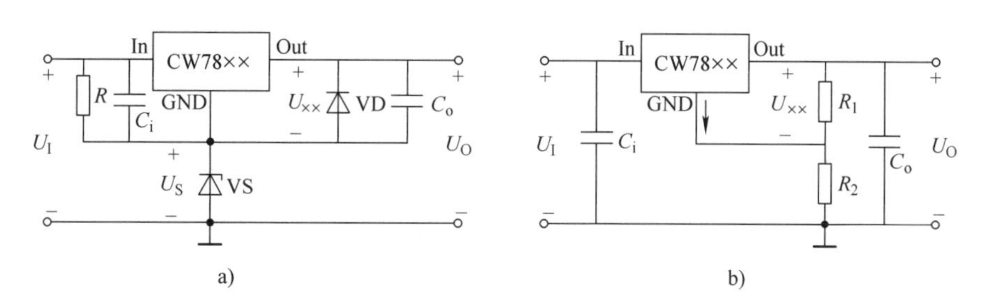

图 2-29 提高输出电压的电路

a）用稳压二极管提高输出电压 b）用电阻器提高输出电压

在要求输出电流大于稳压器最大输出电流的情况下可采用扩大输出电流的电路。

图 2-30 所示电路采用外接功率管来扩展输出电流。显然，扩展后稳压电源的输出电流为

$$I_O = I_C + I_{CW}$$

需要指出的是，由于外接扩流管的热稳定性比集成稳压器要差，这种形式的电流扩展会使稳压电路的稳压精度降低。

2. 可调式三端稳压器

图 2-31 是可调式三端稳压器的基本应用电路。

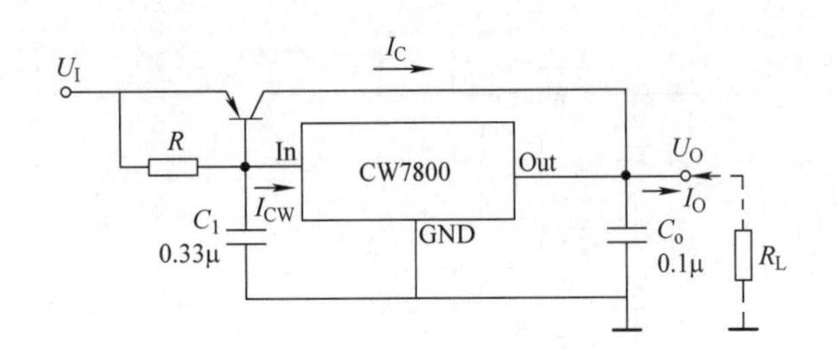

图 2-30　大电流输出的稳压电源电路

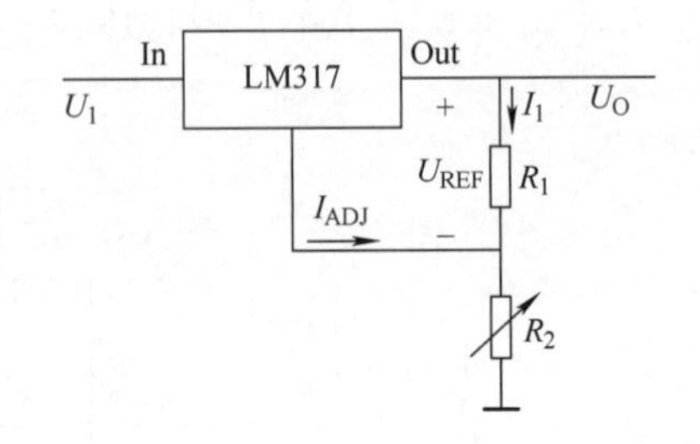

图 2-31　可调式三端稳压器的基本应用电路

稳压器在输出端和调整端之间提供了一个基准电压 U_{REF}，将基准电压加在固定电阻 R_1 两端，产生恒定的电流 I_1，流经输出调整电阻 R_2 的电流则为（$I_1 + I_{ADJ}$），因此，输出电压为

$$U_O = (1 + \frac{R_2}{R_1}) U_{REF} + I_{ADJ} R_2$$

芯片的调整电流 I_{ADJ} 被设计得非常小，而且在电网和负载变化的情况下均十分稳定，例如 LM317 的 I_{ADJ} 典型值为 50μA。因此，稳压器可以输出非常稳定的电压。并且，不要求十分精确的电源设计均可以忽略 I_{ADJ}，用式（2-18）估算输出电压，即

$$U_O = (1 + \frac{R_2}{R_1}) U_{REF} \tag{2-18}$$

任务二　集成稳压器稳压电源的设计实例

设计任务：

试设计一个集成稳压器稳压电源，设计指标如下。

1）220V 工频电压输入，电网电压可能产生 10% 的波动。

2）输出直流电压 U_O：2 ~ 30V 可调。

3）输出额定电流 I_O：> 1A。

4）最大输出功率 P_O：> 15W。

5）稳压系数：< 0.01。

6）纹波系数：< 10^{-3}。

7）输出电阻：< 0.1Ω。

一、指标分析

稳压电源的技术指标分为两类：一类是特性指标，另一类是质量指标。

1. 特性指标

（1）输入电压及其变化范围　输入电压及其变化范围是指电源正常工作对输入电压的要求。以图 2-24 所示的串联直流稳压电源为例，它使用 220V 交流电输入，考虑到交流电可能存在约 10% 的波动，一般将输入电压范围定在 200 ~ 240V。可以用万用表仿真测试一下这个电源在该范

围内能否正常工作。当负载 10kΩ，电位器 R_P 滑动端位于正中时，假定电网电压波动，测出输出电压，见表 2-2。

表 2-2　电网电压波动时稳压电源的输出

电网电压交流有效值/V	输出直流电压/V
200	7.49
220	7.54
240	7.59

从表中可以看出，输入电压在这个范围内波动时，输出电压基本稳定。

（2）输出电压及其调节范围　直流稳压电源的输出电压及其调节范围决定了它的应用，根据输出电压可以将直流稳压电源分为固定式和可调式两种。图 2-24 所示的串联直流稳压电源即为可调式直流稳压电源，其调节范围为 5.088～10.356V。

（3）额定输出电流　额定输出电流指直流稳压电源正常工作时的最大输出电流，它主要受两个方面的约束，一方面是调整管的集电极最大允许电流和最大允许耗散功率，另一方面还要考虑输出电压的稳定性。

例如：可以对图 2-24 中直流稳压电源的额定输出电流作如下仿真分析。

1）在图 2-24 中添加一个万用表与负载 R_L 串联，并将其档位设置到直流电流档，测量输出电流。用示波器观察和测量输出电压。电路连接如图 2-32 所示。

2）将 R_P 的电阻比调整到 50%，按表 2-3 调整负载电阻 R_L，用万用表测量输出电流，用示波器观察输出电压的波形和稳定时的电压值，记录在表格 2-3 中。注意：因为电路中存在大电容，仿真过程比较慢。为避免电路刚上电时的不稳定状态影响读数，应当留心软件界面底部状态栏中的仿真时间栏，当仿真时间达到 1s 以上时，再从示波器读取电压值。

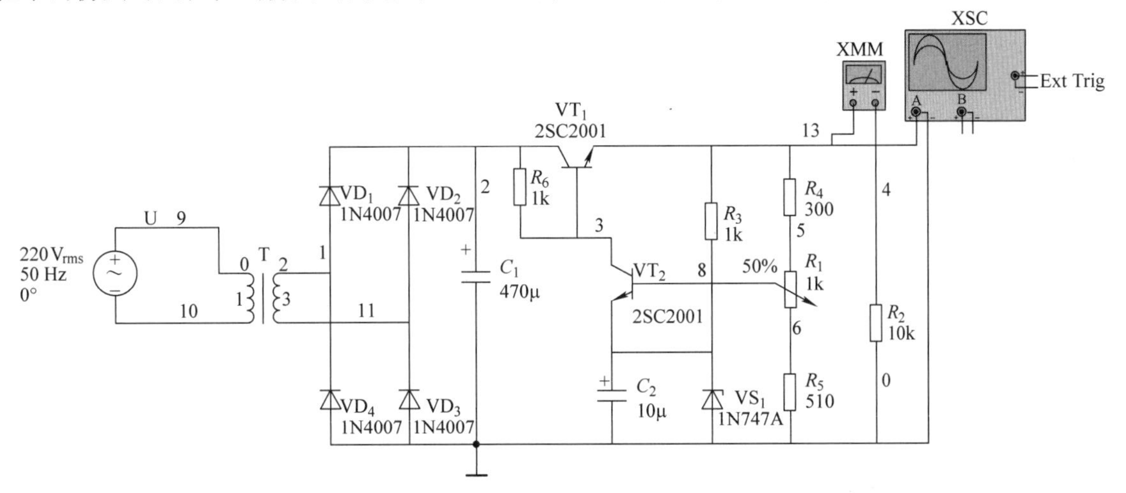

图 2-32　典型直流电源的额定输出电流测试

表 2-3　负载电流对稳压电源的输出电压的影响

R_L	∞（开路）	10kΩ	1kΩ	100Ω	50Ω	30Ω
I_O/mA	0	0.757	7.57	75.4	149.8	237.6
U_O/V	7.57	7.57	7.57	7.54	7.49	7.13

表格 2-3 中数据说明，稳压电源的输出电压并不具备理想的恒压特性，随着输出电流的增

加，输出电压会逐渐下降。表中负载电阻下降到30Ω时的U_O是使用万用表测量的，因为此时的输出电压已有很大的波动，输出不再稳定，波形如图2-33所示。

根据以上分析，这一稳压电源的额定输出电流可以定在150mA。

2. 质量指标

（1）稳压系数K_U　稳压系数K_U是指在负载电流和环境温度不变的条件下，稳压电源输出电压的相对变化量与输入电压的相对变化量之比，即

$$K_U = \left.\frac{\Delta U_O/U_O}{\Delta U_I/U_I}\right|_{\substack{\Delta I_L=0\\ \Delta T=0}} \tag{2-19}$$

稳压系数表征了稳压电源对电网电压变化的抑制能力。

（2）电压调整率S_U　稳压电源对输入电网电压波动的抑制能力，也可用电压调整率表征。其定义为：负载电流I_L及温度T不变时，输出电压U_O的相对变化量与输入电压变化量的比值，即

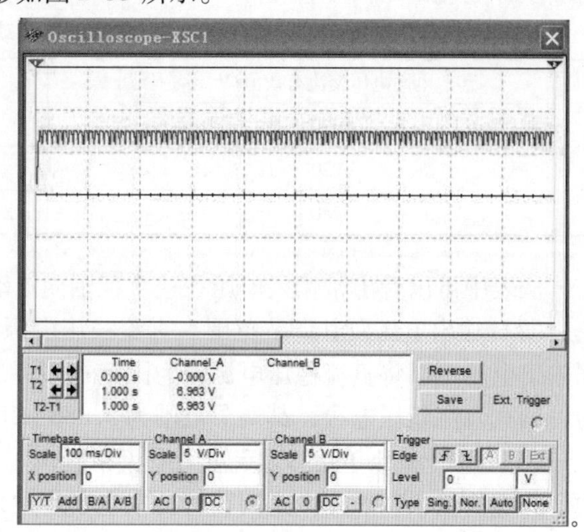

图2-33　稳压电源负载电流太大时的输出电压波形

$$S_U = \left.\frac{\Delta U_O/U_O}{\Delta U_I}\times 100\%\right|_{\substack{\Delta I_L=0\\ \Delta T=0}} \tag{2-20}$$

S_U的单位是%/V。K_U和S_U越小，稳压性能越好。

电压调整率通常也表述为：当负载电流和温度不变，输入电压变化10%时，输出电压的变化量，单位为mV。

一个稳压电源只需要给出稳压系数与电压调整率这两个指标当中的一个就可以了。

（3）纹波系数K_γ　直流电源输出电压中存在着纹波电压，它是输出直流电压中包含的交流分量。常用纹波系数K_γ来表示直流输出电压中相对纹波电压的大小，其定义为

$$K_\gamma = \frac{U_{O\gamma}}{U_O} \tag{2-21}$$

式中，$U_{O\gamma}$为输出直流电压中交流分量的总有效值，U_O为输出直流电压。

（4）输出电阻R_O　当电网电压和温度不变时，稳压电源输出电压的变化量与输出电流的变化量之比定义为输出电阻，即

$$R_O = \left.\left|\frac{\Delta U_O}{\Delta I_O}\right|\right|_{\substack{\Delta U_I=0\\ \Delta T=0}} \tag{2-22}$$

输出电阻表征了稳压电源带载能力的大小，R_O越小，带负载能力越强。

同样可以对图2-24中直流稳压电源的质量指标作仿真分析如下：

1）稳压系数K_U：负载R_L保持10kΩ不变，输入电压取允许变化范围的边界值200V和240V，测量对应的输出电压值，相关数据表2-2中已有，代入式（2-19）中可得稳压系数为

$$K_U = \frac{(7.59-7.49)/7.49}{(240-200)/200} = 0.067$$

2）纹波系数K_γ：负载$R_L=10\text{k}\Omega$，输入电压为220V的条件下，用万用表直流电压档测得输出直流电压$U_O=7.57\text{V}$，用万用表交流电压档测得交流电压有效值$U_{O\gamma}=1.717\text{mV}$，将测量结果代入式（2-21）中可得纹波系数，即

$$K_\gamma = \frac{U_{O\gamma}}{U_O} = \frac{1.717 \times 10^{-3}}{7.574} = 2.27 \times 10^{-4}$$

3）输出电阻 R_O：输入电压保持220V不变，改变负载电阻，使输出电流在额定输出电流范围内变化，用万用表测量两次输出电流和输出电压。表2-3中已有多组数据，可选择表中处于输出电流正常范围边界处的第一组和第五组数据代入式（2-22）中可得输出电阻为

$$R_O = \left|\frac{\Delta U_O}{\Delta I_O}\right| = \left|\frac{(7.57-7.49)\ \text{V}}{(0-149.8)\ \text{mA}}\right| = 0.534\Omega$$

二、集成稳压器稳压电源的仿真设计

1. 集成稳压器的选择与电路基本结构的确定

参照分立元器件稳压电源电路，集成电路稳压电源也采用变压、整流、滤波和稳压四部分结构。其中整流电路选择二极管桥式整流电路，滤波采用电容器滤波。根据设计指标要求，选择可调式集成三端稳压器用作稳压电路核心，通过查找和对比多种三端稳压器的元器件说明书，最终选定LM317作为稳压核心器件。选择能提供20W功率、1.5A电流输出，输出电压范围为1.2～37V的LM317，它的输入－输出电压差要求在3～40V的范围内。在LM317的说明书中同时提供了多个典型应用电路［此处参考的是德州仪器（Texas Instruments）提供的产品说明书］。参考这些典型应用电路，初步设计电路基本形式如图2-34所示。

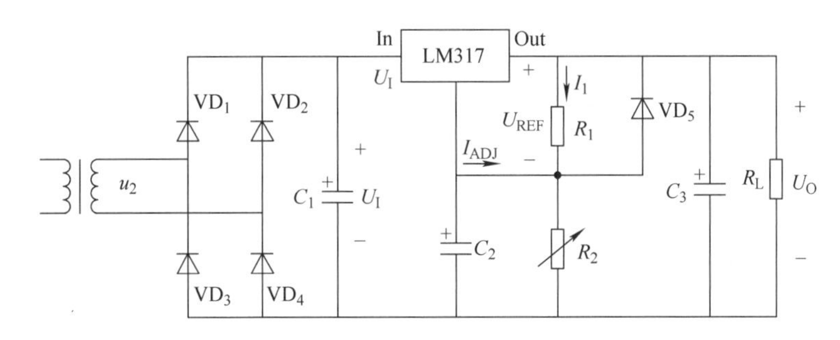

图2-34 稳压电源电路原理

电路在LM317的调整端接了一只电容 C_2 用来抑制纹波，通常其值为10μF。C_2 的接入同时也给LM317带来一定的危险，当输入端或输出端不小心被短接时，都会导致 C_2 经调整端放电，放电时浪涌电流可能毁坏稳压模块。为此，应当在LM317的输出端与调整端接上一只供电容放电的保护二极管 VD_5，这在输出电压大于25V时尤其有必要。在输出端添加一个电容 C_3 是为了改善电路的瞬态响应，通常其值取1μF。此外，LM317的输入端不能离滤波电容太远，否则还需要增加一个0.1μF的输入旁路电容。

2. 电路元器件的选择和参数的确定

（1）变压器的选择　考虑到输出电压范围要求在2～30V，LM317要求输入—输出电压差为3～40V，将LM317的输入电压 U_I 初步设定在36V左右，则最大输入—输出电压差为34V，最小输入－输出电压差为4V，符合LM317工作的要求。

可以估算变压器的二次电压 $U_2 = U_I/1.2 = 30\text{V}$，即应当选择220V/30V的工频变压器。

（2）二极管的选择　整流二极管的 U_{RM} 应当大于 $\sqrt{2}U_2$，即 $1.414 \times 30\text{V} = 42.42\text{V}$，并留有一定余量。二极管正向电流应大于负载最大电流1A，考虑 R_1、R_2 支路的分流，每个管子的正向电流还要更大一些。因此，这里选用普通整流二极管1N5401（反向耐压 $U_{RM} = 100\text{V}$，最大正向平均电流 $I_{FM} = 3\text{A}$）。此外，保护二极管 VD_5 主要考虑能承受的反向工作电压和正向浪涌电流，这里选用1N4001（反向耐压 $U_{RM} = 50\text{V}$，峰值浪涌电流 $I_{FSM} = 30\text{A}$）。

（3）滤波电容器 C_1 的选择　由于 LM317 调整端电流很小，可以认为它的输入输出端电流相等，而且调整电路的分流也很小，因此滤波电容器放电的快慢取决于负载电流的大小。负载电流越大，电容器放电越快。考虑最不利的情况，即负载电流 1A 的情况下，仍要保持电容两端电压的平滑。此时相当于在滤波电容器两端所接负载 R'_L 等效为 36V/1A = 36Ω。因此滤波电容器的选择参照式（2-13）来估算，但式中 R_1 应当改为 R'_L 即

$$\tau = R'_L C_1 \geqslant (3 \sim 5)\frac{T}{2}$$

计算得 C_1 的最小值为

$$C_{1\min} = 5 \times \frac{T}{2R'_L} = 5 \times \frac{0.02\text{s}}{2 \times 36\Omega} = 1.39\text{mF}$$

还要考虑电容的耐压值要大于 36V，这里取标准型号系列中 2200μF/50V 的电解电容。

（4）基准电阻器 R_1 和调整电位器 R_2 的选择　电阻器 R_1 的选择应当考虑两个方面：

1）应使电流 $I_1 \gg I_{ADJ}$，即 $U_{REF}/R_1 \gg I_{ADJ}$，LM317 的 I_{ADJ} 最大 100μA，由此推出

$$R_1 \ll U_{REF}/I_{ADJ} = 1.25\text{V}/100\mu\text{A} = 12.5\text{k}\Omega$$

2）R_1 也不宜过小，以免超出 LM317 的最大输出电流 1.5A。考虑最不利情况，输出电压最大 30V，且负载电流最大 1A 时，R_1 电流不能超过（1.5 − 1）A = 0.5A，即 $I_1 = 30\text{V}/R_1 < 0.5\text{A}$，由此可知

$$R_1 > 30\Omega/0.5 = 60\Omega$$

综合以上两方面因素考虑，取 $R_1 = 200\Omega$。

电位器 R_2 调节到最大时应使 U_O 达到 30V，即

$$U_O = (1 + \frac{R_2}{R_1})U_{REF} = (1 + \frac{R_2}{200\Omega}) \times 1.25\text{V} = 30\text{V}$$

从中可解得 $R_2 = 4600\Omega$，这里选择 5kΩ 电位器。

3. 电路技术指标仿真测试

根据设计原理图和各元器件型号参数的设计结果，在 Multisim 仿真环境下做出仿真原理图，并接上各种测量仪表，如图 2-35 所示。

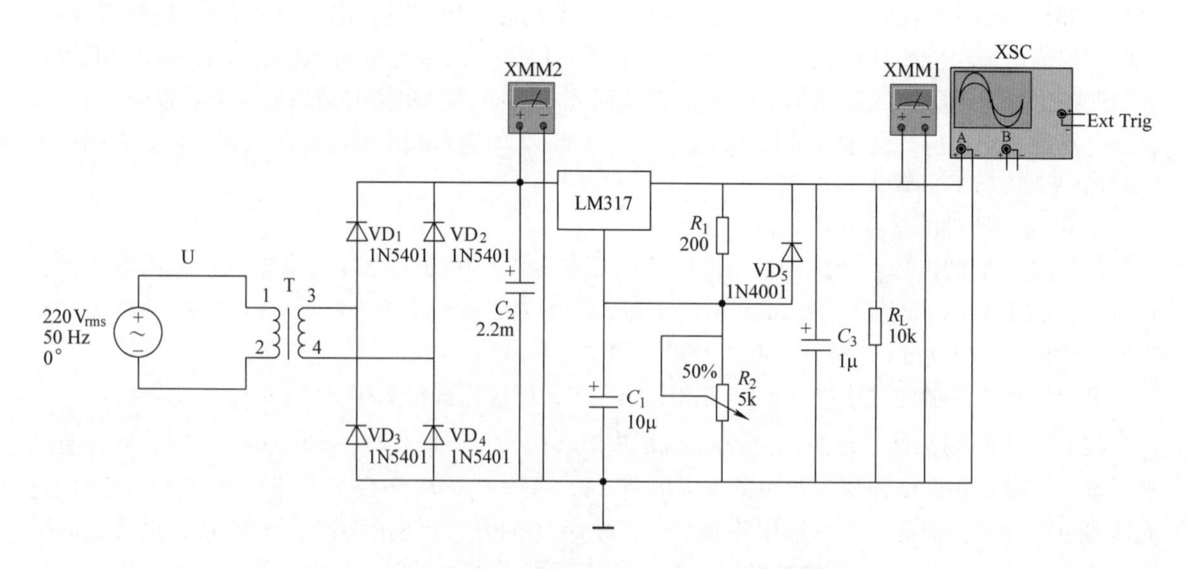

图 2-35　集成稳压器稳压电源 Multisim 仿真原理

（1）整流滤波电路测试　用万用表 XMM1 检测输出电压，用万用表 XMM2 检测 LM317 输入电压。测量中发现 XMM2 示数为 40.75V，大于 36V，这是由于 $U_2 = U_I/1.2$ 这一估算式不十分准确导致的。虽然这也能满足 LM317 最大输入－输出电压差小于 40V 的要求，但是电网电压可能向上波动 10%，为安全起见，对变压器二次线圈的匝数作适当修改，将电压比降为 220∶28。这时，LM317 输入端电压降到 37.9V 左右。在电路实际安装时，则应当根据电路的实际情况再作进一步调整。

（2）输出电压范围测试　在保持输入电压 220V，负载 $R_L = 10k\Omega$ 的情况下，将 R_2 调到最小和最大，测得输出电压分别为 1.258V 和 32.787V（注意：因为电路中存在大电容，需要仿真时间比较长电路才能进入稳定状态，因此需要准确数据时应当等待一段时间，至波形稳定后用示波器读数。此处数据用示波器在 $t = 10s$ 时测得）。输出电压范围优于 2～30V 的设计要求。

（3）稳压系数测试　在负载 $R_L = 10k\Omega$，R_2 调到 50% 的情况下，将表示电网的 220V 交流电压分别上调 10% 和下调 10%，测得输出电压分别为 17.078V 和 17.055V（此处数据用示波器在 $t = 10s$ 时测得）。可计算得稳压系数约为 0.006，小于 0.01，也达到设计要求。

（4）最大输出电流与输出电阻测试　保持 R_2 输出电压最大时，将负载电阻值从∞逐渐减小，测量输出电压的变化，填入表 2-4（全部数据用示波器在 $t = 10s$ 时测得），再计算出对应的输出电流，也填入表中。从表中数据可以看到，直到输出电流 1.7A，稳压电源仍保持了非常稳定的电压。在 0～1.7A 范围内，取表中第一组和最后一组数据，可以算得：电源的输出电阻 $R_O = 0.02\Omega < 1\Omega$。这两个指标均达到设计要求。

表 2-4　最大输出电流与输出电阻测试数据

R_L	∞（开路）	10kΩ	1kΩ	100Ω	10Ω
U_O/V	17.067	17.066	17.066	17.064	17.034
I_O/mA	0	1.7066	17.066	170.64	1703.4

（5）纹波系数　在输入电压 220V，负载 $R_L = 10k\Omega$，R_2 调到 50% 的情况下，从表 2-4 可以看出输出直流电压 $U_O = 17.066V$，这时用万用表的交流电压档测量输出电压交流分量的有效值（也在仿真至 $t = 10s$ 时读数），得到 $U_{O\gamma} = 49.07\mu V$，计算得纹波系数为 2.9×10^{-6}，达到指标要求。

至此，电路全部指标通过仿真测试，达到设计要求，可以进行实际电路的安装和调试。

任务三　集成稳压器稳压电源的安装与调试

经软件仿真调试成功后的电路在实物安装时，故障发生率会降低很多，但也要非常小心。本电路特别要注意保护 LM317 集成芯片。因此，最好采用逐级安装逐级调试的方式。先将变压、整流、滤波电路安装并测试完成后再接入稳压模块。

全部电路安装完成后，应当采用与仿真测试相同的步骤用真实仪表对电路的技术指标进行测试，如果指标不达标，还需要对电路进行修改。

项目三　开关稳压电源的制作与测试

任务一　开关稳压电路的分析

串联型稳压电路中的调整管工作在放大区，由于负载电流连续通过调整管，因此管子功率损耗大，电源效率低，一般只有20%～24%的电源功率输出给负载，其余大部分消耗在调整管上。若用开关型稳压电路，它可使调整管工作在开关状态，管子损耗很小，效率可提高到60%～80%，甚至可高达90%以上。因为管耗小，开关稳压电路也无须大面积的散热器，减小了重量和体积。特别是集成电路技术的发展，使得集成开关稳压器性能和精度提高，成本却日益下降，因此，开关稳压电路应用越来越普及。

一、开关稳压电路基本原理

图2-36所示是开关稳压电路的结构框图。从图中可以看到，开关稳压电路与串联稳压电路的不同点是调整管工作于开关状态，其输出波形是矩形脉冲，还需经过续流滤波电路才能得到平稳的输出电压。不考虑续流滤波电路的损耗，负载上获得的直流电压将等于开关管输出脉冲的平均电压。

这里首先需要明确一下矩形脉冲的有关概念。如图2-37所示，图中高电平段是开关管导通的时间，此时 $u'_I = U_I$，这段时间称作脉冲宽度，记为 t_{on}；低电平段是开关管截止的时间，此时 $u'_I = 0$，这段时间称作脉冲的间歇期，记为 t_{off}，显然脉冲周期 $T = t_{on} + t_{off}$。定义 $\delta = t_{on}/T \times 100\%$ 为脉冲的占空比。输出平均电压 $U_O = \delta U_I$。显然，占空比越大，脉冲平均电压越大，输出电压越高。而控制脉冲的占空比有两种方法：一种是在开关周期 T 不变的情况下，改变导通时间 T_{on}，对脉冲的宽度进行调制，称为脉冲宽度调制（PWM）；另一种则是在 t_{on}（或 t_{off}）不变的情况下，改变开关周期 T，对脉冲的频率进行调制，称为脉冲频率调制（PFM）。

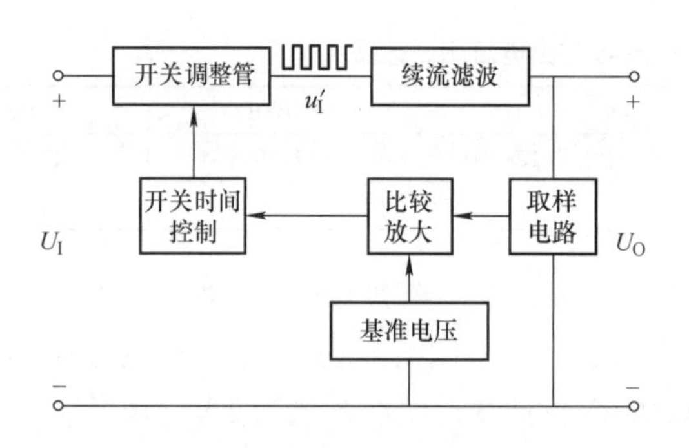

图2-36　开关稳压电路的基本结构

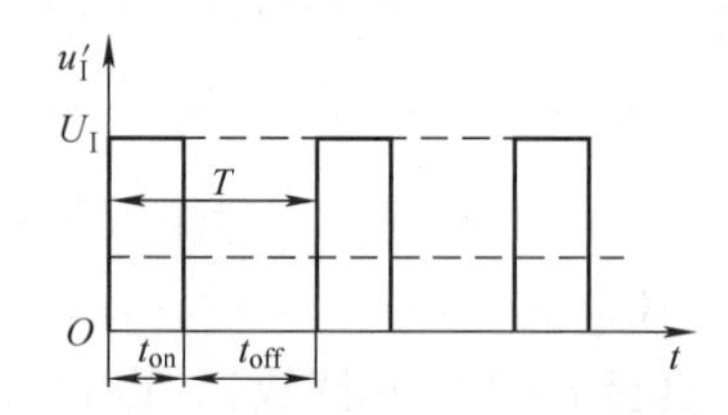

图2-37　开关管输出的矩形脉冲

要求晶体管输出矩形脉冲信号时，开关时间控制信号也应当是矩形脉冲。如果这个控制信号是由电路自身产生的，则称为自激式开关稳压电源；如果这个控制信号由单独的振荡电路产生，则称为他激式开关稳压电源。这里不详细讨论开关信号产生的原理，只简单地讨论一下续流滤波电路是如何将断续的脉冲电压变成直流电压输出的。

二、并联型开关稳压电路

图2-38画出了并联型开关稳压电路的开关管和续流滤波电路。因为开关管VT和负载端口并联，所以称之为并联型。

当开关管基极上加有正脉冲电压时，开关管饱和导通，集电极电位接近于零，二极管VD反偏截止，输入电压 U_I 产生电流 i_L 使电感 L 储能，同时由已充了电的电容器 C 供给负载电流，电流流通路径如图2-38中实线所示；当开关管基极上没有正向脉冲电压或所加的是负脉冲电压时，开关管VT截止。由于电感器中电流不能突变，因此这时电感器 L 两端产生自感电动势并通过续流二极管VD向电容器 C 充电，补充放电时消耗的电能，并同时向负载 R_L 供电，电流流通路径如图2-38中虚线所示。当电感器 L 中释放的能量逐渐减小时，就由电容器 C 向负载 R_L 放电，并很快又转入开关管饱和导通状态，再一次由输入电压 U_I 向电感器 L 输送能量。

显然，在晶体管允许的情况下，脉冲控制信号的频率越高，电容器上的电压越平稳。因此，VT 一般选用高频管，而脉冲控制信号的频率通常选在 20～500kHz。

三、串联型开关稳压电路

图 2-39 是一个典型的串联型开关稳压电路。图中只画出了开关管和储能电路部分。晶体管 VT 为开关管，它的基极上加的是脉冲电压，因此工作在开关状态。储能电路包括电感器 L、电容器 C 和二极管 VD。因为开关管和负载串联，所以称为串联型。

当 VT 基极加上正脉冲电压时，开关管进入饱和导通状态，这时二极管 VD 反偏截止，输入电压 U_I 加到储能电感器 L 和负载电阻器 R_L 上。由于电感器中的电流不能突变，所以随着开关管的导通而逐渐增大。这时输入电压 U_I 向电感器 L 输送并储存能量，同时给电容器 C 充电和给负载 R_L 供电，充电电流如图 2-39 中实线所示。开关管导通时间越长，即正脉冲越宽，电流增加得越大，储存的磁能就越多。

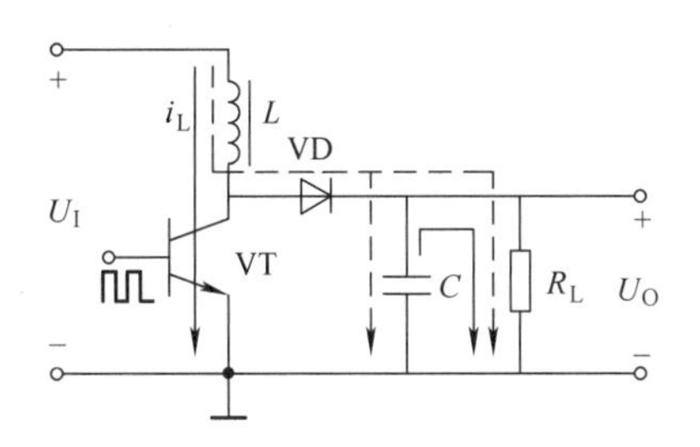

图 2-38　并联型开关稳压电路

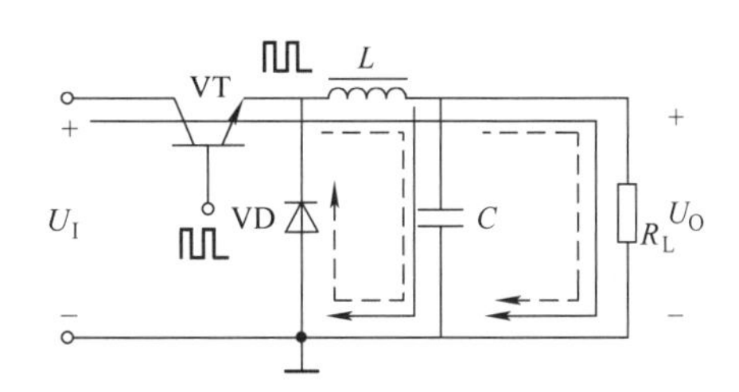

图 2-39　串联型开关稳压电路

当开关管基极上没有正向脉冲电压或所加的是负脉冲电压时，开关管截止。这时电感器 L 中的电流不再增大，因为电流不能突变，所以在其两端产生一个自感电动势，它的极性是左负右正。它使二极管 VD 处于正偏而导通，于是电感器 L 中储存的磁能通过 VD 向电容器 C 充电，并同时向负载 R_L 供电，其电流方向如图 2-39 中虚线所示。在开关管截止的后期，电感器 L 中电流下降到较小时，电容器 C 开始放电以维持负载所需要的电流。当电能释放到一定程度将要使负载两端的电压降低时，电路又转入开关管导通期，输入电压 U_I 又通过开关管向电容器 C 充电和向负载 R_L 供电，这样就保证了输出电压 U_O 维持在一定的数值上。由于电容器 C 和输出端并联，输出电压 U_O 就是电容两端的电压。这个电压的高低是由电容器储存电荷的多少决定的，而这些电荷是由输入电压 U_I 和电感器 L 中储存的磁能转换供给的，因此只要提供的电荷足够多，就能保证电容两端的电压，即输出电压 U_O 的数值基本不变。

由此可见，无论是并联型还是串联型开关稳压电路，尽管开关管中的电流时断时续，但由于 L、C 元件的储能作用，输出电压却是连续的。其中电感器 L 起着储存和供给能量的作用，而电容器 C 除了储能作用外，还起着调节和平滑作用，或者说是滤波作用。U_I、L、C 三者轮流给负载供电，使输出电压维持在一定的数值上。由于二极管 VD 在开关管截止时为电感器 L 释放能量和电流的延续提供了通路，所以称为续流二极管。

任务二　开关稳压电源电路的制作与测试

制作实例：完成图 2-40 所示开关稳压电源电路的制作与测试。

图 2-40 中 MC34063 是一块 DC/DC 变换器控制芯片，其内部结构如图 2-41 所示。

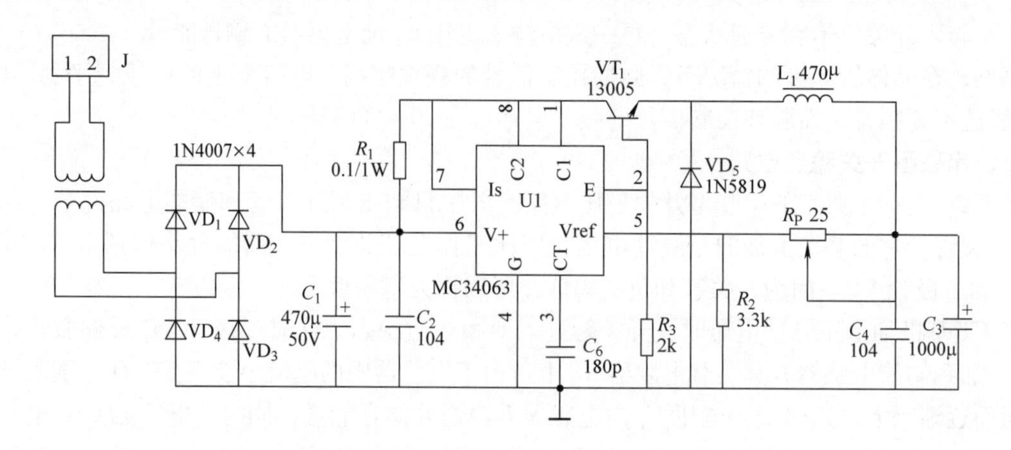

图 2-40　开关稳压电源电路

它的作用是根据 3 脚所接电容的不同，可以从 1、2 脚间输出一定频率的开关脉冲信号，5 脚电位的高低对输出脉宽实现调制。由此可以分析得到图 2-40 是一种串联型开关稳压电源。

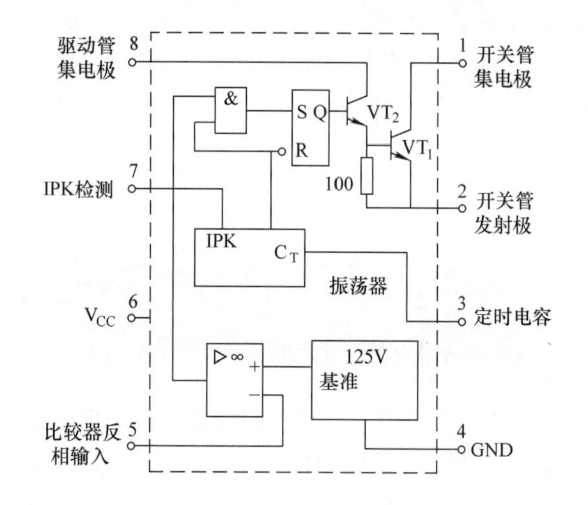

图 2-41　MC34063 内部结构

1. 器材准备

220V 交流电源、双踪示波器、万用表、对应元器件一套、万能板或印制电路板一块。

2. 元器件测试

清点和检查全套装配材料数量和质量，进行元器件的识别与检测，筛选并确定元器件。重点识别、测试或查阅的元器件见表 2-5。

3. 电路安装

在万能板或印制电路板上按图 2-40 安装开关稳压电源电路。

表 2-5　测试数据

元器件	识别及检测内容		
电阻器	色环或数码	标称值（含误差）	
电容器	数码标识	容量值（μF）	
	104（片式 0805）		
1N4007	所用仪表	数字表□　指针表□	
	万用表读数（含单位）	正测	
		反测	

4. 通电测试

调节电位器，利用提供的仪表测试本稳压电源。

1）空载状态下，测量输出电压的范围 $U_{MAX}=$________ V，$U_{MIN}=$________ V。

2）调节电位器 R_P，使输出为 12V，接入负载滑动变阻器，并调节阻值使输出电流为 100mA，测量该电源的纹波电压 = ________ mV。

3）调节电位器 R_P，使输出为 12V，利用滑动变阻器，测量该电源的等效内阻 = ________ Ω。

习　　题

1. 在图题 2-1 所示电路中，$U_I=20V$，2CW5 的参数为：稳定电压 $U_S=12V$，最大稳定电流 $I_{Smax}=20mA$。图中电压表中流过的电流忽略不计。试求：

1）当开关 S 闭合时，电压表(V)和电流表(A₁)、(A₂)的读数分别为多少？

2）当开关 S 断开时，其读数分别为多少？

2. 稳压电路如图题 2-2 所示，已知稳压二极管当 $I_S=5mA$ 时的稳压电压为 $U_S=6.8V$，$I_{Smin}=0.2mA$，U_i 的值是 +10V，$R=0.5k\Omega$，问：

1）当负载开路时，输出电压是多少？

2）当 $R_L=0.5k\Omega$ 时，输出电压是多少？

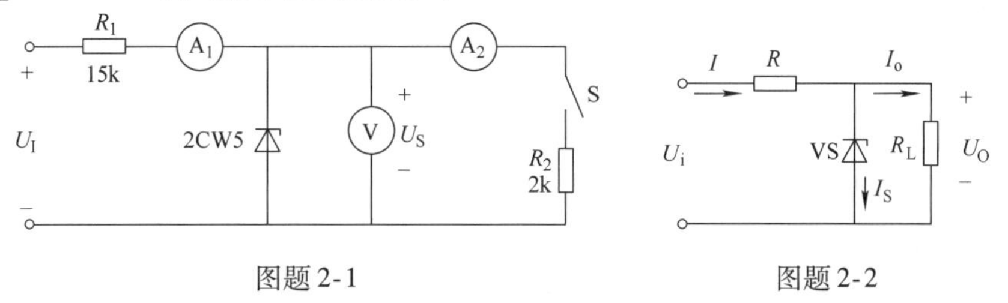

图题 2-1　　图题 2-2

3. 整流电路及变压器二次电压 u_2 的波形如图题 2-3b 所示，u_2 的有效值 $U_2=20V$，设各二极管是理想器件。要求：

1）画出整流电路输出电压 u_o 的波形。

2）标出图中直流电压表(V)的正负极性，并求其读数。设电压表内阻无穷大。

3）计算整流电路中二极管承受的最高反向电压。

4）若二极管 VD_2 因损坏而断开，则电压表的读数变为多少？

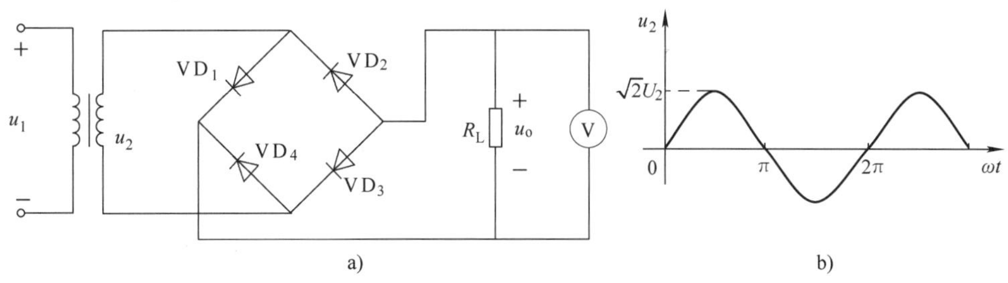

图题 2-3

4. 桥式整流电路如图题 2-4 所示，有效值 $U_2=20V$，$R_L=40W$，$C=1000\mu F$，试求：

1）正常时，直流输出电压 U_O 为多少？

2）如果电路中有一个二极管开路，U_O 是否为正常值的 1/2？

3）当测得直流输出电压 U_O 为下列数值时，可能出了什么故障？

① $U_O=18V$；②$U_O=28V$；③$U_O=9V$。

5. 串联型稳压电路如图题 2-5 所示，图中 $U_Z=6V$，$R_1=R_2=6k\Omega$，$R_P=10k\Omega$，试问：

1）输出电压 U_O 的调节范围为多大？

2）如果把 VT_2 的集电极电阻 R_C 由 A 端改接至 B 端，电路能否工作，为什么？

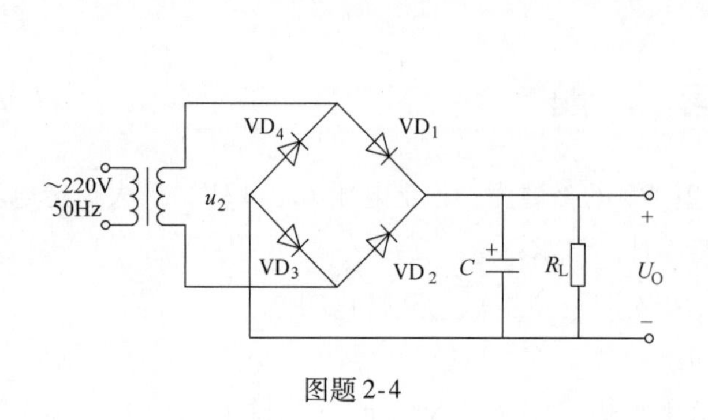

图题 2-4

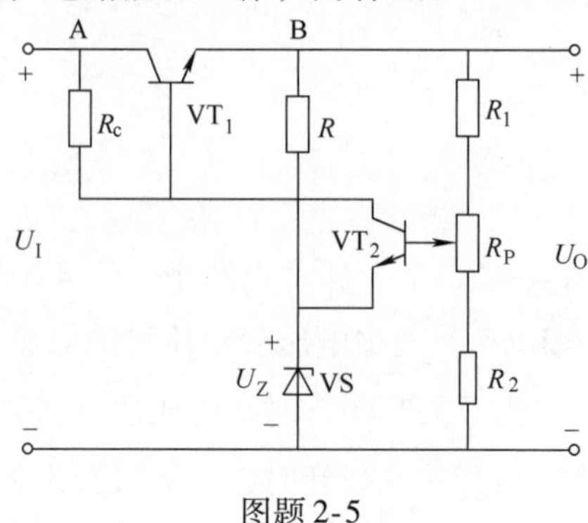

图题 2-5

6. 如图题 2-6 所示，合理连线，构成 5V 的直流电源。

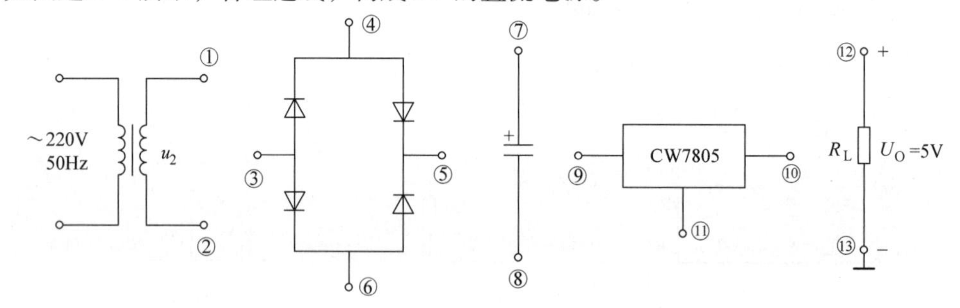

图题 2-6

7. 如图题 2-7 所示电路，已知 CW7812 的最小输入 - 输出电压差为 2V，最大输入电压为 18V。

1）该电路正常工作时，输出电压 u_O 为多少？

2）若要电路正常工作，变压器二次电压 u_2 的最小值是多少？最大值是多少？

3）如果变压器二次电压 u_2 的有效值为 15V，则整流、滤波后电压 u_3 的数值大略为多少？若测得 u_3 为 13.5V 左右，分析故障原因与部位，并列出检修步骤。

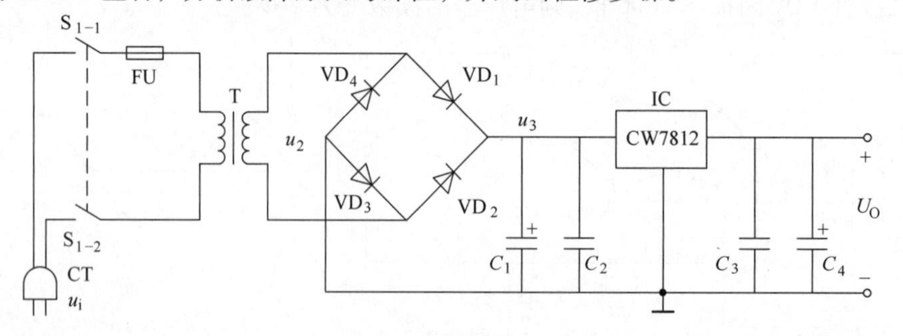

图题 2-7

8. 如图题 2-8 所示稳压电路，已知 CW7805 的输出电压为 5V，$I_W=50\mu A$，试求 U_O。

9. 由三端集成稳压器构成的直流稳压电路如图题 2-9 所示，已知 CW7805 的输出电压值为 5V，输入电压 $U_I=16V$。

1）说明当负载变化时的稳压过程（设 R_L 减小）。

2）忽略晶体管基极电流和 U_{BE} 的影响，求输出电压 U_O。

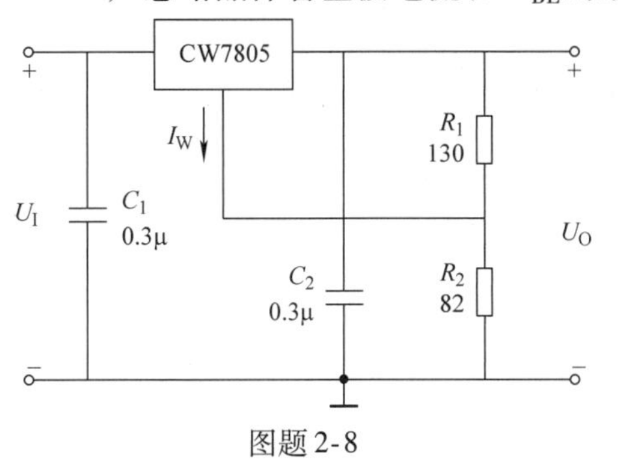

图题 2-8

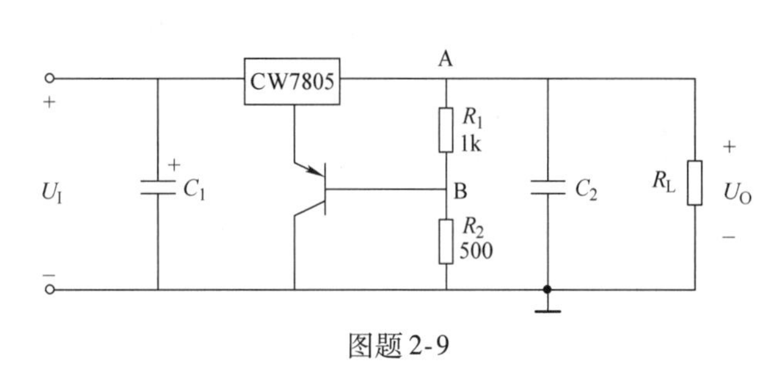

图题 2-9

10. 三端集成稳压器 CW7805 组成的电路如图题 2-10 所示。已知稳压二极管稳定电压 U_S = 5V，允许的电流 I_S = 5 ~ 40mA，R_P = 10kΩ，U_2 = 15V，电网电压波动 ±10%，最大负载电流 I_{Lmax} = 1A。试求：

1）限流电阻 R 的取值范围。

2）输出电压 U_O 的调整范围。

3）三端稳压器的最大功耗（稳压器的静态电流 I_Q 可忽略不计）。

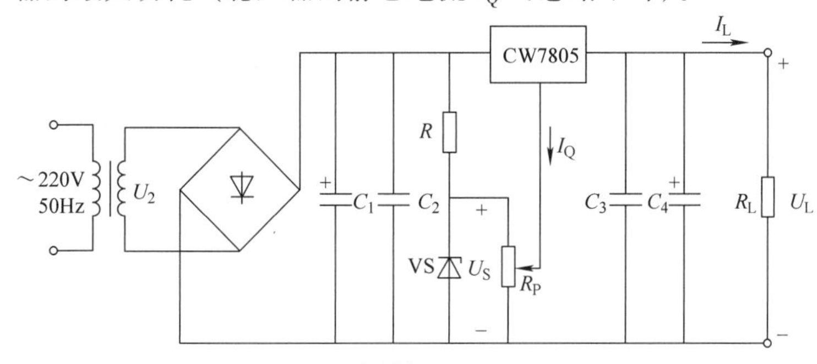

图题 2-10

11. 在图题 2-11 所示电路中，R_1 = 240Ω，R_2 = 3kΩ；LM117 输入端和输出端电压允许范围为 3 ~ 40V，输出端和调整端之间的电压 U_R = 1.25V。试求：

1）输出电压的调节范围。

2）输入电压允许的范围。

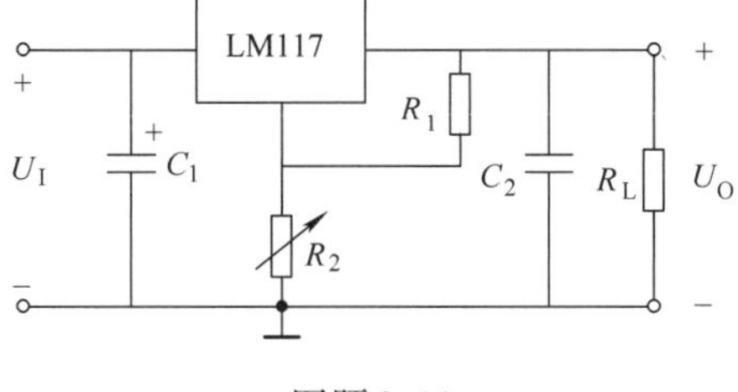

图题 2-11

单元三　音频放大电路的分析与仿真

放大电路是电子电路中一类非常重要的电路，用来对信号的电压、电流或功率进行放大，使幅度或功率足够大且与原来信号的变化规律一致。这一类电路被广泛应用在各种电子设备中，例如：在手机等各种通信设备、电视机等各种家用电器、数字式万用表等各种电子仪表中都要用到放大电路。

项目一　晶体管基本放大电路的研究

任务一　掌握放大电路的组成

一、放大电路的概念

放大电路根据信号类型的不同可以分为直流放大电路和交流放大电路。其中交流放大电路用来放大快速变化的电信号，直流放大电路则用来放大直流信号或变化很缓慢的信号。

交流放大电路要正常工作离不开直流电源的作用，所谓交流信号的放大，实质上是将直流电源的能量转换为交流信号的能量。因此在对放大电路进行分析时，既需要分析电路中的交流分量，也要分析电路中的直流分量。为便于分析说明电路，电路中的交、直流信号的表示有特定的规定，见表3-1。

表3-1　模拟电路中交直流参数的符号表示法

序号	物理量	符号	备注
1	纯交流量的瞬时值	$i_b u_{bc}$	物理量小写，下标小写
2	纯直流量	$I_B U_{BE}$	物理量大写，下标大写
3	含直流成分的交流量的瞬时值	$i_B u_{BE}$	物理量小写，下标大写
4	交流量的有效值	$I_b U_{bc}$	物理量大写，下标小写
5	交流量的相量表示法	$\dot{I}_b \dot{U}_{bc}$	有效值上方加点

若把放大电路视为一个整体，它可以用图3-1中矩形框内的部分来表示。矩形框左边只有两根端线用来接收输入信号，右边同样也只有两根端线用来向负载输出信号，通常称这种电路结构为四端网络，也称为二端口网络。图中 u_S，R_S 表示信号源，R_L 表示负载。

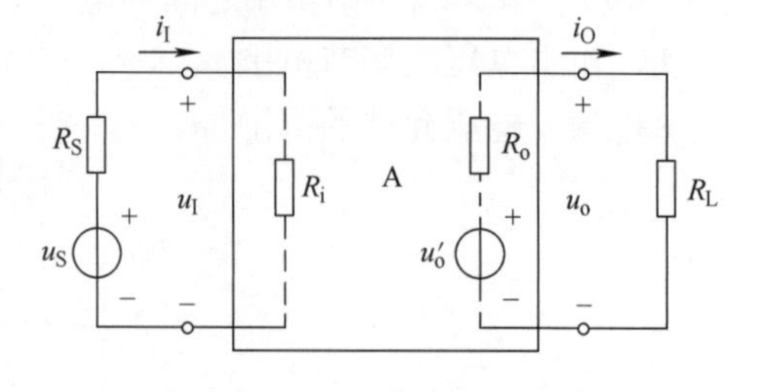

图3-1　放大电路的模型

简单地说，放大电路所起的作用，就是将信号源输出的信号放大以满足负载的需要。

为了描述放大电路的工作性能，通常采用以下性能参数：

1. 输入电阻 R_i

对于信号源而言，放大电路相当于一个负载，当输入信号电压加到放大电路的输入端时，在其输入端产生一个相应的电流，从输入端往里看进去相当于一个等效电阻。这个等效电阻就是放大电路的输入电阻。显然，输入电阻为外加正弦输入电压有效值与相应的输入电流有效值之比，即

$$R_i = \frac{U_i}{I_i} \tag{3-1}$$

它是衡量放大电路对信号源影响程度的一个指标。对于图 3-1 所示电压源形式的信号源而言，其值越大，放大电路从信号源索取的电流就越小，对信号源影响就越小。在多级放大电路中，本级的输入电阻也就是前级的负载。

2. 输出电阻 R_o

同样，对于负载而言，放大电路起到信号源的作用，从输出端看进去相当于一个等效的具有内阻 R_o 的电压源 u'_o，如图 3-1 所示。R_o 就称为放大电路的输出电阻。输出电阻可以这样测量：在输入端加入一个固定的交流信号 U_i，先测出负载开路时的输出电压 U'_o，再测出接上负载电阻 R_L 后的输出电压 U_o，由于输出电阻 R_o 的影响，使输出电压下降。即使得

$$U_o = U'_o \frac{R_L}{R_o + R_L}$$

所以输出电阻为

$$R_o = \left(\frac{U'_o}{U_o} - 1\right) R_L \tag{3-2}$$

输出电阻是描述放大电路带负载能力的一项技术指标。通常放大电路的输出电阻越小越好。R_o 越小，说明放大电路的带负载能力越强。在多级放大电路中，本级的输出电阻相当于下级的信号源内阻。

两级放大电路级联后，前级放大电路相当于后级电路的信号源，后级放大电路相当于前级放大电路的负载，前级放大电路的输出电阻改变导致后级放大电路的输入电阻的改变，从而影响整个放大电路的放大倍数。

3. 放大倍数 A

放大倍数（也称为增益）是表示放大能力的一项重要指标。常用的有电压放大倍数 A_u、电流放大倍数 A_i。

电压放大倍数 A_u 用来表示放大电路放大信号电压的能力，顾名思义它应当是输出电压与输入电压之比。由于放大电路放大的是交流信号，A_u 定义为交流信号的相量之比，见式（3-3），这样定义的 A_u 一般是一个复数。在低频的情况下，由于人们更多地关心电压幅度的变化，也常用输出电压与输入电压有效值之比来计算 A_u，即

$$A_u = \frac{\dot{U}_o}{\dot{U}_i} \tag{3-3}$$

同理，电流放大倍数 A_i 表示放大电路放大信号电流的能力，用式（3-4）来定义，即

$$A_u = \frac{\dot{I}_o}{\dot{I}_i} \tag{3-4}$$

二、基本共发射极放大电路的组成

图 3-2 为基本共发射极放大电路，整个电路可分为输入回路和输出回路两个部分，发射极既属于输入回路，也属于输出回路，为公共端。AO 端口为输入端口，接收待放大的交流信号。BO 端口为输出端口，输出放大后的交流信号。电路中 A 端点为输入端，B 端点为输出端点，O 端点为公共端点。

放大电路中各元器件的作用如下：

（1）晶体管 VT　图中采用的是 NPN 型硅管，具有电流放大作用，是放大电路中的核心器件。

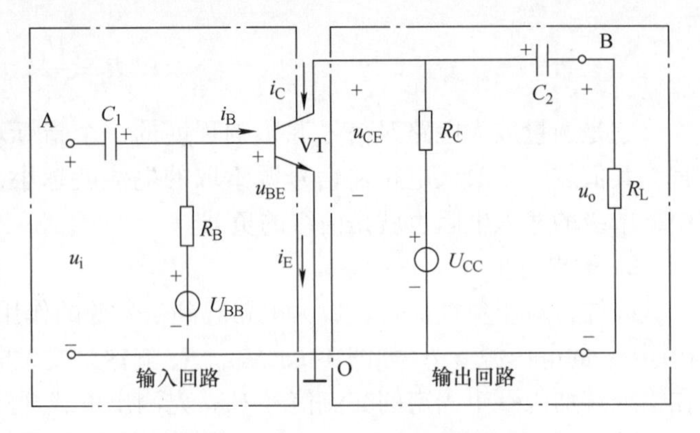

图 3-2　基本共发射极放大电路

（2）集电极直流电源 V_{CC}　连接在发射极与集电极之间，正极与集电极相连，保证发射结获得正向偏置，集电结获得反向偏置，为晶体管创造放大条件。V_{CC}一般为几伏到几十伏。

（3）基极直流电源 V_{BB}　使发射结处于正向偏置，提供基极偏置电流。实际电路中，V_{BB}、V_{CC}采用同一个电源。此外，在电子电路中，对于直流源通常采用标示电位的习惯画法，即不再画出电源的符号，而是选择它与交流信号的公共端相接的一端为参考电位点，称为“地”（标为“⊥”），然后标明它的另一端相对于“地”的电位，也就是电源电压。用电子电路图的习惯画法可画成图 3-3 的形式。

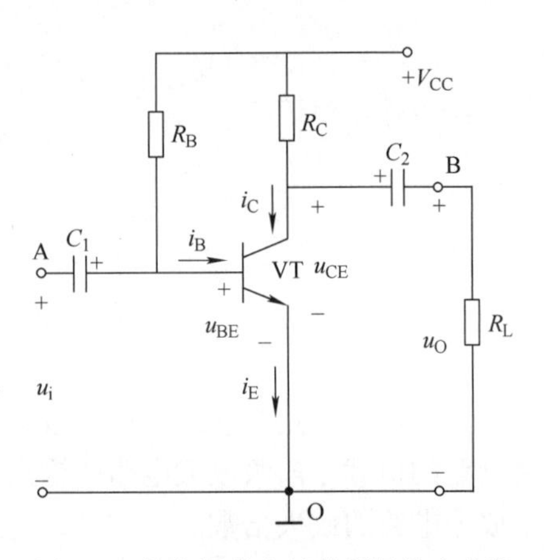

图 3-3　单电源供电的共射极放大电路

（4）集电极负载电阻器 R_C

1）将集电极电流的变化转换成电压的变化，以实现电压放大功能。

2）集电结直流偏置电阻器，直流电源 V_{CC}通过该电阻器给集电极提供集电极电流。该电流一般在 mA 级别，R_C的取值一般在几百欧到几千欧。

（5）基极偏置电阻器 R_B

1）向晶体管的基极提供合适的偏置电流。

2）使发射结获得必需的正向偏置电压。

改变 R_B 的大小可使晶体管获得合适的静态工作点，由于晶体管的基极电流很小，R_B 的阻值较大，一般取几十千欧到几百千欧。

（6）耦合电容 C_1 和 C_2

1）也称为隔直电容，隔断前（或后）级电路与本级电路之间的直流通路。

2）交流耦合作用，保证交流信号畅通无阻地通过放大电路。

因此，C_1 和 C_2 的电容量一般较大，通常为几微法到几十微法，一般用电解电容，连接时电容的正极接高电位，负极接低电位。

（7）负载电阻 R_L　放大电路的外接负载，它可以是耳机、扬声器等执行机构，也可以是后级放大电路的输入电阻。

三、晶体管放大电路的三种组态

作为放大电路核心的晶体管，它的三个电极总有一个处于放大电路的输入端，一个处于放大电路的输出端，第三个电极作为公共端为输入输出回路共用。一般情况下，集电极不能作输入端使用，基极不能作输出端使用。

单个晶体管放大电路根据各电极用途的分配，除了图 3-2、图 3-3 所示的共发射极放大电路以外，还有共集电极放大电路、共基极放大电路，如图 3-4 所示（以 NPN 型晶体管为例）。

以后将看到，这三种组态的放大电路的特点与作用各不相同。

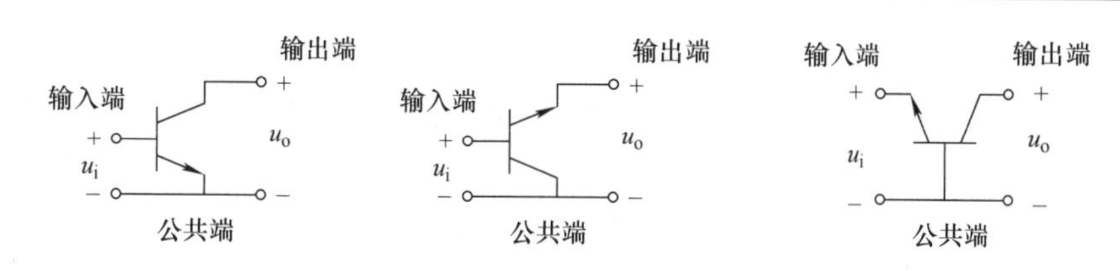

图 3-4 三种基本放大电路组态

任务二 晶体管共发射极放大电路的分析

一、静态分析

所谓静态是指放大电路不加入交流信号，只接入直流电源时电路的状态。

静态分析的目标是求解静态工作点 Q，即 I_{BQ}、I_{CQ}、U_{BEQ}、U_{CEQ}。

由于 I_B、U_{BE} 值在晶体管输入曲线上对应一个坐标点 Q，I_{CQ}、U_{CEQ} 在晶体管输出曲线上对应同一个坐标点 Q，因此，由这四个值所确定的晶体管静态工作条件被形象地称之为静态工作点。静态工作点通常决定了晶体管的工作状态。不合理的静态工作点可能会给信号的放大带来严重的失真。一般情况下发射结导通直流压降 U_{BEQ} 默认为定值（硅管约 0.7V，锗管约 0.3V），作静态分析只需再求出 I_{BQ}、I_{CQ}、U_{CEQ} 即可。

分析手段：采用直流通路求得 I_{BQ}，然后利用直流通路估算或用图解法求得 I_{CQ}、U_{CEQ}。

直流通路是指电路中直流电流所能经过的回路。在直流通路中电容器视为开路，电感器视为短路。图 3-5a 即为图 3-3 所示电路的直流通路。

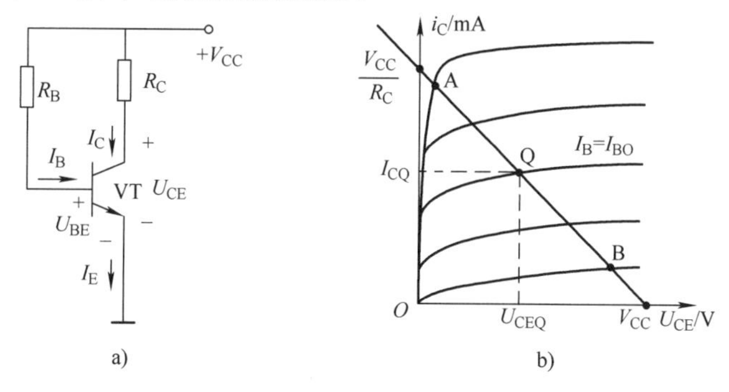

图 3-5 基本共射放大电路的直流分析

a）直流通路 b）直流负载线

对于图 3-5a 所示电路的基极回路应用基尔霍夫电压定律可得

$$I_{BQ}=\frac{V_{CC}-U_{BEQ}}{R_B} \tag{3-5}$$

求 I_{CQ}、U_{CEQ} 有两种方法：估算法和图解法。

（1）估算法 估算法必须在晶体管电流放大倍数 β 已知的前提下进行，用公式表示为

$$I_{CQ}=\beta I_{BQ}$$

在直流通路的输出回路中应用基尔霍夫电压定律可得

$$U_{CEQ}=V_{CC}-I_{CQ}R_C \tag{3-6}$$

（2）图解法 图解法的前提是必须已知晶体管的输出特性曲线（输出特性可以由晶体管特性测试仪得到）。对于基本放大电路的输出回路，无论是否在静态情况下，均有

$$U_{CE}=U_{CC}-i_CR_C \tag{3-7}$$

请注意式（3-6）与式（3-7）的区别。式（3-6）描述的是晶体管输出端电流电压静态值之

间的关系，而式（3-7）描述的是晶体管输出端电流电压瞬时值之间的关系，它对应了晶体管输出特性曲线图中某一直线的方程，该直线方程称之为直流负载线方程，利用该方程，可以在晶体管输出特性曲线上作出直流负载线。该直线斜率为 $-1/R_C$，与纵坐标轴的交点为 V_{CC}/R_C，与横坐标轴的交点为 V_{CC}，如图 3-5b 中直线 AB 所示。直流负载线与晶体管输出特性曲线族中 $i_B = I_{BQ}$ 曲线的交点即为静态工作点 Q，分别读出 Q 点的横纵坐标值就是 U_{CEQ} 和 I_{CQ}。

二、动态分析

放大电路的动态就是指放大电路中接入交流信号后的工作状态。可以利用图解法进行动态分析：首先根据直流通路得到静态工作点 Q，然后利用放大电路的交流通路，列出输出回路方程，在晶体管的输出特性曲线上做出交流负载线，再根据工作点的移动规律分析输出信号的变化规律。

图 3-6a 所示是电路空载时的情况。为了研究问题的方便，通常画出电路的交流通路。交流通路就是在电路中交流信号所能经过的回路，在交流通路中，电容视为短路，电感视为开路，直流电压源视为“地”，直流电流源视为开路。基本共发射极放大电路的交流通路如图 3-6b 所示，它仅仅反映交流信号在电路流经的支路，不考虑直流电位的影响。

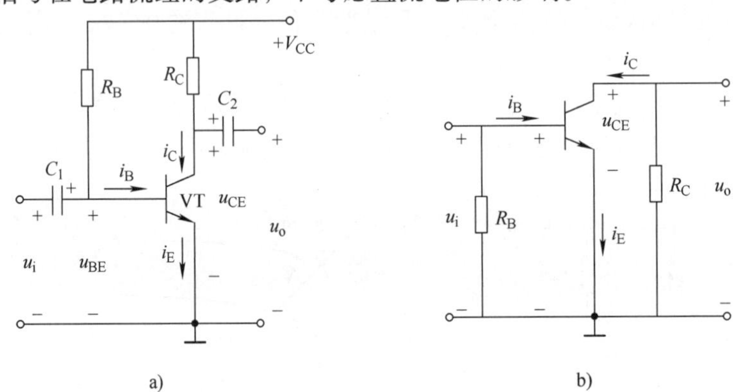

图 3-6　空载时的电路及交流通路

a）空载时的电路　b）空载时的交流通路

1. 电路空载情况

设输入端加上正弦电压信号 $u_i = U_{im}\sin\omega t = \sqrt{2}U_i\sin\omega t$

基极电位由两部分组成：一个是直流电压源 V_{CC} 通过 R_B 产生的 U_{BEQ}，另一个由信号源 u_i 通过电容器 C_1 耦合得到，电路中晶体管发射极接地，则晶体管发射结电压为

$$u_{BE} = U_{BEQ} + u_i = U_{BEQ} + U_{im}\sin\omega t$$

根据 u_{BE} 的变化规律，如图 3-7e 中曲线，便可从输入特性曲线上画出对应的 i_B 的波形，如图 3-7b 中曲线。如果输入电压的最大值 U_{im} 为 100mV，从图 3-7 中可以看到 i_B 将在 30 ~ 10μA 之间变动。

在小信号工作条件下，信号在 Q 点附近的曲线 Δi_B 范围内变化时，晶体管的输入特性曲线可看作为直线段。因此，i_B 将在 I_{BQ} 的基础上按正弦规律变化，即

$$i_B = I_{BQ} + I_{bm}\sin\omega t$$

根据式（3-7），因为无负载，则晶体管输出特性曲线上作出的负载线即为直流负载线。当 i_B 在 I_{BQ} 的基础上作正弦规律变化时，直流负载线与输出特性曲线的交点也会随之改变，实际工作点在图 3-7c 中的 M 和 N 点之间来回移动。如果输出特性曲线在工作范围内的间隔是均匀的，则 i_C 和 u_{CE} 将分别在 I_{CQ} 和 U_{CEQ} 的基础上按正弦规律变化，即

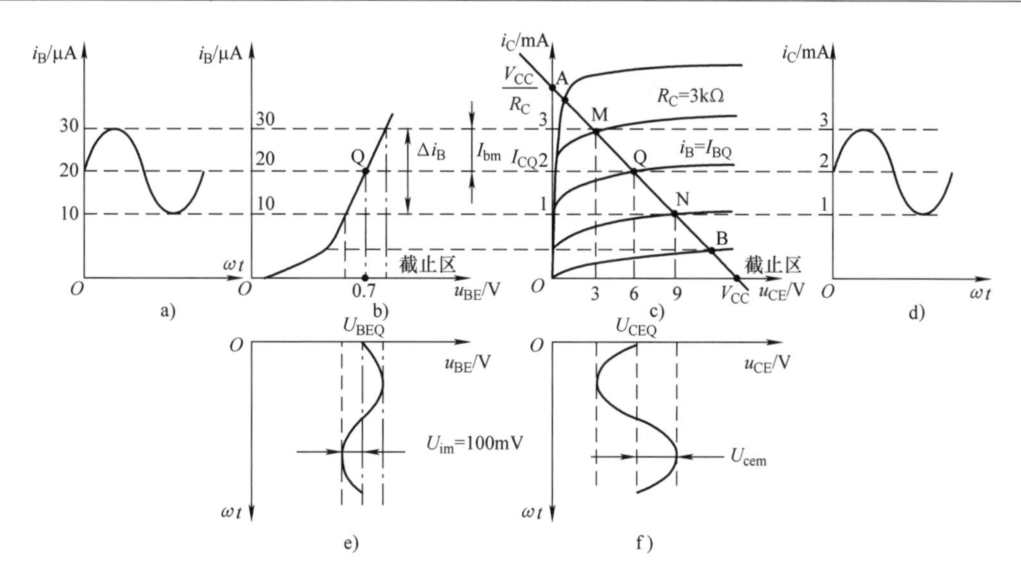

图 3-7　空载时共射放大电路的动态情况分析

a）基极电流　b）输入转移特性曲线　c）输出特性曲线　d）集电极电流　e）输入电压信号　f）输出电压信号

$$i_C = I_{CQ} + I_{cm}\sin\omega t$$

$$u_{CE} = U_{CEQ} + U_{cm}\sin(\omega t - \pi)$$

这样，就可以在坐标平面上画出相应的 i_C 和 u_{CE}的波形，如图 3-7d、f 所示。

考虑电容器 C_2 的隔直作用，u_{CE}中的交流分量 u_{ce}的波形就是输出电压 u_o 的波形，且 u_o 与 u_i 相位相反。因此共发射极放大电路具有电压反相作用，即基极电压与集电极电压总是朝相反方向变化。

2. 电路带负载情况

电路带负载时，电路和其交流通路如图 3-8 所示，从图 3-8b 可知，动态时集电极电阻与负载电阻处于并联关系，则输出电压方程有

$$u_{CE} = V_{CC} - i_C(R_C /\!/ R_L) \tag{3-8}$$

通常将 R_L 与 R_C 的并联等效负载称为放大电路的交流负载，用 R'_L 表示，即

$$R'_L = R_C /\!/ R_L \tag{3-9}$$

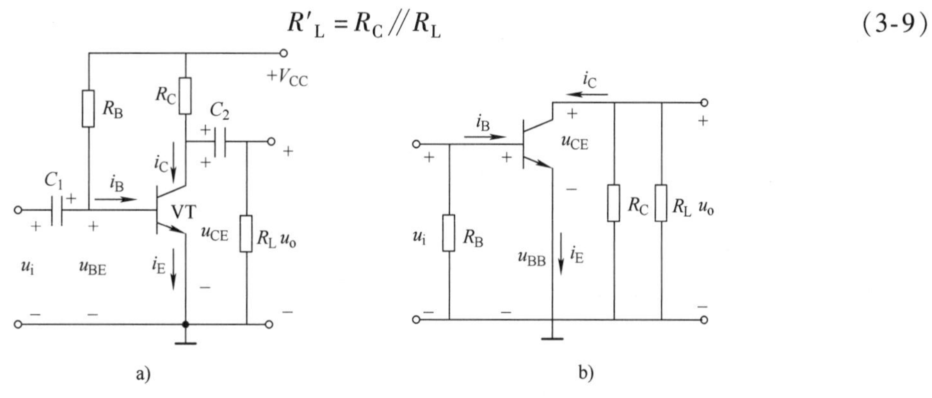

图 3-8　负载时共射放大电路及交流通路

a）负载时的电路　b）负载时的交流通路

根据式（3-8）在晶体管输出特性曲线绘制的直线即为交流负载线，斜率为 $-\dfrac{1}{R'_L}$。

由于在动态时，u_{CE}和i_C的值在静态工作点附近移动，当输入信号变为零（$u_i=0$）时，u_{CE}和i_C的值变为U_{CEQ}和I_{CQ}，可见交流负载线必通过静态工作点Q。但由于交流负载R'_L小于直流负载R_L，所以交流负载线比直流负载线更陡一些。

当在放大电路输入端加入交流信号电压后，此时实际工作点将沿交流负载线（在Q_1和Q_2之间）上下移动作动态变化。从图3-9中可以看到放大电路带有负载后，集电极电压u_{CE}的变化范围，从原来直流负载线上的MN之间，缩小到交流负载线上的Q_1Q_2之间，尽管i_C的变化量Δi_C变化不大，但u_{CE}的变化量Δu_{CE}却减小很多，可见带上负载后输出电压的动态范围变小了。

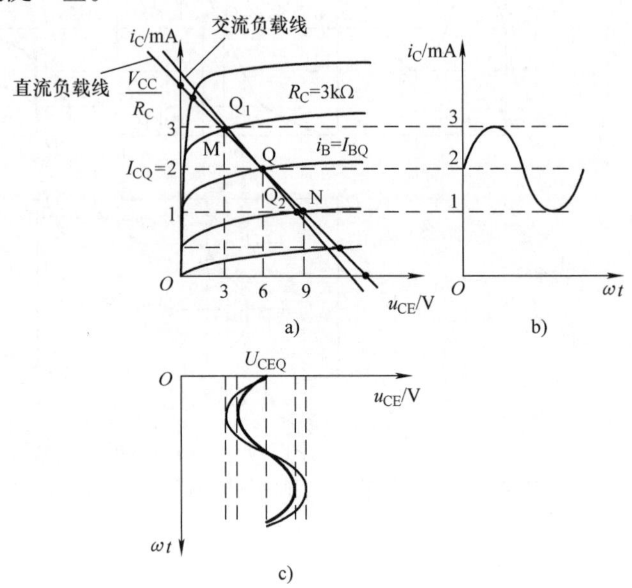

图3-9　共射放大电路的空载、负载动态情况比较分析
a）输出特性曲线　b）集电极电流波形　c）输出电压信号波形

三、微变等效电路分析法

当晶体管的输入信号为低频小信号时，如果静态工作点Q选取合适，信号则只在静态工作点附近小范围内变动，此时晶体管输入特性曲线可以近似看作是线性的；同时如果输出信号也为低频小信号，保证输出信号的动态范围处在输出特性曲线的线性放大区域（$i_c=\beta i_b$）。此时，晶体管可以用一个等效的线性电路来代替，即晶体管的微变等效电路，如图3-10b所示。

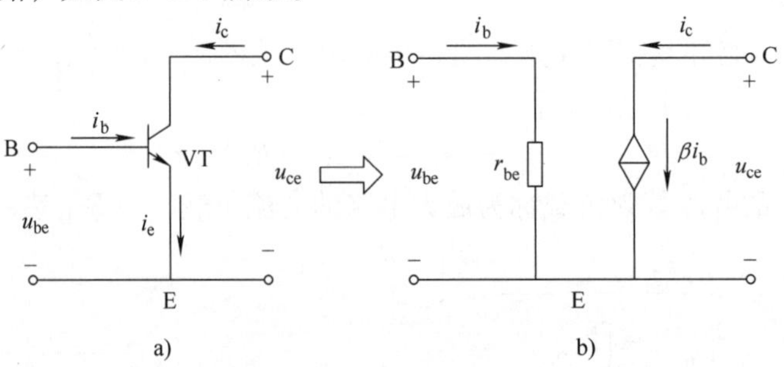

图3-10　晶体管的微变等效电路
a）晶体管　b）微变等效电路

1. 晶体管微变等效电路分析方法：

1）由于Q点附近小范围内的输入特性曲线近似为直线，晶体管B、E间就相当于一个线性电阻r_{be}（也表示为h_{ie}），它的物理意义是当基极电流发生单位变化时，晶体管发射结电压的变化量，即

$$r_{be}=\frac{\Delta U_{BE}}{\Delta I_B}=\frac{u_{be}}{i_b}$$

r_{be}在工程上常用式（3-10）来进行估算

$$r_{be}=300\Omega+(1+\beta)\frac{26\text{mV}}{I_E} \tag{3-10}$$

其值在几百欧到几千欧。

2）由于晶体管的电流控制作用，从输出端C、E间看晶体管是一个受控电流源，且满足 $i_c = \beta i_b$。

用晶体管的微变等效电路代替放大电路交流通路中的晶体管，即构成放大电路的微变等效电路，如图3-11所示。

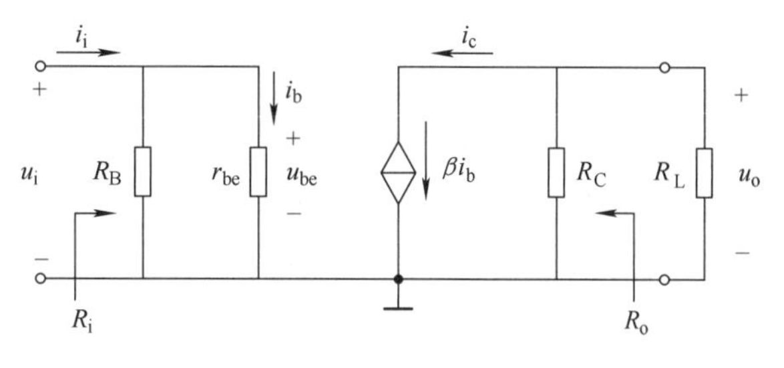

图3-11 基本共发射极放大电路的微变等效电路

2. 利用微变等效电路可完成放大电路各项技术指标的计算。

（1）电压放大倍数 根据等效电路，可知：输入信号 $\dot{U}_i = \dot{I}_b r_{be}$，输出信号 $\dot{U}_o = -\dot{I}_c(R_C /\!/ R_L) = -\beta \dot{I}_b R'_L$，则电压放大倍数为

$$A_u = \frac{\dot{U}_o}{\dot{U}_i} = \frac{-\beta \dot{I}_b R'_L}{\dot{I}_b r_{be}} = -\beta \frac{R'_L}{r_{be}} \tag{3-11}$$

式中负号表示输出电压与输入电压反向。

（2）输入电阻 根据输入电路的定义式 $R_i = \dfrac{u_i}{i_i}$，由放大电路的等效电路可知

$$R_i = R_B /\!/ r_{be} \tag{3-12}$$

（3）输出电阻 根据电路理论，电路的输出电阻可以用开路电压除以短路电流的方法来计算。

输出端开路时，微变等效电路如图3-12a所示，可求得电路的开路电压 $\dot{U}_{OC}$ 为

$$\dot{U}_{OC} = -\dot{I}_c R_C$$

输出端短路时，微变等效电路如图3-12b所示，可求得电路的短路输出电流 $\dot{I}_{SC}$，显然 $\dot{I}_{SC} = -\dot{I}_c$，因此

$$R_o = \frac{\dot{U}_{OC}}{\dot{I}_{SC}} = \frac{-\dot{I}_c R_C}{-\dot{I}_c} = R_C \tag{3-13}$$

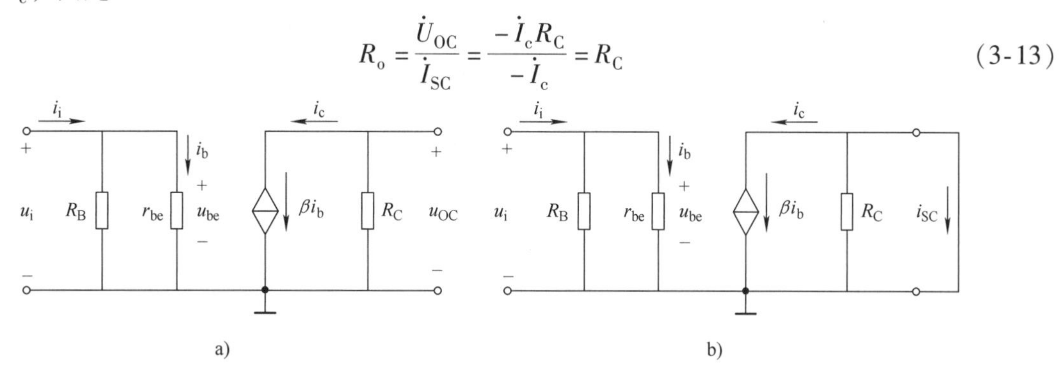

图3-12 计算输出电阻的电路
a）求开路时输出电压 b）求短路时的输出电流

上述方法求输出电阻只适用于理论计算，不适用于实验测量。在测量中将放大电路的输出端短路可能引起输出电流过大而烧坏晶体管。在实际测量中，应当使用式（3-2）对应的方法来求取放大电路的输出电阻。

四、分压式偏置放大电路的分析

1. 电路的特点和工作原理

电路如图3-13所示，该电路具有如下特点：

1）利用基极偏置电阻 R_{b1} 和 R_{b2} 分压来稳定基极电位。设流过电阻 R_{b1} 和 R_{b2} 的电流分别为 I_1 和 I_2，并且 $I_1 = I_2 + I_{BQ}$，一般 I_{BQ} 很小，$I_2 >> I_{BQ}$，所以近似认为 $I_1 \approx I_2$。这样，基极电位 U_B 就

完全取决 R_{b2} 上的分压，即

$$U_B \approx V_{CC}\frac{R_{b2}}{R_{b1}+R_{b2}}$$

从上式可以看出，在 $I_2 >> I_{BQ}$ 的条件下，基极电位 U_B 由电源 V_{CC} 经 R_{b1} 和 R_{b2} 分压所决定，其值不受温度影响，且与晶体管参数无关。

2）利用发射极电阻 R_e 来获得反映电流 I_{EQ} 变化的信号，反馈到输入端，自动调节 I_{BQ} 的大小，实现工作点稳定。其过程可表示为

T(℃)$\uparrow \rightarrow I_{CQ}\uparrow \rightarrow I_{EQ}\uparrow \rightarrow U_{EQ}\uparrow \rightarrow U_{BEQ}\downarrow \rightarrow I_{BQ}\downarrow$

$I_{CQ}\downarrow \leftarrow$

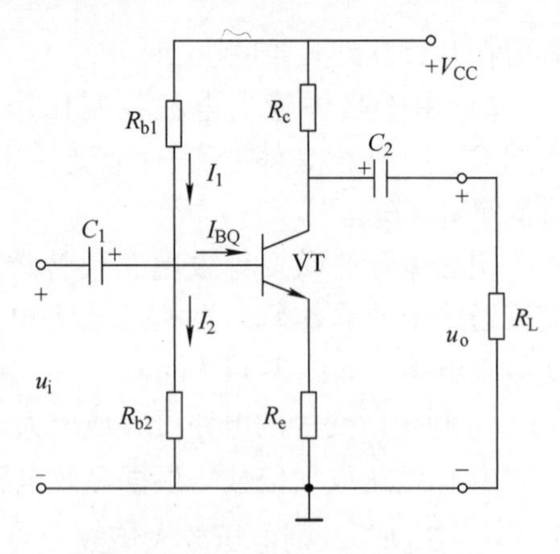

图 3-13　分压式偏置放大电路

上述过程中的符号↑表示增大，↓表示减小，→表示引起后面的变化。

如果 $U_{BQ} >> U_{BEQ}$，则发射极电流为

$$I_{EQ}=\frac{U_{BQ}-U_{BEQ}}{R_e}\approx\frac{U_{BQ}}{R_e}=\frac{R_{b2}V_{CC}}{(R_{b1}+R_{b2})R_e}$$

从上面分析来看，静态工作点稳定是在满足 $I_1 >> I_{BQ}$ 和 $U_{BQ} >> U_{BEQ}$ 两式的条件下获得的。I_1 和 U_{BQ} 越大，则工作点稳定性越好。但是 I_1 也不能太大，因为一方面 I_1 太大使电阻 R_{b1} 和 R_{b2} 上的能量消耗太大；另一方面 I_1 太大，要求 R_{b1} 很小，这样对信号源的分流作用加大了，当信号源有内阻时，使信号源内部压降增大，有效输入信号减小，降低了放大电路的放大倍数。同样 U_{BQ} 也不能太大，如果 U_{BQ} 太大，必然 U_E 太大，导致 U_{CEQ} 减小，甚至影响放大电路的正常工作。在工程上，通常这样考虑

对于硅管：$I_1=(5\sim10)I_{BQ}$　　$U_{BQ}=(3\sim5)\text{V}$

对于锗管：$I_1=(10\sim20)I_{BQ}$　　$U_{BQ}=(1\sim3)\text{V}$

2. 静态工作点的近似估算

根椐以上分析，由图 3-13 可得

$$U_B \approx V_{CC}\frac{R_{b2}}{R_{b1}+R_{b2}}$$

$$I_{CQ}\approx I_{EQ}=\frac{U_B-U_{BEQ}}{R_e}$$

$$I_{BQ}\approx\frac{I_{CQ}}{\beta}$$

$$U_{CEQ}=V_{CC}-I_{CQ}(R_c+R_e)$$

这样就可根据以上各式来估算静态工作点。

3. 电压放大倍数的估算

图 3-13 的微变等效电路如图 3-14 所示。

由图可以得到

$$U_o=-\beta I_b R'_L$$

其中 $R'_L=R_c /\!/ R_L$。

$$U_i=I_b r_{be}+I_e R_e=I_b[r_{be}+(1+\beta)R_e]$$

$$A_u=\frac{U_o}{U_i}=-\frac{\beta I_b R'_L}{I_b[r_{be}+(1+\beta)R_e]}=-\frac{\beta R'_L}{r_{be}+(1+\beta)R_e}$$

由此可知，由于 R_e 的接入，虽然给稳定静态工作点带来了好处，但却使放大倍数明显下降，并且 R_e 越大，下降越多。为了解决这个问题，通常在 R_e 上并联一个大容量的电容器（几十到几百微法）；对交流来讲，C_e 的接入可看成是发射极直接接地，故称 C_e 为射极交流旁路电容器。加入旁路电容器后，电压放大倍数 A_u 和固定偏置放大电路完全相同。这样既稳定了静态工作点，又没有降低电压放大倍数。

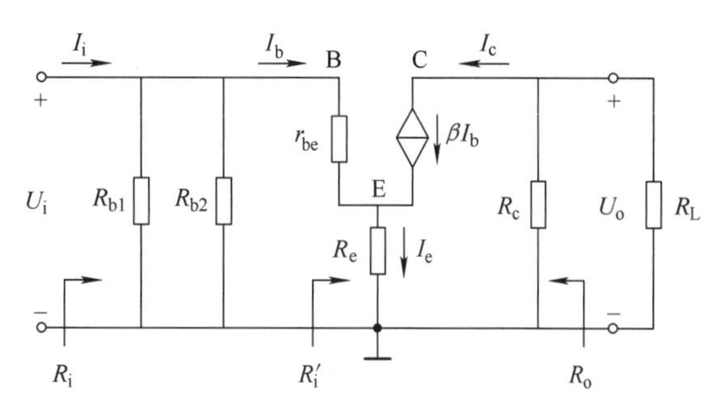

图 3-14 图 3-13 的微变等效电路

4. 输入电阻和输出电阻的估算

由图 3-14 可得

$$U_i = I_b r_{be} + I_e R_e = I_b r_{be} + (1+\beta) I_b R_e$$

$$R'_i = \frac{U_i}{I_b} = r_{be} + (1+\beta) R_e$$

则输入电阻为

$$R_i = R'_i /\!/ R_b$$

通常 R_b（$R_b = R_{b1} /\!/ R_{b2}$）较大，如果不考虑 R_b 的影响，则输入电阻为

$$R_i = R'_i = r_{be} + (1+\beta) R_e$$

上式表明，加入 R_e 后，输入电阻提高了很多。如果电路中接入了发射极旁路电容器 C_e，则输入电阻 R_i 的表达式与固定偏置电路就没有区别了。

按照前面求输出电阻的方法，由图 3-14 可求得输出电阻为

$$R_o \approx R_c$$

任务三 晶体管共集电极放大电路的分析

一、电路构成

典型共集电极放大电路如图 3-15a 所示。它是由基极输入信号，发射极输出信号。从交流通路（见图 3-15b）来看，集电极是输入回路与输出回路的共同端，故称为共集电极电路。又因为信号是从发射极输出，所以又叫作射极输出器。

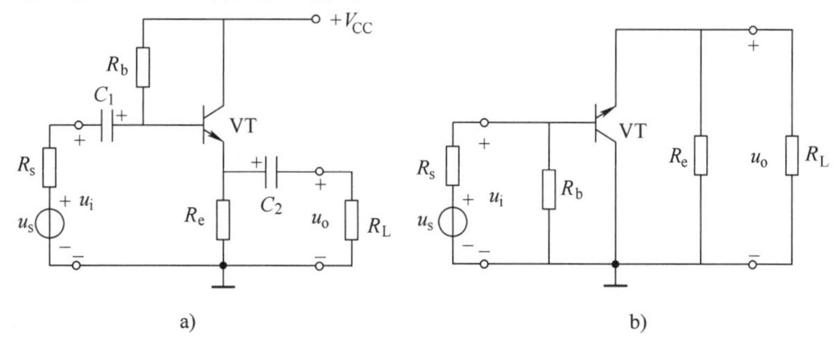

图 3-15 共集电极放大电路

a）电路 b）交流通路

二、射极输出器的特点

1. 静态工作点比较稳定

画出共集电极放大电路的直流通路，如图 3-16 所示。由图可知 $V_{CC} = I_{BQ} R_b + U_{BEQ} + I_{EQ} R_e$，于是有

$$I_{CQ} \approx I_{EQ} = \frac{V_{CC} - U_{BEQ}}{R_e + \frac{R_b}{1+\beta}}$$

$$U_{CEQ} \approx V_{CC} - I_{CQ}R_e$$

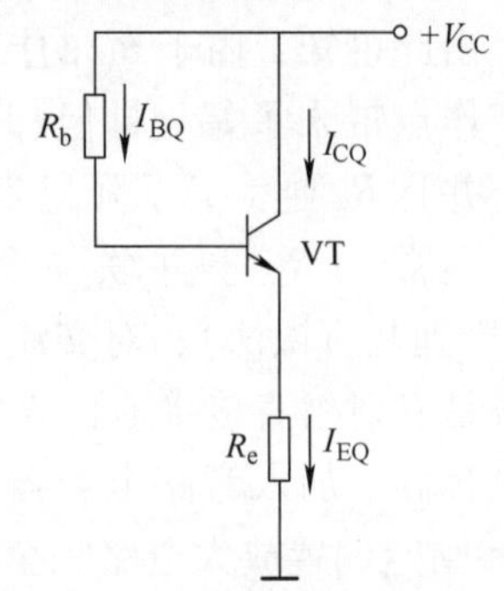

图3-16　共集电极放大电路的直流通路

射极输出器中的电阻 R_e，还具有稳定静态工作点的作用。例如，当温度升高时，由于 I_{CQ} 增大，使 R_e 上的压降上升，导致 U_{BEQ}下降，从而牵制了 I_{CQ}的上升。

2. 电压放大倍数小于1（近似为1）

画出图3-15a 电路对应的微变等效电路如图3-17 所示。由等效电路可知

$$U_o = (1+\beta)I_oR'_L$$

式中

$$R'_L = R_e // R_L$$

又

$$U_i = I_b[r_{be} + (1+\beta)R'_L]$$

于是可得

$$A_o = \frac{U_o}{U_i} = \frac{(1+\beta)R'_L}{r_{be} + (1+\beta)R'_L} \tag{3-14}$$

在式中，一般有$(1+\beta)R'_L >> r_{be}$，所以射极输出器的电压放大倍数小于1（接近1），正因为输出电压接近输入电压，两者的相位又相同，故射极输出器又称为射极跟随器。

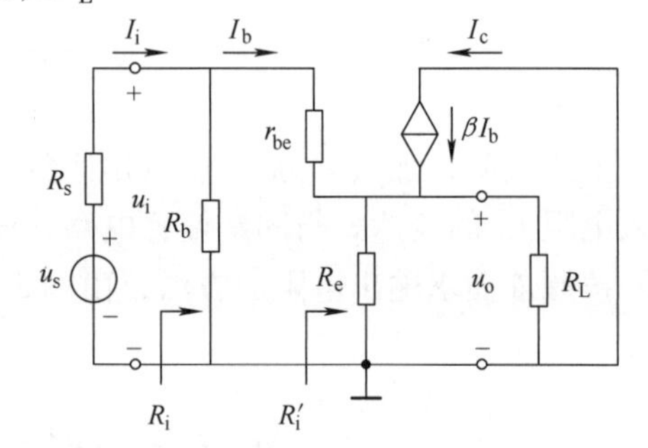

图3-17　共集电极放大电路的微变等效电路

应当指出，尽管射极输出器的电压放大倍数小于1，但射极电流 I_e 是基极电流 I_b 的（$1+\beta$）倍，仍然能够将输入电流加以放大。在图3-17 中，为了估算方便，若忽略 R_b 的分流影响，则 $I_i = I_b$，$I_o = I_e$，由此可得电流放大倍数 A_i 为

$$A_i = \frac{I_o}{I_i} \approx \frac{I_e}{I_b} = 1+\beta \tag{3-15}$$

所以说，射极输出器虽然没有放大电压，但具有电流放大和功率放大作用。

3. 输入电阻高

由图3-17 可知

$$R'_i = r_{be} + (1+\beta)R'_L$$

$$R_i = R_b // R'_i = R_b // [r_{be} + (1+\beta)R'_L] \tag{3-16}$$

可见，射极输出器的输入电阻是由偏置电阻 R_b 和基极回路电阻$[r_{be} + (1+\beta)R'_L]$并联而成的。因 R'_L 上流过的电流比 I_b 大（$1+\beta$）倍，故把 R'_L 折算到基极回路应扩大（$1+\beta$）倍。通常 R_b 的值较大（几十至几百千欧），同时$[r_{be} + (1+\beta)R'_L]$也比 r_{be}大得多，因此，射极输出器的输入电阻可高达几十千欧到几百千欧。

4. 输出电阻低

根据求输出电阻的方法，将图3-17 中的 u_s 短路，拿掉 R_L，再加上探察电压 U_p，这样可得到求输出电阻的等效电路，如图3-18 所示。

从图中可以看出，由输出端看进去，有三条支路并联，即发射极支路、基极支路和受控源支路。而发射极支路电阻为 R_e；基极支路电阻为 $r_{be} + R'_s$，其中 $R'_s = R_s // R_b$；受控源支路的电流

是基极电流的β倍，所以此支路的等效电阻应为基极支路电阻的$1/\beta$倍，即$(r_{be}+R'_s)/\beta$。于是这个电路的输出电阻为

$$R_o=\frac{U_p}{I_p}$$

$$=R_e /\!/ \frac{r_{be}+R'_s}{1+\beta}$$

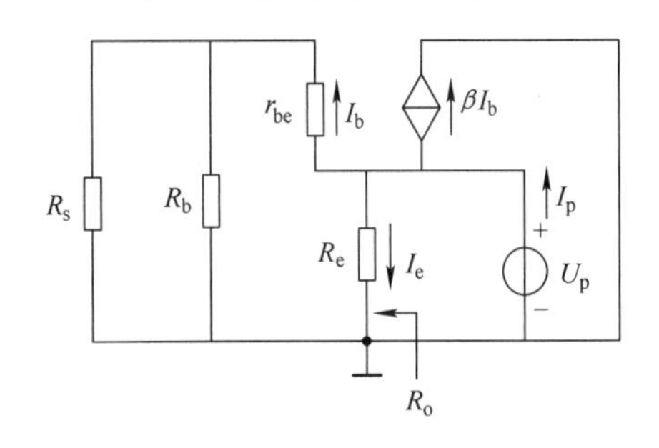

图3-18　共集电极放大电路输出电阻的求法

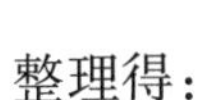

整理得：

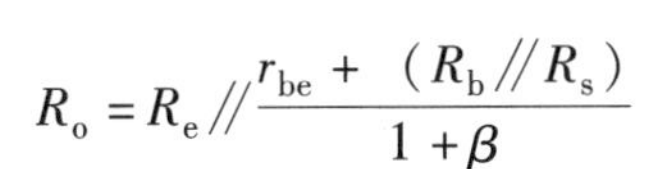

$$R_o=R_e /\!/ \frac{r_{be}+(R_b /\!/ R_s)}{1+\beta}$$

若不计信号源内阻（$R_s=0$），则有

$$R_o=R_e /\!/ \frac{r_{be}}{1+\beta} \tag{3-17}$$

这就是说，射极输出器的输出电阻是两个电阻的并联，一个是R_e，另一个是$[r_{be}+(R_s/\!/R_b)]/(1+\beta)$，$r_{be}+(R_s/\!/R_b)$是基极回路的总电阻。由于射极输出器的输出电阻是从发射极看进去的，而发射极电流是基极电流的（$1+\beta$）倍，所以将基极回路的总电阻$[r_{be}+(R_s/\!/R_b)]$折算到发射极回路来时须除以（$1+\beta$）。

一般情况下，$R_e \gg \frac{r_{be}+(R_s/\!/R_b)}{1+\beta}$，故

$$R_o \approx \frac{r_{be}+(R_s/\!/R_b)}{1+\beta}$$

从以上分析可知，射极输出器具有很小的输出电阻（一般为几欧至几百欧），为了进一步降低输出电阻，还可选用β值较大的管子。

三、射极输出器的主要用途

由于射极输出器有输入电阻高和输出电阻低的特点，所以它在电子电路中的应用很广泛。常用来作为多级放大电路的输入级、中间隔离级和输出级。

1. 用作高输入电阻的输入级

在要求输入电阻较高的放大电路中，经常采用射极输出器作为输入级。利用它输入电阻高的特点，使流过信号源的电流减小，从而使信号源内阻上的压降减小，使大部分信号电压能传送到放大电路的输入端。对测量仪器中的放大器来讲，其放大器的输入电阻越高，对被测电路的影响也就越小，测量精度也就越高。

2. 用作低输出电阻的输出级

由于射极输出器输出电阻低，当负载电流变动较大时，其输出电压变化较小，因此带负载能力强。即当放大电路接入负载或负载变化时，对放大电路的影响小，有利于稳定输出电压。

3. 用作中间隔离级

在多级放大电路中，将射极输出器接在两级共发射极放大电路之间，利用其输入电阻高的特点，以提高前一级的电压放大倍数；利用其输出电阻低的特点，以减小后一级信号源内阻，从而提高了前后两级的电压放大倍数，隔离了两级耦合时的不良影响。这种插在中间的隔离级又称为缓冲级。

四、三种组态放大电路的比较

共基极放大电路多见于高频放大电路中，读者可以采用前面的分析方法自行分析其特点，这

里不再赘述。三种组态的放大电路比较见表3-2。

表3-2　三种组态的放大电路比较

	共射极放大电路	共集电极放大电路	共基极放大电路
电路图	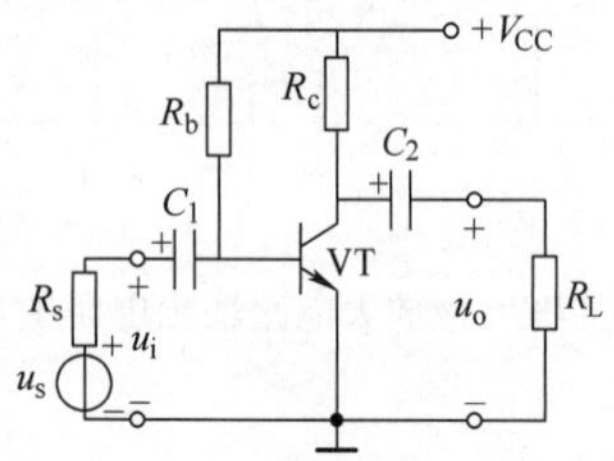	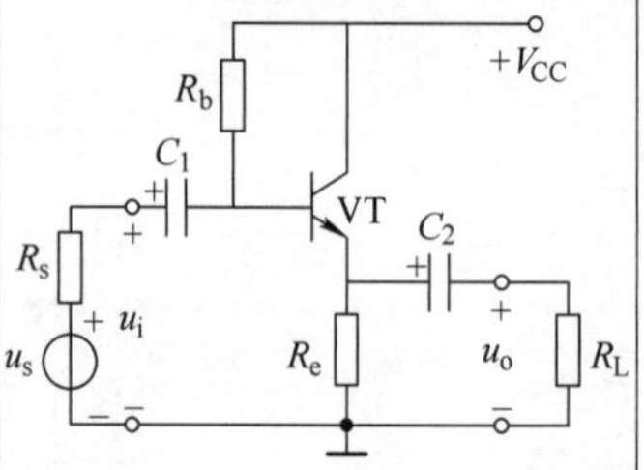	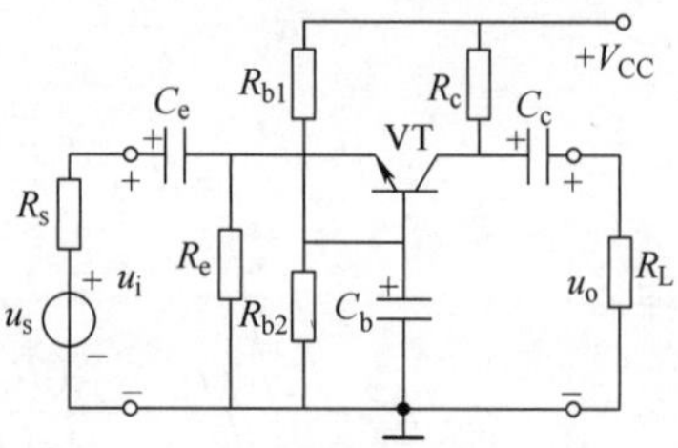
静态工作点	$I_{BQ}\approx\frac{V_{CC}}{R_b}$ $I_{CQ}=\beta I_{BQ}$ $U_{CEQ}=V_{CC}-I_{CQ}R_c$	$I_{BQ}\approx\frac{V_{CC}}{R_b+(1+\beta)R_e}$ $I_{CQ}=\beta I_{BQ}$ $U_{CEQ}\approx V_{CC}-I_{CQ}R_e$	$U_{BQ}\approx\frac{V_{CC}}{R_{b1}+R_{b2}}R_{b2}$ $I_{CQ}\approx I_{EQ}\approx\frac{U_B}{R_e}$ $I_{BQ}=\frac{I_{CQ}}{\beta}$ $U_{CEQ}\approx V_{CC}-I_{CQ}(R_c+R_e)$
微变等效电路	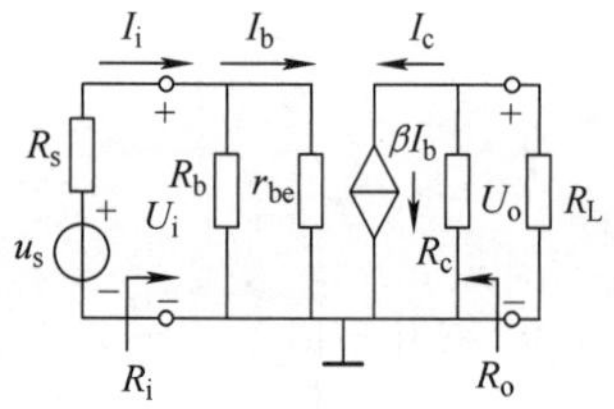	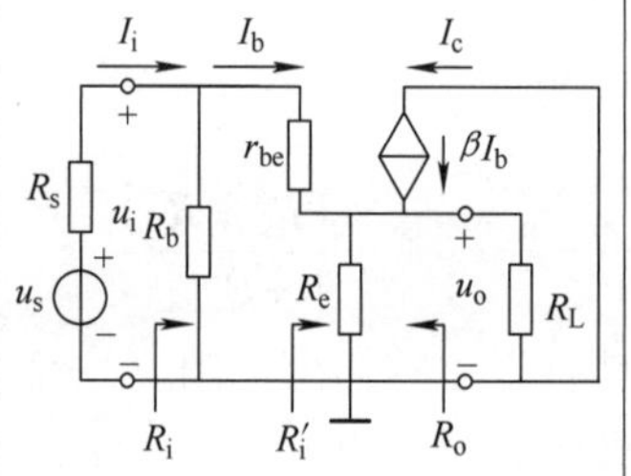	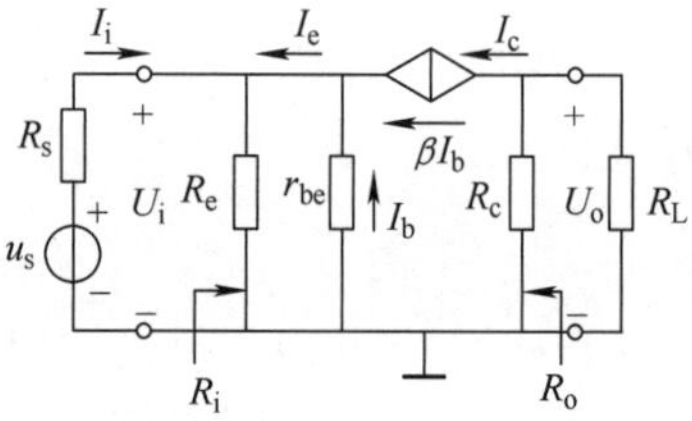
A_u	$\frac{-\beta R'_L}{r_{be}}$	$\frac{(1+\beta)R'_L}{r_{be}+(1+\beta)R'_L}$	$\frac{\beta R'_L}{r_{be}}$
R_i	$R_b // r_{be}$(中)	$R_b//[r_{be}+(1+\beta)R'_L]$(大)	$R_e//\frac{r_{be}}{1+\beta}$(小)
R_o	R_c	$R_e//\frac{r_{be}+R'_s}{1+\beta}, R'_s=R_s//R_b$	R_c
用途	多级放大器的中间级	输入、输出或缓冲级	高频或宽频带放大电路

任务四　放大电路的调试与参数测试

为了使放大电路工作于最佳状态，通常需要对电路进行反复调试，否则可能引起信号失真。调试时常用的仪表有万用表和示波器，为了便于说明，以下通过一个仿真实例来介绍放大电路调试与测试的过程。在实物测量时，测量数据可能与仿真时有所出入，但基本方法则是完全一致的。

仿真实例：典型分压式共射放大电路的调试与测试，电路如图3-19所示。

仿真步骤：

(1) 绘制电路　在Multism仿真软件中，绘制电路原理图如图3-20所示，在电路输入端连接函数发生器，用双踪示波器测试电路输入及输出波形，用直流电压表和电流表测量静态工作点。

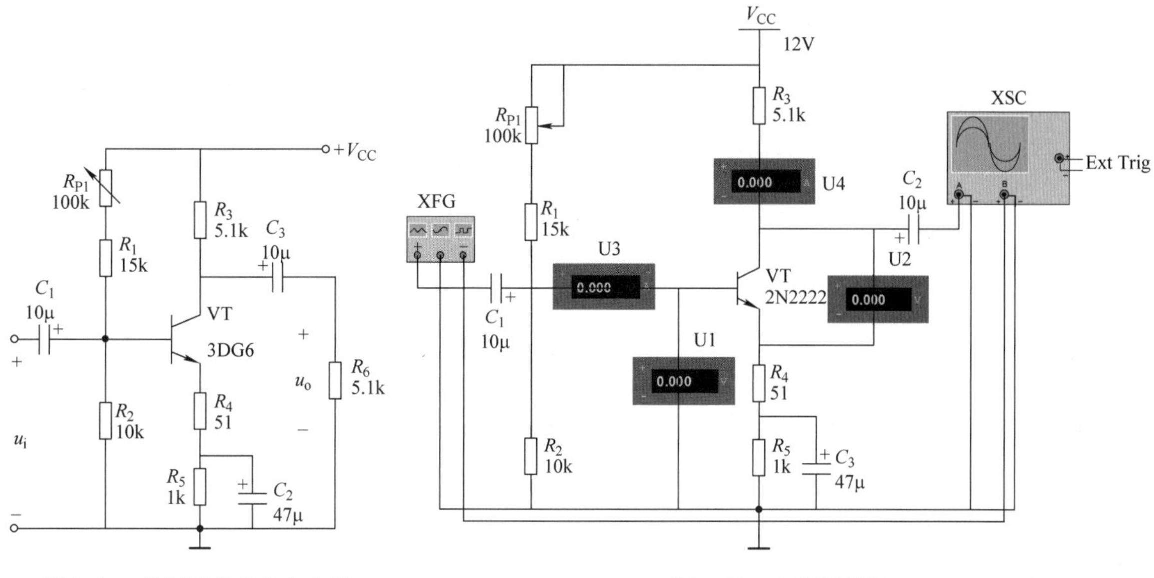

图 3-19　分压式偏置放大电路　　　　图 3-20　电路原理图

（2）调整 R_{P1}，观察波形失真　将信号发生器调整到输出 1kHz，20mV。暂时断开示波器与输入端的连接将 R_{P1} 从最小值调整至最大值，并将示波器的状态设置为交流（AC），观察电路输出端波形的变化情况。

当 R_{P1} 为 0% 时，调整示波器的时基和幅度显示比例，使波形以合适的大小显示，可以看到示波器上输出信号波形出现了如图 3-21a 所示的失真；以 1% 的步长逐渐增大 R_{P1}，失真程度减小，当增加到 13% 时，信号幅度最大，而且正负波形对称，是完整的正弦波，如图 3-21b 所示；

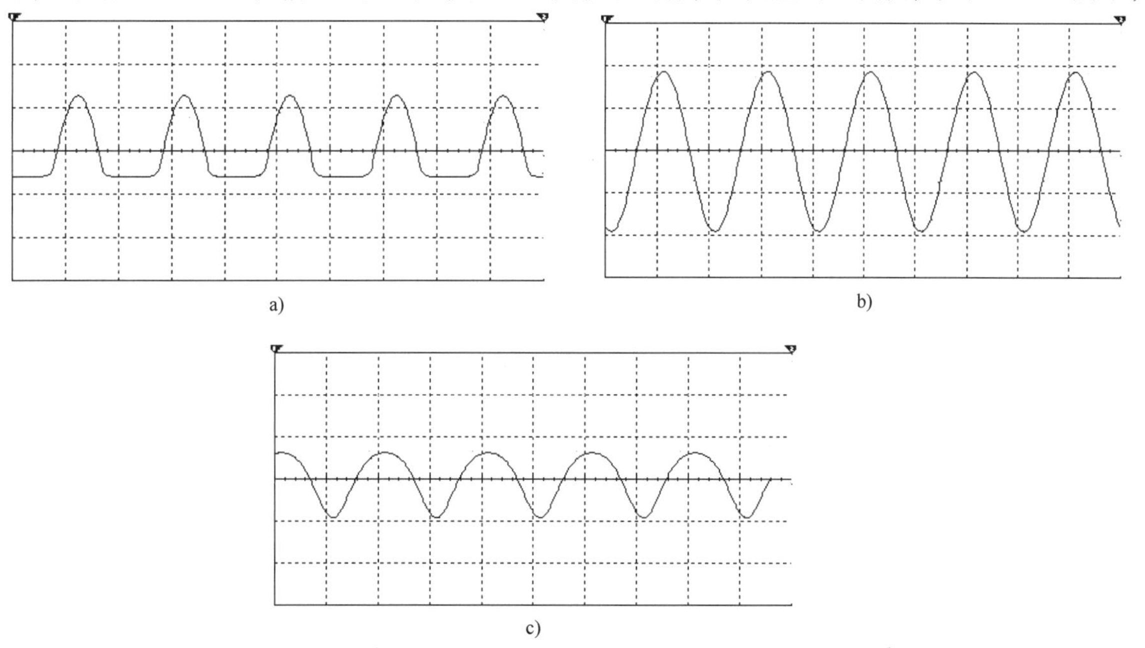

图 3-21　观察放大电路的失真

a）饱和失真　b）最佳放大状态　c）截止失真

再增大 R_{P1}，波形幅度又逐渐减小，同时又出现失真，当增加到70%时，幅度已经很小，要重新调整示波器的幅度显示比例，才能使波形合理显示，如图3-21c所示。当 R_{P1} 增加到100%时，幅度已经降到1mV以下，电路已失去放大能力。

（3）测量静态工作点，分析失真原因　将图3-21中三种情况下电路的静态工作电压测量出来，数据填入表3-3中，并计算出工作电流，也填入表中。

表3-3　失真分析对比

R_{P1}	波形	U_B/V	U_{CE}/V	I_B/μA	I_C/μA
0%	底部失真	1.545	0.062	76	790
13%	无失真	1.266	1.324	6.904	606
70%	顶部失真	0.522	4.945	0.526	9.770

从表3-3可以分析出电路波形失真的原因。

表格第一行中，$U_{CE}=0.062$V，而晶体管导通时，U_{BE}为0.6～0.7V（硅管），这说明B点电位已高于E点，晶体管进入饱和区，从表中还可以看到此时 I_C 很大，说明静态工作点在输出特性曲线图中太高，如图3-22中的 Q_1 点，导致输入信号与静态值叠加后，顶部波形进入饱和区，经反相后输出波形的底部被削去。这种失真被称为饱和失真。

表格的第三行中，由于 $U_B=0.522$V，发射结接近于截止状态，导致 I_B 和 I_C 都很小，说明静态工作点在输出特性曲线图中太低，如图3-22中的 Q_2 点，导致输入信号与静态值叠加后，底部波形进入截止区，反相后输出波形的顶部被削去。这种失真被称为截止失真。

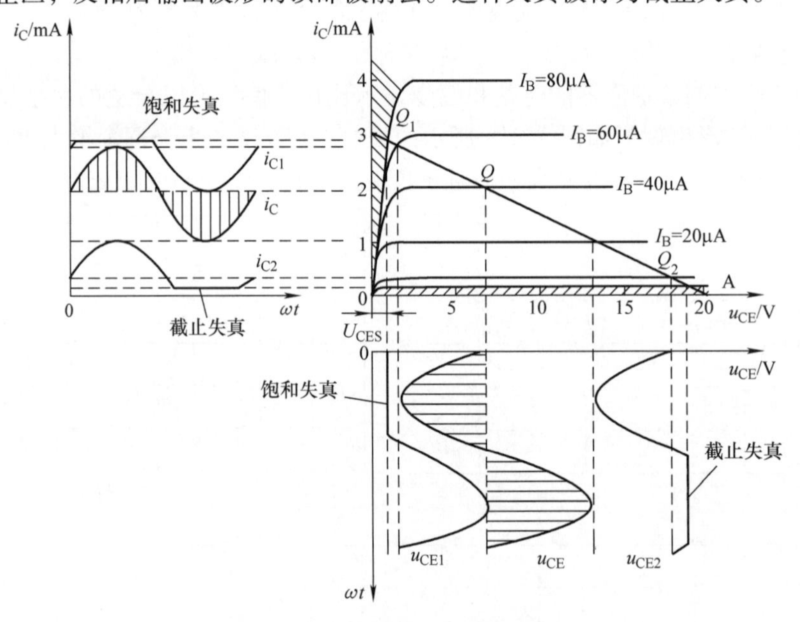

图3-22　放大电路失真的图解分析

（4）观察集电极负载电阻器 R_3 对波形的影响　将 R_{P1} 固定在最佳值13%，输入信号频率与幅度均不变，改变 R_3 的大小，观察其对电路的影响。当 R_3 分别为5.1kΩ，2kΩ和10kΩ时，观察到的输出波形如图3-23中a、b、c所示。

图3-23说明集电极负载电阻器 R_3 对电路影响很大，如果取值过小，由于电路此时的电压放大倍数为 $A_u=-\beta R_3/[r_{be}+(1+\beta)R_4]$，将引起电路放大倍数减小，如图3-23b所示。

如果 R_3 取值过大，由于电路的直流负载线斜率为 $-1/R_3$，则会引起静态工作点向左移动，向饱和区靠近，如图3-24所示。严重时将引起饱和失真，就出现了图3-23c所示的情况。

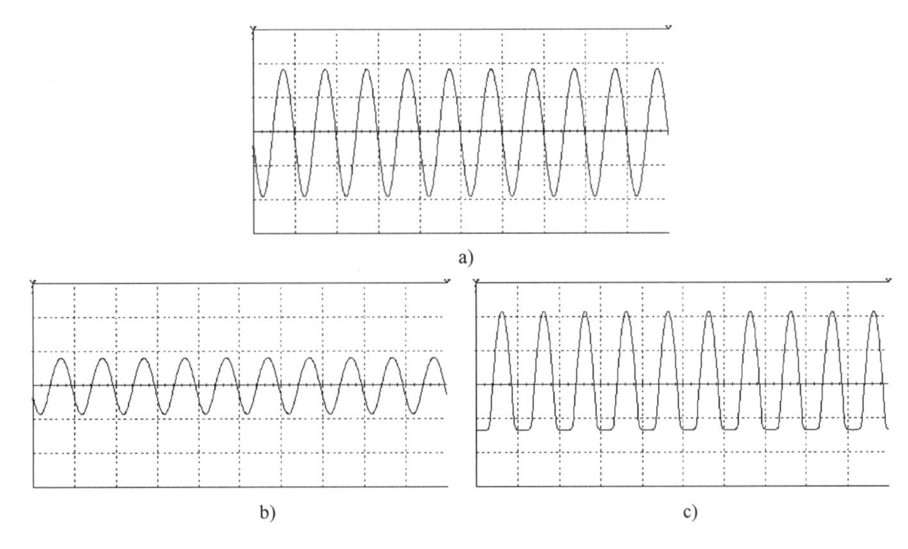

图 3-23 集电极负载电阻对电路的影响

a) $R_3=5.1\text{k}\Omega$ b) $R_3=2\text{k}\Omega$ c) $R_3=10\text{k}\Omega$

由此可见，R_3 应在不引起失真的情况下，尽可能大一点。此处就取 5.1kΩ。

（5）观察发射极电阻器对工作点的影响 发射极电阻器同时位于输入及输出回路中，为电路带来了反馈，由于 C_3 的旁路作用，R_5 只有直流反馈作用，而 R_4 虽兼有交直流反馈作用，但由于其值远小于 R_5，所以主要考虑它的交流负反馈作用。

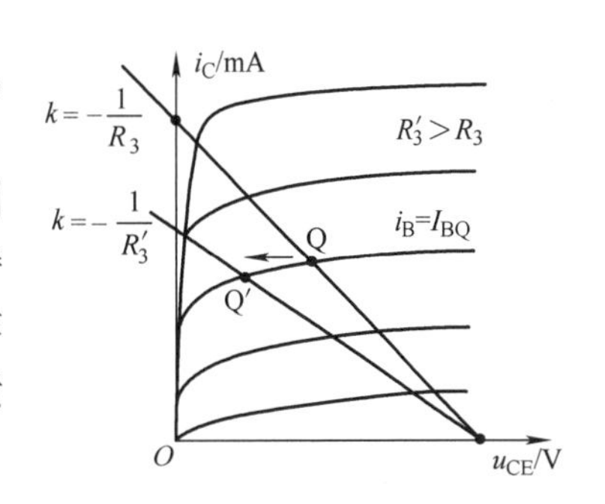

图 3-24 集电极负载电阻引起工作点的变化

保持电路其他参数不变，观察 R_5 对工作点的影响。将 R_5 的值分别设定为 2kΩ，1kΩ 和 500Ω，以 R_3 的波动代表电路的不稳定因素，测量电路静态电流 I_C 的变化，见表 3-4。

表 3-4 发射极电阻对静态电流 I_C 的影响

	I_C/mA			$R_3=5.1\text{k}\Omega$ 时输出交流电压幅度/mV	I_C 相对变化率
	$R_3=5.1\text{k}\Omega$	$R_3=4\text{k}\Omega$	$R_3=3\text{k}\Omega$		
$R_5=2\text{k}\Omega$	0.332	0.333	0.334	687	0.60%
$R_5=1\text{k}\Omega$	0.607	0.612	0.616	915	1.48%
$R_5=500\Omega$	0.788	0.957	1.072	已失真	36.04%

表中 I_C 的相对变化率是用 $R_3=5.1\text{k}\Omega$ 和 $R_3=3\text{k}\Omega$ 时的两组数据计算得出的。从测量结果可以看出，发射极直流反馈电阻器 R_5 的值越大，则工作点的稳定性越好，但考虑到电容器 C_3 的交流旁路作用并不是绝对的，实际上 R_5 对交流信号也有一定的负反馈作用，导致输出信号的减小。从表 3-4 中也可以看出，当 $R_5=2\text{k}\Omega$ 时，交流信号幅度较小。因此 R_5 阻值的选取应适中，兼顾稳定性与增益。此处就选择 1kΩ。

（6）交流电压放大倍数的测量 保持输入信号的幅度为 20mV，观察电路的交流电压放大倍数与负载的关系。在输出端空载、接 $R_L=10\text{k}\Omega$ 和 $R_L=1\text{k}\Omega$ 负载的三种情况下，测量输出电压并计算电压放大倍数，填入表 3-5。由于输入输出电压的相位相反，如图 3-25 所示，电压放大倍数为负值。

表 3-5　负载与电压放大倍数的关系

	输出电压幅度 U_{OM}/mV	电压放大倍数 A_u
$R_L=\infty$	935	-47
$R_L=10k\Omega$	655	-33
$R_L=1k\Omega$	176	-8.8

表 3-5 说明，负载电阻的值越小，则电压放大倍数越小。

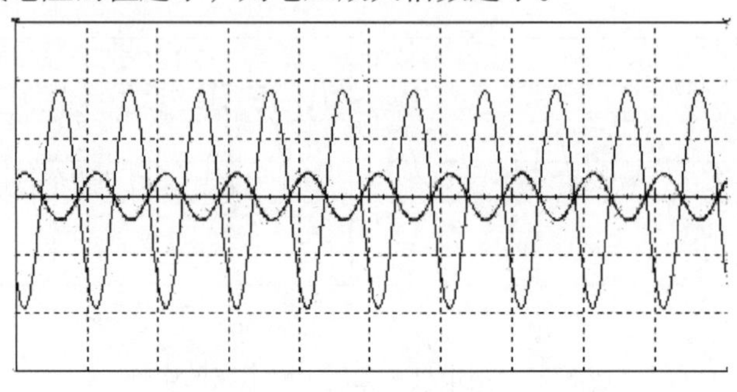

图 3-25　输入输出电压相位比较

此外，可以测试交流反馈电阻对放大倍数的影响。保持输出端开路（也可以接上一定负载测量），改变交流反馈电阻器 R_4 的值，观察并记录输出电压的变化，填入表 3-6。

表 3-6　交流反馈电阻对电压放大倍数的影响

	输出电压幅度 U_{OM}/V	电压放大倍数 A_u
$R_4=40\Omega$	1.04	-52
$R_4=51\Omega$	0.935	-47
$R_4=60\Omega$	0.865	-43

表 3-6 中的数据说明，负反馈越强，电路的放大倍数越小。但放大倍数的减小通常可以换来电路工作的稳定，所以适当引入负反馈是值得的。

项目二　助听器电路的分析与仿真

任务一　了解多级放大电路与级间耦合方式

为了使信号的放大倍数达到所需值，往往用一级放大电路是不够的，这就需要使用多级放大电路，图 3-26 就是一个两级放大电路。

多级放大电路框图，如图 3-27 所示。

框图中 R_i 为整体电路的输入电阻，R_o 为整体电路的输出电阻。从框图中可以看出，多级放大电路的输入电阻也就是输入级放大电路的输入电阻，而输出电阻也就是末级（输出级）放大电路的输出电阻。而电路总的电压放大倍数为

$$A_u=A_{u1}A_{u2}\cdots A_{un} \quad (3\text{-}18)$$

在计算各级放大电路的电压放大倍

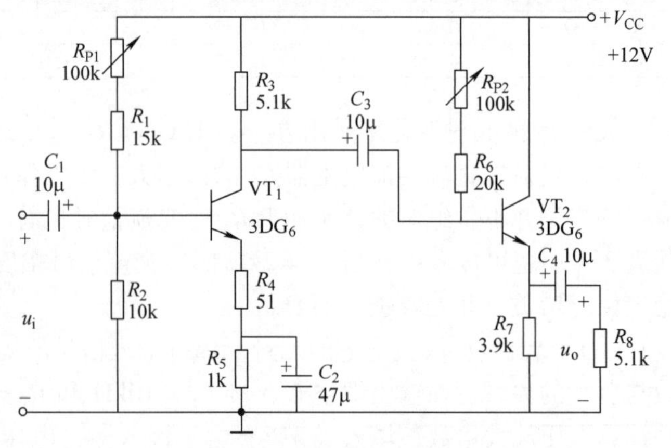

图 3-26　多级放大电路示例

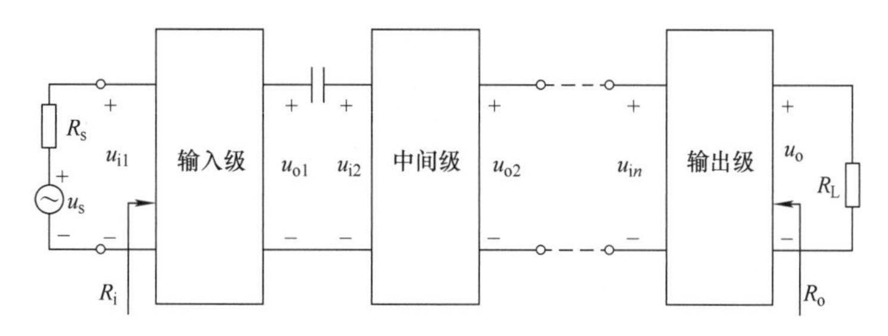

图 3-27 多级放大电路结构框图

数时，应当把后一级的输入电阻视为它的负载。

多级放大电路中级与级之间的连接称为耦合，各级电路之间的耦合方式通常有 3 种：变压器耦合、阻容耦合和直接耦合。

图 3-26 所示电路中两级放大电路之间经过电容器 C_3 连接，采用的是阻容耦合方式。这种方式的优点是利用电容器的隔直作用，使两级电路中的直流分量互不影响，而交流信号可以通过。其缺点是低频特性差，而且大电容器不易于集成。

变压器耦合是将放大电路前级的输出端通过变压器接到后级的输入端或负载电阻上，前后两级电路中的直流分量也互不影响。此外，它还有一个优点是可以实现阻抗变换，因而在分立元器件功率放大电路中得到广泛应用。它的缺点是低频特性差，不能放大变化缓慢的信号，且非常笨重，不能集成化。

直接耦合是将前一级的输出端直接连接到后一级的输入端。因此级间直流分量相互影响，但它具有良好的低频特性，可以放大变化缓慢的信号。由于电路中没有大容量电容器和电感器，易于将全部电路集成在一片硅片上，构成集成电路。

根据以上基本概念，可以对图 3-26 所示多级放大电路进行整体结构分析。

1）从输入端到输出端找出信号经由各晶体管的主要传输路径，如图 3-28 中带箭头的粗实线所示。

2）判断电路的级数与各级晶体管的工作组态。从图中可以看出：信号从 VT_1 的基极进入，从集电极输出，这是共发射极放大方式；又进入 VT_2 的基极，然后从发射极输出，可见 VT_2 工作于共集电极放大方式。输入端到输出负载之间一共两级放大电路。

3）分析级与级之间的耦合方式。图中 VT_1 输出的信号经过 C_3 耦合后，传递给 VT_2，因此两级之间采用的是阻容耦合方式。除此以外，第一级与信号源之间，第二级与负载之间也采用阻容耦合，C_1、C_4 也为耦合电容。

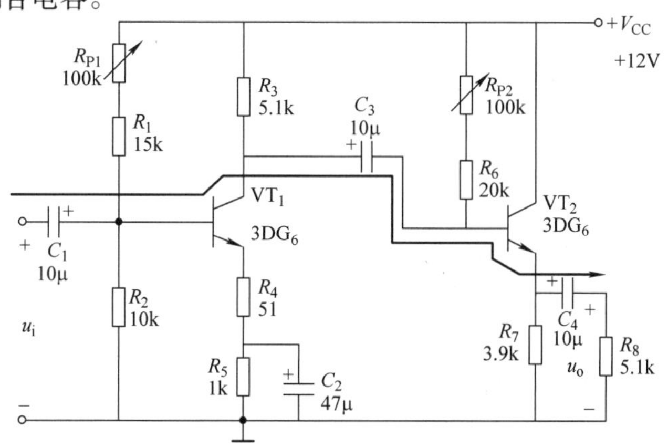

图 3-28 分析放大电路的主要传输路径

4）放大电路的分解。根据前面的分析，可以将图3-26中的放大电路分解成两个部分，如图3-29所示。完成电路的分解是进一步深入分析各级放大电路的基础。

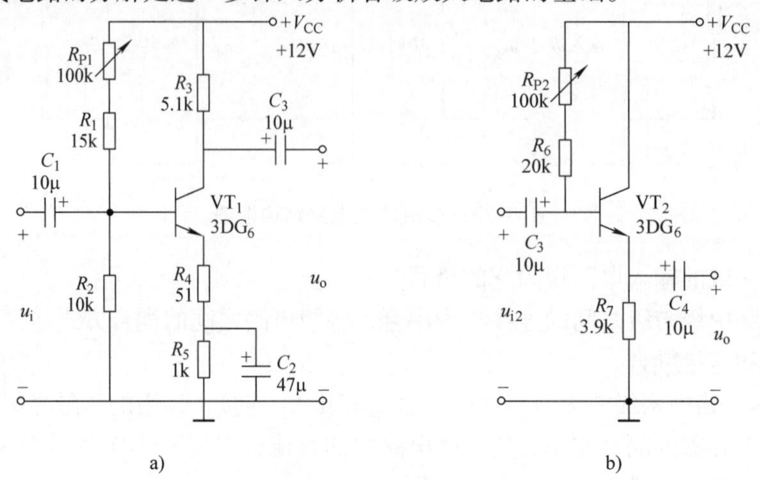

图3-29　图3-26所示多级放大电路的分解

a）第一级放大电路　b）第二级放大电路

5）总结与框图。由前面的分析过程可知，图3-26是由共发射极的输入级和共集电极的输出级构成的两级放大电路，级间采用阻容耦合方式，框图如图3-30所示。

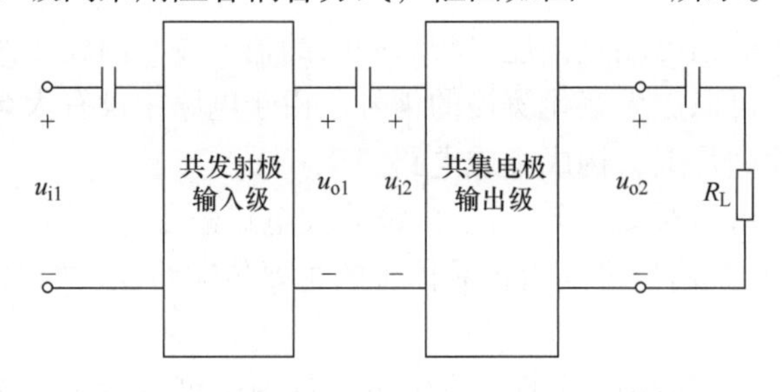

图3-30　放大电路框图

任务二　掌握放大电路的反馈

一、反馈的基本概念

1. 反馈的定义

将放大电路的输出信号（电压或电流）的一部分或全部，通过一定的电路（也称为反馈网络）回送到输入端，并与输入信号叠加后进行放大，从而实现自动调节输出信号的功能，这一过程称为反馈。

实现信号回送的这一部分电路称为反馈电路，它通常由一个纯电阻器构成，但也可由多个无源元器件通过串并联方式构成，还可由有源电路构成。在本单元中只讨论由无源元器件构成的反馈电路。

要判断一个电路中是否存在反馈，只要判断电路中是否存在将输出信号反馈回输入回路的反馈电路即可。例如助听器电路（见图3-37）中的电阻器 R_8，明显地起到了将 VT_3 的输出信号送回输入端的作用，很容易判断为反馈网络。

2. 反馈电路框图

当电路中不存在反馈网络时，该电路称为开环放大电路，此时电路的放大倍数即为放大电路

的放大倍数 A；当电路中存在反馈网络时，该电路为闭环放大电路，此时电路的放大增益由放大电路的 A 和反馈网络的反馈系数 F 共同决定。

反馈放大电路的基本结构可用图 3-31 框图来表示。

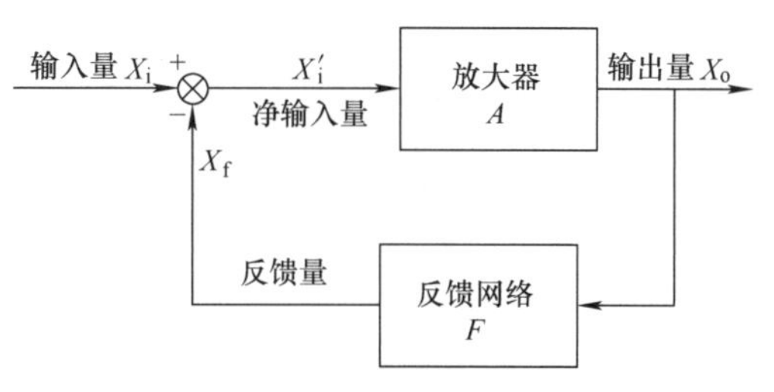

图 3-31 反馈放大电路框图

框图中的 X_i 表示信号源输入量，X'_i 表示净输入量，X_f 表示反馈量，X_o 表示输出量，它们可以表示电压，也可以表示电流，视具体电路而定。图中的箭头指示信号的传输方向。符号“×”表示比较环节，在此处，输入信号 X_i 与反馈信号 X_f 进行叠加，形成净输入信号 X'_i，“+”“−”表示 X_i 与 X_f 参与叠加时的相位关系，此处为反相关系。

依据反馈信号与输入信号的相位关系，可将反馈分为正反馈和负反馈两类。若反馈信号与输入信号相位相同，将使得放大电路的净输入信号增强，这种反馈称为正反馈；若相位相反，则将使得放大电路的净输入信号减小，这种反馈称为负反馈。

框图中各物理量关系式如下：

开环放大倍数 $A=\dfrac{\dot{X}_o}{\dot{X}'_i}$

反馈系数 $F=\dfrac{\dot{X}_f}{\dot{X}_o}$

净输入信号 $\dot{X}'_i=\dot{X}_i-\dot{X}_f$

由此可以计算出负反馈放大电路的闭环放大倍数为

$$A_f=\frac{\dot{X}_o}{\dot{X}_i}=\frac{\dot{X}_o}{\dot{X}_f+\dot{X}'_i}=\frac{\dot{X}_o}{F\dot{X}_o+\dfrac{\dot{X}_o}{A}}=\frac{A}{1+AF} \tag{3-19}$$

式（3-19）的闭环放大倍数为输入信号与反馈信号相位相反时的放大倍数，它描述的是负反馈电路放大能力。$(1+AF)$ 称为反馈深度，它是描述反馈强弱的物理量，值越大，表示反馈越深，对放大器的影响也越大，很明显在负反馈中 $(1+AF)$ 总是大于 1 的。

若是正反馈，则有净输入信号 $\dot{X}'_i=\dot{X}_i+\dot{X}_f$，此时电路的闭环放大倍数为

$$A_f=\frac{\dot{X}_o}{\dot{X}_i}=\frac{\dot{X}_o}{\dot{X}'_i-\dot{X}_f}=\frac{\dot{X}_o}{\dfrac{\dot{X}_o}{A}-F\dot{X}_f}=\frac{A}{1-AF}$$

分母总是小于 1，放大倍数明显高于开环放大倍数。一般情况下正反馈只用于特定场合，应尽量避免正反馈。

在反馈电路中，若出现 $1\pm AF=0$，则有 $A_f=\infty$，此时电路即使没有输入信号，也会有信号输出，这种情况称为自激振荡。

二、反馈类型

1. 电压反馈与电流反馈

在放大电路的输出回路上，依据反馈网络从输出回路上的取样方式，可将反馈分为电压反馈和电流反馈。若反馈信号取样为电压，即反馈信号（电压）大小与输出电压的大小成正比，这样的反馈称为电压反馈。若反馈信号取样为电流，即反馈信号（电流）大小与输出电流的大小成正比，这样的反馈称为电流反馈。

判断时，假设输出电压 $u_o=0$，若此时反馈信号也跟着消失，则为电压反馈。若此时反馈信号仍然存在，则为电流反馈。

例如在图 3-32a 中，当假设 $u_o=0$ 时，即此时 R_f 右端被短接到地，与输出回路失去联系，反馈信号消失，因此它是电压反馈；而在图 3-32b 中，当假设 $u_o=0$ 时，显然，输出信号仍将在 R_e 上形成电压，因此电路为电流反馈。

将两者进行比较，可以发现，电压反馈信号从信号输出端（非公共端）取出，而电流反馈信号不取自信号输出端。这也可以作为判断电压反馈和电流反馈的一种方法。

2. 串联反馈与并联反馈

从输入回路来看，根据比较的物理量的不同，可以将反馈分为串联反馈和并联反馈。并联反馈中，反馈回输入端的信号和输入信号在同一点叠加，如图 3-32a 所示，净输入信号以电流的叠加形式出现，为 $i_b=i_i-i_f$。串联反馈中，反馈回输入端的信号与输入信号不在同一点叠加，如图 3-32b 所示，净输入信号以电压的叠加形式出现，为 $u_{be}=u_i-u_f$。

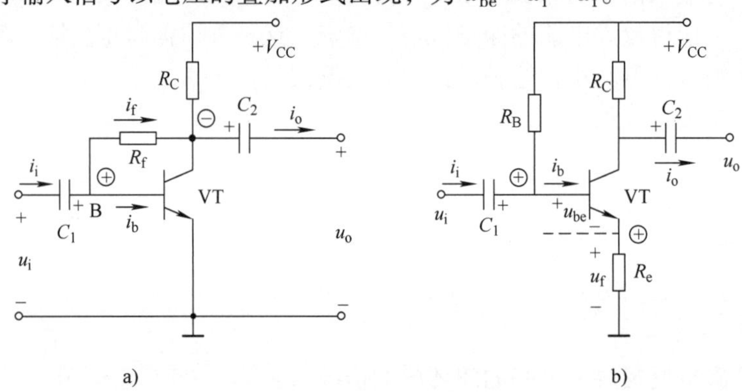

图 3-32　反馈类型的判断

a）电压并联反馈　b）电流串联反馈

3. 正反馈与负反馈

判断反馈极性（正反馈或负反馈）时，通常采用电压瞬时极性法。

先假设输入信号电压在某时刻瞬时上升（用⊕或上升箭头↑表示），然后根据各级放大电路特性判断反馈网络上各相关点电位瞬时变化趋势，即从放大电路初始输入端出发，经放大到输出端，再经反馈网络回到输入端，依次标出信号传送通路上各点信号电位的瞬时变化趋势；然后在输入端比较原输入信号与反馈信号的变化趋势从而判断反馈回来的信号是增强还是削弱净输入信号，若是削弱净输入信号则是负反馈，否则就是正反馈。

例如图 3-32a 所示电路中，利用瞬时极性法判断电路反馈极性的过程如下。

假设输入端瞬时极性为“+”极性，由于晶体管集电极上的信号相位与基极的信号相位是相反的，所以，信号经放大后，在集电极上输出的信号相位为“-”极性。它经 R_f 反馈，由于电阻器不改变信号相位，因此，反馈回输入端的反馈信号相位为“-”极性，即，原输入信号与反馈信号的相位相反。显然，反馈信号对电路的作用是使得净输入信号减弱，所以该反馈为负反馈。反馈过程分析如下：

$$u_i(u_{be})\uparrow\rightarrow i_i\uparrow\rightarrow i_b\uparrow\rightarrow i_c\uparrow\rightarrow u_o(u_{ce})\downarrow\rightarrow u_{R_f}\uparrow\rightarrow i_f\uparrow\rightarrow i_b\downarrow$$

又如在图 3-32b 所示电路中，用瞬时极性法判断电路的反馈极性如下。

假设输入端瞬时极性为“+”极性，由于电路是从发射极输出，而晶体管的基极与其发射极的相位相同，所以，信号经放大后，在发射极上输出的信号相位为“+”极性。而在此电路中，电路的净输入信号为 $u_{be}=u_i-u_f$，因此，原输入信号与反馈信号两信号叠加后它将使得净输入信号减小，所以该反馈为负反馈。反馈过程分析如下：

$$u_i\uparrow\rightarrow i_b\uparrow\rightarrow u_{be}\uparrow\rightarrow i_c\uparrow\rightarrow i_b\uparrow\rightarrow u_f\uparrow\rightarrow u_{be}\downarrow$$

反馈可以存在于单级放大电路，也可存在与两级或多级放大电路之间，如助听器电路（见图 3-37）的电阻器 R_{14}，它将第四级输出信号的影响引回到第一级，该电阻器称为级间反馈电阻器。

三、反馈组态

根据反馈放大电路结构的不同，通常将反馈分为 4 种组态：电压串联、电流串联、电压并联和电流并联，图 3-32 和图 3-33 分别列举了其中两种反馈组态的电路。

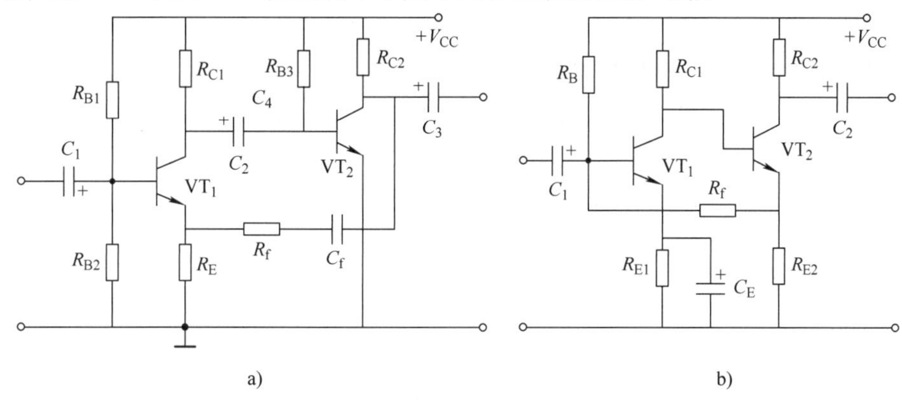

图 3-33 两种反馈组态

a）电压串联负反馈 b）电流并联负反馈

四、负反馈对放大电路性能的影响

1. 降低了电路的放大倍数

在负反馈电路中，由于 $1+AF>1$，因此由公式 $A_f=A/(1+AF)$ 可知，此时电路的 $A_f<A$，即引入负反馈后放大电路的放大倍数将下降。$(1+AF)$ 越大，反馈也就越深，放大倍数的下降程度也就越严重。

2. 提高了放大倍数的稳定性

引入负反馈后，电路闭环放大倍数为 $A_f=A/(1+AF)$，在闭环放大倍数公式中对变量 A 求导，则可得

$$\frac{dA_f}{dA}=\frac{1}{(1+AF)^2}$$

两边同乘 dA 则有

$$dA_f=\frac{1}{(1+AF)^2}dA$$

将上式两边同除以 A_f，可得

$$\frac{dA_f}{A_f}=\frac{dA}{(1+AF)^2A_f}=\frac{1}{1+AF}\frac{dA}{A} \tag{3-20}$$

在负反馈电路中，由于 $1+AF>1$，所以

$$\frac{dA_f}{A_f}<\frac{dA}{A}$$

式（3-20）表明，引入负反馈后，电路放大倍数的相对变化量仅是未加负反馈时相对变化

量的 $1/(1+AF)$，即电路放大倍数的稳定性提高了 $(1+AF)$ 倍。显然，负反馈越深，电路放大倍数的稳定性越高。

3. 拓展了频带宽度

放大电路对不同频率的信号具有不同的放大倍数。在中频段，放大倍数近似相等；随着信号频率的变化，频率越高或频率越低，放大倍数都将下降。引入负反馈可以拓宽电路的通频带，改善电路的频率响应特性。

4. 改变输入电阻和输出电阻

输入电阻的变化取决于反馈信号与输入信号的叠加方式，而与输出端的取样方式无关。

在串联负反馈电路中，其反馈框图如图 3-34a 所示。由于 u_f 与 u_i 在输入回路中为串联形式，从而使输入端的电流 i_i 较无负反馈时减小。因此，输入电阻 R_{if}增大，且反馈越深，R_{if}增加越大。分析证明，串联负反馈的输入电阻将增大到无反馈时的 $(1+AF)$ 倍。

在并联负反馈电路中，其反馈框图如图 3-34b 所示，情况刚好与串联相反。由于输入端电流的增大，致使输入电阻 R_{if}减小，且反馈越深，R_{if}减小越多。分析证明，并联负反馈的输入电阻将减小到无反馈时的 $1/(1+AF)$ 倍。

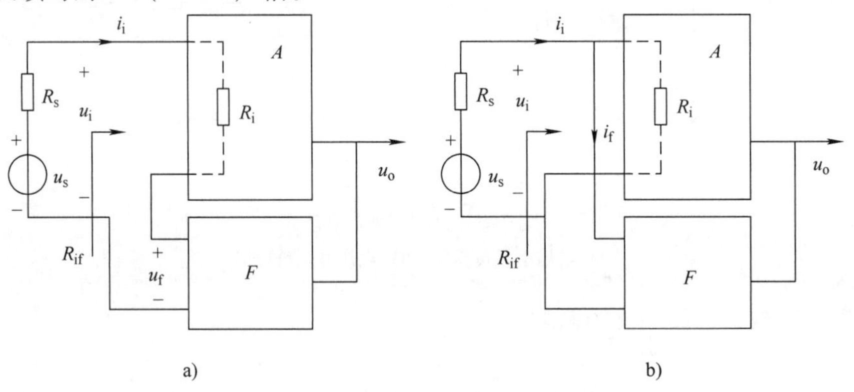

图 3-34　负反馈对输入电阻的影响

a）串联负反馈框图　b）并联负反馈框图

输出电阻是指从放大电路的输出端口看进去的等效电阻，因此输出电阻的变化主要取决于反馈网络在输出端的取样方式，而与输入端的连接方式无关。

在电压负反馈电路中，其反馈框图如图 3-35a 所示。从输出端来看，放大电路与反馈网络呈并联关系，因此输出电阻将减小。可以证明，有电压反馈时，输出电阻将减少到无反馈时的 $1/(1+AF)$ 倍。输出电阻的减小意味着在输出电阻上的分压减小，输出电压也更为稳定。换言之，电压负反馈具有稳定输出电压的作用。

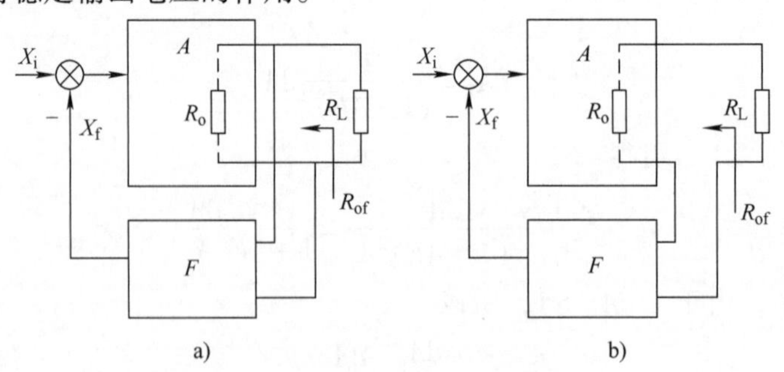

图 3-35　负反馈对输出电阻的影响

a）电压负反馈框图　b）电流负反馈框图

在电流负反馈电路中，其反馈框图如图 3-35b 所示。从输出端来看，放大电路与反馈网络呈串联关系，因此输出电阻将增大。可以证明，有电流反馈时，输出电阻将增大到无反馈时的 $(1+AF)$ 倍。输出电阻的增大意味着在其上的分流减小，输出电流也更为稳定。换言之，电流负反馈具有稳定输出电流的作用。

必须指出，引入负反馈后，它只对反馈环内的输入电阻和输出电阻有影响，对反馈环外的电阻没有影响。

5. 减小非线性失真

因为晶体管等非线性元器件的存在，使得放大电路的传输特性是非线性的。因此，即使输入的是正弦波，输出也不会是正弦波，而会产生波形失真。这种失真称为非线性失真，如图 3-36a 所示。尽管输入的是正弦波，但输出变成了正、负半周幅度不对称的失真波形。当放大电路中加上负反馈后，如图 3-36b 所示。假设反馈网络是由无源元器件构成的线性网络，因为负反馈具有削弱信号变化趋势的特点，这样，将得到正、负半周幅度变化相反的反馈信号 X_f，而净输入信号 $X'_i = X_i - X_f$，由此将波形的正常输入信号转换为波形幅度不对称的净输入信号 X'_i。这个波形被放大输出后，正、负半周幅度不对称的程度将减小，输出波形趋于正弦波，非线性失真得到改善。一般来说，反馈越深改善效果越明显。

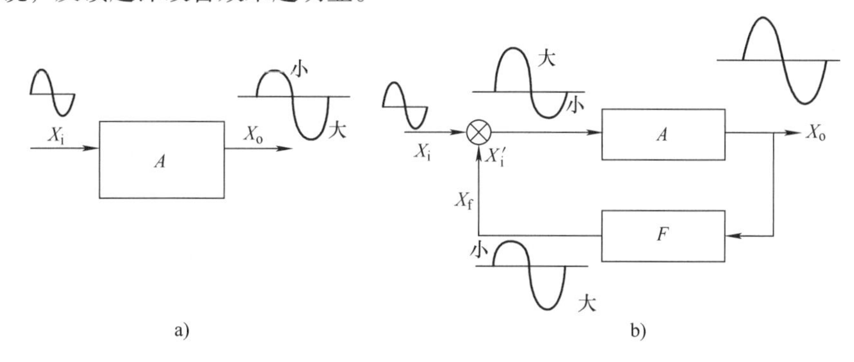

图 3-36 负反馈改善放大电路非线性失真示意

a）无负反馈放大电路 b）有负反馈放大电路

根据图 3-36b 可知，所谓负反馈实质就是将输出端的变化趋势移相 180°，然后去影响输入端信号的变化，再通过适当放大得到设计所希望的结果。

五、负反馈电路的自激振荡及消除

在实际应用中，由于放大电路和反馈网络中存在有杂散电容和杂散电感，对于某些频率的信号通过这些电抗元器件时，可能产生 180°以外的相移，使原本在中低频引入的负反馈由于移相而转变为正反馈，一旦这种正反馈的幅度足够强，电路将形成自激振荡，从而破坏电路的放大性能。

为了避免自激振荡的产生，常对负反馈电路采取以下一些措施加以防范。

1）尽可能采用单级或两级负反馈。

2）在不得不采用三级以上的负反馈时，应尽可能使各级电路的参数设置不一致。

3）适当减小反馈系数或降低反馈深度，对于深度负反馈，则应在适当部位设置电容器（或电阻器、电容器组合）进行相位补偿，这可在一定范围内消除自激振荡。

任务三 助听器电路的分析

试分析图 3-37 所示助听器电路的工作原理。

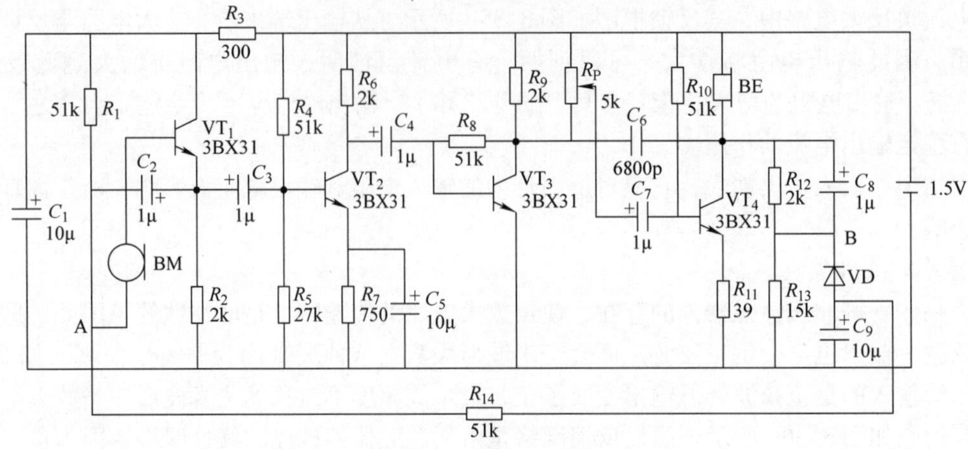

图 3-37　助听器电路

一、总体分析

图 3-37 所示助听器电路实际上就是一个带级间反馈（经 R_{14}反馈）的晶体管多级放大电路。它放大的是音频交流信号。图中 BM 是一只传声器，它的作用是将声音转化为音频电信号，这个信号经多级放大后再从耳机转化成声音输出。使用者从耳机中听到的声音比原来增强了许多，以此来达到助听的效果。

二、助听器各级电路分析

1. 输入级共集电极放大电路

助听器的输入级电路采用了共集电极放大电路，如图 3-38 所示。

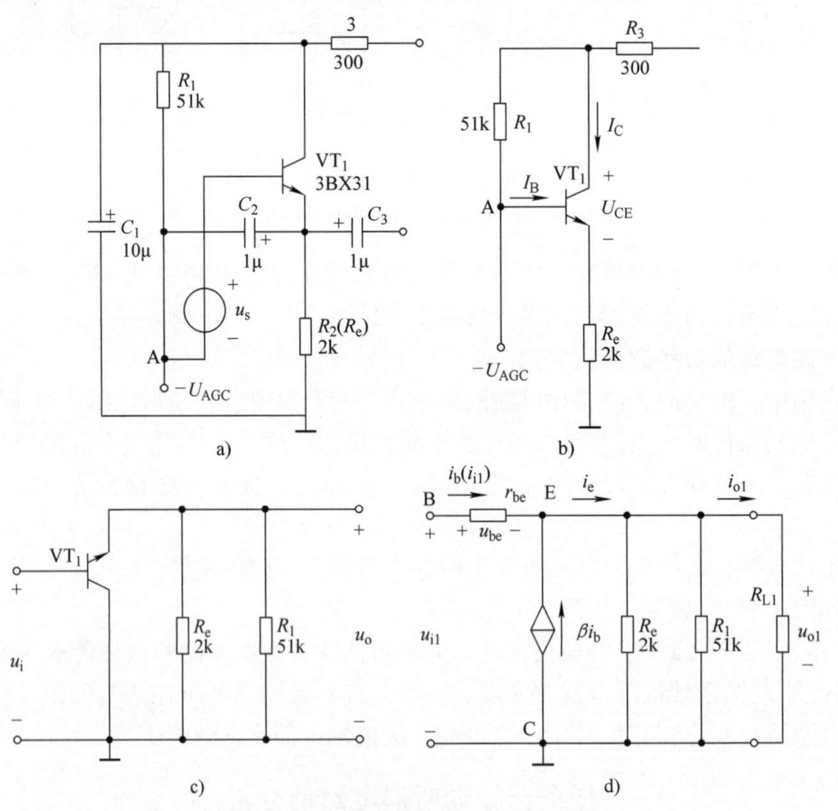

图 3-38　共集电极的第一级放大电路

a）原理图　b）直流通路　c）交流通路　d）微变等效电路

为便于分析计算，传声器 BM 已用信号源 u_s 代替。电阻器 R_3 串接在电源与电路之间，起限流作用。电路中 A 点的 $-U_{AGC}$ 取自助听器整体电路的输出级，经电阻器 R_{14} 反馈回输入级的基极，对电路进行反馈控制作用，维持电路的稳定，可认为是受交流信号控制的受控直流电压源。若电路输出信号幅度发生增加或减小变化时，该电压将对基极电位有影响，计算静态工作点时可暂不考虑该其作用。

（1）静态工作点的计算　如图 3-38b 所示，忽略 $-U_{AGC}$ 影响，则

$$R_3(1+\beta)I_{BQ}+R_BI_{BQ}+U_{BEQ}+R_e(1+\beta)I_{BQ}=V_{CC}$$

式中：设 $\beta=50$，3BX31 锗管的 U_{BEQ} 默认为 0.3V。

$$I_{EQ}\approx I_{CQ}=\beta I_{BQ}$$

$$U_{CEQ}=V_{CC}-R_3(1+\beta)I_{BQ}-R_e(1+\beta)I_{BQ}$$

（2）输入电阻 R_{i1} 的计算　根据微变等效电路可知，该级放大电路的输入电阻与晶体管的输入电阻相同，作为输入级电路，后面必定带有负载 R_{L1} 即后级的输入电阻 R_{i2}，根据式（3-16），输入电阻为

$$R_{i1}=r_{be}+(1+\beta)(R_e/\!/R_1/\!/R_{L1}) \tag{3-21}$$

式中　$r_{be}=300\Omega+(1+\beta)26\text{mV}/I_E$，负载电阻则需要计算第二级的输入电阻才可知。

（3）输出电阻 R_{o1} 的计算　根据式（3-17）

$$R_{o1}=r_{be}/(1+\beta)$$

（4）电压放大倍数　射极跟随器的电压放大倍数约等于 1。

2. 采用分压式偏置的第二级放大电路

助听器放大电路中以 VT_2 为核心的第二级放大电路是分压式偏置的共发射极放大电路，如图 3-39a 所示。该单元电路的直流通路、交流通路以及微变等效电路分别如图 3-39b、c、d 所示。晶体管仍旧采用了 NPN 型锗管 3BX31。

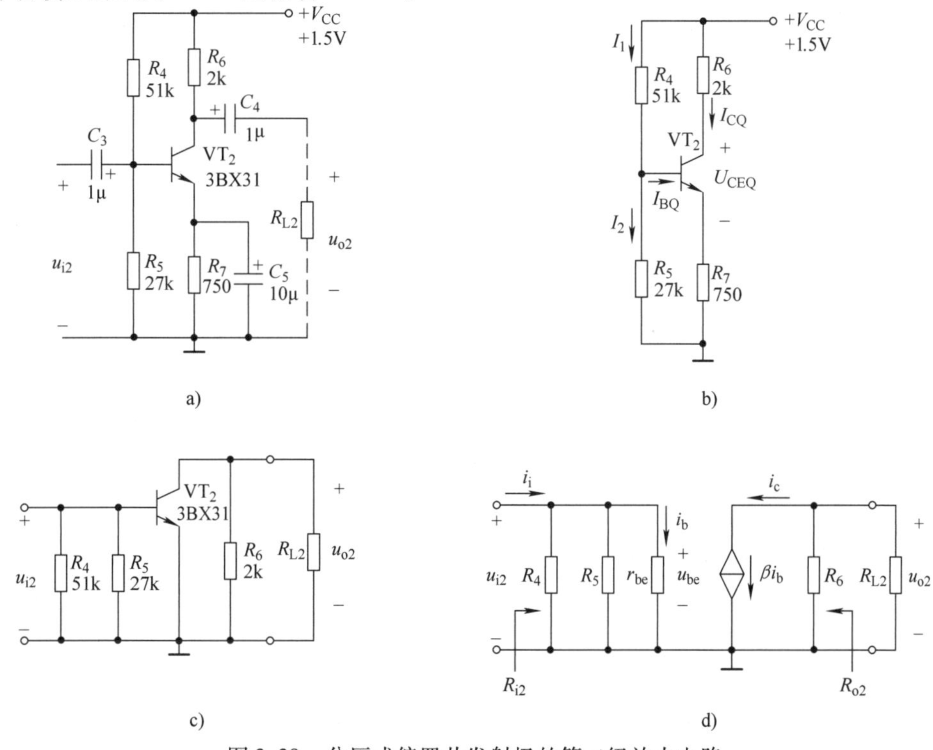

图 3-39　分压式偏置共发射极的第二级放大电路

a）原理图　b）直流通路　c）交流通路　d）微变等效电路

（1）静态分析　设流过电阻器 R_4 和 R_5 的电流分别为 I_1 和 I_2。根据基尔霍夫电流定律，$I_1 = I_2 + I_{BQ}$，一般 I_{BQ}很小，$I_2 >> I_{BQ}$，所以近似认为 $I_1 \approx I_2$。这样，基极电位 U_B 就完全取决 R_5 上的分压，即

$$U_B \approx V_{CC}\frac{R_5}{R_4 + R_5} \tag{3-22}$$

由于基极电位 U_B 由电源 V_{CC}经 R_{B1}和 R_{B2}分压所决定，与晶体管参数无关，因此这种偏置方式被称为分压式偏置。

分压式偏置方式的优点在于可以使静态工作点更稳定。晶体管作为一种半导体器件具有热敏性，当温度变化时，其电流放大系数β、集电结反向饱和电流 I_{CBO}、穿透电流 I_{CEO}以及发射结压降 U_{BE}等都会随之发生改变，从而使静态工作点发生变动。一般来说，当温度升高时，晶体管的 I_{CQ}增大，静态工作点上移，严重时将使晶体管进入饱和区而失去放大能力；温度降低时，静态工作点则下移，可能使晶体管进入截止区。

确定的 U_B 其意义在于若 E 点静态电位上升，将引起 U_{BEQ}下降。在工作过程中，假定外界温度升高引起 I_{CQ}增大，则会引起 I_{EQ}增大，电位 U_{EQ}上升，进一步导致 U_{BEQ}下降。根据晶体管的输入特性，U_{BEQ}下降必将引起 I_{BQ}下降，再根据晶体管的电流控制关系来阻碍 I_{CQ}增加。这是一个将输出量 I_{CQ}的变化反映到输入端来对电路进行自动调节的反馈过程，可简单表示为

$$T(℃)\uparrow \rightarrow I_{CQ}\uparrow \rightarrow I_{EQ}\uparrow \rightarrow U_{EQ}\uparrow \rightarrow U_{BEQ}\downarrow \rightarrow I_{BQ}\downarrow$$
$$I_{CQ}\downarrow \leftarrow$$

用估算法可以进一步求出其他几个静态值

$$I_{CQ} \approx I_{EQ} = \frac{U_B - U_{BEQ}}{R_7}$$

$$I_{BQ} \approx \frac{I_{CQ}}{\beta}$$

$$U_{CEQ} = V_{CC} - I_{CQ}(R_6 + R_7)$$

（2）动态分析

比较图 3-39d 与基本共发射极放大电路的微变等效电路可知，它们唯一的区别在于基极电阻器的个数，若令 $R_4 /\!/ R_5 = R_B$，则两电路的形式完全相同。因此，这里可以套用基本共发射极放大电路的结论，代入数据计算如下

$$r_{be2} = 300\Omega + (1+\beta)\frac{26\text{mV}}{I_E}$$

$$R_{i2} = R_B /\!/ r_{be} = R_4 /\!/ R_5 /\!/ r_{be}$$

$$R_{o2} = R_C$$

$$A_{u2} = \frac{\dot{U}_{o2}}{\dot{U}_{i2}} = \frac{-\beta \dot{I}_b R'_{L2}}{\dot{I}_b r_{be}} = -\beta\frac{R'_{L2}}{r_{be}}(R'_{L2} = R_6 /\!/ R_{L2})$$

由于第二级的输入电阻即为前级的负载 R_{L1}，第一级的输入电阻大小也迎刃而解。将 R_{i2}作为 R_{L1}代入式（3-21）可以计算得 R_{i1}，这也是整个助听器电路的输入电阻。

同时，本级电路以下一级电路的输入电阻作为负载，在明确下一级电路的输入电阻 R_{i3}之后，才能计算出本级的电压放大倍数。

3. 带电压反馈的共发射极放大级

助听器电路的第三级放大电路是带电压反馈的共发射极放大电路，如图 3-40a 所示。R_8 为电路引入电压并联负反馈，同时为晶体管提供合适的集电结偏置，这种偏置方式被称为集电极－

基极偏置。该电路的直流通路、交流通路以及微变等效电路分别如图 3-40b、c、d 所示。

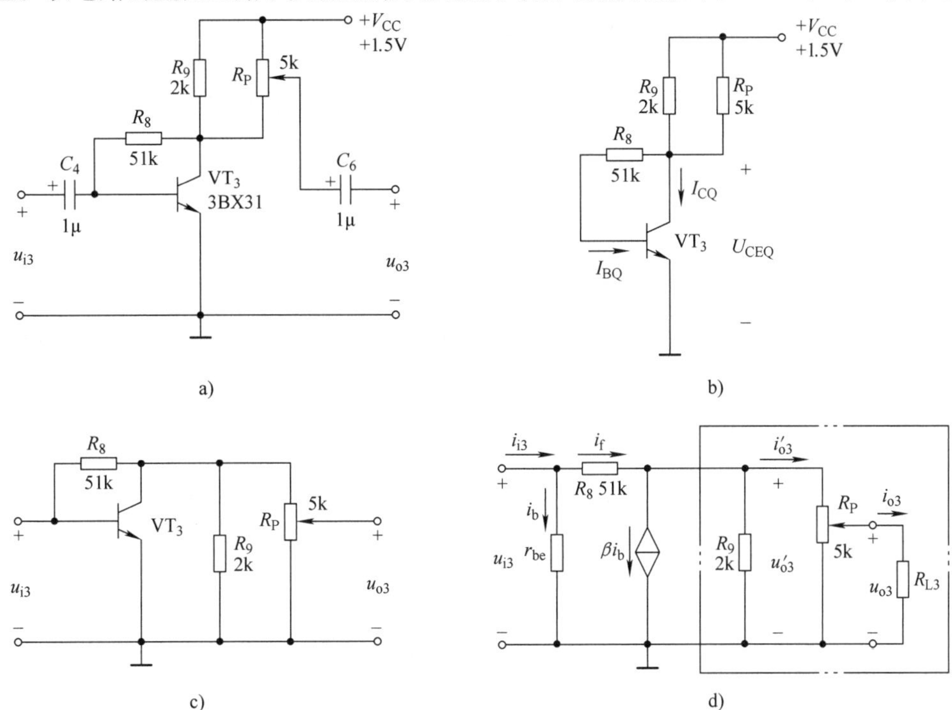

图 3-40 带电压反馈的第三级放大电路

a）原理图 b）直流通路 c）交流通路 d）微变等效电路

（1）静态分析 分析图 3-40b 直流通路，令 $R=R_9 /\!/ R_P$，则 R 上流过的电流等于晶体管的基极电流 I_{BQ} 和集电极电流 I_{CQ} 之和，即 I_{EQ}。可列出回路电压方程为

$$I_{EQ}R+I_{BQ}R_8+U_{BEQ}=V_{CC}$$

又因为 $I_{EQ}=(\beta+1)I_{BQ}$，代入上式可以解得

$$I_{BQ}=\frac{V_{CC}-U_{BE}}{(\beta+1)R+R_8}$$

$$I_{CQ}=\beta I_{BQ}$$

$$U_{CEQ}=V_{CC}-(\beta+1)RI_{BQ}$$

这种偏置方式还可以通过一定的反馈过程来稳定工作点。稳定过程可以表述为

$$T\ (℃)\ \uparrow\rightarrow I_{CQ}\uparrow\rightarrow U_{CEQ}\downarrow\rightarrow U_{BEQ},\ I_{BQ}\downarrow\rightarrow I_{CQ}\downarrow$$

（2）动态分析 从图 3-40d 的输入端口可以看出

$$\dot{I}_b=\frac{\dot{U}_{i3}}{r_{be}} \tag{3-23}$$

电阻器 R_8 在此引入了电压并联负反馈。其反馈电流设为 i_f，应有

$$\dot{I}_f=\frac{\dot{U}_{i3}-\dot{U}'_{o3}}{R_8} \tag{3-24}$$

从输出回路看，则应有

$$\dot{U}'_{o3}=(\dot{I}_f-\beta\dot{I}_b)\ R'_{L3} \tag{3-25}$$

其中 R'_{L3} 为图 3-40d 中虚线框内部分电路的等效电阻。

联立以上三式，并消去其中的 $\dot{I}_f$、$\dot{I}_b$ 可得

$$\frac{\dot{U}'_{o3}}{\dot{U}_{i3}}=\frac{\dfrac{1}{R_8}-\beta\dfrac{1}{r_{be}}}{\dfrac{1}{R'_{L3}}+\dfrac{1}{R_8}}$$

由于 R_B 值很大，$\frac{1}{R_B}<<\beta\frac{1}{r_{be}}$，$\frac{1}{R_B}<<\frac{1}{R'_{L3}}$，上式可以近似为

$$\frac{\dot{U}'_{o3}}{\dot{U}_{i3}}=-\beta\frac{R'_{L3}}{r_{be}} \tag{3-26}$$

在这种情况下式（3-26）与基本共发射极放大电路的电压放大倍数有相近的形式，但为了计算电压放大倍数 $A_{u3}=\dot{U}_{o3}/\dot{U}_{i3}$，还需求出 $\dot{U}'_{o3}$ 与 $\dot{U}_{o3}$ 的关系。为分析两者的关系，将微变等效电路中 $\dot{U}'_{o3}$ 与 $\dot{U}_{o3}$ 的关系单独画出来，如图 3-41 所示。

由图 3-41 可以看出 R_P 属于分压式接入方式，则关系式为

$$\frac{\dot{U}_{o3}}{\dot{U}'_{o3}}=\frac{R_{P2}/\!/R_{L3}}{R_{P1}+(R_{P2}/\!/R_{L3})}$$

所以本级电压放大倍数关系式为

$$A_{u3}=\frac{\dot{U}_{o3}}{\dot{U}_{i3}}=-\beta\frac{R'_{L3}}{r_{be}}\frac{R_{P2}/\!/R_{L3}}{R_{P1}+(R_{P2}/\!/R_{L3})} \tag{3-27}$$

当 R_P 向上滑至 $R_{P1}=0$，$R_{P2}=R_P=5\text{k}\Omega$ 时

$$A_{u3}=\frac{\dot{U}_{o3}}{\dot{U}_{i3}}=\frac{\dot{U}'_{o3}}{\dot{U}_{i3}}=-\beta\frac{R'_{L3}}{r_{be}} \tag{3-28}$$

$$R'_{L3}=R_9/\!/R_P/\!/R_{L3}$$

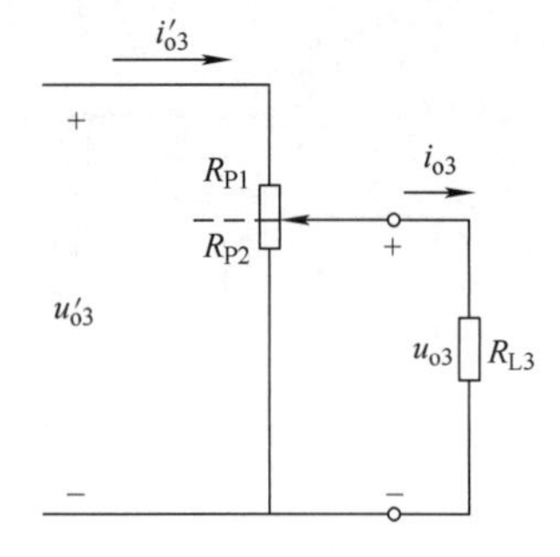

图 3-41　$\dot{U}'_{o3}$ 与 $\dot{U}_{o3}$ 的关系

此时本级的输出电压全部加载在 R_{L3} 即下级电路输入端，电压放大倍数最大。

R_P 滑至最下端时，$R_{P2}=0$，$\dot{U}_{o3}=0$，显然有：$A_{u3(\min)}=0$。

由此可见，本级的输出电压与电位器 R_P 的动端位置有关，R_P 上调，输出电压增大，至最上端时，$\dot{U}'_{o3}$ 全部加载在 R_{L3} 即下级电路输入端，输出信号最强，音量最大。R_P 下调，放大倍数减小，至最下端时，没有交流信号传递给下级电路，输出信号为零。因此 R_P 用作整个放大电路的音量调节旋钮。

接下来讨论输入电阻：

根据定义，本级输入电阻 $R_{i3}=\dot{U}_{i3}/\dot{I}_{i3}=\dot{U}_{i3}/(\dot{I}_b+\dot{I}_f)$，将式（3-24）代入得

$$R_{i3}=\frac{\dot{U}_{i3}}{\dot{I}_b+\dfrac{\dot{U}_{i3}-\dot{U}'_{o3}}{R_8}}=\frac{1}{\dfrac{\dot{I}_b}{\dot{U}_{i3}}+\dfrac{1-\dfrac{\dot{U}'_{o3}}{\dot{U}_{i3}}}{R_8}}$$

再将式（3-26）代入得

$$R_{i3}=\frac{1}{\dfrac{\dot{I}_b}{\dot{U}_{i3}}+\dfrac{1+\beta\dfrac{R'_{L3}}{r_{be}}}{R_8}} \tag{3-29}$$

当 R_P 滑至最下端时，$R'_{L3}=R_9/\!/R_P$；R_P 滑至最上端时，$R'_{L3}=R_9/\!/R_P/\!/R_{L3}$。

由静态值及 $r_{be}=300\Omega+(1+\beta)26\text{mA}/I_E$ 计算出 r_{be}，代入式（3-29）可计算得 R_{i3}。

由式（3-29）还可以看出 $R_{i3}<r_{be}$，即电路的输入电阻比基本共发射极放大电路小，这是电压并联负反馈带来的影响。

输出电阻的计算仍采用输出端开路电压（u_{oc}）除以短路电流（i_{sc}）的方法。

当输出端开路时

$$\dot{U}_{o3}=\dot{U}_{OC}=-\beta\frac{R_9/\!/R_P}{r_{be}}\frac{R_{P2}}{R_P}\dot{U}_{i3}$$

当输出端短路时，R_{P2}也被短路，由式（3-26）知

$$\dot{U}'_{o3}=-\beta\frac{R'_{L3}}{r_{be}}\dot{U}_{i3}=-\beta\frac{R_9/\!/R_{P1}}{r_{be}}\dot{U}_{i3}$$

$$\dot{I}_{SC}=\frac{\dot{U}'_{o3}}{R_{P1}}=-\beta\frac{R_9/\!/R_{P1}}{r_{be}}\frac{\dot{U}_{i3}}{R_{P1}}$$

$$R_o=\frac{\dot{U}_{OC}}{\dot{I}_{SC}}=\frac{\dfrac{R_9/\!/R_P}{r_{be}}\cdot\dfrac{R_{P2}}{R_P}}{\dfrac{R_9/\!/R_{P1}}{r_{be}}\dfrac{1}{R_{P1}}}$$

整理得

$$R_o=\frac{\dot{U}_{OC}}{\dot{I}_{SC}}=\frac{R_{P2}(R_9+R_{P1})}{(R_9+R_P)}=\frac{R_{P2}(R_9+R_{P1})}{(R_9+R_{P1})+R_{P2}}=R_{P2}/\!/(R_9+R_{P1}) \tag{3-30}$$

式（3-30）说明，输出电阻是一个随R_P的滑动而改变的值。在图3-40a中，当电位器动端滑至最下端时，$R_{P1}=R_P=5\text{k}\Omega$，此时$R_o$最小；当电位器动端滑至最上端时，$R_{P2}=R_P=5\text{k}\Omega$，出信号输出端与集电极电源相连，该电源在交流通路中视为“地”，无交流信号输出，电压放大倍数为0，输出电阻也为0（注意：在交流通路和微变等效电路作图时，电位器上下端已颠倒）。

根据上述分析，可知本级的输出电压与电位器R_P的动端位置相关，电压放大倍数受R_P的滑动控制，从而控制整个放大电路的音量输出。

4. 带电流反馈的共发射极输出放大级

助听器电路的输出电路是带电流反馈的共发射极输出级放大电路，如图3-42a所示。可以证明，图3-37中R_{12}、R_{13}、C_7、C_8和VD这部分电路在VT_4的集电极引起的交直流分流均较小，因此图3-42a中已忽略这部分电路对输出级的影响，就以耳机作为电路的最终负载。同时，为了分析方便，用600Ω的负载R_L替代了耳机。该电路的直流通路、交流通路以及微变等效电路分别如图3-42b、c、d所示。

与基本共发射极放大电路相比较可以看出，这个电路增加了发射极电阻R_{11}。R_{11}既属于输入回路也属于输出回路，和第三级的R_8一样，也对电路具有反馈作用，属于电流反馈元器件。

（1）静态分析　由直流通路图3-42b可以得到以下方程

$$R_{10}I_{BQ}+U_{BEQ}+(1+\beta)I_{BQ}R_{11}=V_{CC}$$

解之可得

$$I_{BQ}=\frac{V_{CC}-U_{BEQ}}{R_{10}+(1+\beta)R_{11}}$$

进一步计算得

$$I_{CQ}=\beta I_{BQ}$$

$$U_{CEQ}=V_{CC}-R_LI_{CQ}-R_{11}I_{EQ}\approx V_{CC}-(R_L+R_{11})I_{CQ}$$

（2）动态分析　根据微变等效电路（见图3-42d），则有：

$$\dot{U}_{i4}=r_{be}\dot{I}_b+R_{11}\dot{I}_e=[r_{be}+(1+\beta)R_{11}]\dot{I}_b \tag{3-31}$$

$$\dot{U}_{o4}=-\beta\dot{I}_bR_L$$

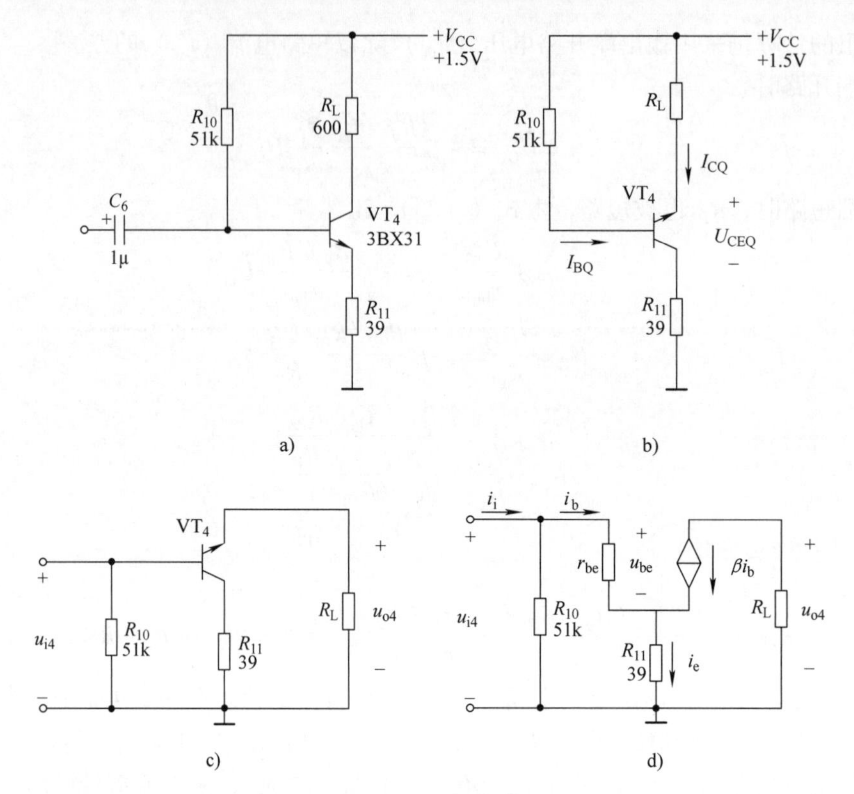

图 3-42　带电流反馈的输出级放大电路

a）原理电路　b）直流通路　c）交流通路　d）微变等效电路

其中 $r_{\mathrm{be}}=300\Omega+(1+\beta)\dfrac{26\mathrm{mV}}{I_{\mathrm{E}}}$

则电压放大倍数为

$$A_{\mathrm{u4}}=\frac{\dot{U}_{\mathrm{o4}}}{\dot{U}_{\mathrm{i4}}}=\frac{-\beta\dot{I}_{\mathrm{b}}R_{\mathrm{L}}}{\dot{I}_{\mathrm{b}}r_{\mathrm{be}}+(1+\beta)\dot{I}_{\mathrm{b}}R_{11}}=-\frac{\beta R_{\mathrm{L}}}{r_{\mathrm{be}}+(1+\beta)R_{11}}$$

与基本共发射极放大电路相比较，电路的电压放大倍数减小了很多。

输入电阻的分析方法如下。

令 $R'_{\mathrm{i4}}=\dot{U}_{\mathrm{i4}}/\dot{I}_{\mathrm{b}}$，则 $R_{\mathrm{i4}}=R_{10}/\!/R'_{\mathrm{i4}}=R_{10}/\!/\dot{U}_{\mathrm{i4}}/\dot{I}_{\mathrm{b}}$，将式（3-31）代入得

$$R_{\mathrm{i4}}=R_{10}/\!/[r_{\mathrm{be}}+(1+\beta)R_{11}]$$

与基本共发射极放大电路的输入电阻相比较，反馈电阻器的加入，提高了电路的输入电阻。

从微变等效电路来看，用输出端开路电压除以短路电流的方法无法计算输出电阻。由于 $\dot{U}_{\mathrm{o4}}=-\beta\dot{I}_{\mathrm{b}}R_{\mathrm{L}}$，当本级电路的其他条件和输入信号一定时，输出电压正比于负载 R_{L}，这意味着，本级放大电路的输出端相当于一个恒流源，输出电阻无穷大。当然，由于晶体管本身具有输出电阻 r_{ce}，实际输出电阻不可能无穷大。

三、助听器电路的总增益

对于助听器电路，各级放大电路的电压放大倍数计算公式已推出，现在代入数据即可将几个电压放大倍数算出。

第一级：$A_{\mathrm{u1}}\approx1$

第二级：$A_{\mathrm{u2}}=-\beta\dfrac{R'_{\mathrm{L2}}}{r_{\mathrm{be2}}}=-\beta\dfrac{R_6/\!/R_{\mathrm{i3}}}{r_{\mathrm{be2}}}$

第三级：$A_{u3(min)}=0 \quad A_{u3(max)}=-\beta\dfrac{R'_{L3}}{r_{be3}}=-\beta\dfrac{R_9 /\!/ R_P /\!/ R_{i4}}{r_{be3}}$

第四级：$A_{u4}=-\dfrac{\beta R_L}{r_{be}+(1+\beta)R_{11}}$

因此，电路的总电压放大倍数为

$$A_{u(min)}=A_{u1}A_{u2}A_{u3(min)}A_{u4}$$

$$A_{u(max)}=A_{u1}A_{u2}A_{u3(max)}A_{u4}$$

即由于音量调节旋钮 R_P的作用，助听器的电压增益可以在一定范围内调整。

习　题

1. 已知图题 3-1 所示电路中晶体管的 $\beta=100$，$r_{be}=1\text{k}\Omega$。

1）现已测得静态管压降 $U_{CEQ}=6\text{V}$，估算 R_b为多少千欧？

2）若测得 $\dot{U}_i$ 和 $\dot{U}_o$ 的有效值分别为 1mV 和 100mV，则负载电阻 R_L为多少千欧？

2. 电路如图题 3-2 所示，晶体管的 $\beta=80$，$r_{be}=1\text{k}\Omega$。

（1）求静态工作点 Q。

（2）分别求出 $R_L=\infty$ 和 $R_L=3\text{k}\Omega$ 时电路的 A_u 和 R_i。

（3）求输出电阻 R_o。

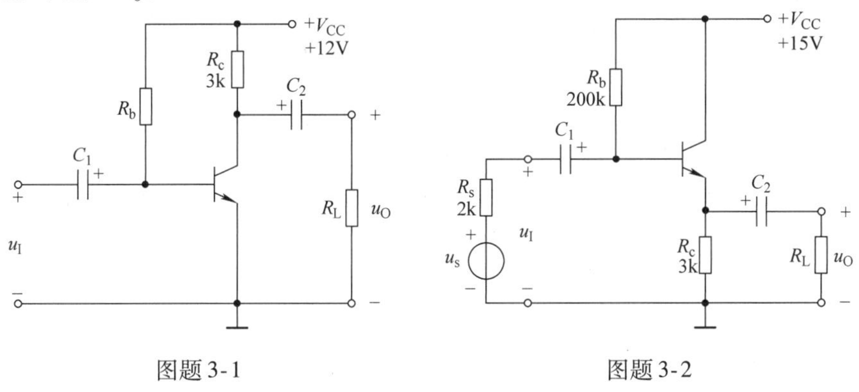

图题 3-1　　　　图题 3-2

3. 找出图题 3-3 中电路各反馈网络，并判断反馈类型。

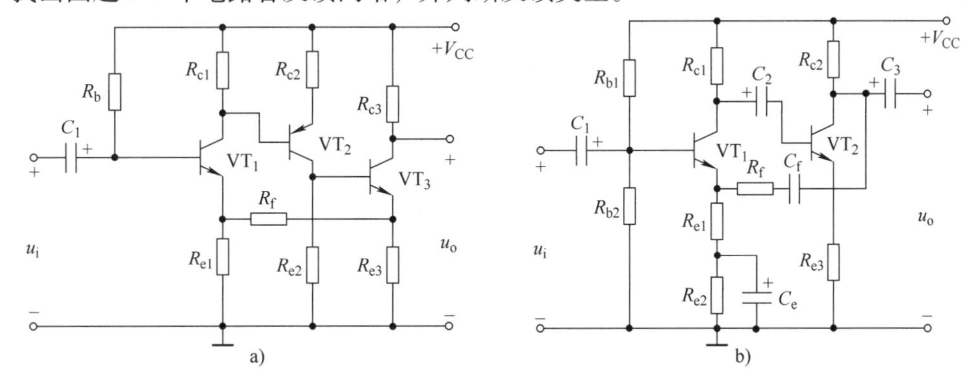

图题 3-3

4. 试分析题图 3-4 电路，回答以下问题。

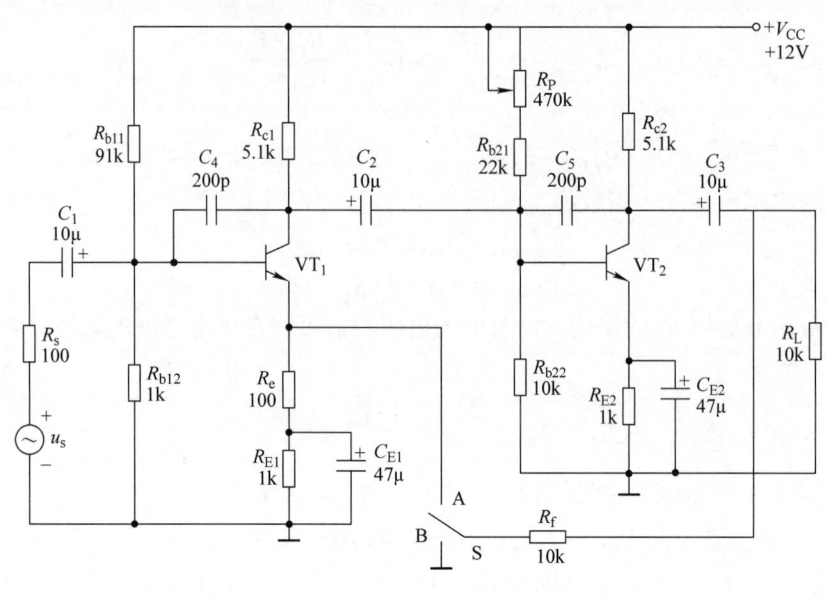

图题 3-4

1）电路中各元器件的作用。

2）断开负载，将 S 与 B 点相连，计算两级放大电路各自的静态工作点 Q。

3）断开负载，将 S 与 B 点相连，忽略前、后级影响，计算各级的动态参数。

4）断开负载，将 S 与 B 点相连，计算电路的整体电压放大倍数 A_u。

5）断开负载，断开 S 与 B，连接 S 与 A 点，计算各级电路的动态参数。

6）断开负载，断开 S 与 B，连接 S 与 A 点，计算电路整体的电压放大倍数 A_{uf}。

7）改变电源电压从 +12V 降低到 +10V，重做 4）、5），比较 A_u、A_{uf}的稳定度。

8）利用 Multisim10 软件对电路进行仿真测试，观察电路断开 R_f 支路时波形失真的情况，并记录刚刚发生失真时的静态工作点和输入信号的幅度值；然后将电阻器 R_f 与 A 点相连，不改变输入频率，逐渐增大输入信号幅度，使输出信号幅度达到开环时的幅度值，观察此时输出波形的变化情况，分析前后两种情况，说明原因。

9）判断电路中存在的反馈类型，并指出位置。

10）接入负载，计算电路的开环电压放大倍数和闭环放大倍数，与前面计算结果比较，得出结论。

单元四　功率放大电路的分析与制作

功率放大电路的主要作用是向负载提供大的功率，因此此类电路有一些特殊的性能要求，结构也不同于电压放大电路。

项目一　功率放大电路的原理分析

任务一　了解功率放大电路的特点和分类

一、功率放大电路的特点

功率放大电路常常出现在多级放大电路的输出级，直接用于驱动负载，如电动机的控制绕组、收音机的扬声器等。由于人们对功率放大电路的要求与电压放大电路有所区别，导致功率放大电路在工作特性上具有一些与电压放大电路不同的特点，概括起来有如下几个方面。

1. 功率放人电路要求输出功率尽可能人

电压放大电路的主要要求是使负载获得不失真的电压信号，一般工作于小信号状态，而功率放大电路则以获得一定的不失真或较小失真的输出功率为主要目的，电路的输出电压、电流幅度都很大。因此，功率放大管的动态工作范围很大，电压、电流都处于大信号状态，一般以不超过晶体管的极限参数为限度。

2. 非线性失真要小

由于功率放大电路工作于大信号状态，晶体管通常工作于饱和区和截止区的边缘，往往会产生非线性失真。而且功率管的输出功率越大，其非线性失真越严重，这是功率放大器设计过程中所必须解决的一对矛盾：既要输出尽可能大的功率，又要使非线性失真限制在负载所允许的范围内。

3. 效率要高，管耗要小

从能量转换的观点来看，功率放大电路提供给负载的交流功率是在输入交流信号的控制下从直流电源提供的能量转换而来。但是任何电路都只能将直流电能的一部分转换成交流能量输出，其余部分主要是以热能的形式损耗在功率管和电阻器上。此时功率管上的热损耗不容忽视，因此，提高功率放大电路的效率变得非常重要。对于同样功率的直流电能，功率放大电路的效率越高，转换成的交流输出能量越多，在功率管上产生的热损耗就越小；而低效率不仅意味着能源的浪费，还可能引起功率管因过度发热而损坏。除此以外，为避免热损坏，功率管的外形通常也制造得更有利于散热。

因为功率放大电路在工作任务上具有上述的一些特殊性，所以它的主要技术指标也不同于电压放大电路。电压放大电路的任务是向负载提供不失真的电压信号，因此以电压放大倍数、输入电阻、输出电阻为主要技术指标。而功率放大电路的任务是向负载提供尽可能大的功率，所以将输出功率、管耗和效率等参数作为它的主要指标。

二、功率放大电路分类

由于功率放大电路工作于大信号状态，容易产生非线性失真，所以分析电压放大电路所用的微变等效电路法已不再适用，通常采用图解法分析。

利用图解法分析晶体管的工作状态，根据静态工作点设置的不同，可以将放大电路分成三种类型：

1. 甲类放大电路

甲类放大的典型工作状态如图4-1a所示，工作点设置在放大区的中间。这种电路的优点是在输入信号的整个周期内晶体管都处于导通状态，输出信号失真较小（前面讨论的电压放大器都工作在这种状态），缺点是晶体管有较大的静态电流 I_{CQ}，因而管耗 P_T 大，电路能量转换效率低。可以证明，甲类放大电路即使在理想情况下，效率最高也只能达到50%，而实际效率一般不超过40%。

最典型的甲类功率放大器就是射极输出器，它虽然不具备电压放大能力，但能放大电流，从而放大了输出功率。

2. 甲乙类放大电路

甲乙类放大电路的工作点较低，靠近截止区，如图4-1b所示。静态时晶体管处于微导通状态，电流较小，因而管耗也较小，能量转换的效率较高。其存在的问题是，有部分信号波形进入截止区，不能被放大，产生非线性失真。

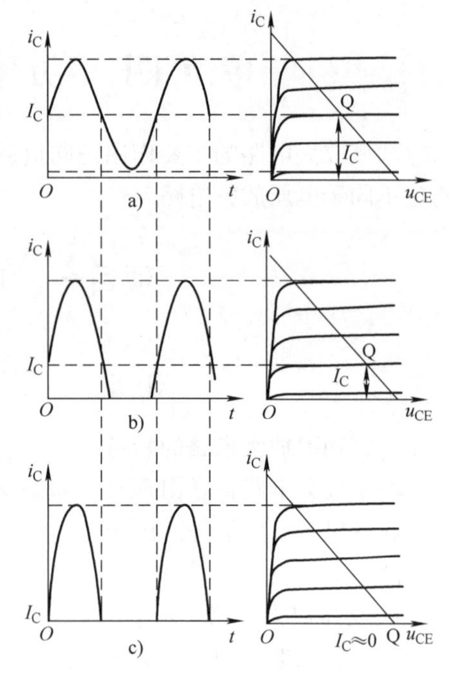

图4-1　功率放大器种类
a）甲类　b）甲乙类　c）乙类

3. 乙类放大电路

乙类放大器的工作点设置在截止区，晶体管的静态电流 $I_{CQ}=0$，如图4-1c所示。这类功率放大器管耗更小，能量转换效率也更高，它的缺点是只能对半个周期的输入信号进行放大，存在严重的非线性失真。

由以上图解分析可知，对于单独一个晶体管构成的放大电路而言，提高效率与减小失真是相互矛盾的。要解决这一矛盾，必须从改变电路的结构入手。解决方案之一就是采用互补对称功率放大电路。

任务二　互补对称功率放大电路的结构原理分析

一、互补对称功率放大电路基本形式

图4-2所示电路是一个基本的互补对称电路。图中 VT_1 为NPN型晶体管，VT_2 为PNP型晶体管，两个管子的基极和发射极相互连接在一起，信号从发射极输出，构成对称的射极输出器形式。当输入正弦信号 u_i 为正半周时，VT_1 的发射结为正向偏置，VT_2 的发射结为反向偏置，于是 VT_1 导通，VT_2 截止。此时的 $i_{e1}\approx i_{c1}$ 流过负载 R_L。当输入信号 u_i 为负半周时，VT_1 为反向偏置，VT_2 为正向偏置，VT_1 截止，VT_2 导通，此时有电流 $i_{e2}\approx i_{c2}$ 通过负载 R_L。这种 VT_1、、VT_2 在输入信号的作用下交替导通，交替起到放大作用的工作方式称为推挽式工作方式。在这种工作方式下，两个管子性能对称，互补对方的不足，使负载得到了完整的波形，这种电路被称作互补对称电路。图4-3所示是 VT_1、VT_2 的合成曲线，它是将 VT_2 的特性曲

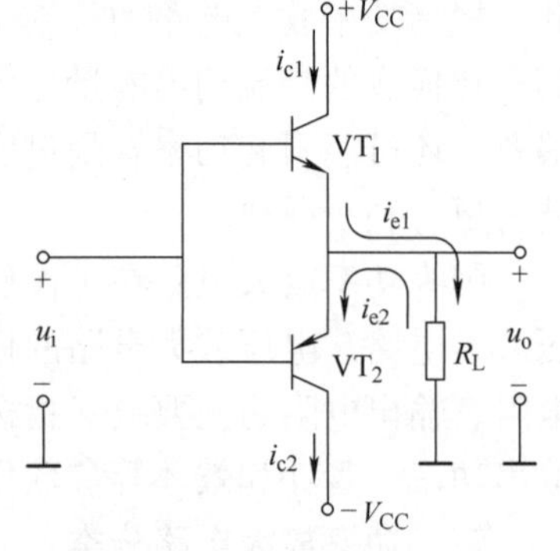

图4-2　基本互补对称电路

线倒置在 VT_1 曲线的下方，并使两者在 Q 点重合绘成的。

从图 4-3 可以看出，对两个管子而言，静态工作点 Q 均位于截止区内，$I_{CQ}=0$，静态管耗为零，同时，u_{CE}可以获得最大的动态范围，接近两个管的饱和区，在 $\pm(V_{CC}-U_{CES})\approx\pm V_{CC}$之间变化，而输出信号不失真（$U_{CES}$为管子的饱和管压降）。

二、交越失真及其消除

图 4-3 中两个管输出波形完全互补，负载上电压波形恰好是基于一个重要的假定：对于 VT_1，只要 $u_{BE}>0$，管子就导通。因此可认为，VT_1 恰好导通半个周期，同理可得 VT_2 也正好导通半个周期。但实际上，晶体管都存在死区电压，$|u_{BE}|$ 必须在大于死区电压时，晶体管才有放大作用。由于前面的基本互补对称放大电路静态时处于零偏置，当输入信号 u_i 低于死区电压时，VT_1 和 VT_2 都截止，i_{C1} 和 i_{C2} 基本为零，负载 R_L 上无电流通过，出现波形的缺失，如图 4-4 所示。这种现象称为交越失真。

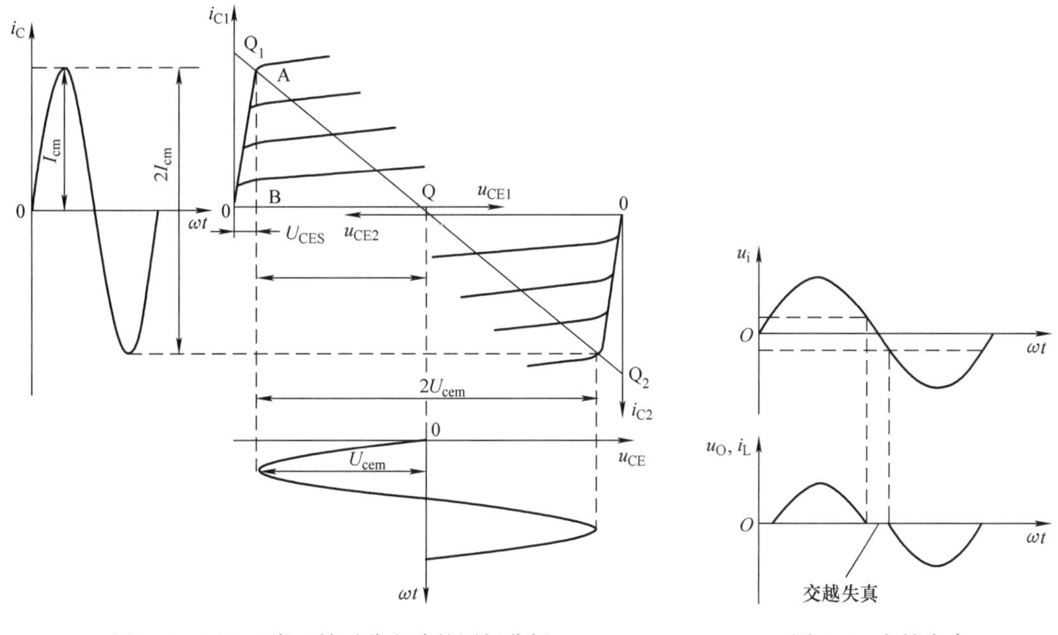

图 4-3　OCL 乙类互补对称电路的图解分析　　　　图 4-4　交越失真

交越失真产生的原因在于，两个管子的基极等电位，发射极也相连在一起，u_{BE}相等，必然会有一个管进入死区而另一个管发射结反偏截止，导致部分信号丢失。因此克服交越失真的办法就是给电路提供一定的直流偏置，使两管的基极之间维持一定的电压差，即令 u_{BE1} 和 u_{BE2} 不相等，两个管不同时进入截止区。例如 VT_1 和 VT_2 均为硅管，死区电压均为 0.5V，则设法为两管基极提供电压差 1V，即交流信号由正半周向负半周过渡时，当 u_{BE1} 下降至死区电压 0.5V 时，$u_{BE2}=-0.5V$，若输入信号瞬时值继续下降，则 VT_1 反向截止，同时 VT_2 立即导通。图 4-5 和图 4-6 为两种常用的消除交越失真电路。

图 4-5 所示电路利用二极管 VD_1 和 VD_2 上产生的压降为 VT_1 和 VT_2 提供了适当的偏压。这种电路结构简单，但也存在缺点，即偏置电压不容易调整。

图 4-6 所示电路采用电阻 R_1、R_2 和 VT_4 构成的 U_{BE} 扩大电路为 VT_1 和 VT_2 提供偏压，由于流入 VT_4 基极的电流远小于流过 R_1、R_2 的电流，因此可求得

$$U_{B1B2}=U_{R1}+U_{R2}=U_{BE4}+\frac{U_{BE4}}{R_1}R_2=U_{BE4}\left(1+\frac{R_2}{R_1}\right)\tag{4-1}$$

式中　U_{BE4}基本为一固定值，因此，只要适当调节R_1、R_2的阻值，就可改变VT_1和VT_2的偏压。

分析实例1：图4-7是一个典型OTL功率放大电路，可对其结构原理分析如下。

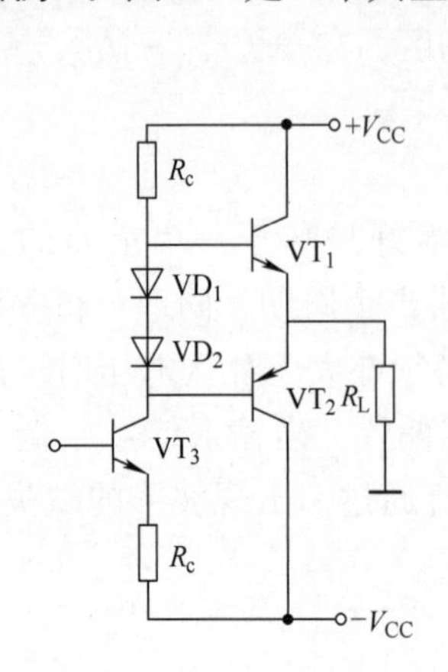

图4-5　利用二极管提供偏置消除交越失真

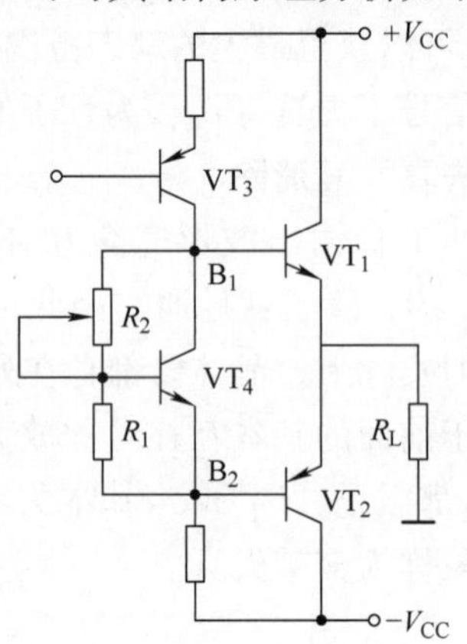

图4-6　利用U_{BE}扩大电路提供偏置消除交越失真

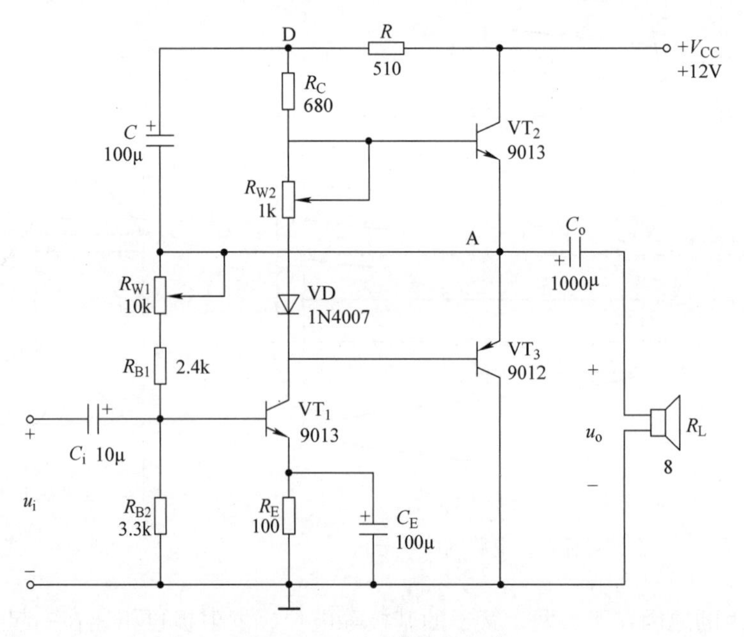

图4-7　OTL功率放大电路

1. 信号传输路径分析

信号u_i输入到VT_1基极，再从VT_1集电极输出，因此，VT_1构成共发射极的前置电压放大级；VT_2，VT_3接成互补对称的方式，信号均从基极进入，从发射极向负载输出，因此构成共集电极的推挽功率放大极。

2. 电容C_o的作用分析

比较图4-7与图4-5、图4-6电路可以发现，图4-5、图4-6电路采用对称的双电源供电，因此可以使对称的两功率管静态时U_{BE}近似为零，处于微导通状态，工作点刚好设置在截止区边缘，工作在乙类放大状态。而图4-7电路采用单电源V_{CC}供电，电容C_o的作用就在于在使用单电源的情况下使两个管获得正确的偏置。在无输入信号时，电容C_o将被充电，当偏置电阻器的值取得合适时，可以使得图4-7中A点静态电位为$V_{CC}/2$。这样一来相当于为VT_2提供了一个电压值为$V_{CC}/2$的直流偏置，为VT3提供了一个电压值为$-V_{CC}/2$的直流偏置，两个管仍处于对称的工作状态。通常将 C_o 的容量选择得足够大，例如图 4-7 中取的 1000μF，则充放电的时间常数也足够大，使 A 点的电位基本稳定在 $V_{CC}/2$，这样就可以认为用电容 C_o 和一个电源 V_{CC} 代替了原来两个电源的作用。

电容器 C_o 还兼作输出端与负载间的耦合电容，起到隔直的作用。由于这种电路的输出通过电容器与负载耦合，而不用变压器，所以又称为 OTL 电路（OTL 是 Output Transformerless，“无输出变压器”的缩写）。而图 4-5 和图 4-6 由于采用无输出电容器的直接耦合方式，因此被称为 OCL 电路（OCL 是 Output Capacitorless，“无输出电容器”的缩写）。

3. C_2 和 R 的作用分析

从图 4-3 的分析可以看出，OCL 放大电路输出电压的动态范围为 $-V_{CC} \sim +V_{CC}$，对于 OTL 电路则应当可以达到 $\pm V_{CC}/2$。达到这个值要求 VT_2 和 VT_3 的工作范围能达到饱和区边沿，然而由于 VT_1 的集电极电阻器 R_C 的压降，使 VT_2 的基极电位低于 V_{CC}，而发射极电位低于基极电位，就不可能接近 V_{CC}，即接近饱和区了。这使得 VT_2 的动态范围明显小于 $V_{CC}/2$。要使 VT_2 的动态范围达到 $V_{CC}/2$，则要设法使图 4-7 电路中 D 点的电位高于 V_{CC}，C 和 R 构成的自举电路可以起到这个作用。

当时间常数 RC 取得足够大时，可以认为 C 两端的电压为常数，不随输入电压的变化而改变。当 u_i 的负半周，VT_2 导通且 A 点电位升高时，D 点的电位也跟着被抬升，这种电位抬升被形象地称为“自举”。由于 R 的隔离作用，D 点的电位可以升到高于 V_{CC}，VT_2 的基极和发射极电位相应得到提升，从而扩大了 VT_2 的动态范围。

4. 电位器 R_{W2} 和二极管 VD 串联电路的作用分析

显然，这部分电路也是一种消除交越失真的电路。R_{W2} 可以对 VT_2 和 VT_3 基极之间的偏置电压进行微调。

5. 电路中的反馈分析

前置电压放大级的偏置电阻器 R_{B1} 和 R_{W1} 接到 A 点可以引入直流负反馈以稳定静态工作点，反馈过程如下：

$$U_A \uparrow \rightarrow U_{B1} \uparrow \rightarrow I_{B1} \uparrow \rightarrow I_{C1} \uparrow \rightarrow U_{C1} \downarrow \rightarrow U_A \downarrow$$

分析实例 2：图 4-8 所示是一个高保真功率放大电路，其结构原理分析如下。

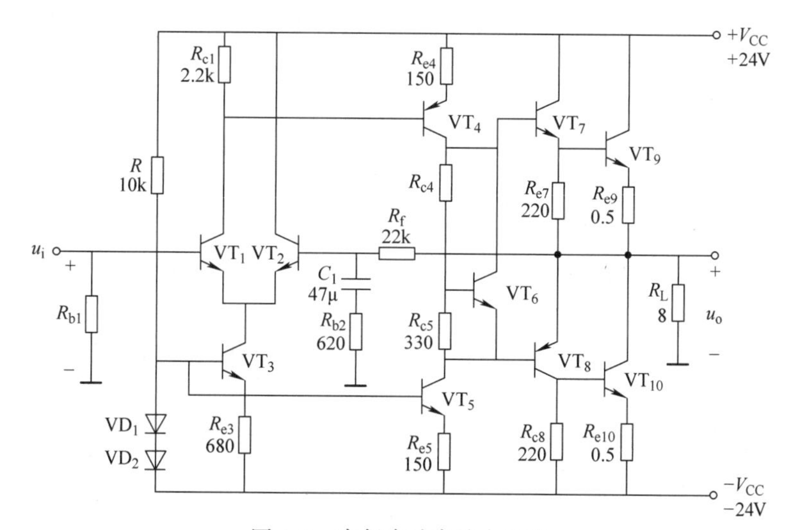

图 4-8　高保真功率放大电路

1. 信号传输路径分析

图4-8所示电路由前置放大级、中间放大级和输出级组成。

前置放大级信号由VT_1的基极输入，集电极输出，为共发射极电压放大工作方式，电路的组成形式为由VT_1、VT_2构成恒流源式差动放大器，除了对输入信号进行放大外，还有温度补偿和抑制零漂的作用。

中间放大级信号由VT_4基极输入，集电极输出，也是共发射极电压放大工作方式。

输出级为VT_7 ~ VT_{10}组成的复合管准互补OCL功率放大电路。

2. 准互补OCL功率放大级分析

在图4-8所示电路中，VT_7与VT_9构成一个复合管，相当于一只大功率NPN管，VT_8与VT_{10}也构成一个复合管，相当于一只大功率PNP管。之所以采用这种复合管结构，主要基于两点考虑：一是复合管具有较高的电流放大倍数，对于提高输出功率很有益处；二是互补对称功率放大电路要求输出电路对称性好，输出的一对功率管参数如β值、集电极最大允许电流、最大允许管耗等要尽量一致，而大功率的PNP和NPN两种类型管子配对相对困难，采用图4-8中的复合管结构时，最末的两只晶体管都是NPN型结构，参数的一致性要好得多。

复合管又称为达林顿管，由两个或两个以上晶体管按一定的方式连接而成的。连接时，应遵守两条规则：第一，在串联点必须保证电流的连续性；第二，在并联点必须保证对外部电流为两个管子电流之和。根据这两条规则，可以得到复合管的四种形式，如图4-9所示。其中图4-9a、b为同类型管子组成的复合管，图4-9c、d是不同类型管子组成的互补型复合管。

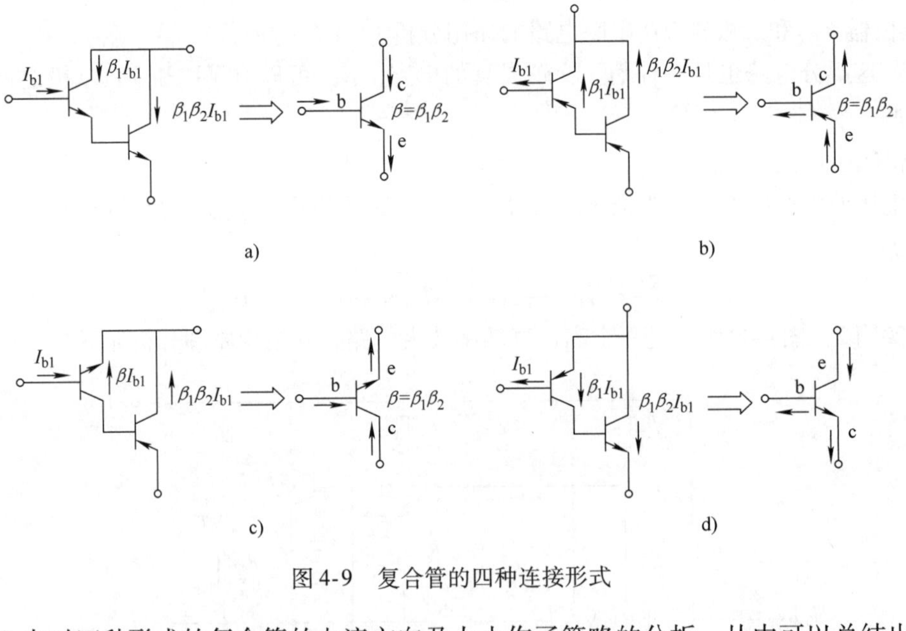

a)　b)

c)　d)

图4-9　复合管的四种连接形式

图4-9中对四种形式的复合管的电流方向及大小作了简略的分析，从中可以总结出复合管的两大特点。

其一，复合管的管型和电极取决于第一个管。如图4-9a中VT_1为NPN型晶体管，则复合管就为NPN型晶体管。

其二，复合管的等效电流放大系数是两个管电流放大系数的乘积。

3. 其他辅助电路分析

R、VD_1、VD_2、VT_3、R_{e3}、VT_5和R_{e5}构成恒流源电路，作为前置放大级和中间级的恒流源负载，起到稳定工作点和提高增益的作用。

VT_6、R_{c4}及R_{c5}构成“U_{BE}扩大电路”，用以消除交越失真。

R_f、C_1和R_{b2}构成电压串联负反馈，以增加电路稳定性并提高带负载的能力。

任务三　功率放大电路的性能指标分析

由功率放大电路的要求可以知道，其重要的性能指标是电路的输出功率、管耗、直流电源供给的功率和效率。

以图 4-2 所示 OCL 电路为例，可对其性能指标分析如下。

1. 输出功率 P_o

输出功率是输出电压有效值 U_o和输出电流有效值 I_o的乘积。设输出电压的幅值为 U_{om}，则

$$P_o = U_o I_o = \frac{U_{om}}{\sqrt{2}} \frac{U_{om}}{\sqrt{2}R_L} = \frac{1}{2} \frac{U_{om}^2}{R_L} \tag{4-2}$$

因为 VT_1、VT_2工作在射极输出器状态，$A_u \approx 1$，$U_{im} \approx U_{om}$。当输入信号足够大，使 $U_{im} \approx U_{om} = U_{cem} = V_{CC} - U_{CES}$、$I_{om} = I_{cm}$时，可获得最大的输出功率，若忽略 U_{CES}，则

$$P_{om} = \frac{1}{2} \frac{U_{om}^2}{R_L} = \frac{1}{2} \frac{U_{cem}^2}{R_L} \approx \frac{1}{2} \frac{V_{CC}^2}{R_L} \tag{4-3}$$

2. 管耗 P_T

由于 VT_1和 VT_2是对称的两个管，而且在一个信号周期内各导通半周，对总管耗的计算，只需先求出单管的损耗然后乘以 2 就行了。根据波形积分计算可得，当输出电压幅度为 U_{om}时，VT_1的管耗为

$$P_{T1} = \frac{1}{R_1} \left(\frac{V_{CC} U_{om}}{\pi} - \frac{U_{om}^2}{4} \right) \tag{4-4}$$

则两管的总管耗为

$$P_T = P_{T1} + P_{T2} = \frac{2}{R_L} \left(\frac{V_{CC} U_{om}}{\pi} - \frac{U_{om}^2}{4} \right)$$

3. 直流电源供给的功率 P_D

直流电源供给功率 P_D一部分成为信号功率，另一部分消耗在 VT_1、VT_2上，因此，

$$P_D = P_o + P_T = \frac{2 V_{CC} U_{om}}{\pi R_L} \tag{4-5}$$

当输出电压幅值达到最大，即 $U_{om} \approx V_{CC}$时，则得电源供给的最大功率为

$$P_{om} = \frac{2}{\pi} \frac{V_{CC}^2}{R_L} \tag{4-6}$$

4. 效率 η

放大电路的效率定义为放大电路输出给负载的交流功率 P_o与直流电源提供的功率 P_D之比，即

$$\eta = \frac{P_o}{P_D} \times 100\% \tag{4-7}$$

将此前推出的 P_o、P_D代入可得 OCL 电路的一般效率为

$$\eta = \frac{P_o}{P_D} = \frac{\pi}{4} \frac{U_{om}}{V_{CC}} \tag{4-8}$$

当 $U_{om} \approx V_{CC}$时，有

$$\eta = \frac{P_o}{P_D} = \frac{\pi}{4} \approx 78.5\% \tag{4-9}$$

OTL 电路与 OCL 电路的区别仅在于，每个管子上所加的电源相当于 $V_{CC}/2$，输出电压的动态范围也限制在 $V_{CC}/2$ 以内，因此，在 OCL 的推算公式中，将 V_{CC} 处用 $V_{CC}/2$ 代替，就得到 OTL 电路的结论。

项目二　OTL 功放电路的测试

测试实例： 测试图 4-10 所示 OTL 功率放大电路的工作特性。

1. 器材准备

+12V 直流电源、直流电压表、函数信号发生器、直流毫安表、双踪示波器、频率计、交流毫伏表、晶体管 3DG6（9011）、3DG12（9013）、3CG12（9012）、双极型晶体管 1N4007、8Ω 扬声器、电阻器和电容器若干。

2. 静态工作点的调整与测试

按图 4-7 连接电路，不接信号源，直流源进线中串入直流毫安表。电位器 R_{W2} 置最小值，R_{W1} 置中间位置。接通 +12V 电源，观察毫安表指示，同时用手触摸输出级管子外壳，若电流过大，或管子温升显著，应立即断开电源检查原因（如 R_{W2} 开路，电路自激，或输出管性能不好等）。如果无异常现象，可开始调试。

（1）调节输出端中点电位 V_A　调节电位器 R_{W1}，用直流电压表测量 A 点电位，使 $V_A = V_{CC}/2$。

（2）调整输出级静态电流及测试各级静态工作点　调节 R_{W2}，使 VT_2、VT_3 的 $I_{C2} = I_{C3} = 5 \sim 10mA$。从减小交越失真角度而言，应适当加大输出级静态电流，但该电流过大，会使效率降低，所以一般以 5～10mA 为宜。由于毫安表是串在电源进线中，因此测得的是整个放大器的电流，但一般 VT_1 的集电极电流 I_{C1} 较小，从而可以把测得的总电流近似当作末级的静态电流。如果要准确得到末级静态电流，则可从总电流中减去 I_{C1} 之值。调整输出级静态电流的另一方法是动态调试法。先使 $R_{W2} = 0$，在输入端接入 $f = 1kHz$ 的正弦信号 u_i。逐渐加大输入信号的幅值，此时，输出波形应出现较严重的交越失真（注意：没有饱和失真和截止失真），然后缓慢增大 R_{W2}，当交越失真刚好消失时，停止调节 R_{W2}，恢复 $u_i = 0$，此时直流毫安表读数即为输出级静态电流。一般数值也应在 5～10mA，如过大，则要检查电路。输出极电流调好以后，测量各级静态工作点并记录下来。

注意：在调整 R_{W2} 时，一是要注意旋转方向，不要调得过大，更不能开路，以免损坏输出管；输出管静态电流调好后，如果无特殊情况，不得随意旋动 R_{W2} 的位置。

3. 最大输出功率 P_{om} 的测量

将输入端与函数信号发生器连接，用示波器观察输出电压波形。将函数信号发生器的输出信号频率调整到 1kHz，逐渐增大函数信号发生器的输出幅度，使输出波形为最大不失真波形，用交流毫伏表测量此时负载 R_L 上的电压 U_{om}，并计算 P_{om}。计算式如下

$$P_{om} = \frac{U_{om}^2}{R_L}$$

4. 效率 η 的测量

当输出电压为最大不失真输出时，读出直流毫安表中的电流值，此电流即为直流电源供给的平均电流 I_{dc}（有一定误差），由此可近似求得 $P_D = V_{CC} I_{dc}$，再根据上面测得的 P_{om}，即可求出。

5. 输入灵敏度测试

输入灵敏度是指输出最大不失真功率时，输入信号 U_i之值。

根据输入灵敏度的定义，只要测出输出功率 $P_o=P_{om}$时的输入电压值 U_i即可。

6. 研究自举电路的作用

1）测量有自举电路，且 $P_o=P_{omax}$时的电压增益。

2）将 C_2开路，R 短路（无自举），再测量 $P_o=P_{om}$的 A_u。

用示波器观察1）、2）两种情况下的输出电压波形，并将以上两项测量结果进行比较，分析研究自举电路的作用。

7. 噪声电压的测试

测量时将输入端短路（$u_i=0$），观察输出噪声波形，并用交流毫伏表测量输出电压，即为噪声电压 U_N。本电路若 $U_N<15\text{mV}$，即满足要求。

8. 试听

输入信号改为录音机输出，输出端接试听音箱及示波器。开机试听，并观察语言和音乐信号的输出波形。

项目三　集成功率放大电路的制作

任务一　熟悉常见集成功率放大器

集成功率放大器（简称功放）也是一种重要的模拟集成电路，其内部一般为OTL或OCL电路，比分立元器件的功率放大器具有更优良的性能。

集成功率放大电路大多工作在音频范围，具有可靠性高、使用方便、性能好、重量轻、造价低和外围连接元器件少等集成电路的一般优点，此外，还具有功耗小、非线性失真小和温度稳定性好等特点。

集成功率放大器内部过电流、过电压、过热保护齐全，许多新型功率放大器具有通用模块化的特点，使用更加方便安全。

以下介绍三种典型的集成功率放大器。

1. 集成功率放大器LM386

LM386电路简单、通用性强，是目前应用较广的一种小功率集成功放。具有电源电压范围宽（一般为4～12V）、功耗低（常温下为660mW）、频带宽（300kHz）等优点，输出功率一般为0.3～0.7W（LM386N-4的电源电压可达到18V，输出功率可达1W）。另外，电路的外接元器件少，不必外加散热片，使用方便。因而被广泛应用于收录机、对讲机、函数发生器和电视伴音等系统中。

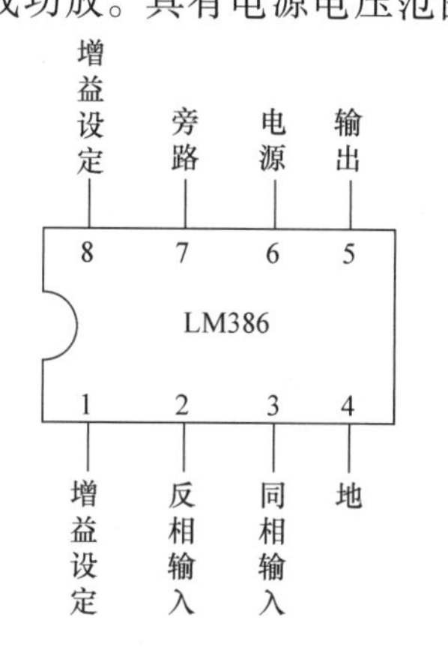

图4-10　LM386的引脚排列

LM386的引脚排列如图4-10所示，为双列直插塑料封装。引脚功能为：2、3脚分别为反相、同相输入端；5脚为输出端；6脚为正电源端；4脚为接地端；7脚为旁路端，可外接旁路电容以抑制纹波；1、8脚为电压增益设定端。

内部电路如图4-11所示，共有3级。

$VT_1\sim VT_6$组成有源负载单端输出差动放大器，用作输入级，

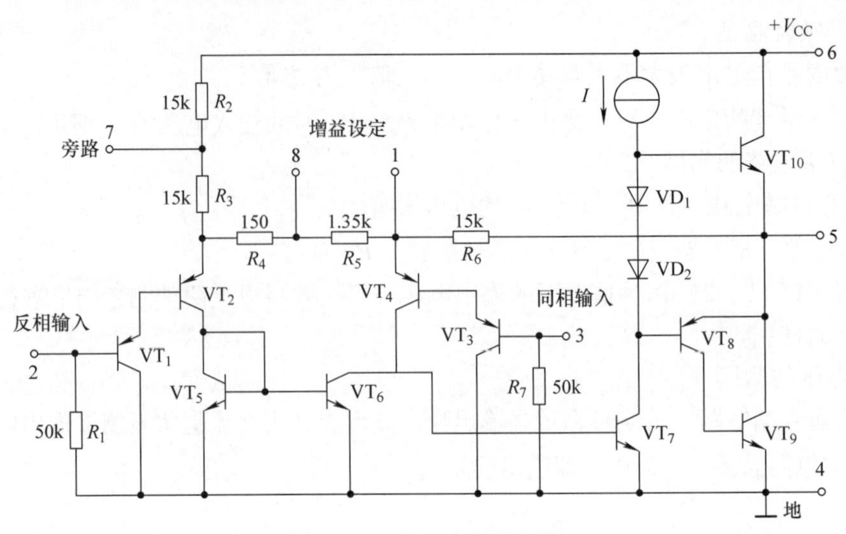

图 4-11　LM386 内部电路

其中 VT_5、VT_6构成镜像电流源，用作差动放大器的有源负载以提高单端输出时的放大倍数。中间级是由 VT_7构成的共发射极放大器，也采用恒流源 I 作负载以提高增益。VT_8、VT_{10}复合成 PNP 型管，与 VT_9组成准互补对称输出级，VD_1、VD_2组成功放的偏置电路，使输出级工作在甲乙类放大状态以消除交越失真。

R_6是级间负反馈电阻器，起稳定工作点和放大倍数的作用。R_2和 7 脚外接的电解电容器组成直流电源去耦滤波电路，为避免高频噪声经电源线耦合至集成芯片内，起旁路作用。R_5是差放级的射极反馈电阻器，在 1、8 两脚之间外接一个阻容串联电路，构成差放管射极的交流反馈，通过调节外接电阻器的阻值就可调节该电路的放大倍数。当 1、8 脚开路时，负反馈量最大，电压放大倍数最小，约为 20；1、8 脚之间短路时或只外接一个 10μF 的电容器时，电压放大倍数最大，约为 200。

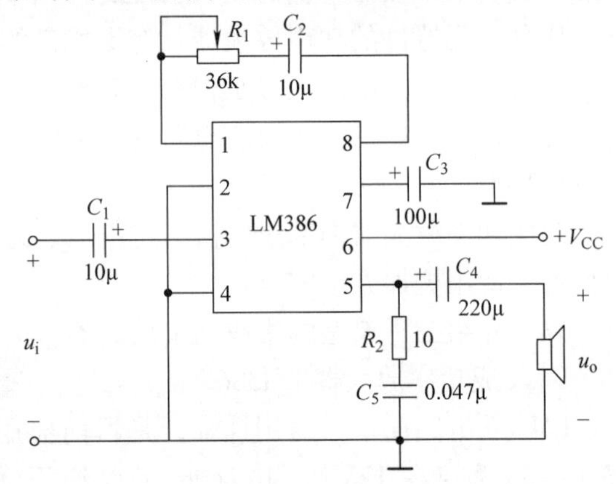

图 4-12　LM386 典型应用电路

图 4-12 是 LM386 典型应用电路。其中 R_1、C_2 用于调节电路的电压放大倍数。因为内部电路的输出级为 OTL 电路，所以需要在 LM386 的输出端外接一个 220μF 的耦合电容器 C_4。R_2、C_5 组成容性负载，以抵消扬声器音圈电感的部分电感性，同时防止信号突变时，音圈的反电动势击穿输出管，在小功率输出时 R_2、C_5 也可不接。C_3 与电路内部的 R_2 组成电源的去耦滤波电路。

2. 集成功率放大器 TDA2030

TDA2030 是一种功能强大的音频功放电路。它的体积小、输出功率大，在 32V 电源电压下，$R_L=4\Omega$ 时可获得 22W 的输出功率；它的电源电压适应范围宽（±2.5V～±20V）、输入阻抗高（典型值为 5MΩ）、频带宽（100kHz）失真小；它还具有多种内部保护电路，使用安全；而且它的引脚少，外围元器件少，设计灵活。因而被广泛应用于汽车立体声收录音机、中功率音响设备中。

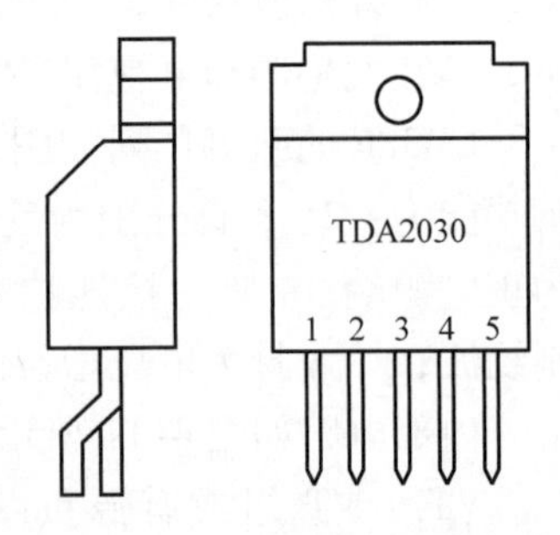

图 4-13　TDA2030 的引脚排列

TDA2030 采用 5 脚单列直插式塑料封装结构，如图 4-13 所示。

1 脚为同相输入端，2 脚为反相输入端，3 脚为负电源端，4 脚为输出端，5 脚为正电源端。散热片与 3 脚接通。

图 4-14 是其典型应用电路。信号 u_i 由同相端输入，C_1、C_2 是耦合电容器，R_3、R_2 和 C_2 构成电压负反馈，调整 TDA2030 的闭环电压放大倍数。因为 TDA2030 与集成运算放大器一样具有输入电阻大，差模放大倍数高的特点，所以其闭环电压放大倍数可以按照集成运算放大器的分析方法进行计算。电阻 $R_1=R_3$，起到使 TDA2030 内部输入级差动放大器直流偏置平衡的作用。$C_3 \sim C_6$ 为正负电源的去耦电容器。R_4、C_7 构成容性负载，抵消扬声器的电感性。

3. 集成功率放大器 LA4112

LA4112 的外形及引脚排列如图 4-15 所示。

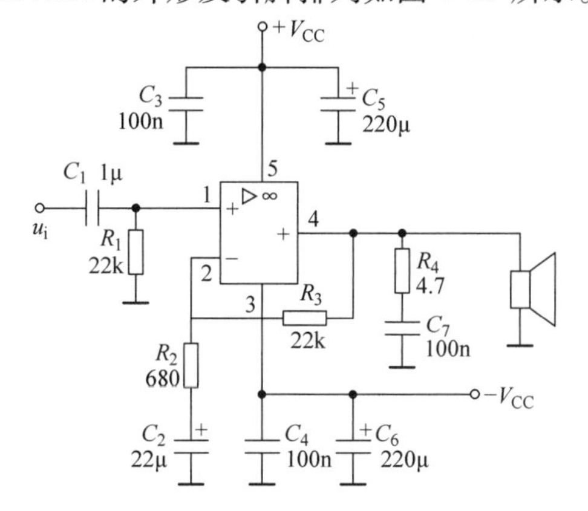

图 4-14 TDA2030 典型应用电路

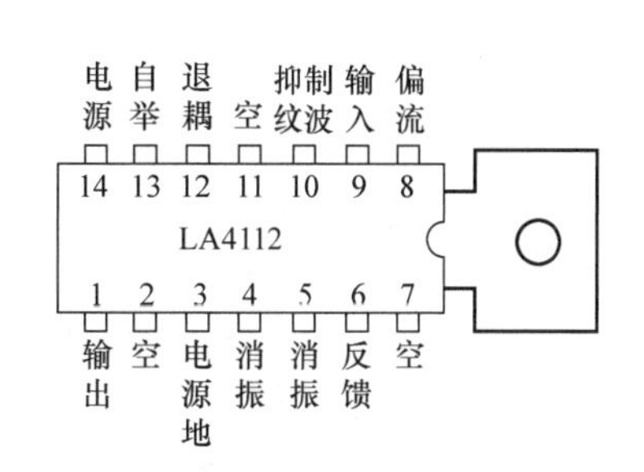

图 4-15 LA4112 的外形及引脚排列

LA4112 的内部电路原理如图 4-16 所示。

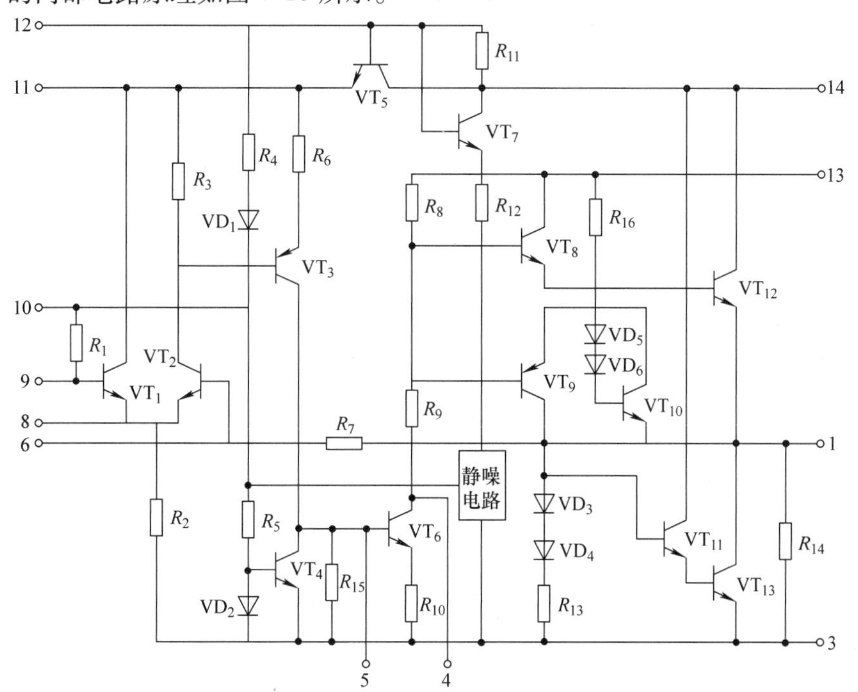

图 4-16 LA4112 内部电路原理

从图中可以看出 LA4112 内部有三级电压放大电路，一级 OTL 功率放大电路以及偏置、恒流、反馈、退耦和静噪等辅助电路。

LA4112 典型应用电路如图 4-17 所示。

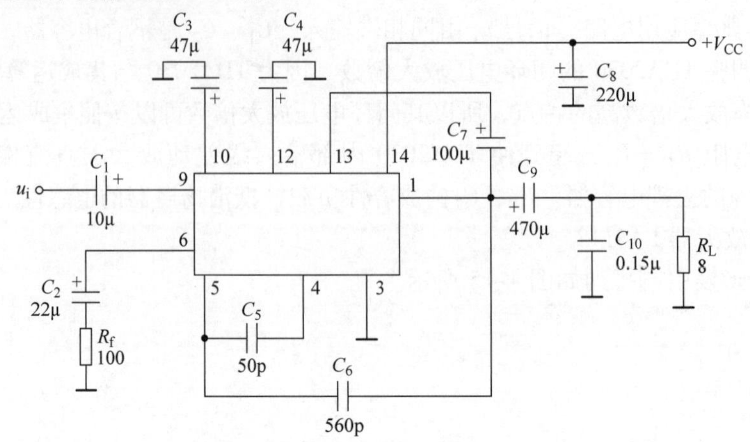

图 4-17　LA4112 典型应用电路

其中各元器件的作用简单介绍如下：

C_1、C_9——输入/输出耦合电容器，起到隔直作用。

C_2 和 R_f——反馈元器件，决定电路的闭环增益。

C_3、C_4、C_8——滤波、退耦电容器。

C_5、C_6、C_{10}——消振电容器，消除寄生振荡。

C_7——自举电容器，防止输出波形出现半边被削波的现象。

任务二　集成功率放大电路的制作

制作实例： 完成图 4-18 所示集成功率放大电路的制作与测试。

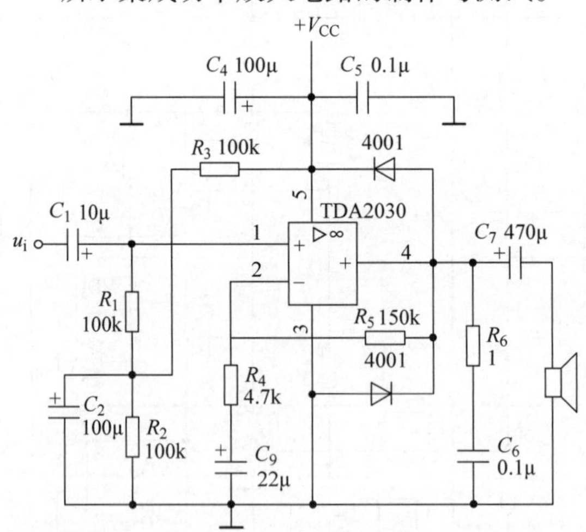

图 4-18　由集成功放 TDA2030 构成的音频放大器

1. 器材准备

+12V 直流电源、函数信号发生器、双踪示波器、交流毫伏表、直流电压表、电流毫安表、频率计、集成功放模块 TDA2030、8Ω 扬声器、电阻器、电容器若干、面包板或万能板一块。

2. 元器件测试

清点和检查全套装配材料数量和质量，进行元器件的识别与检测，筛选确定元器件。重点识别、测试或查阅的元器件见表4-1。

表4-1 测试

<table>
<tr><th>元器件</th><th colspan="3">识别及检测内容</th></tr>
<tr><td rowspan="5">电阻器</td><td>色环或数码</td><td colspan="2">标称值（含误差）</td></tr>
<tr><td></td><td colspan="2"></td></tr>
<tr><td></td><td colspan="2"></td></tr>
<tr><td></td><td colspan="2"></td></tr>
<tr><td></td><td colspan="2"></td></tr>
<tr><td rowspan="3">470μF 电解电容器</td><td>所用仪表</td><td colspan="2">数字表□ 指针表□</td></tr>
<tr><td rowspan="2">万用表读数（含单位）</td><td>正测</td><td></td></tr>
<tr><td>反测</td><td></td></tr>
<tr><td rowspan="2">TDA2030 集成模块</td><td>所用仪表</td><td colspan="2">数字表□ 指针表□</td></tr>
<tr><td>1. 在右框中画出TDA2030集成模块的外形，并标出引脚顺序及名称
2. 列表测量出TDA2030集成模块的电源脚、输出脚对接地脚的电阻值</td><td colspan="2"></td></tr>
</table>

3. 电路安装

在面包板或万能板上按图4-18所示安装功率放大器电路。

4. 静态测试

暂不接入输入信号，接通+12V直流电源，测量静态总电流及集成模块各引脚对地电压并记录。

5. 波形测试

测试TDA2030集成模块输入、输出脚的波形，并填写表4-2。

表4-2 波形测试

输入波形图	
周期/ms	
幅值/V	
输出波形图	
周期/ms	
幅值/V	

习　题

1. 图题4-1所示OCL电路中，已知u_i为正弦电压，$R_L=16\Omega$，要求最大输出功率为10W。试在晶体管的饱和管压降可以忽略不计的条件下，求出下列各值。

1）正负电源V_{CC}最小值（取整数）。

2）根据V_{CC}的最小值，得到晶体管I_{CM}、$|U_{(BR)CEO}|$的最小值。

3）每个管子的管耗P_{CM}的最小值。

2. OTL电路如图题4-2所示，功率管的饱和压降可忽略不计，$R_L=8\Omega$，试计算要求最大不失真输出功率为9W时，电源电压V_{CC}至少为多少伏？

3. 在图题4-3所示电路中，已知$V_{CC}=16V$，$R_L=4\Omega$，VT_1和VT_2管的饱和管压降$|U_{CES}|=2V$，输入电压足够大。试问：

1）最大输出功率P_{om}和效率η各为多少？

2）晶体管的最大功耗P_{Tm}为多少？

3）为了使输出功率达到P_{om}，输入电压的有效值约为多少？

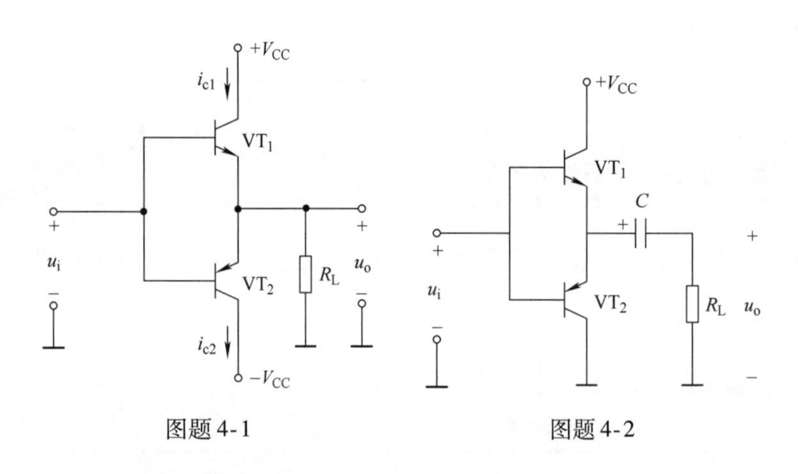

图题4-1　　图题4-2

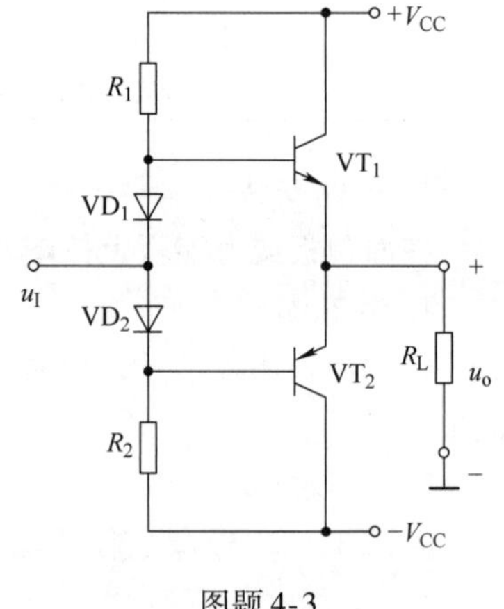
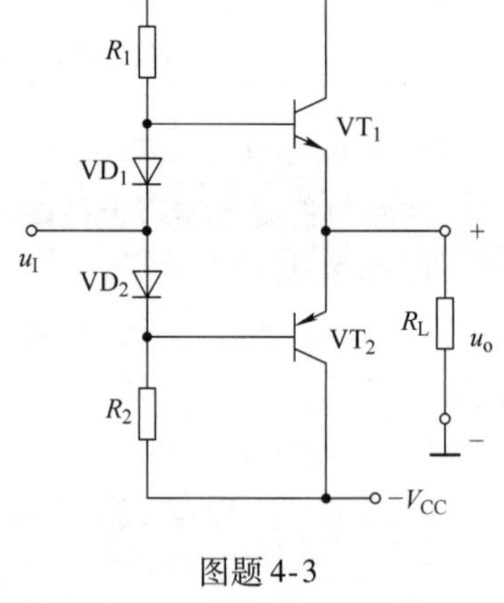

图题4-3

4. 在图题4-4所示电路中，已知$V_{CC}=15V$，VT_1和VT_2的饱和管压降$|U_{CES}|=2V$，输入电压足够大。求解：

1）最大不失真输出电压的有效值。

2）负载电阻器R_L上电流的最大值。

3）最大输出功率P_{om}和效率η。

图题4-4

5. 图题4-5所示的OTL电路中，输入电压为正弦波，$V_{CC}=12V$，$R_L=8\Omega$，试回答以下问题。

1）E点的静态电位应是多少？通过调整哪个电阻可以满足这一要求？

2）图中VD_1、VD_2、R_2的作用是什么？若其中一个元器件开路，将会产生什么后果？

3）忽略晶体管的饱和管压降，当输入$u_i=4\sin\omega t$时，电路的输出功率和效率是多少？

6. OTL电路如图题4-6所示，晶体管导通时的$|U_{BE}|=0.7V$，VT_2和VT_4的饱和管压降

$|U_{CES}|=2V$，电容 C 的值足够大。

1）为了使得最大不失真输出电压幅值最大，静态时 E 点的发射极电位应为多少？VT_1、VT_3 和 VT_5 的基极电位应为多少？

2）电路的最大输出功率 P_{om} 和效率 η 各为多少？

3）VT_2 和 VT_4 的 I_{CM}、$U_{(BR)CEO}$ 和 P_{CM} 应如何选择？

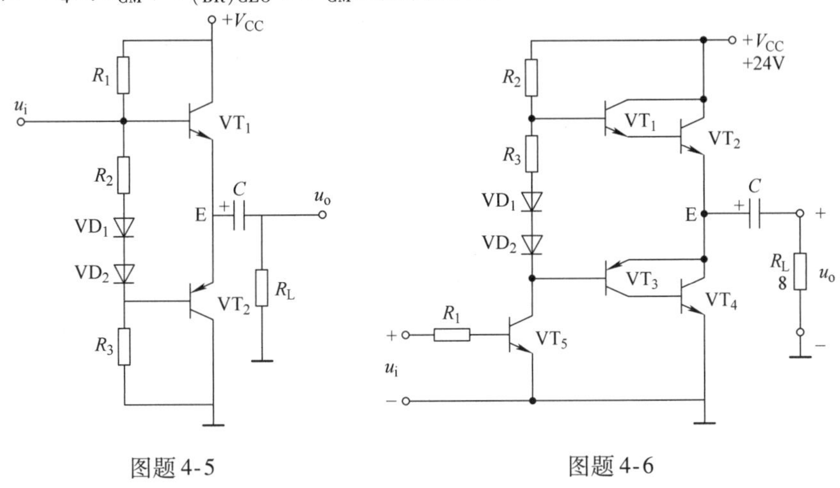

图题 4-5　　　　　　　　　　图题 4-6

7. 试判断图题 4-7 所示各复合管连接方法是否正确，如果正确，指出等效于什么类型的管子，管脚 1、2、3 分别对应于什么电极？

8. 图题 4-8 中 A 为集成功率放大器，设内部输出级功率管的 $|U_{CES}|=1V$，电容器对交流信号均可视为短路。试问：

1）图中所示为何种类型的功放电路？

2）电路的最大不失真功率 P_{om} 和效率 η 各为多少？

3）输出最大不失真功率时输入电压的有效值为多少？

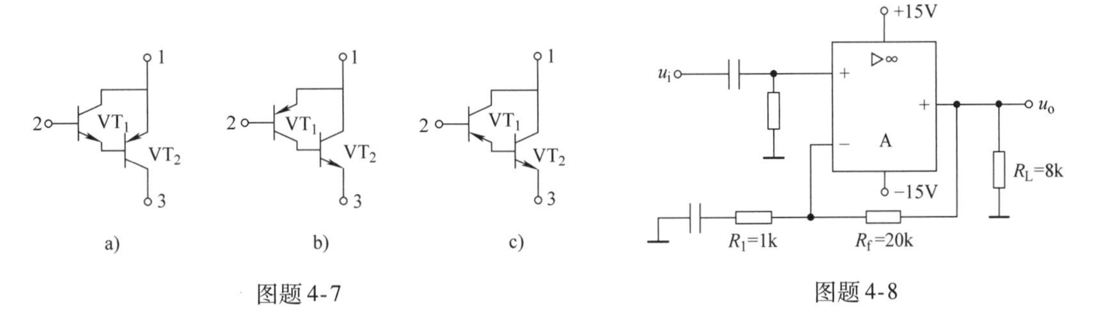

图题 4-7　　　　　　　　　　图题 4-8

9. 图题 4-9 中 A 为集成功率放大器，设内部输出级功率管饱和管压降可以忽略，电容器对交流信号均可视为短路。试问：

1）图中所示为何种类型的功放电路？

2）电路的最大不失真功率 P_{om} 和效率 η 各为多少？

3）当输入正弦信号的有效值为 0.3V 时，信号能否正常放大？

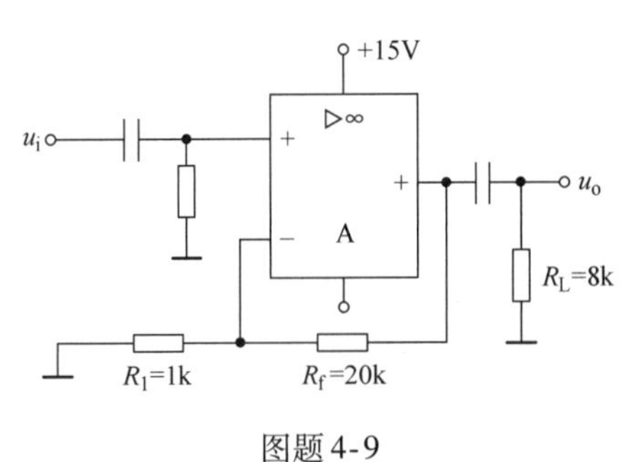

图题 4-9

10. 单电源供电的音频功率放大电路如图题 4-10 所

示，试回答下列问题：

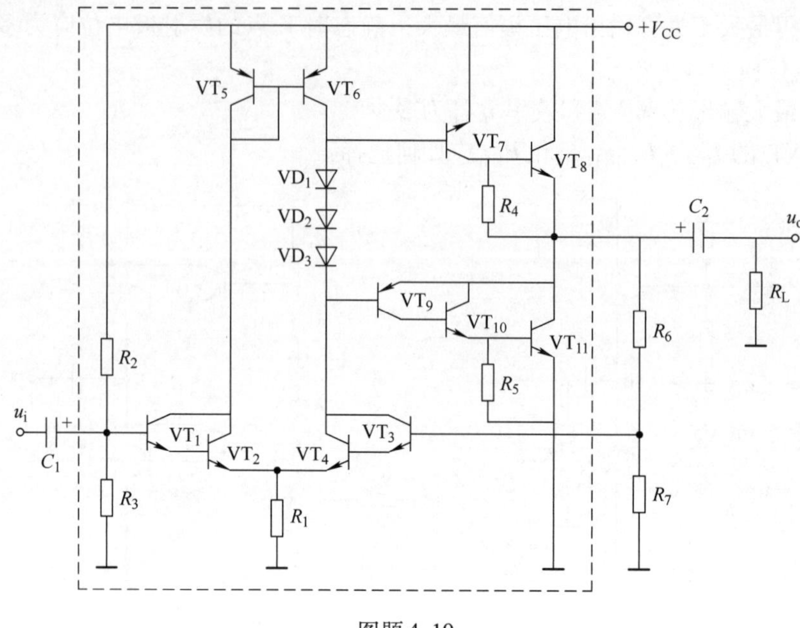

图题 4-10

1）图中所示电路是什么形式的功率放大电路？

2）$VT_1 \sim VT_6$组成什么电路结构？

3）VD_1、VD_2和 VD_3的作用是什么？

4）$VT_7 \sim VT_{11}$构成什么电路形式？

5）C_1、C_2的作用是什么？

单元五　集成运算放大器电路的分析与应用

集成运算放大器（简称运放）实际上是一个具有高增益、低漂移，带有深度负反馈并直接耦合的直流放大器，它最初主要用以对信号进行加法、减法、积分、微分等数学运算。其性能优良，广泛应用于测量、控制以及信号的产生、处理和变换等领域。

运算放大器本身不具备计算功能，只有在外部网络配合下才能实现各种运算。

项目一　基本运算电路的分析与测试

任务一　掌握集成运算放大器的组成及特性

集成电路就是采用一定的制造工艺，将由二极管、晶体管、场效应晶体管、电阻等元器件组成的具有完整功能的电路制作在同一块半导体基片上，封装后构成具有特定功能的电路块。由于它的密度高（即集成度高）、体积小、功能强、功耗低、外部连线及焊点少，从而大幅提高了电子设备的可靠性和灵活性，实现了元器件、电路与系统的紧密结合。用集成电路来装配电子设备，其装配密度比晶体管提高几十倍至几千倍，设备的稳定工作时间也可大大提高。

一块硅基片上所包含的元器件数目称为集成度。集成电路按集成度不同，可分为小规模（SSI）、中规模（MSI）、大规模和超大规模（LSI 和 VLSI）集成电路。小规模集成电路一般含有十几到几十个元器件，硅片面积约有几平方毫米。中规模集成电路含有一百到几百个元器件，硅片面积约十平方毫米。大规模和超大规模集成电路含有数以千计或更多的元器件。目前超大规模集成电路的集成度已突破 1 亿元器件/片。

集成电路按功能分为数字集成电路与模拟集成电路两类。数字集成电路是用来产生和加工各种数字信号的，这类信号在时间上和数值上都是离散的，如计算机中各种数码信号等。模拟集成电路用来产生、放大和处理各种模拟信号或进行模拟信号和数字信号之间相互转换，这类信号的幅度随时间连续变化，如收音机接收的电信号、音响设备中的电信号。

模拟集成电路的种类很多，包括集成运算放大器、集成稳压器、集成功率放大器和集成模拟乘法器等。其中应用最为广泛的是集成运算放大器，它实际上是一个高电压增益、高输入电阻和低输出电阻的直接耦合放大电路。通常将集成运算放大器分为通用型与专用型两类，通用型的直流特性较好，性能上满足许多领域应用的要求，价格也便宜，用途最广。专用型运算放大器可以满足一些特殊应用的需要，专用型有低功耗型、高输入阻抗型、高速型、高精度型及高电压型等。

一、集成运算放大器的组成

集成运算放大器的发展速度极快，内部电路结构复杂，并有多种形式，但基本结构具有共同之处。集成运算放大器内部电路其实质就是一个多级放大电路，由高电阻输入级、中间电压放大级、低电阻输出级和偏置电路 4 部分组成，如图 5-1 所示。

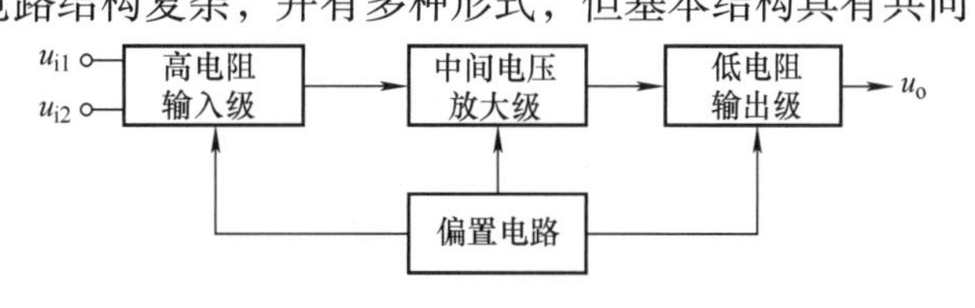

图 5-1　集成运算放大器内部电路框图

（1）高电阻输入级　输入级是决定集成

运算放大器质量好坏的关键，对于高电压放大倍数的直接耦合放大电路，要求输入级温漂小、共模抑制比高、有极高的输入阻抗。因此，集成运算放大器的输入级由具有恒流源的差动放大电路组成。

（2）中间电压放大级　运算放大器的放大倍数主要是由中间级提供的，因此，要求中间级有较高的电压放大倍数。一般放大倍数可达到几万倍甚至几十万倍。中间级一般采用有恒流源负载的共发射极放大电路。

（3）低电阻输出级　输出级应具有较大的电压输出幅度、较高的输出功率和较低的输出电阻的特点，大多采用甲乙类互补对称功率放大电路，主要用于提高集成运算放大器的负载能力，减小大信号作用下的非线性失真。

（4）偏置电路　偏置电路用来为各级放大电路提供合适的偏置电流，使其具有合适的静态工作点。一般由各种电流源组成。

此外，集成运算放大器还有一些辅助电路，如过电流保护电路等。

集成运算放大器的电路符号如图 5-2 所示。

集成运算放大器有两个输入端和一个输出端。图中“ - ”表示反相输入端，“ + ”表示同相输入端。所谓同相输入端，是指输出信号与该输入端所加信号相位相同；而反相输入端，是指输出信号与该输入端所加信号相位相反。

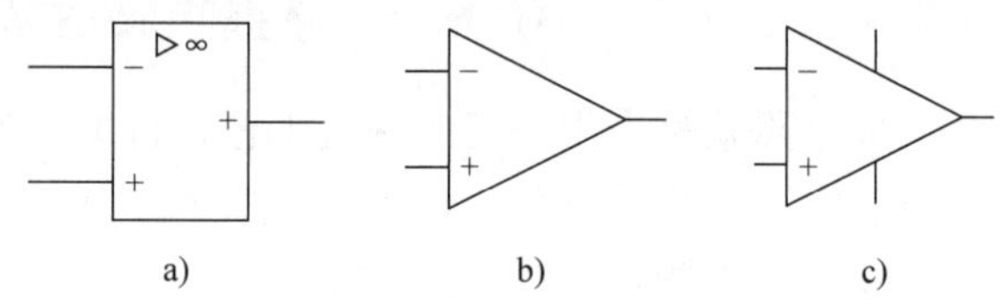

图 5-2　集成运算放大器的电路符号

a）新符号　b）、c）旧符号

二、组成集成运算放大器的典型电路分析

图 5-3 是一种简单集成运算放大器内部电路。它具有集成运算放大器典型的三级结构：VT_1、VT_2组成差动放大输入级，信号双端输入，单端输出；VT_7、VT_8组成恒流源电路，用作差动放大器的发射极负载；为了提高整个电路的电压增益，电压放大级由 VT_3、VT_4组成复合管共发射极电路，这两个晶体管可以等效于一个 NPN 型晶体管，其电流放大倍数为两管电流放大倍数的乘积；由 VT_5、VT_6组成两级电压跟随器构成电路的输出级，它不仅可以提高带负载的能力，而且可进一步使直流电位下降。R_7和二极管 VD 组成低电压稳压电路以供给 VT_9的基准电压，它与 VT_9一起构成电流源电路以提高 VT_5的电压跟随能力。

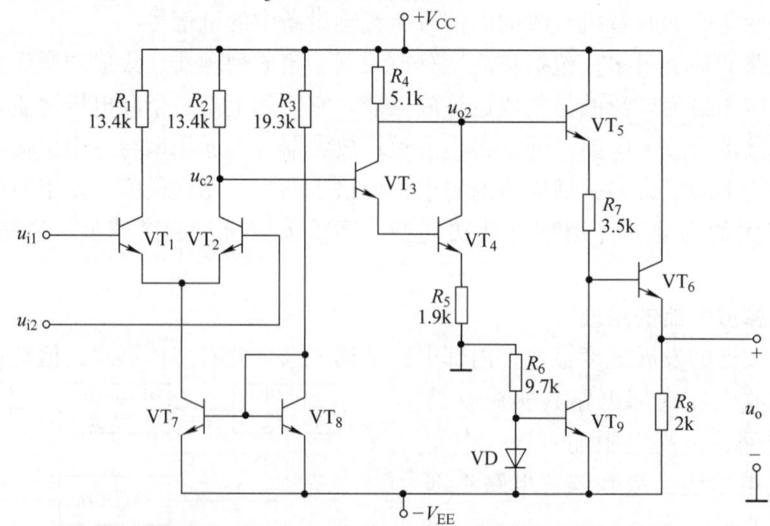

图 5-3　简单集成运算放大器内部电路

1. 差动放大电路的分析

集成运算放大器以差动放大器作为第一级是为了抑制零点漂移。所谓零点漂移是指当放大电路在没有输入信号时，输出端也会出现缓慢的没有规律的电压变化信号的现象，简称零漂。造成零漂的主要原因是温度的变化。因为晶体管具有热敏性，当温度变化时，晶体管的静态工作点发生微小偏移，这个微小的变化量与信号叠加在一起，成为一种干扰。零漂问题在多级放大电路中表现得尤为严重，因为第一级电路的漂移将会被后面各级逐级放大，严重时在输出端能将信号淹没。第一级采用差动放大器抑制零漂最为有效。

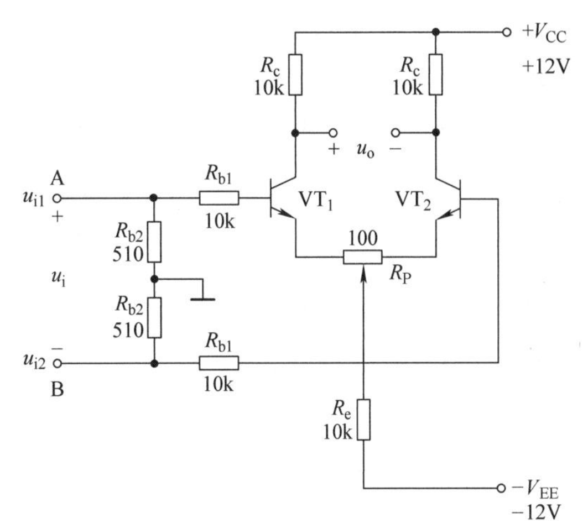

图 5-4 差动放大器典型电路

差动放大器典型电路如图 5-4 所示，下面对该电路进行分析。

（1）静态分析 静态时，因为电路结构对称、元器件参数相同，所以，两管的静态工作点应当完全相同，R_P 滑动端应当处于正中间，因此 R_e 两端的电压 $U_{RE}=2I_ER_e$，由输入回路可知：

$$I_{BQ}R_{b1}+U_{BEQ}+I_{EQ}\frac{R_P}{2}+2I_{EQ}R_e=V_{EE}$$

由于 $R_P \ll R_e$，上式可以近似为

$$I_{BQ}R_{b1}+U_{BEQ}+2(\beta+1)I_{BQ}R_e=V_{EE}$$

则基极静态电流为

$$I_{BQ}=\frac{V_{EE}-U_{BEQ}}{R_b+2(1+\beta)R_e}$$

集电极静态电流为

$$I_{CQ}\approx\beta I_{BQ}$$

集－射极间电压为

$$U_{CEQ}=V_{CC}-(-V_{EE})-R_cI_{CQ}-2R_eI_{EQ}\approx V_{CC}+V_{EE}-I_{CQ}(R_c+2R_e)$$

由于电路的对称性，静态时两管集电极之间的输出电压为零。

实际上 VT$_1$、VT$_2$ 静态值并不完全对称，这主要是由于晶体管 VT$_1$、VT$_2$ 的参数不能完全一致导致的，调零电位器 R_P 的作用就是补偿电路的不对称性。

（2）差模电压放大倍数 在差动放大电路输入端加以大小相等、极性相反的信号，称为差模输入，即 $u_{i1}=-u_{i2}$。两输入信号之差则称为差模输入电压 u_{id}，$u_{id}=u_{i1}-u_{i2}=2u_{i1}$。若此时输出的信号为 u_{od}，则差模电压放大倍数则定义为

$$A_{ud}=\frac{\dot{U}_{od}}{\dot{U}_{id}} \tag{5-1}$$

当 A、B 两端之间的输入电压为 u_i 时，相当于从 A 输入 $u_{i1}=u_i/2$，从 B 输入 $u_{i2}=-u_i/2$ 的大小相等、极性相反信号。

根据负载接法的不同，差动放大器有双端输出和单端输出两种方式。如果负载跨接在对称的两个晶体管的输出端之间，则称为双端输出，如果负载接在其中一个晶体管的输出端与地之间，则称为单端输出。

因为 u_{i1} 使 VT_1 集电极电流 i_{c1} 增加，u_{i2} 使 VT_2 集电极电流 i_{c2} 减少，在电路完全对称的情况下，i_{c1} 增加量等于 i_{c2} 的减少量，两者之和不变，即流过 R_e 的电流不变，仍等于静态电流 I_E，因此 R_e 两端电压不变。也就是说，对差模输入信号来说 R_e 相当于短路，$u_e=0$。由此画出差动放大电路差模信号的交流通路，如图 5-5 所示。

空载时，如果采用双端输出方式，则由图 5-5a 可知：

$$A_{ud}=\frac{\dot{U}_{od}}{\dot{U}_{id}}=\frac{\dot{U}_{o1}-\dot{U}_{o2}}{\dot{U}_{i1}-\dot{U}_{i2}}=\frac{2\dot{U}_{o1}}{2\dot{U}_{i1}}=-\beta\frac{R_c}{R_b+r_{be}+(1+\beta)\frac{R_P}{2}}$$

如果采用单端输出方式，则由图 5-5b 可知：

$$A_{ud}=\frac{\dot{U}_{od}}{\dot{U}_{id}}=\frac{\dot{U}_{o1}}{\dot{U}_{i1}-\dot{U}_{i2}}=\frac{\dot{U}_{o1}}{2\dot{U}_{i1}}=-\beta\frac{R_c}{2\left[R_b+r_{be}+(1+\beta)\frac{R_P}{2}\right]}$$

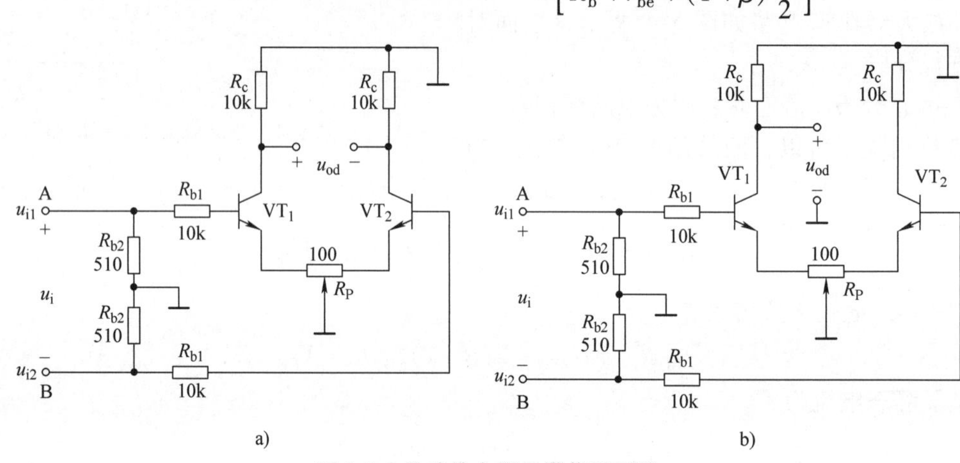

图 5-5　差动放大器差模信号通路

a）双端输出　b）单端输出

当输出端接有负载时，如果采用双端输出方式，由于差模输入信号会使晶体管 VT_1、VT_2 的集电极电位向相反方向变化，一增一减，且变化量相等。这使负载电阻 R_L 的中点是交流零电位。因此差动输入的每边负载电阻为 $R_L/2$，交流等效负载电阻为 $R'_L=R_c//(R_L/2)$，差模电压放大倍数为

$$A_{ud}=-\beta\frac{R'_L}{R_b+r_{be}+(1+\beta)\frac{R_P}{2}}=-\beta\frac{R_c//(R_L/2)}{R_b+r_{be}+(1+\beta)\frac{R_P}{2}}$$

若采用单端输出方式，则负载完全属于 VT_1，交流等效负载电阻为 $R'_L=R_c//R_L$。

$$A_{ud}=-\beta\frac{R_c}{2\left[R_b+r_{be}+(1+\beta)\frac{R_P}{2}\right]}=-\beta\frac{R_c//R_L}{2\left[R_b+r_{be}+(1+\beta)\frac{R_P}{2}\right]}$$

同样，由交流通路可以得到双端输出时差模输入电阻和输出电阻为

$$R_{id}=2\left\{R_{b2}//\left[R_{b1}+r_{be}+(1+\beta)\frac{R_P}{2}\right]\right\}$$

$$R_{od}=2R_c$$

单端输出时差模输入电阻和输出电阻为

$$R_{id}=R_{b2}//\left[R_{b1}+r_{be}+(1+\beta)\frac{R_P}{2}\right]$$

$$R_{od} = R_c$$

（3）共模电压放大倍数　在差动放大电路的两个输入端加上大小相等、极性相同的信号，称为共模输入。其中任一端的输入电压即为共模输入电压 u_{ic}。

由于差动放大电路的对称性，两输入端信号完全相同时，两管集电极电位的变化量一样，在双端输出的情况下，共模输出电压为

$$u_{oc} = u_{c1} - u_{c2} = 0$$

共模电压放大倍数定义为

$$A_{uc} = \frac{\dot{U}_{oc}}{\dot{U}_{ic}} \tag{5-2}$$

显然，在双端输出的情况下，$A_{uc} = 0$。差动放大器利用对称性，能够抑制共模信号的输出。

在单端输出的情况下，由于电路是对称的，所以两管电流的变化量相等，同时增加或同时减少，此时流过 R_e 的电流为 $2i_{e1}$ 或 $2i_{e2}$，相当于对每只晶体管的发射极接了 $2R_e$ 的电阻，其交流通路如图5-6所示，其中 R_p 因其值远小于 R_e 而被忽略。

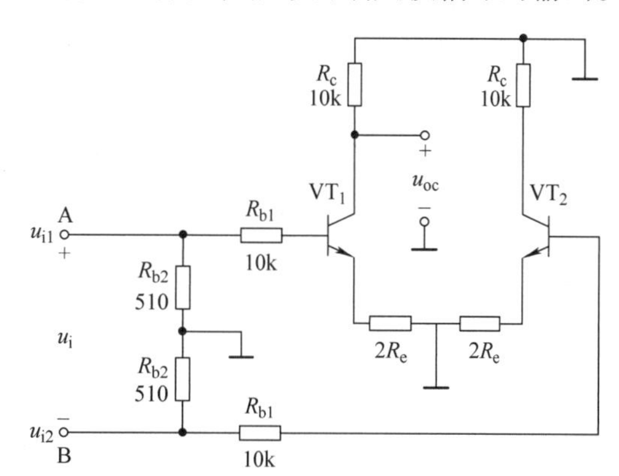

图5-6　差动放大器共模信号通路

根据交流通路可得，单端输出的共模电压放大倍数为

$$A_{uc} = -\beta \frac{R'_L}{R_b + r_{be} + (1+\beta)2R_e}$$

由于 $R_b \ll (1+\beta)2R_e, r_{be} \ll (1+\beta)2R$，则

$$A_{uc} \approx -\beta \frac{R'_L}{(1+\beta)2R_e} \approx -\frac{R'_L}{2R_e} \tag{5-3}$$

式（5-3）说明差动放大电路在单端输出的情况下，利用发射极负载 R_e 抑制共模信号，显然 R_e 越大，抑制共模信号的能力越强。由此也可以看出，R_e 在电路中对差模信号无负反馈作用，因而不影响差模电压放大倍数，但对共模信号有较强的负反馈作用，可以有效抑制零漂，稳定静态工作点。

在电路中，由于温度的变化或电源电压的波动引起两管集电极电流的变化是相同的，可以把它们的影响等效地看作在差动放大电路输入端加入共模信号的结果，所以差动放大电路对温度的影响具有很强的抑制作用。另外，伴随输入信号一起加入的对两边输入相同的干扰信号也可以看成是共模输入信号而被抑制。因此，差动放大路非常适合于作多级直接耦合放大电路的输入级。

通常用共模抑制比 K_{CMR} 来衡量差动放大器抑制共模信号的能力。K_{CMR} 定义为差模电压放大倍数与共模电压放大倍数之比的绝对值，即

$$K_{CMR} = \left| \frac{A_{ud}}{A_{uc}} \right| \tag{5-4}$$

由于这个值一般很大，也可以用分贝（dB）数来表示，即

$$K_{CMR}\text{（dB）} = 20\lg \left| \frac{A_{ud}}{A_{uc}} \right| \tag{5-5}$$

由式（5-4）可知，差模电压放大倍数越大，共模电压放大倍数越小，则 K_{CMR} 值越大，电路的共模抑制能力越强，性能越优良。当电路两边理想对称、双端输出时，K_{CMR} 为无穷大。而实际差动放大电路的 K_{CMR} 为 60～120dB。

以上讨论了差动放大电路对差模信号和共模信号的不同作用。如果从差动放大器两输入端输

入的是两个任意的信号 u_{i1} 和 u_{i2}，则可以用式（5-6）和式（5-7）将 u_{i1} 和 u_{i2} 分解为差模信号分量和共模信号分量分别进行分析，即

$$u_{id}=u_{i1}-u_{i2} \tag{5-6}$$

$$u_{ic}=(u_{i1}+u_{i2})/2 \tag{5-7}$$

差动放大器根据输入、输出的方式不同差动放大电路有四种不同的接法，即双端输入、双端输出，双端输入、单端输出，单端输入、双端输出和单端输入、单端输出。

差动放大电路几种接法的性能指标比较见表 5-1。

以上分析表明，从输入端信号的连接形式来看，单端输入和双端输入虽然形式不完全一样，但其作用是相同的，两者没有本质上的区别；从电压放大倍数和输入、输出电阻来看，其计算方法和表达式与双端输入电路也完全一样，只需区分是双端输出还是单端输出就可以了。

2. 差动放大电路的测试

（1）器材准备　直流电源（能提供 ±12V 直流电压）、函数信号发生器、双踪示波器、交流毫伏表、直流电压表、万用表、晶体管 9013 ×3、电阻器和电容器若干。

表 5-1　差动放大电路几种接法的性能指标比较

连接方式	双端输出		单端输出	
	双端输入	单端输入	双端输入	单端输入
典型电路	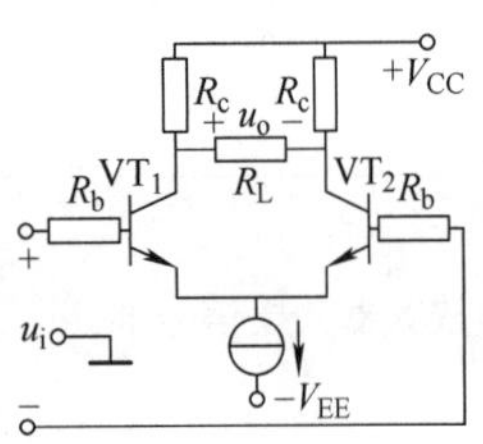	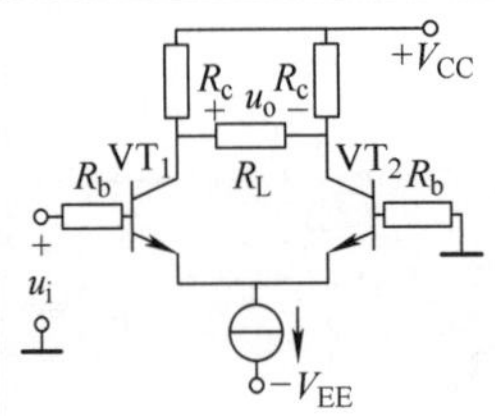	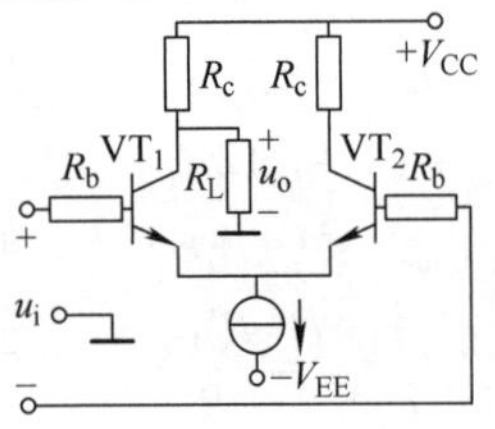	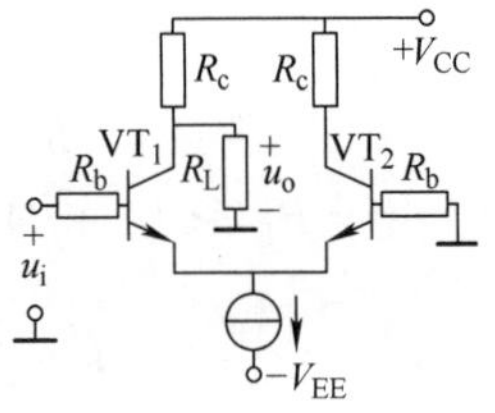
A_{ud}	$A_{ud}=-\beta\dfrac{R'_L}{R_b+r_{be}}$ $R'_L=R_c//\dfrac{R_L}{2}$		$A_{ud}=-\dfrac{1}{2}\beta\dfrac{R'_L}{R_b+r_{be}}$ $R'_L=R_c//R_L$	
A_{uc}	$A_{uc}\to 0$		$A_{uc}=-\dfrac{R_c}{2R_e}$（很小）	
K_{CMR}	$K_{CMR}\to\infty$		$K_{CMR}\approx\dfrac{\beta R_c}{r_{be}}$（高）	
R_{id}	$R_{id}=2(R_b+r_{be})$			
R_o	$R_o\approx 2R_c$		$R_o\approx R_c$	
用途	适用于输入、输出都不要接地，对称输入、输出的场合	适用单端输入转为双端输出的场合	适用双端输入转为单端输出的场合	适用于输入、输出电路中需要有公共接地的场合

（2）测试电路　测试电路如图 5-4 所示，它由两个元器件参数相同的基本共发射极放大电路组成，是典型的差动放大器。R_e 为两管共用的发射极电阻。

（3）测试内容

1）放大器零点调节。按图 5-4 连接电路，信号源不接入，将放大器输入端 A、B 与地短接，接通 ±12V 直流电源，用直流电压表测量输出电压 U_o，调节调零电位器 R_P，使 $U_o=0$。调节要仔细，力求准确。

2）测量静态工作点。零点调好以后，用直流电压表测量 VT_1、VT_2 各电极电位及射极电阻 R_e 两端电压 U_{RE}，计算 VT_1、VT_2 的静态工作点，填入表 5-2 中。

表 5-2　典型差动放大器静态工作点测试

	晶体管各极电位			U_{RE}	静态工作点		
	U_B	U_C	U_E		$U_{CEQ}=U_C-U_E$	$I_{BQ}=-U_B/R_{b1}$	$I_{CQ}=(12-U_C)/R_C$
VT_1							
VT_2							

3）测量差模电压放大倍数。关断直流电源，将函数信号发生器的输出端接放大器输入 A 端，接地端接放大器输入 B 端进而构成单端输入方式，调节输入信号为频率 $f=1\text{kHz}$ 的正弦信号，并使输出旋钮旋至零，用示波器监视集电极输出端。接通 ±12V 直流电源，逐渐增大输入电压 U_i（约 100mV），在输出波形无失真的情况下，用交流毫伏表测量有效值 U_i、U_{c1}、U_{c2}、U_o及 U_{RE}并记录下来，根据测量结果计算差模电压放大倍数，并观察 u_i、u_{c1}、u_{c2}之间的相位关系及 U_{RE}随 U_i改变而变化的情况。把测量结果填入表 5-3 中，并将测量结果与理论计算值相比较。

表 5-3　典型差动放大器差模放大性能测试

用交流毫伏表测得的电压有效值					差模电压放大倍数	
U_i	U_{c1}	U_{c2}	U_o	U_{RE}	双端输出 $A_{ud}=U_o/U_i$	单端输出 $A_{ud}=U_{c1}/U_i$

4）测量共模电压放大倍数。将放大器 A、B 短接，信号源接 A 端与地之间，构成共模输入方式，调节输入信号 $f=1\text{kHz}$，$U_i=1\text{V}$，在输出电压无失真的情况下，用交流毫伏表测量有效值 U_{c1}、U_{c2}、U_o并计算共模电压放大倍数，记录在表 5-4 中，观察 u_i、u_{c1}、u_{c2}之间的相位关系及 U_{RE}随 U_i改变而变化的情况。

表 5-4　典型差动放大器共模放大性能测试

用交流毫伏表测得的电压有效值				共模电压放大倍数	
U_i	U_{c1}	U_{c2}	U_o	双端输出 $A_{uc}=U_o/U_i$	单端输出 $A_{uc}=U_{c1}/U_i$

将测量观察结果与理论分析结论进行比较。

3. 恒流源电路的分析

在差动放大电路中用一个恒定电流源代替电阻 R_e，如图 5-7a 所示。

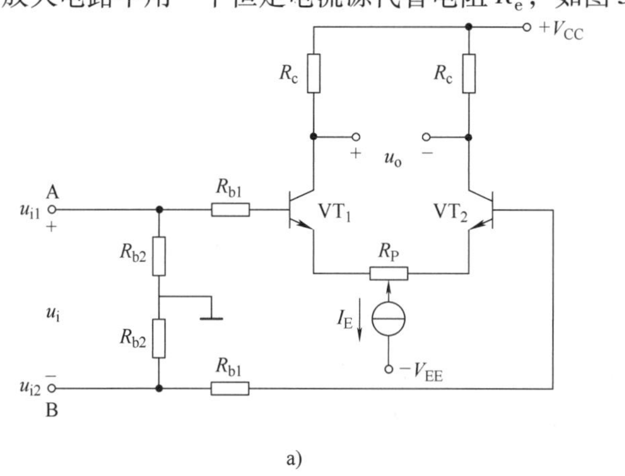

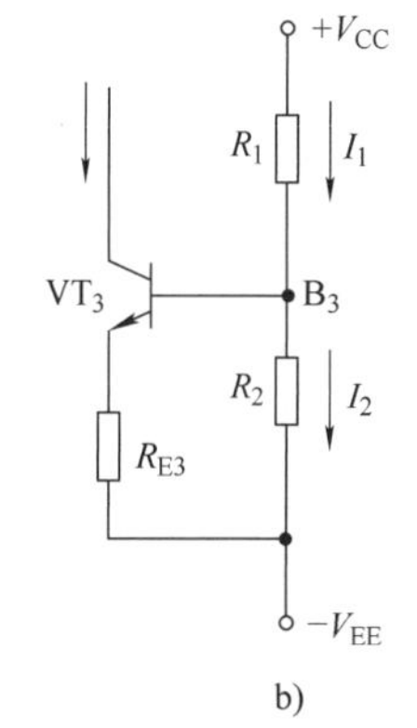

图 5-7　具有恒流源的差动放大电路

a）恒流源差动放大电路　b）恒流源的结构

由前面分析可知，差动放大电路中 R_e 越大抑制共模信号的能力越强。但是，R_e 的增大是有限的，一方面 R_e 过大，要保证晶体管有合适的静态工作点，就必须加大负电源 V_{EE} 的值，显然不合适。另一方面当电源已选定后，R_e 太大也会使 I_c 下降太多，影响放大电路的增益。而理想恒流源的交流电阻为无穷大，而且恒定的 I_e 可以使静态工作点也稳定，用它来代替 R_e 来提高电路的 K_{CMR} 非常合适。

此电路中的恒流源是最简单的一种，单独画出，如图 5-7b 所示，VT_3 采用的是分压式偏置方式，由于 VT_3 基极电流远小于 I_1 和 I_2，B_3 点电位由 R_1 和 R_2 分压确定，而 VT_3 集电极电流为

$$I_{C3} \approx I_{E3} = \frac{U_{B3} - U_{BE3}}{R_{E3}}$$

这个电流为一个恒定值。

恒流源电路还有其他一些形式。常用的电流源电路及其特性参见表 5-5。

表 5-5　常用的电流源及其特性

名称	电路结构	电路特点
晶体管电流源	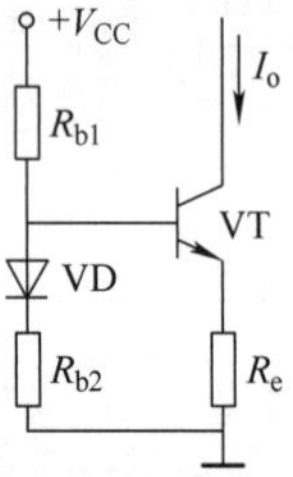	晶体管工作在放大区，集电极电流 I_o 为一恒定值，图中二极管用来补偿晶体管的 U_{BE} 随温度变化对输出电流的影响
比例型电流源	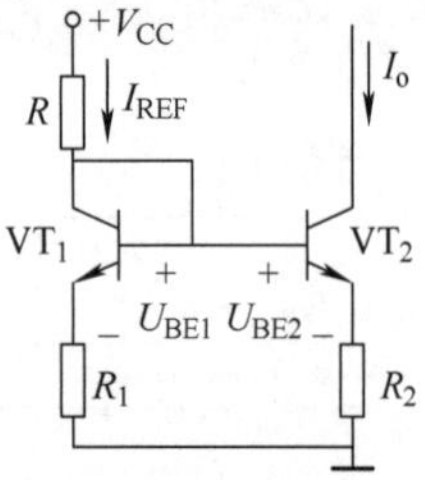	图中 I_{REF} 为基准电流，$I_{REF} \approx (V_{CC} - U_{BE1})/(R + R_1)$，当 I_o 与 I_{REF} 差不多时，$U_{BE1} \approx U_{BE2}$，$I_{REF} R_1 \approx I_o R_2$，$I_o \approx R_1 I_{REF}/R_2$，基准电流 I_{REF} 的大小主要由电阻 R 决定，改变两管发射极电阻的比值，可以调节输出电流与基准电流之间的比例
多路电流源	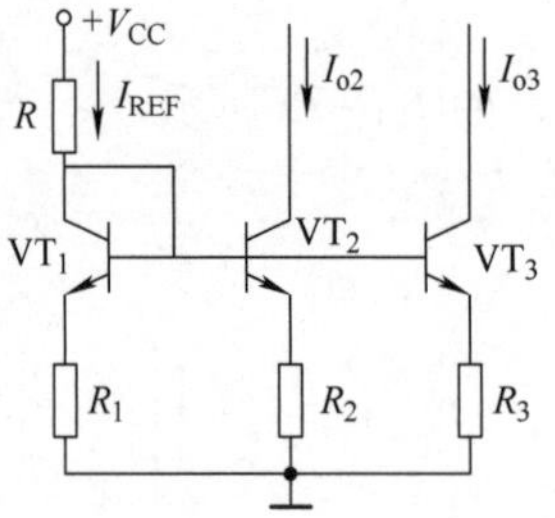	用一个基准电流来获得多个不同的电流输出，即 $I_{o2} \approx \frac{R_1}{R_2} I_{REF}$，$I_{o3} \approx \frac{R_1}{R_3} I_{REF}$
镜像电流源	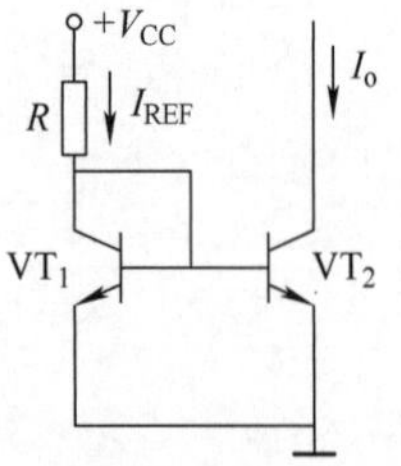	VT_1、VT_2 特性相同，基极电位也相同，集电极电流相等，当 $\beta >> 1$ 时 $I_o = I_{REF}$，I_o 与 I_{REF} 之间成镜像关系

（续）

名称	电路结构	电路特点
微电流源		将镜像电流源 VT_1 发射极电阻 R_1 短路， $I_oR_2 = U_{BE1} - U_{BE2}$，$I_o = \frac{U_{BE1} - U_{BE2}}{R_2}$。 由于 U_{BE1} 与 U_{BE2} 差别很小，故用阻值不太大的 R_2 就可以获得微小的工作电流 I_o

三、集成运算放大器的主要参数

1. 开环差模电压增益 A_{ud}

集成运算放大器的开环差模电压增益 A_{ud} 是指集成运算放大器工作在线性区，接入规定负载而无负反馈情况下直流差模电压增益。A_{ud} 与输出电压 U_o 的大小有关，通常是在规定的输出电压幅值时（如 $U_o = \pm 10V$）测得的值，即

$$A_{ud} = \frac{u_{od}}{u_{id}} = \frac{u_{od}}{(u_+ - u_-)}$$

通常也用分贝数 dB 表示为

$$20\lg|A_{ud}| = 20\lg\left|\frac{u_{od}}{u_{id}}\right|$$

通常 A_{ud} 较大，一般可达 100dB，最高可达 140dB 以上。A_{ud} 越大，电路性能越稳定，运算精度越高。

2. 输入失调电压 U_{IO} 及其温漂 dU_{IO}/dT

输入失调电压 U_{IO} 通常是指在室温 25℃、标准电源电压下，为了使输入电压为零时输出电压同为零，在输入端加的补偿电压。U_{IO} 的大小反映了运算放大器输入级电路的不对称程度。U_{IO} 越小越好，一般为 ±（1～10）mV。

另外，U_{IO} 还受到温度的影响。通常将输入失调电压 U_{IO} 对温度的变化率称为输入电压的温度漂移（简称输入失调电压温漂）用 dU_{IO}/dT 表示，一般为 ±（1～20）μV/℃。

注意：dU_{IO}/dT 不能用外接调零装置来补偿，在要求温漂较低的场合，要选用低温漂的运算放大器。

3. 输入失调电流 I_{IO} 及其温漂 dI_{IO}/dT

输入失调电流 I_{IO} 是指常温下，输入信号为零时，放大器的两个输入端的基极静态电流之差称为输入失调电流 I_{IO}，有 $I_{IO} = I_{B1} - I_{B2}$，它反映了输入级两管输入电流的不对称情况。I_{IO} 越小越好，一般为 1nA～0.1μA。

I_{IO} 还随温度变化，I_{IO} 对温度的变化率称为输入失调电流温漂，用 dI_{IO}/dT 表示，单位为 nA/℃。

4. 输入偏置电流 I_{IB}

输入偏置电流 I_{IB} 是指集成运算放大器输出电压为零时，两个输入端静态电流的平均值，即 $I_{IB} = (I_{B1} + I_{B2})/2$。输入偏置电流主要取决于运算放大器差动输入级晶体管的性能，当 β 值太小时，将引起偏置电流增加。从使用角度看，I_{IB} 越小越好，一般为 10nA～1μA。

5. 开环差模输入电阻 R_{id}

差模输入电阻 R_{id} 是指集成运算放大器两个输入端之间的动态电阻。它反映了运算放大器输

入端向差动输入信号源索取电流的大小。对于电压放大电路，其值越大越好，一般为几兆欧。MOS 集成运算放大器 R_{id} 高达 10^6MΩ 以上。

6. 开环差模输出电阻 R_{od}

集成运算放大器开环时，从输出端看进去的等效电阻称为输出电阻 R_{od}。它反映集成运算放大器输出时的带负载能力，其值越小越好。一般 R_{od} 小于几十欧。

7. 共模抑制比 K_{CMR}

共模抑制比 K_{CMR} 是指运算放大器开环差模电压增益 A_{ud} 与共模电压增益 A_{uc} 之比的绝对值，$K_{CMR}=\left|\frac{A_{ud}}{A_{uc}}\right|$，它综合反映了集成运算放大器对差模信号的放大能力和对共模信号的抑制能力，其值越大越好。一般 K_{CMR} 为 60～130dB。

8. 最大输出电压 U_{OM}

在给定负载上，最大不失真输出电压的峰峰值称为最大输出电压 U_{OM}。若双电源电压为 ±15V，则 U_{OM} 可达到 ±13V 左右。

任务二　集成运算放大器线性应用电路分析与仿真

一、集成运算放大器的理想特性

所谓理想运算放大器就是将各项技术指标理想化的集成运算放大器。

在分析与应用集成运算放大器时，为了简化分析，通常把它理想化，看成是理想运算放大器。理想运算放大器的特性如下：

① 开环差模电压放大倍数 A_{ud} 趋近于无穷大。

② 开环差模输入电阻 R_{id} 趋近于无穷大。

③ 开环差模输出电阻 R_{od} 趋近于零。

④ 共模抑制比 K_{CMR} 趋近于无穷大。

集成运算放大器的电压传输特性 $u_o=f(u_{id})$ 如图 5-8a 所示。由传输特性可知，集成运算放大器有两个工作区：一是饱和工作区（也称为非线性区），运算放大器由双电源供电时，输出饱和值不是 $+U_{OM}$ 就是 $-U_{OM}$；二是放大区（又称为线性区），当集成运算放大器工作在线性区时，应当有线性放大关系，即 $u_o=A_{ud}u_{id}$。

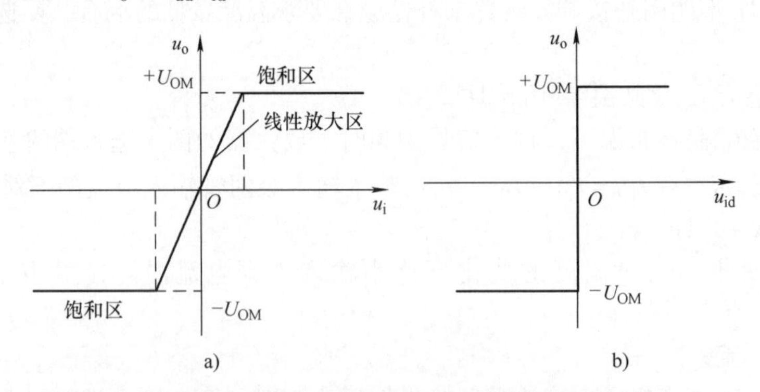

图 5-8　集成运算放大器的电压传输特性

a）集成运算放大器的电压传输特性　b）理想集成运算放大器的电压传输特性

通常集成运算放大器的开环差模电压放大倍数 A_{ud} 非常高，可达几十万倍，因此集成运算放大器的电压传输特性中的线性区非常窄。例如：如果输出电压最大值 $\pm U_{OM}=\pm 13$V，$A_{ud}=5\times$

10^5，那么只有当输入信号$|u_{id}|<26\mu V$时，电路才会工作在线性区。否则集成运算放大器就将进入非线性区，输出电压u_o不是+13V就是-13V。对于理想集成运算放大器来说，由于$A_{od}=\infty$，线性区范围被压缩为零，如图5-8b所示。

图5-8b说明：当集成运算放大器处于开环状态时，若$u_+>u_-$，则有$u_o=+U_{OM}$；若$u_+<u_-$，则有$u_o=-U_{OM}$。

集成运算放大器接有正反馈也是这样，因为正反馈进一步增加了差模电压放大倍数A_{ud}。这是集成运算放大器处于非线性状态时的一个重要特点。

集成运算放大器处于非线性状态时的另一个特点是：由于$R_{id}=\infty$，故输入同相端和反相端的电流$i_+\approx 0$，$i_-\approx 0$，相当于输入端开路。集成运算放大器的这个特点被称为"虚断"。

二、反相比例运算放大器的分析与仿真

1. 反相比例运算放大器电路分析

在图5-9所示反相比例运算电路中，电阻R_f引入电压并联负反馈，这使得集成运算放大器可以工作在线性区。工作在线性区的集成运算放大器输入信号与输出信号应满足$u_o=A_{ud}u_{id}$，由于A_{ud}趋近于无穷大，而u_o为有限值，因此只有在输入电压u_{id}趋近于零时，这个关系式才能成立。或者说，当理想集成运算放大器工作在线性区时，它的两个输入端电压相等，即

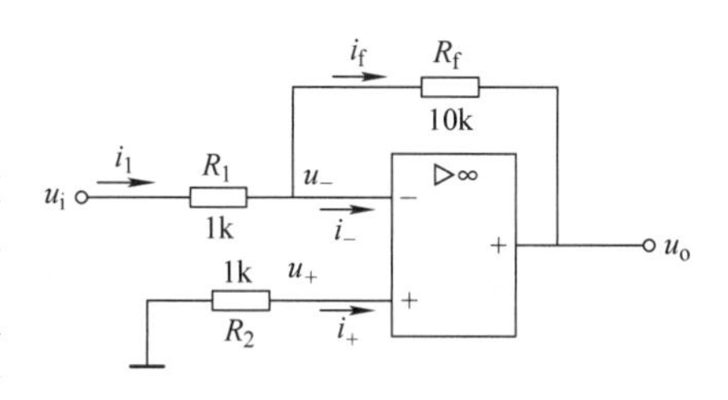

图5-9 反相比例运算电路

$$u_+=u_-$$

因此，集成运算放大器的同相输入端与反相输入端可视为短路，这种特点被称为"虚短"。

此外，集成运算放大器非线性应用时"虚断"特性仍然适用。"虚短"和"虚断"这两条性质是分析集成运算放大器线性应用的基本依据。

对于图5-9所示电路，由于反相端虚断（$i_-=0$），R_f与R_1可视为串联，$i_1=i_f$，即

$$\frac{u_i-u_-}{R_1}=\frac{u_--u_o}{R_f} \tag{5-8}$$

又因为同相端虚断（$i_+=0$），R_2上不产生电压，使得$u_+=0$，由于虚短特性，$u_-=u_+=0$。反相端这种并未与地相接而电位为0的现象称为"虚地"。

由式（5-8）可以推出

$$\frac{u_i}{R_1}=-\frac{u_o}{R_f}$$

由此可知电压放大倍数为

$$A_{uf}=\frac{u_o}{u_i}=-\frac{R_f}{R_1} \tag{5-9}$$

代入数据可以计算得$A_{uf}=-10$，这个分析结果与前面仿真中看到的现象是完全一致的。

此外，电路中的电阻R_2称为直流平衡电阻，以消除静态时集成运算放大器内输入级基极电流对输出电压产生的影响，进行直流平衡。其阻值等于反相输入端所接得的等效电阻，即$R_2=R_1//R_f$，此处由于$R_1\ll R_f$，近似取$R_2=R_1$。

由于"虚地"，故放大电路的输入电阻为$R_i=R_1$。

放大电路的输出电阻为$R_o=0$，说明电路有很强的带负载能力。

2. 反相比例运算放大器的Multisim10仿真

如图5-10a所示，用示波器XCS的A、B通道分别监测输入信号与输出信号波形。展开示波

器面板及窗口后，可以观察到输入、输出信号正好反相，且输出信号幅度恰好为输入信号的10倍，这说明电路的交流电压放大倍数为-10。

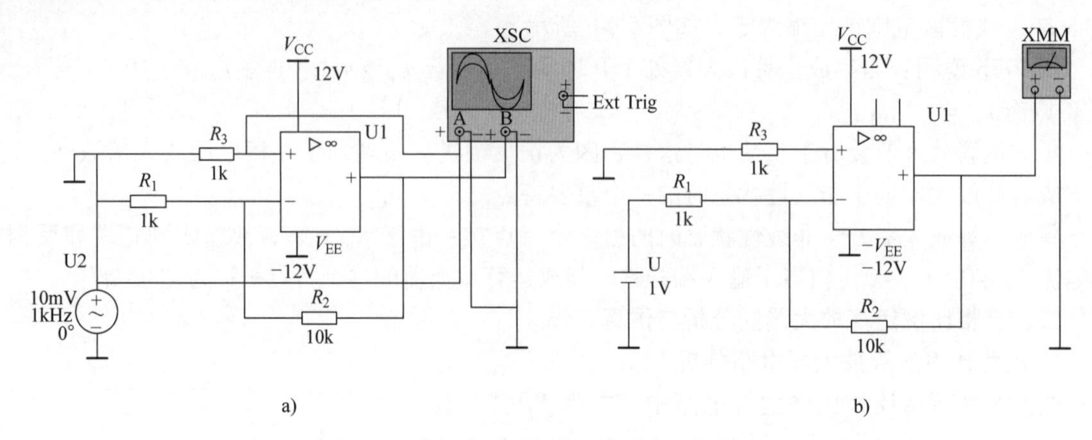

a)　b)

图5-10　反相比例运算电路Multisim仿真原理

a）输入交流信号　b）输入直流信号

将图5-10a所示电路中的信号源改成直流信号源，如图5-10b所示，用万用表XMM直流电压档测量输出电压。按下仿真按钮后，可以观察到读数为$-9.988\text{V} \approx -10\text{V}$，说明电路对直流信号也具有放大功能，电压放大倍数约等于-10。

这里用的LM741，在Multisim中可以显示其引脚编号如图5-11a，其实际器件外形和各引脚功能如图5-11b所示。其中1、5两脚是零点偏置调整端，在要求较精确的场合，可以在这两脚之间接一10kΩ的调零电位器，如图5-11c所示，其作用是调节集成片内部第一级差动放大器的对称性。

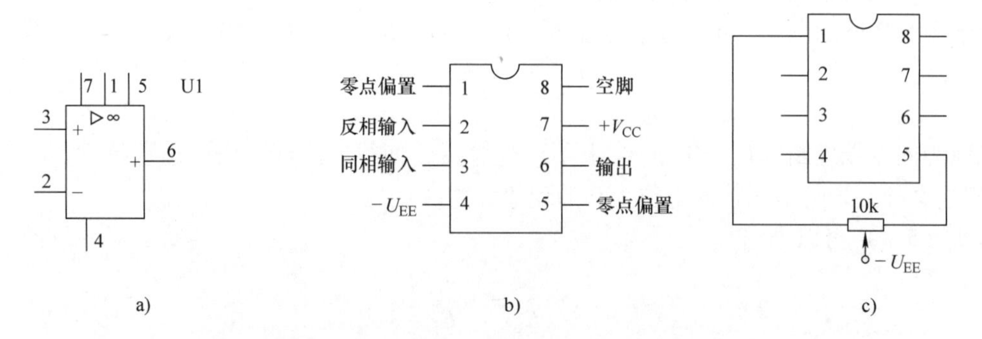

a)　b)　c)

图5-11　LM741元件的符号、外形和引脚

a）引脚编号　b）芯片外形及引脚功能　c）零点偏置引脚的接法

三、同相比例运算放大器的分析与仿真

1. 同相比例运算放大器电路分析

图5-12所示同相比例运算电路中R_f与R_1使运算放大器构成电压串联负反馈电路，使集成运算放大器工作在线性区。

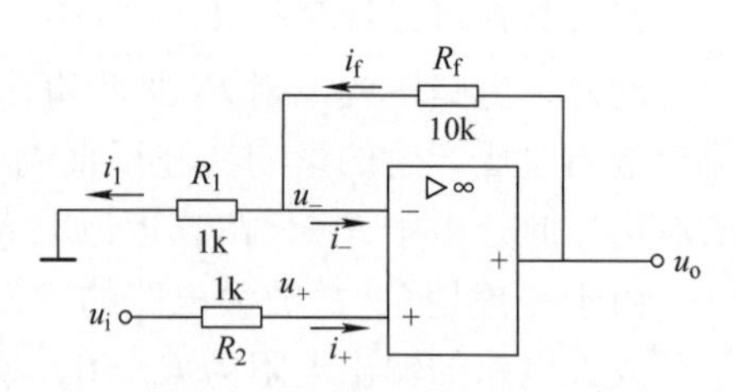

图5-12　同相比例运算电路

根据虚断知$i_+=0$，故R_2上电压为零，又因为虚短，$u_+=u_-$，故$u_-=u_+=u_i$。

根据$i_1=i_f$可知：

$$\frac{u_-}{R_1}=\frac{u_o-u_-}{R_f}\quad \frac{u_i}{R_1}=\frac{u_o-u_i}{R_f}$$

整理得：$u_o=\left(1+\frac{R_f}{R_1}\right)u_i$

$$A_{uf}=\frac{u_o}{u_i}=1+\frac{R_f}{R_1} \tag{5-10}$$

由同相比例运算电路的输入电流为零，可知：

放大电路的输入电阻 $R_i \to \infty$

放大电路的输出电阻 $R_o=0$

由此表明，电路的输出电压与输入电压相位相同，且成比例关系。

因为静态时电路与反相比例运算电路完全相同，所以平衡电阻 R_2 阻值仍取 $R_2=R_1//R_f$。若取 $R_1\to\infty$，$R_f=0$，则 $u_o=u_i$，此时，电路成为电压跟随器，如图 5-13 所示。

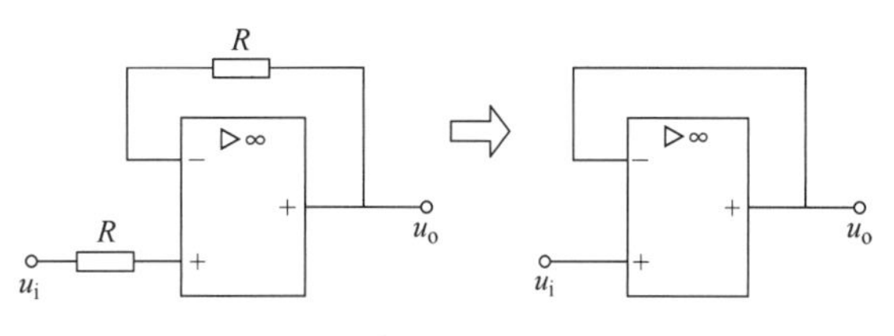

图 5-13 电压跟随器

电压跟随器是同相比例运算电路的一个特例，与射极跟随器类似，但其跟随性能更好，输入电阻更高，输出电阻趋于零。常用作变换器或缓冲器，在电子电路中应用比较广。

2. 同相比例运算放大器的 Multisim10 仿真

在 Multisim10 中按反相比例运算电路仿真中的方法画出图 5-12 所示原理图，在输入端接上 10mV 交流信号源，并用示波器观测其输入输出波形，并将结果与以下理论分析的结果进行比较。

四、加法运算电路的分析与仿真

1. 反相加法运算电路的仿真与分析

图 5-14 是反相加法运算电路。其中 R_f引入了深度电压并联负反馈，R 为平衡电阻（$R=R_1 /\!/ R_2 /\!/ R_3 /\!/ R_f$）。由于"虚地"，$u_-=u_+=0$，故有：

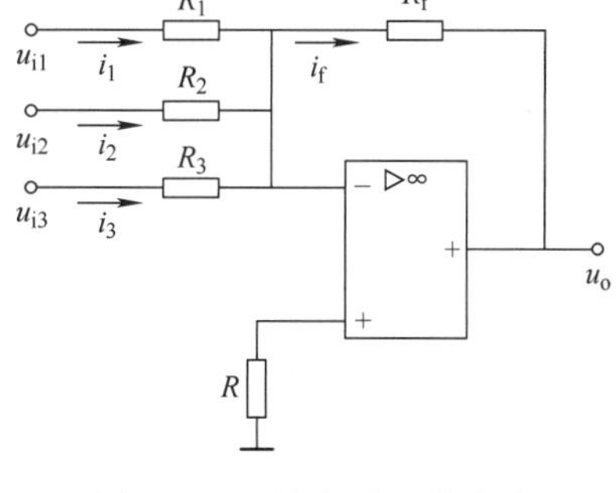

图 5-14 反相加法运算电路

$$i_1=\frac{u_{i1}}{R_1}\quad i_2=\frac{u_{i2}}{R_2}$$

$$i_3=\frac{u_{i3}}{R_3}\quad i_f=-\frac{u_o}{R_f}$$

由虚断 $i_+=i_-=0$；可得：

$$i_f=i_1+i_2+i_3$$

由此可得：

$$u_o=-i_fR_f=-R_f\left(\frac{u_{i1}}{R_1}+\frac{u_{i2}}{R_2}+\frac{u_{i3}}{R_3}\right)$$

由此可知，反相加法运算电路的输出电压等于各输入电压以不同的比例反相求和。

若取 $R_1=R_2=\cdots=R_n=R$，则有

$$u_o=-\frac{R_f}{R}(u_{i1}+u_{i2}+\cdots+u_{in})$$

若取 $R_f=R_1=R_2=\cdots=R_n=R$，则有

$$u_o=-(u_{i1}+u_{i2}+\cdots+u_{in})$$

反相加法运算电路的特点是：当改变某一输入回路的电阻值时，只改变该路输入信号的放大倍数（比例系数），而不影响其他输入信号的放大倍数，因此，调节灵活方便。

在 Multisim10 中按反相比例运算电路仿真中的方法画出图 5-14 所示原理图，元器件参数自选，用示波器观测其输入输出波形，并将结果与理论分析结果进行比较。

2. 同相加法运算电路的仿真与分析

图 5-15 所示为同相加法运算电路。

根据理想运算放大器工作在线性区的“虚短”和“虚断”，对同相输入端列出节点电流方程，即

$$\frac{u_{i1}-u_+}{R_1}+\frac{u_{i2}-u_+}{R_2}+\frac{u_{i3}-u_+}{R_3}=\frac{u_+}{R}$$

解得

$$u_+=R'\left(\frac{u_{i1}}{R_1}+\frac{u_{i2}}{R_2}+\frac{u_{i3}}{R_3}\right)$$

又由 $A_{uf}=\frac{u_o}{u_i}=1+\frac{R_{f2}}{R_{f1}}$可得

$$u_o=\left(1+\frac{R_{f2}}{R_{f1}}\right)R'\left(\frac{u_{i1}}{R_1}+\frac{u_{i2}}{R_2}+\frac{u_{i3}}{R_3}\right) \tag{5-11}$$

其中，同相输入端总电阻 $R'=R_1//R_2//R_3//R$，反相输入端总电阻 $R''=R_{f1}//R_{f2}$。

通常令 $R'=R''$，则式（5-11）可以化简为

$$u_o=\frac{R_{f1}+R_{f2}}{R_{f1}R_{f2}}\cdot R_{f2}\cdot R'\left(\frac{u_{i1}}{R_1}+\frac{u_{i2}}{R_2}+\frac{u_{i3}}{R_3}\right)=R_{f2}\left(\frac{u_{i1}}{R_1}+\frac{u_{i2}}{R_2}+\frac{u_{i3}}{R_3}\right) \tag{5-12}$$

式（5-12）说明同相加法运算电路的输出电压等于各输入电压以不同的比例同相求和。

在 Multisim10 中按反相比例运算电路仿真中的方法画出图 5-15 所示原理图，元器件参数自选，用示波器观测其输入输出波形，并将结果与理论分析结果进行比较。

五、减法运算电路的分析与仿真

图 5-16 是用差动电路来实现减法运算的。外加输入信号 u_{i1} 和 u_{i2} 分别通过电阻加在运算放大器的反相输入端和同相输入端，故称为差动输入方式。其电路参数对称，即 $R_1 /\!/ R_f=R_2 /\!/ R_3$，以保证运算放大器输入端保持平衡工作状态。

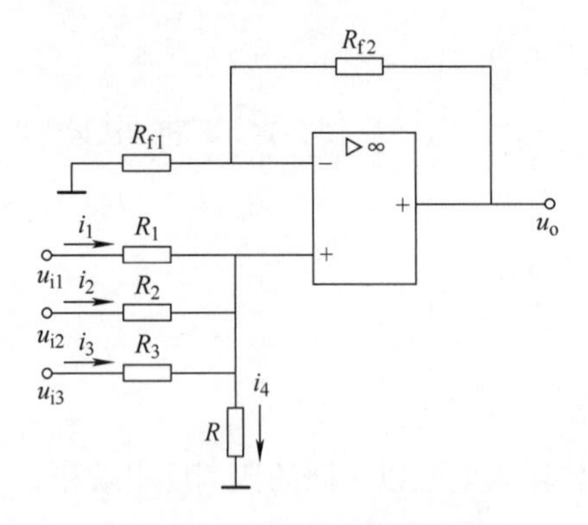

图 5-15　同相加法运算电路

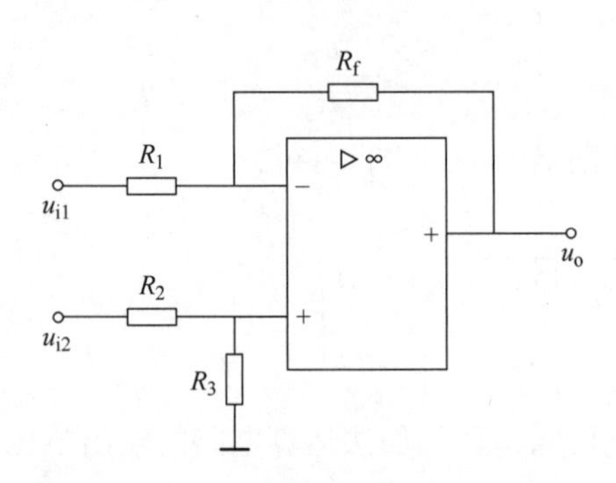

图 5-16　差动输入减法运算电路

由电路可以判断出：对于输入信号 u_{i1}，引入了电压并联负反馈；对于输入信号 u_{i2}，引入了电压串联负反馈。所以运算放大器工作在线性区，利用叠加原理，对其进行分析。

设 u_{i1} 单独作用时输出电压为 u_{o1}，此时应令 $u_{i2}=0$，电路为反相比例放大电路，则有

$$u_{o1} = -\frac{R_f}{R_1}u_{i1}$$

设 u_{i2}单独作用时输出电压为 u_{o2}，此时应令 $u_{i1}=0$，电路为同相比例放大电路，则有

$$u_+ = \frac{R_3}{R_2+R_3}u_{i2}$$

$$u_{o2} = \left(1+\frac{R_f}{R_1}\right)u_+ = \left(1+\frac{R_f}{R_1}\right)\times\left(\frac{R_3}{R_2+R_3}\right)u_{i2}$$

所以，当 u_{i1}、u_{i2}同时作用于电路时，有

$$u_o = u_{o1}+u_{o2} = \left(1+\frac{R_f}{R_1}\right)\times\left(\frac{R_3}{R_2+R_3}\right)u_{i2} - \frac{R_f}{R_1}u_{i1}$$

当 $R_1=R_2$，$R_f=R_3$时，有

$$u_o = \frac{R_f}{R_1}(u_{i2}-u_{i1}) \tag{5-13}$$

由式（5-13）可以看出，输出电压与输入电压的差值成比例。

当 $R_1=R_f$时，$u_o=u_{i2}-u_{i1}$，实现了两个信号的直接相减。

在 Multisim10 中按反相比例运算电路仿真中的方法画出图 5-16 所示原理图，元器件参数自选，用示波器观测其输入输出波形，并将结果与理论分析结果进行比较。

六、积分、微分运算电路的分析与仿真

1. 积分运算电路

图 5-17 所示电路可以完成信号的积分运算，输入信号 u_i通过电阻 R 接至反相输入端，电容 C 为反馈元件。

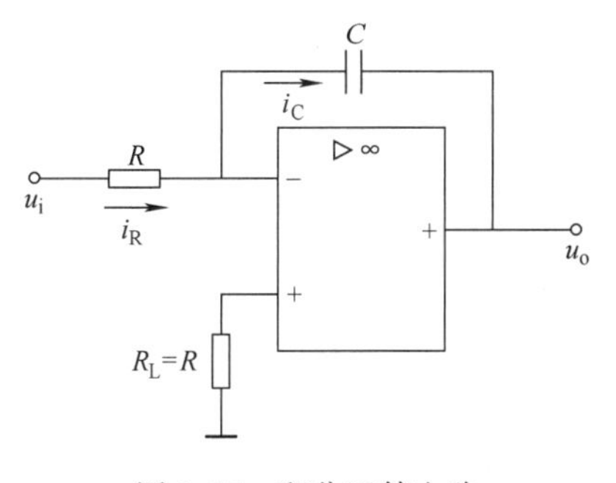

图 5-17 积分运算电路

根据虚断、虚短，$i_+=i_-=0$，$u_+=u_-$；由于同相输入端通过 R_1 接地，所以运算放大器的反相输入端为“虚地”，即 $u_+=u_-=0$。

电容 C 上流过的电流等于电阻 R_1中的电流，即

$$i_C = i_R = \frac{u_i}{R}$$

输出电压与电容电压的关系为

$$u_C = u_- - u_o = -u_o$$

又由于电容元件的伏安关系 $u_C = \frac{1}{C}\int i_C\mathrm{d}t = \frac{1}{RC}\int u_i\mathrm{d}t$，故

$$u_o = -u_C = -\frac{1}{RC}\int u_i\mathrm{d}t \tag{5-14}$$

由式（5-14）可知 u_o为 u_i对时间的积分，负号表示它们在相位上是相反的。其比例常数取决于电路的积分时间常数 $\tau=RC$。

若在时间 t_1-t_2内积分，则应考虑 u_o的初始值 $u_o(t_1)$，那么输出电压为

$$u_o = -\frac{1}{RC}\int_{t_1}^{t_2}u_i\mathrm{d}t + u_o(t_1)$$

当 u_i为常量 U_i时，有：

$$u_o = -\frac{1}{RC}U_i(t_2-t_1)+u_o(t_1)$$

由此表明，只要集成运算放大器工作在线性区，u_o与 u_i就呈线性关系。

当输入为阶跃信号且初始时刻电容电压为零，电容将以近似恒流方式充电，即 $u_o = -\frac{1}{RC}U_i$，输出电压波形如图 5-18a 所示（输出电压达到运算放大器输出的饱和值时，积分作用无法继续）。

当输入为方波和正弦波时，输出电压波形分别如图 5-18b、c 所示。

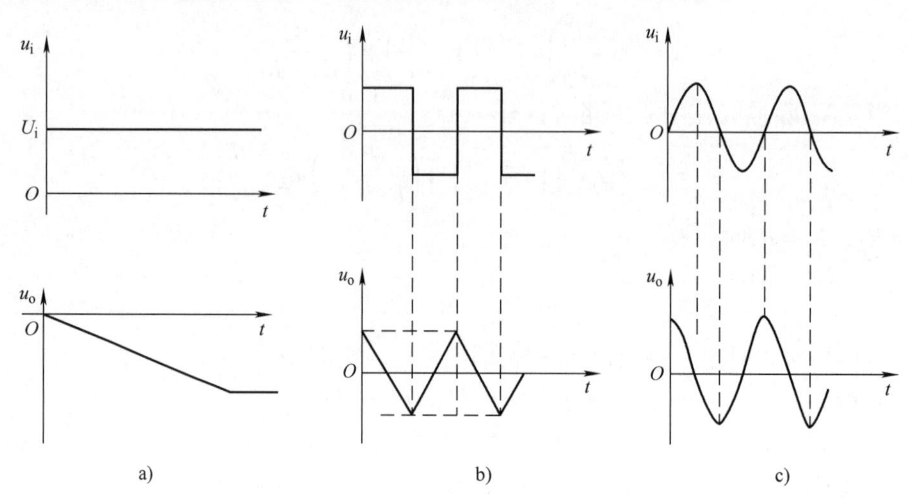

图 5-18 不同输入情况下的积分电路电压波形

a）输入为阶跃信号恒定 b）输入为方波 c）输入为正弦波

在 Multisim10 中按反相比例运算电路仿真中的方法画出图 5-17 所示原理图，元器件参数自选，输入正弦波信号，用示波器观测其输入输出波形，将信号源改为方波信号，再用示波器观测其输入输出波形，并将结果与理论分析结果进行比较。

2. 微分运算电路

微分运算电路如图 5-19 所示，由于微分与积分互为逆运算，所以只要将积分器的电阻与电容位置互换即可。图中 R_1 为平衡电阻，取 $R_1 = R$。

根据虚断、虚短和虚地原则可得：

$$u_c = u_i，\ i_C = i_R$$

又 $i_C = C\frac{du_C}{dt} = C\frac{du_i}{dt}$，可知：

$$i_R = i_C = C\frac{du_i}{dt}$$

则输出电压

$$u_o = -i_R R = -RC\frac{du_i}{dt} \tag{5-15}$$

式（5-15）说明输出电压是输入电压对时间的微分。

若在微分运算电路的输入端施加正弦电压则输出为余弦波，实现了函数的变换，或者为了实现对输入电压的移相；若施加矩形波，则输出为尖脉冲，如图 5-20 所示。

在 Multisim10 中按反相比例运算电路仿真中的方法画出图 5-19 所示原理图，元器件参数自选，输入正弦波信号，用示波器观测其输入输出波形，将信号源改为方波信号，再用示波器观测其输入输出波形，并将结果与理论分析的结果进行比较。

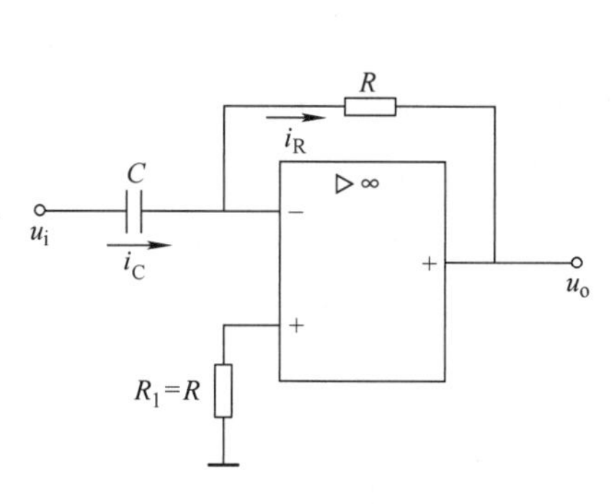

图 5-19 微分运算电路

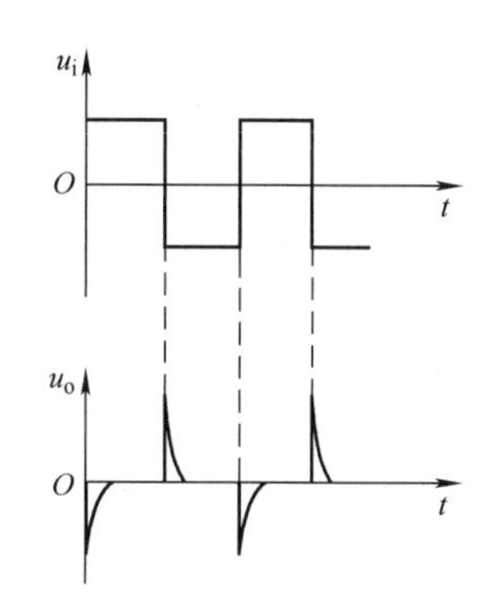

图 5-20 微分运算输入矩形波时波形

项目二 方波–三角波发生器的分析与测试

任务一 集成运放的非线性应用

集成运算放大器处于非线性工作状态时的电路称为非线性应用电路，其典型电路是电压比较器。电压比较器是把输入电压信号（被测信号）与基准电压信号进行比较，根据比较结果输出高电平或低电平的电路，在电子测量、自动控制、模–数转换以及各种非正弦波形产生和变换电路等方面得到了广泛的应用。

1. 单限比较器

单限比较器又称为电平检测器，可用于检测输入信号电压是否大于或小于某一特定参考电压值。根据输入方式，可分为反相输入式和同相输入式。图 5-21 分别是反相输入式和同相输入式单限比较器。图中 U_{REF}是一个给定的参考电压。

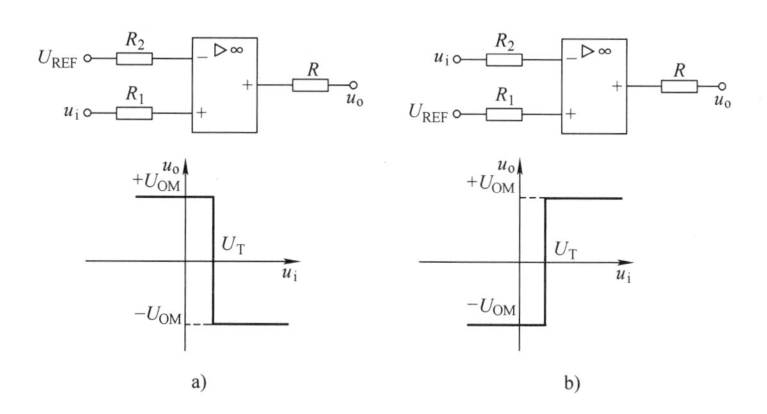

图 5-21 单限比较器

a）反相输入式单限比较器及其传输特性 b）同相输入式单限比较器及其传输特性

由图 5-21a 可以看出，对于反相输入式单限比较器，当输入信号电压 $u_i > U_T$时，输出电压 u_o为 $-U_{OM}$；当输入信号电压 $u_i < U_T$时，输出电压 u_o为 $+U_{OM}$。

对于同相输入式单限比较器，当输入信号电压 $u_i > U_T$时，输出电压 u_o为 $+U_{OM}$；当输入信号电压 $u_i < U_T$时，输出电压 u_o为 $-U_{OM}$，如图 5-21b 所示。

当输入信号 u_i增大或减小的过程中，只要经过某一电压值，输出电压 u_o就发生跃变，传输特性上输出电压发生跃变时的输入电压称为门限电压 U_T（或阈值电压）。图 5-21 中电路只有一个门限电压 U_T，门限电压 $U_T = U_{REF}$，所以称为单限比较器。

如果将参考电压端接地，即令 $U_{REF} = 0$，这时的单限比较器称为过零比较器。

为了使比较器的输出电压等于某个特定值，可以采取限幅措施。如图 5-22 所示，电阻 R 和双向稳压二极管 VS 构成限幅电路，稳压二极管的稳压值 $U_S < U_{OM}$，VS 的正向导通电压为 U_D，所以输出电压 $u_o = \pm(U_S + U_D)$。

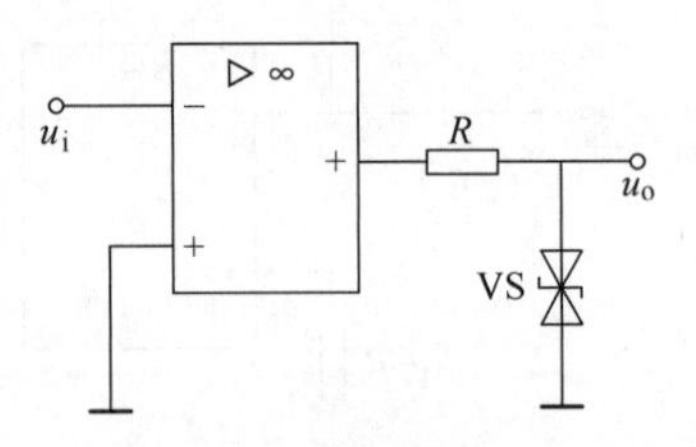

图 5-22　具有限幅电路的过零电压比较器

2. 滞回电压比较器

当单限比较器的输入电压在阈值电压附近上下波动时，不管这种变化是信号自身的变化还是外在干扰的作用，都会使输出电压在高、低电平之间反复跃变，这一方面说明电路的灵敏度高，但另一方面也表明抗干扰能力差。因而，有时需要电路有一定的“惯性”，即输入电压在一定的范围内变化而输出电压状态不变，滞回电压比较器可以满足这一要求。

滞回电压比较器（简称滞回比较器）又称为施密特触发器。这种比较器的特点是：当输入电压 u_i 逐渐增大或逐渐减小时，两种情况下的门限电压不相等，传输特性呈现出“滞回”曲线的形状。

滞回比较器可以采用反相输入方式，也可以采用同相输入方式。

图 5-23 所示为反相输入滞回比较器电路及传输特性。R_f、R_2 将输出电压 u_o 取出一部分反馈到同相输入端，从而引入了正反馈。

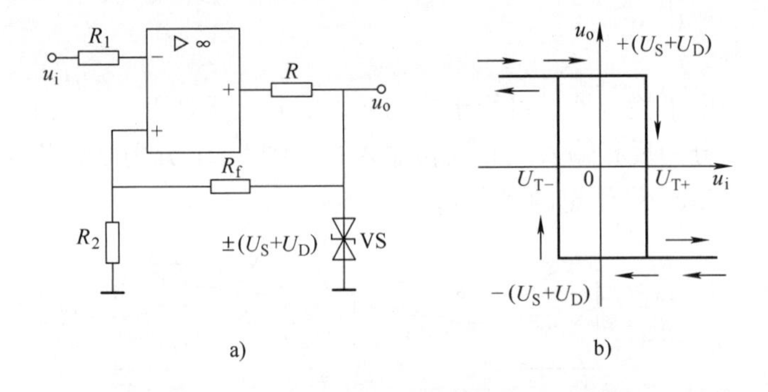

图 5-23　反相输入滞回比较器电路及传输特性
a）电路　b）传输特性

电路的工作原理是：当 u_i 由小逐渐增大，开始时，由于 $u_- = u_i < u_+$，故输出高电平，即

$$u_o = +(U_S + U_D)$$

此时同相输入端的电位为

$$u'_+ = \frac{R_2}{R_2 + R_f}(U_S + U_D) = U_{T+}$$

当 u_i 增大到使 $u_- > u'_+$ 时，电路状态发生翻转，输出低电平，即

$$u_o = -(U_S + U_D)$$

此时同相输入端的电位变为

$$u''_+ = -\frac{R_2}{R_2 + R_f}(U_S + U_D) = U_{T-}$$

在此状态下，若 u_i 减小，只要 $u_i > u''_+$，则仍维持输出低电平。只有 u_i 减小到使 $u_i < u''_+$ 时，

电路状态才发生翻转，输出高电平。其电压传输特性如图 5-23b 所示。

从曲线上可以看出，当 $U_{T-}<u_i<U_{T+}$，输出电压既可能是 $+(U_S+U_D)$，又可能是 $-(U_S+U_D)$。如果 u_i是从小于 U_{T-}逐渐变大到 $U_{T-}<u_i<U_{T+}$，则输出为高电平；如果 u_i是从大于 U_{T+}逐渐变小到 $U_{T-}<u_i<U_{T+}$，则输出应为低电平。所以应在电压传输特性曲线上标明变化方向，如图 5-23b 中箭头所示。

由传输特性可以看出，滞回比较器有两个门限电压：上门限电压 U_{T+}和下门限电压 U_{T-}，两者之差称为回差电压或门限宽度 ΔU_T，即

$$\Delta U_T=U_{T+}-U_{T-}$$

因此，当输入信号越过一个门限电压时，即使 u_i中有干扰，只要此时 u_i的波动值小于门限宽度，u_o就不会发生误翻。可见滞回比较器具有较强的抗干扰能力。

任务二　方波－三角波形发生器的分析与测试

一、方波发生器的分析与测试

1. 方波发生器的工作原理

方波发生器电路如图 5-24 所示，由滞回比较器和 RC 延时电路组成。

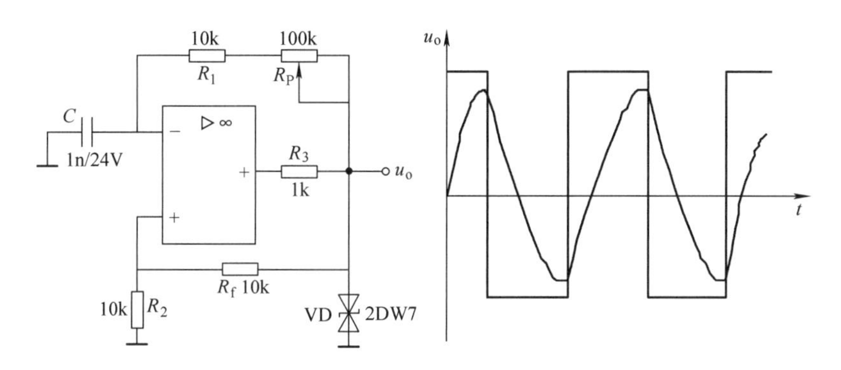

图 5-24　方波发生器电路

滞回比较器的两个阈值电压为

当输出电压为正值 U_S 时，$u_{+1}=\dfrac{R_f}{R_f+R_2}U_S=U_{T+}$

当输出电压为负值 U_S 时，$u_{+2}=\dfrac{-R_f}{R_f+R_2}U_S=U_{T-}$

1）设 $t=0$ 时，$u_c=0$，$u_o=+U_S$，此时通过 R_1对电容 C 充电，u_C按指数规律上升，在这期间内，输出保持 $+U_S$。

2）当 $u_C\geqslant U_T$时，运放的 $U_+<U_-$，输出翻转为 $-U_S$；此时的 U_+变为 U_{T-}。

3）在 $u_o=-U_S$作用下，电容 C 经 R_1放电（反向充电），U_C下降（u_-）；在此期间输出保持 $-U_S$。

4）当 u_C下降到$\leqslant U_{T-}$时，输出又将翻转为 $+U_S$；然后重复上述过程，在输出端得到方波。

2. 振荡周期的分析

输出方波周期即电容一个充放电周期所用的时间。

根据三要素法可求出电容 C 的第一个放电周期所用的时间 T_L。

由于 $u_C(t)=u_c(\infty)-[u_c(\infty)-u_c(0)]e^{-t/RC}$，初态值为 U_{T+}稳态值为 $-U_S$放电终止值为

U_{T-}，可得：

$$T_L = R_1 C\ln\left(1 + \frac{2R_f}{R_2}\right)$$

方波周期 $T = 2T_L$，R_1中包括 R_P的值，调节电路中的 R_P 可以改变方波的周期和频率。

3. 方波发生器的仿真测试

按图 5-24 接好电路，选用运算放大器为 LM741，R_1、R_2、R_f为 10kΩ 的电阻，R_3为 1kΩ 的电阻，R_P为 100kΩ 的电位器，C 的容量为 1nF。VD 为 2DW7。

在 Multisim 仿真软件中进行仿真，改变电位器 R_P，观测是否可以改变输出信号频率。将电位器 R_P调至最小时，观测电路的输出波形，此时输出信号的周期 T_1；R_P调至最大时，观测电路的输出波形，此时输出信号的周期 T_2；观察在这个过程中，输出信号的电压变化。改变电容量，观测是否可以改变输出信号频率。将电路中的 C 改为 0.022μF，观测输出信号波形，C 增大时，输出信号频率会怎样变化？

二、三角波发生器的分析与测试

1. 三角波发生器的基本工作原理

图 5-25 所示为三角波发生器电路，由积分器和迟滞比较器构成。

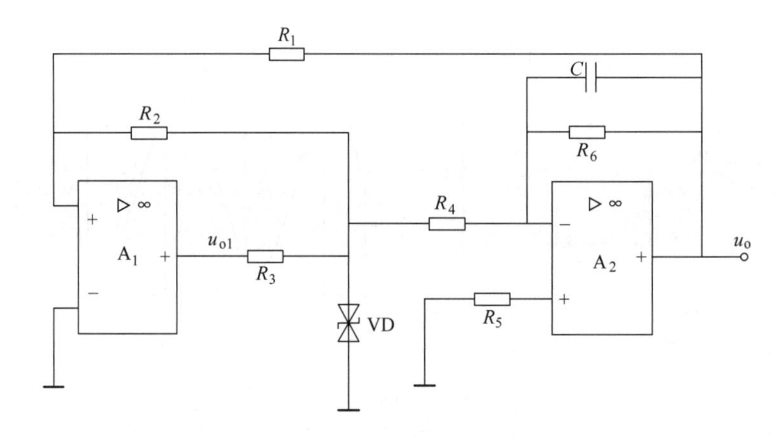

图 5-25　三角波发生器电路

迟滞比较器 A_1输出为方波，积分器 A_2输出为三角波。

迟滞比较器 A_1的输出电平为稳压二极管的稳压值，高电平为 U_S，低电平为 $-U_S$。反相端基准电压为 0，所以上、下门限电压为

$$U_{TH1} = \frac{R_1}{R_2}U_S$$

$$U_{TH2} = \frac{R_1}{R_2}U_S$$

由于积分器 A_2输出 u_o反馈到迟滞比较器的输入端，所以 u_o在大于 U_{TH1}和小于 U_{TH2}时，迟滞比较器 A_1输出翻转。

三角波发生器的工作过程是：当迟滞比较器 A_1的输出电压为 $+U_S$时，积分器 A_2对 $+U_S$积分，u_o线性减小。当减小到 $u_o = U_{TH2} = -\frac{R_1}{R_2}U_S$ 时，迟滞比较器 A_1输出电压翻转为 $-U_S$。于是积分器 A_2 对 $-U_S$ 积分，u_o线性增大，当 u_o增大到 $u_o = U_{TH1} = \frac{R_1}{R_2}U_S$ 时，迟滞比较器 A_1输出电压又

翻回为 $+U_Z$。于是电路将周而复始，形成自激振荡。其工作波形如图 5-26 所示。

由以上分析可得三角波的幅度为

$$U_{OM}=\frac{R_1}{R_2}U_S$$

在 t_1 到 t_2 时刻由于积分时 u_o 的变化量为 $\frac{U_S}{R_4C}(t_2-t_1)$，所以

$$\frac{R_2}{R_1}U_S=-\frac{R_2}{R_1}U_S+\frac{U_S}{R_4C}(t_2-t_1)$$

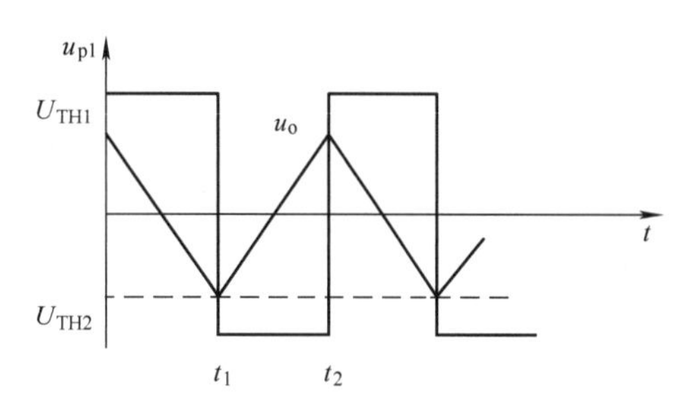

图 5-26 三角波发生器的工作波形

振荡周期为

$$T=2(t_2-t_1)=\frac{4R_1R_4C}{R_2}$$

2. 三角波发生器的测试

如图 5-25 所示，积分器和迟滞比较器相连可组成三角波发生器。根据设计要求电阻 R_1、R_2 均为 10kΩ，R_3 为 330Ω，R_4、R_5 均为 1kΩ，电容 C 为 0.01μF，稳压二极管为 2CW231，采用的集成运放为 LM741。按图接好电路，测试步骤如下：

1）双踪示波器置于 DC 输入方式，观察 u_{o1} 和 u_{o2} 波形，并将波形记录下来。

2）改变电阻 R_4 或电容 C，观察输出电压波形的变化。

3）改变电阻 R_1 或 R_2，观察输出电压波形的变化。

项目三 正弦波振荡器的分析与测试

任务一 掌握振荡电路的组成及产生振荡的条件

一、产生正弦波振荡的条件

正弦波振荡电路是一种不要外接输入信号就能将直流能源转换成具有一定频率、一定幅度的正弦波形的交流能量输出的电路。

在负反馈放大电路框图中，如图 5-27 所示，不外加信号，即 $\dot{X}_i=0$，如果能使 $\dot{X}_f$ 与 $\dot{X}_i$ 两个信号大小相等，极性相同，则此电路就能维持稳定输出。那么 $\dot{X}_f=\dot{X}_{id}$ 就可以引出自激振荡的条件：

因 $\dot{X}_o=AX_{id}$，$\dot{X}_f=\dot{F}\dot{X}_o$，当 $\dot{X}_{id}=\dot{X}_f$ 时，有：

$$\dot{A}\dot{F}=1 \tag{5-16}$$

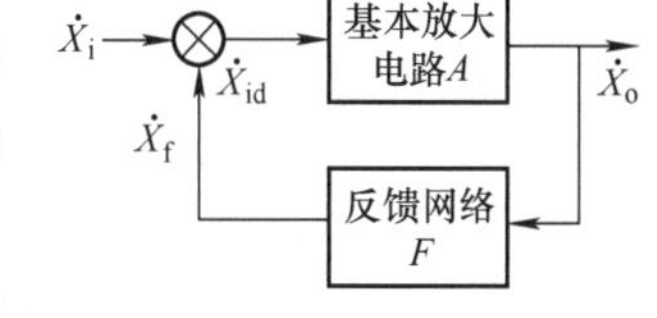

图 5-27 振荡条件示意图

式（5-16）即为振荡电路的振荡条件。这个条件实际上包含下面两个条件：

（1）幅值平衡条件：

$$|\dot{A}\dot{F}|=1 \tag{5-17}$$

这个条件要求反馈信号幅度的大小与输入信号的幅度相等。

（2）相位平衡条件

$$\varphi_A+\varphi_F=2n\pi \quad (n=0、1、2\cdots)$$

这个条件要求反馈信号的相位与所需输入信号的相位相同，即电路必须满足正反馈。

二、振荡的建立与稳定

振荡电路没有外加信号，怎样得到维持振荡的起振信号呢？这是因为电路刚接通电源时，由于元器件的噪声等因素，会出现一些微弱的信号，它们包含各种频率成分。通过具有选频特性的电路，可以使某一特定频率f_0的信号满足自激振荡条件，而其他频率信号不能满足自激振荡的条件。此外，起振阶段还要求$|\dot{A}\dot{F}|>1$，所选中频率f_0的信号幅度就会由小逐渐变大，即正弦波振荡电路就会自行起振。因此，$|\dot{A}\dot{F}|>1$是振荡电路的起振条件。

由于放大元器件的非线性或电路中特有的稳幅措施，当振荡电路的输出电压幅度增大到一定程度时，放大电路的电压放大倍数就会随之下降，最后达到$|\dot{A}\dot{F}|=1$，振荡幅度不再增大，电路自动稳定在某一振荡幅度上工作。

三、振荡电路的基本组成部分

上面的分析说明，要产生正弦波振荡，必须要有结构合理的电路，才能使放大电路转化为振荡电路。一般振荡电路由以下四部分组成。

1. 放大电路

在振荡过程中，必然有能量的损耗，导致振荡衰减。通过放大电路，可以控制电源不断向振荡系统提供能量，以维持等幅振荡。因此，放大电路实质上起能量转换的作用。

2. 反馈网络

使电路形成正反馈，满足相位平衡条件。

3. 选频网络

选频网络的作用是使通过正反馈网络的反馈信号中，只有所选定的信号，才能使电路满足自激振荡的条件，对于其他频率的信号，由于不能满足自激振荡条件，从而受到抑制，其目的在于使电路产生单一频率的正弦波。

4. 稳幅环节

用于稳定振荡信号的振幅，改善波形。它可以采用热敏元件或其限幅电路，也可利用放大电路自身元器件的非线性来完成。

根据选频网络不同，正弦波振荡电路分为*RC*正弦波振荡电路、*LC*正弦波振荡电路和石英晶体正弦波振荡电路。

任务二　常用正弦波振荡电路的分析

一、*RC*正弦波振荡电路的原理与特性

*RC*正弦波振荡电路有桥式振荡电路、双T网络式和移相式振荡电路等类型，这里只讨论桥式振荡电路。

1. 电路原理

图5-28是*RC*桥式正弦波振荡电路，这个电路由四个组成部分，即由集成运放构成的同相输入放大电路，由*RC*串并联网络兼作正反馈网络和选频网络，以及由二极管构成的稳幅环节。

2. *RC*串并联网络的频率特性

*RC*振荡电路中采用了如图5-29所示电阻电容串并联组成的选频网络。以U_1、U_2分别表示网络的输入、输出电压。串并联网络的反馈系数$\dot{F}=U_2/U_1$，即

$$\begin{aligned}\dot{F}&=\frac{U_2}{U_1}=\frac{Z_2}{Z_1+Z_2}=\frac{R_2//\dfrac{1}{\mathrm{j}\omega C_2}}{\left(R_1+\dfrac{1}{\mathrm{j}\omega C_1}\right)+\left(R_2//\dfrac{1}{\mathrm{j}\omega C_2}\right)}\\&=\frac{1}{\left(1+\dfrac{R_1}{R_2}+\dfrac{C_2}{C_1}\right)+\mathrm{j}\left(\omega R_1C_2-\dfrac{1}{\omega R_2C_2}\right)}\end{aligned}$$

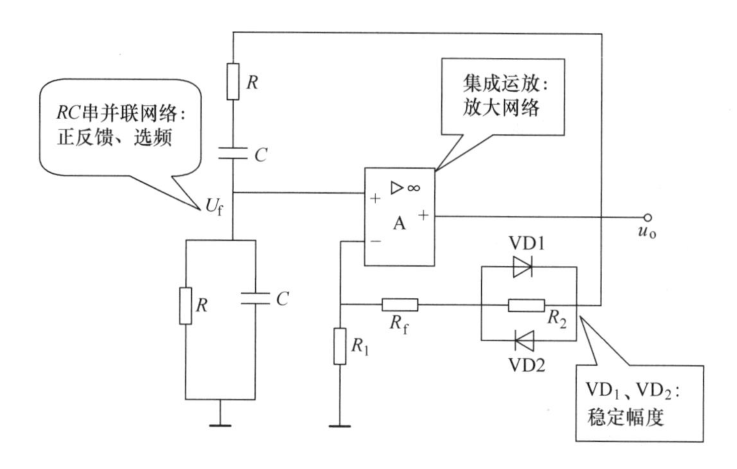

图 5-28　*RC* 桥式正弦波振荡电路

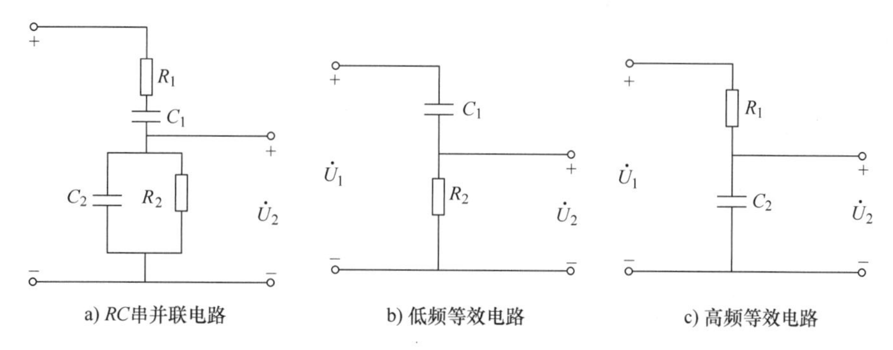

图 5-29　*RC* 串并联网络及其高低频等效电路

取 $R_1=R_2=R$，$C_1=C_2=C$ 所以：

$$\dot{F}=\frac{1}{3+\mathrm{j}\left(\omega RC-\frac{1}{\omega RC}\right)}$$

如令 $\omega_0=1/RC$ 为网络的固有频率，则

$$\dot{F}=\frac{1}{3+\mathrm{j}\left(\frac{\omega}{\omega_0}-\frac{\omega_0}{\omega}\right)} \tag{5-18}$$

由式（5-18）可得 *RC* 串并联网络的幅频响应及相频响应为

$$\dot{F}=\frac{1}{\sqrt{3^2+\left(\frac{\omega}{\omega_0}-\frac{\omega_0}{\omega}\right)^2}} \tag{5-19}$$

$$\varphi_F=-\arctan\frac{\frac{\omega}{\omega_0}-\frac{w_0}{w}}{3} \tag{5-20}$$

由式（5-19）及式（5-20）可知，当 $\omega=\omega_0=\frac{1}{RC}$或$f=f_0=\frac{1}{2\pi RC}$时，幅频响应的幅值为最

大，即

$$F_{\max}=\frac{1}{3}$$

而相频响应的相位角为零，即 $\varphi_F=0°$。

上述分析说明，当 $\omega=\omega_0=\frac{1}{RC}$时，输出电压的幅值最大，并且输出电压是输入电压的1/3，同时输出电压与输入电压同相位。根据式（5-19）、式（5-20）画出 RC 串并联选频网络的频率特性，如图5-30所示。

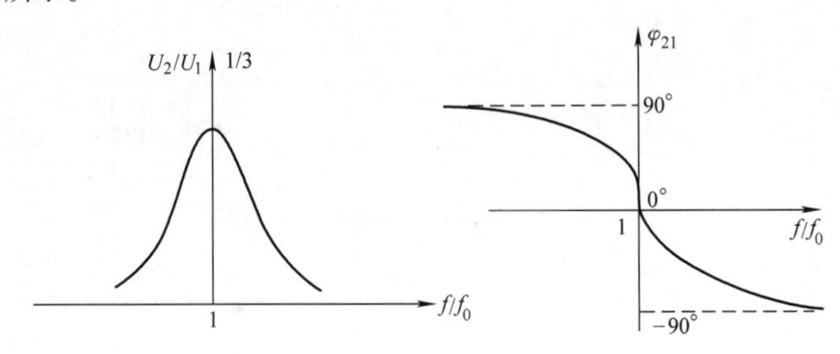

图5-30　RC 串并联网络的频率特性

3. 振荡波形与振荡频率

由于振荡频率是由相位平衡条件所决定的。因此由 RC 串并联网络的频率特性可知，只有当 $\omega=\omega_0=\frac{1}{RC}$，$\varphi_a=0$，$\varphi_f=0$ 时，才能满足相位平衡条件，所以振荡频率为 $f_0=\frac{1}{2\pi RC}$。当适当调整放大环节的放大倍数值 A_f略大于3时，其输出波形为正弦波。当 $\dot{A}_f$远大于3时，输出波形失真，接近于方波。

4. 稳幅措施

利用二极管的非线性自动稳幅的电路：二极管 VD_1、VD_2与电阻 R_2并联，不论输出信号在正半周还是负半周，总有一个二极管导通，则电压放大倍数：$A=1+\frac{R_f+R_2//r_d}{R_1}$。$r_d$为二极管的正向交流电阻。起振时输出电压幅值较小，根据二极管的特性，此时它的正向交流电阻 r_d阻值较大，使得放大倍数较大，有利于起振；当输出电压幅值增大后，通过二极管的电流增大，使 r_d减小，放大倍数下降，从而达到自动稳幅的目的。

二、变压器反馈式 *LC* 振荡电路

RC 振荡器的振荡频率受 *R* 的限制，其频率一般小于1MHz；而许多电子设备中需要更高频率的正弦波信号，例如收音机和电视机中所需的本机振荡信号。采用 *LC* 谐振网络作选频网络的振荡电路称为 *LC* 振荡电路，而 *LC* 振荡电路常用来产生高频正弦波，一般在数百 kHz 以上，按反馈电压取出方式不同，可分为变压器反馈式、电感三点式、电容三点式 *LC* 正弦波振荡电路。

1. 电路原理

图5-31所示是变压器反馈式 *LC* 振荡器的基本电路，由放大电路、*LC* 选频网络和变压器反馈电路三部分组成。图中三个线圈作变压器耦合。线圈 L_1 与电容器 C 组成并联谐振回路，起选频作用。变压器的一个二次绕组 L_3 实现正反馈，另一个二次绕组将产生的正弦波送给负载 R_L。

C_b和 C_e是耦合电容和旁路电容。放大器为共发射极放大器。

2. 工作原理

图5-31b 所示为一个 *LC* 并联回路，其中 *R* 表示电感线圈和回路其他损耗总的等效电阻。*LC*

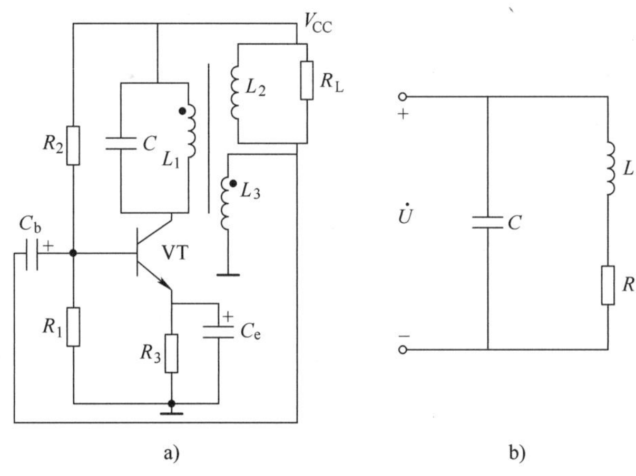

图 5-31 变压器反馈式 LC 振荡器

a）基本电路 b）等效电路

回路的阻抗可写成：

$$\dot{Z}=\frac{\frac{1}{\mathrm{j}\omega C}(R+\mathrm{j}\omega L)}{\frac{1}{\mathrm{j}\omega C}+R+\mathrm{j}\omega L}$$

通常有 $R \ll \omega L$，所以

$$\dot{Z}\approx\frac{\frac{L}{RC}}{1+\mathrm{j}\frac{1}{R}\left(\omega L-\frac{1}{\omega C}\right)}$$

令 $Z_0=\frac{L}{RC}$，$\omega_0=\frac{1}{\sqrt{LC}}$，$f_0=\frac{1}{2\pi\sqrt{LC}}$，$Q=\frac{1}{R}\sqrt{\frac{L}{C}}$（称为回路的品质因数），则

$$\dot{Z}=\frac{Z_0}{1+\mathrm{j}Q\left(\frac{\omega}{\omega_0}-\frac{\omega_0}{\omega}\right)}=\frac{Z_0}{1+\mathrm{j}Q\left(\frac{f}{f_0}-\frac{f_0}{f}\right)}$$

其幅频特性和相频特性分别为

$$|\dot{Z}|=\frac{Z_0}{\sqrt{1+\left[Q\left(\frac{f}{f_0}-\frac{f_0}{f}\right)\right]^2}}$$

$$\varphi=-\arctan\left[Q\left(\frac{f}{f_0}-\frac{f_0}{f}\right)\right]$$

从频率特性可以看出，当信号源的频率 $f=f_0$，即回路发生谐振时，则 $|Z|=Z_0$，$\varphi=0°$；Z 为最大且为纯阻。

当变压器的一、二次侧之间同名端正确连接时，如图 5-31 所示，设某一瞬间基极对地信号电压为正极性“+”，由于共射电路的倒相作用，集电极的瞬时极性为“−”，即 $\varphi=180°$；当信号频率 $f=f_0$ 时，LC 回路的谐振阻抗是纯电阻性，$\varphi=0°$。由图中变压器的同名端可知，反馈信号与输出电压极性相反，保证了电路的正反馈，满足振荡的相位条件。为了满足振幅平衡条件 $AF\geqslant 1$，对晶体管的 β 值有一定要求，一般只要 β 值较大，就能满足振幅平衡条件，反馈线圈匝数越多，耦合越强，电路越容易起振。

分析表明，只有当频率$f=f_0$时的信号，才能满足振荡条件。因此确定了该振荡电路的振荡频率为

$$f=f_0=\frac{1}{2\pi\sqrt{LC}}$$

3. 电路优缺点

1）易起振，输出电压较大。由于采用变压器耦合，易满足阻抗匹配的要求。

2）调频方便，一般在 LC 回路中采用接入可变电容器的方法来实现，调频范围较宽，工作频率通常在几兆赫左右。

3）输出波形不理想。由于反馈电压取自电感两端，它对高次谐波的阻抗大，反馈也强，因此在输出波形中含有较多高次谐波成分。

三、电感三点式 *LC* 振荡电路

电感三点式 LC 振荡电路如图 5-32 所示。用带中间抽头的电感线圈与电容组成 LC 并联选频网络（或称为谐振回路），放大电路为共发射极放大器。C_1、C_2、C_e对交流都可视作短路。因此，在交流等效电路中电感线圈的三个端点分别与晶体管的三个电极相连，因此这种电路被称为电感三点式正弦波振荡电路。用瞬时极性法很容易确定电路满足相位平衡条件。

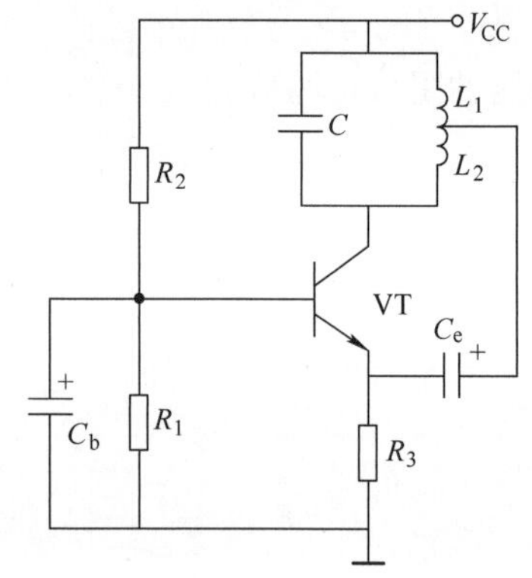

图 5-32　电感三点式 LC 振荡电路

从图 5-32 可以看出，反馈电压取自 L_1 的两端，并通过 C_e 的耦合后加到晶体管的 e、b 间，所以改变线圈抽头的位置，即改变 L_1 的大小，就可以调节反馈电压的大小，当满足$|\dot{A}F|>1$时，电路便可起振。

电感三点式正弦波振荡电路的振荡频率基本上等于 LC 并联回路的谐振频率，即

$$f=\frac{1}{2\pi\sqrt{LC}}=\frac{1}{2\pi\sqrt{(L_1+L_2+2M)C}}$$

式中 M 为线圈 L_1 与 L_2 之间的互感。

由于 L_1 和 L_2 之间的耦合很紧，故电路具有易起振，输出幅度大等优点。通常改变电容 C 能获得较大的频率调节范围。此种电路一般用于产生几十兆赫以下的频率。但由于反馈电压取自电感 L_1 的两端，它对高次谐波的阻抗大，反馈也强，因此在输出波形中含有较多的高次谐波成分，输出波形不理想。

四、电容三点式 *LC* 振荡电路

电容三点式 LC 振荡电路如图 5-33 所示。从图中可以看出，LC 并联选频回路的电容由 C_1 和 C_2 串联组成，C_b、C_e为耦合电容。对于交流通路而言，串联电容的三个点分别与晶体管的三个极相连，反馈电压由 C_2上取出。与电感三点式 LC 振荡电路的情况相似，由瞬时极性法判断可知，这样的连连接也能保证实现正反馈。

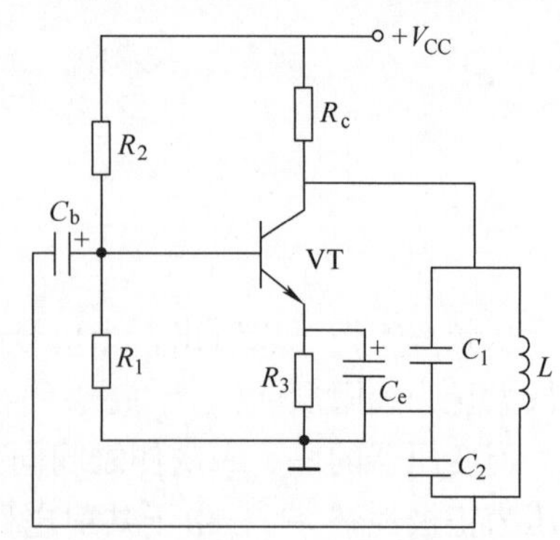

图 5-33　电容三点式 LC 振荡电路

电容三点式 LC 正弦波振荡电路的振荡频率也近似等于 LC 并联谐振回路的谐振频率，即

$$f_0=\frac{1}{2\pi\sqrt{LC}}\qquad C=\frac{C_1C_2}{C_1+C_2}$$

该电路具有容易起振，振荡频率较高，可达100MHz以上的优点。由于反馈电压是从电容C_2两端取出的，频率越高，容抗越小，反馈越弱，因此可以削弱高次谐波分量，输出波形较好。

因为C_1、C_2的大小既与振荡频率有关，也与反馈量有关，调节频率时改变C_1（或C_2）时会影响反馈系数，从而影响反馈电压的大小，造成工作性能不稳定。因此，通常再与线圈L串联一个电容较小的可变电容，用它来调节振荡频率，其电路如图5-34所示。它是一个电容反馈三点式改进型振荡电路。在电感上串联一个小电容C_0，这样LC回路的电容C主要由C_0决定，$C\approx C_0$。

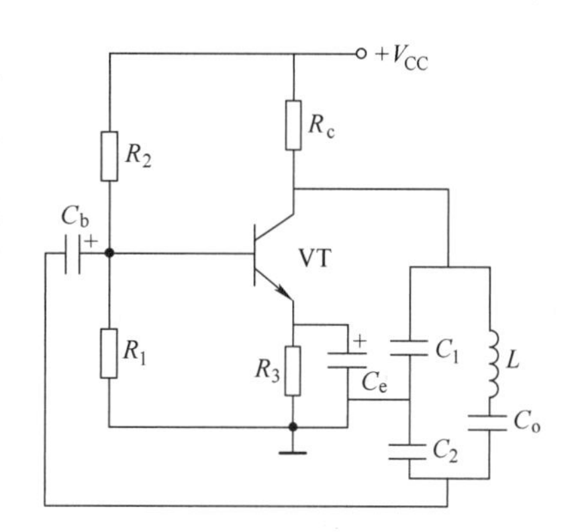

图5-34 改进型电容三点式LC振荡电路

五、石英晶体振荡电路

由振荡电路的分析可知，它的振荡频率基本是由选频网络的元器件参数所决定的，所以提高选频网络的稳定性，也就提高了振荡电路振荡频率的稳定性。但是，在LC振荡电路中，由于一般LC电路的Q值只有几百，尽管采用了各种稳频措施，其频率稳定度$\Delta f/f_0$很难突破10^{-5}数量级，而石英晶体的Q值可达$10^4\sim10^6$，用来代替LC谐振回路，构成石英晶体振荡器，它的频率稳定度可达$10^{-9}\sim10^{-11}$数量级。

1. 石英晶体的基本特性与等效电路

石英晶体的主要成分是二氧化硅SiO_2，它是一种各向异性的结晶体，其物理、化学性能相当稳定。从石英晶体上按一定方位将其切割成晶体薄片，在两表面接上电极，就构成了石英晶体谐振器。

石英晶体的电路符号如图5-35a所示，石英晶体所以能作为振荡电路，这是基于它的压电效应。所谓压电效应就是在晶体的两个极板间施加交流电压时，晶体就会产生机械振动，而这种机械振动反过来又会产生交变电场，在电极上出现交变电压。一般情况下，这种机械振动的振幅是比较小的，其振动频率则是稳定的。但是，如果外加交变电压的频率与晶体的固有频率相等时，机械振动的幅度将急剧增加，这种现象称为压电谐振。

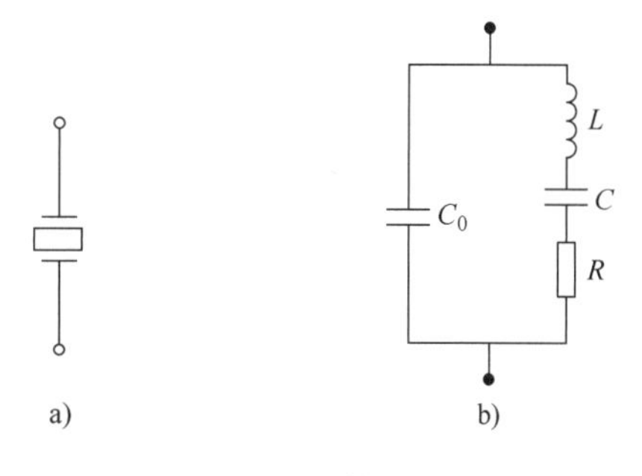

图5-35 石英晶体的等效电路

a）电路符号 b）等效电路

石英晶体的这种压电谐振现象可用如图5-35b的LC谐振回路来等效。等效电路中的C_0表示金属极板间的静电电容，L、C分别表示晶体振动时的惯性和弹性，R模拟振动时的摩擦损耗。因L较大，C、R很小，所以回路的品质因数Q很大。

当忽略R的作用时，等效电路的总等效电抗为

$$X=\frac{-\frac{1}{\omega C_0}\left(\omega L-\frac{1}{\omega C}\right)}{-\frac{1}{\omega C_0}+\left(\omega L-\frac{1}{\omega C}\right)}=\frac{\omega^2LC-1}{\omega(C_0+C-\omega^2LC_0C)}\tag{5-21}$$

1）当式（5-21）中分子为0时，等效阻抗最小，此时发生串联谐振。回路的串联谐振频率为

$$f_{\mathrm{s}}=\frac{1}{2\pi\sqrt{LC}}$$

2）当式（5-21）中分母为0时，等效阻抗最大，此时发生并联谐振。回路的并联谐振频率为

$$f_{\mathrm{p}}=\frac{1}{2\pi\sqrt{L\left(\frac{C_0C}{C_0+C}\right)}}=\frac{1}{2\pi\sqrt{LC}}\sqrt{1+\frac{C}{C_0}}$$

2. 石英晶体振荡电路

并联型石英晶体振荡电路如图5-36所示，石英晶体作为电容三点式振荡电路的感性元件。电路的振荡频率基本取决于石英晶体的谐振频率。

串联型晶体振荡电路如图5-37所示。当电路振荡频率等于石英晶体的串联谐振频率时，晶体阻抗最小且为纯电阻，此时电路满足相位平衡条件，且正反馈最强，电路产生正弦波振荡，其振荡频率即为石英晶体的串联谐振频率。

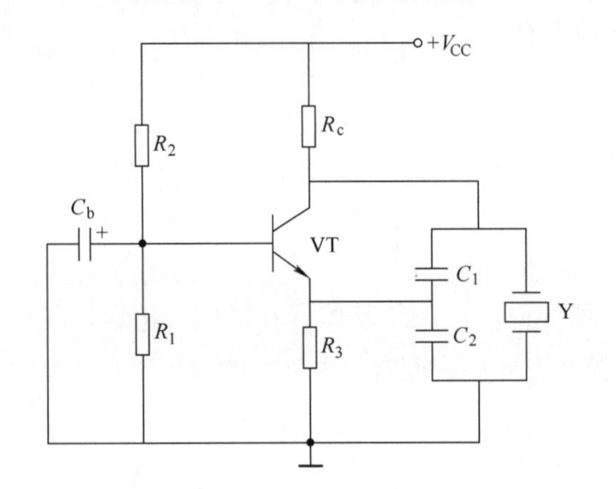

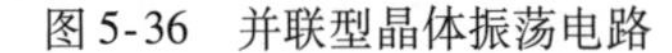
图5-36　并联型晶体振荡电路

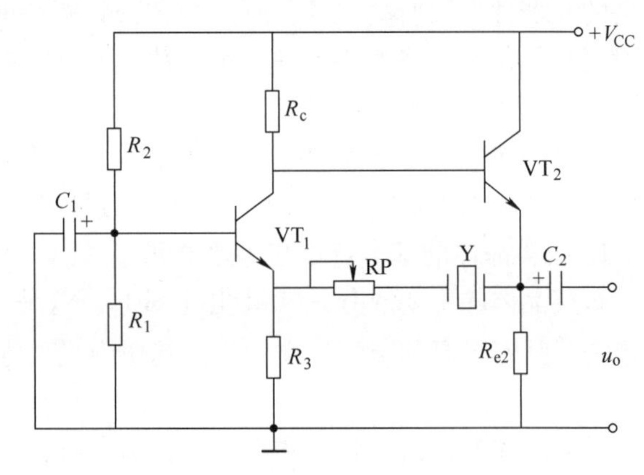

图5-37　串联型晶体振荡电路

任务三　*RC*正弦波振荡器的测试

一、测试所需设备与器材（见表5-6）

表5-6　测试器材

序号	名称	型号	数量	备注
1	模拟电子实验箱	AB－1	1	提供15V直流电压、实验电路板
2	双踪示波器	CA8020	1	观测输入输出波形
3	万用表	MF－47	1	测试电压、电流，元器件检查
4	集成运算器芯片	LM741	1	
5	二极管	1N4001	2	
6	电位器	100kΩ	1	
7	电阻	2kΩ、100kΩ	3	
8	电容	0.1μF	2	

二、测试电路说明

实际所用测试振荡电路如图 5-38 所示。图中用 RP 调节集成运算放大器构成的比例运算放大器的放大倍数。输出电压经 R_1、R_2、C_1、C_2构成的选频网络加至集成运算放大器的同相输入端，形成正反馈。选频网络中 $R_1=R_2=R$，$C_1=C_2=C$，选频网络决定了振荡电路输出信号的频率 $f_0=\dfrac{1}{2\pi RC}$，改变 R、C 可改变振荡器输出信号的频率。电路中 VD_1、VD_2 起稳定输出电压幅度的作用。

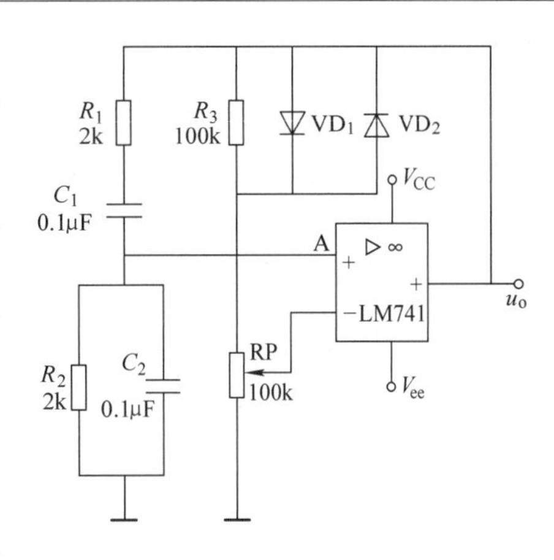

图 5-38　测试所用 RC 正弦波振荡电路

三、测试内容与步骤

1）按图 5-38 所示电路在面包板或实验箱里安装质量符合要求的测试电路。

2）自行设计测试数据记录表格。

3）选频网络幅频特性的测试方法：不接入 ±15V 电源，断开 A 点与运放同相输入端的连接，在振荡电路输出端加入 1V 的音频信号，测试 A 点输出的音频电压有效值 U_A，改变信号频率观测 U_A值的变化情况。当 U_A最大时所对应的频率为f_0，记录 U_A随f的变化，可得选频网络的幅频特性曲线。测得的f_0为振荡器的振荡频率。

4）测试起振条件：将 A 点与运放同相端相连，接通电源后，调节 RP 使振荡器刚好起振；然后断开 A 点，在集成运算放大器的同相端输入频率为f_0的音频信号 u_i，测试输入电压 u_i，正反馈电压 $u_F(u_A)$和输出电压 u_o，则可计算放大器的增益及反馈系数。

5）总结整理测试数据与结果。通过本次实际测试应可得到结论：RC 正弦波振荡器的振荡频率由选频网络的频率特性决定，且 $f=\dfrac{1}{2\pi RC}$；振荡器的起振条件为 $|\dot{A}\dot{F}|\geqslant 1$。

习　　题

1. 图题 5-1 所示为应用集成运算放大器组成的测量电压的原理电路，输出端接满量程为 5V 的电压表，$R_f=10\text{k}\Omega$，欲得到 50V、10V、2V、0.5V 四种量程，试计算 $R_1\sim R_4$的阻值。

2. 如图题 5-2 所示，各集成运算放大器为理想运算放大器，试求出输出电压 u_o。

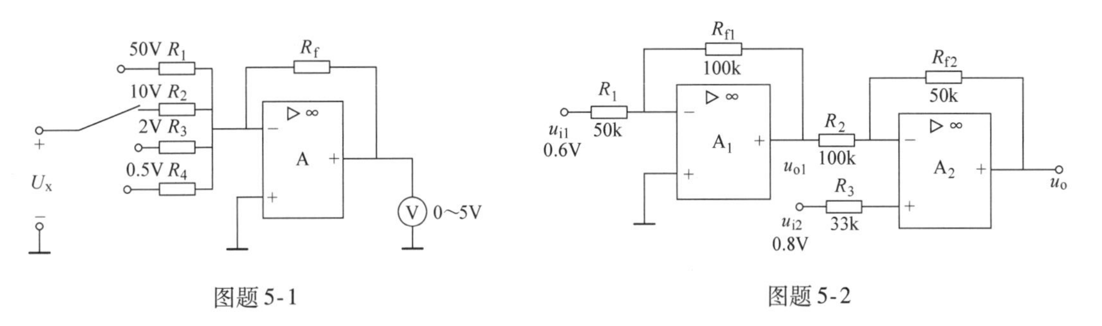

图题 5-1　　　　图题 5-2

3. 图题 5-3 所示为晶体管电流放大系数 β 测试电路，设晶体管的 $U_{BE}=0.7\text{V}$，试求：1）晶体管 C、B、E 各极的电位；2）若电压表的读数为 200mV，试求晶体管的 β 值。

4. 电路如图题 5-4 所示，试求：1）输入电阻；2）输入输出电压关系。

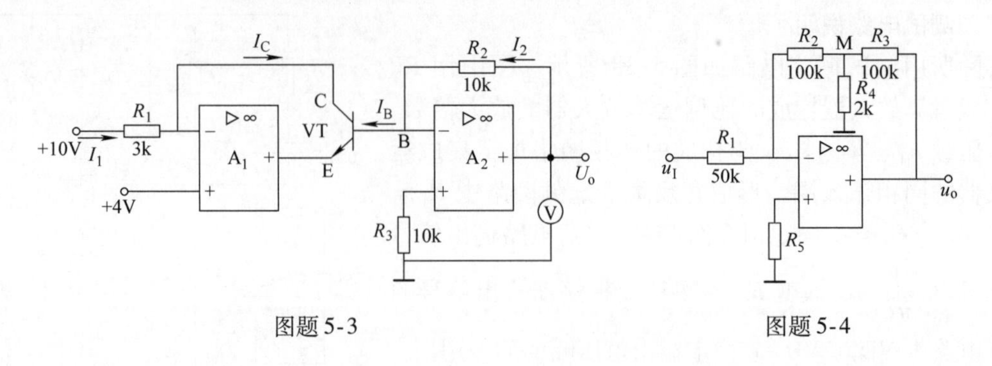

图题 5-3　　　　图题 5-4

5. 在图题 5-5 所示电路中，已知 $C=0.1\mu F$，$R=100k\Omega$，$u_i=4\sin\omega t$，试画出输出电压 u_o 的波形。

6. 在图题 5-6 所示电路中，已知 $C=1\mu F$，$R_1=100k\Omega$，$R_2=500k\Omega$，且当 $t=0$ 时，$u_c=0$，试写出 u_o 与 u_{i1}、u_{i2} 的关系式。

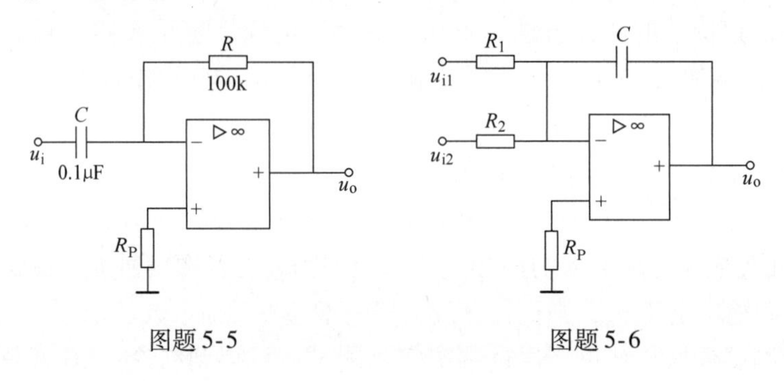

图题 5-5　　　　图题 5-6

7. 如图题 5-7 所示，试求出门限电压并画出它的传输特性。

8. 试比较 RC 正弦波振荡电路、LC 正弦波振荡电路和石英晶体正弦波振荡电路的频率稳定度，说明哪一种频率稳定度最高，哪一种最低？为什么？

9. 图题 5-8 所示为 RC 串并联桥式正弦波振荡电路，所用运算放大器为理想运算放大器，试求：

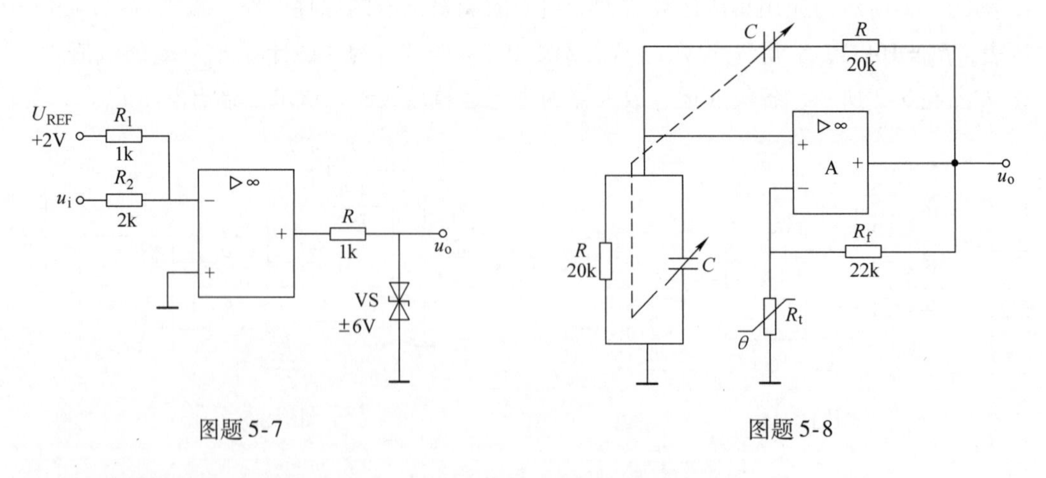

图题 5-7　　　　图题 5-8

（1）说明图中热敏电阻的作用，应采用正的还是负的温度系数？

（2）估算 R_1 的阻值。

（3）若双联可变电容从 3000pF 变化到 6000pF 时，振荡频率的调节范围为多大？

10. 试用自激振荡的相位平衡条件判断图题 5-9 所示电路能否产生自激振荡，反馈电压各取自何处？

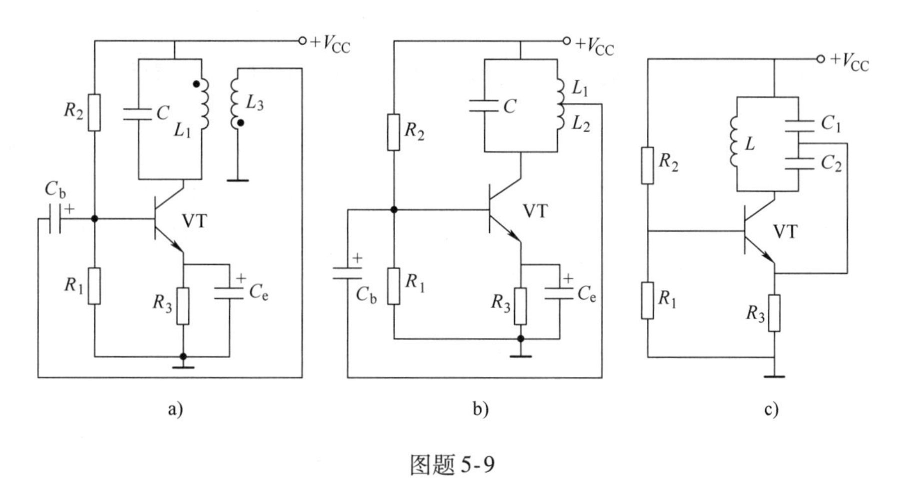

图题 5-9

单元六　组合逻辑电路的分析与设计

通常数字系统的逻辑电路可分为两大类，一类叫作组合逻辑电路，另一类叫作时序逻辑电路。组合逻辑电路，是指电路的输出只与当时的输入有关，而与电路的以前状态无关，即输出与输入的关系具有即时性，不具备记忆功能。各种门电路就是组合逻辑电路的基本单元电路。常见的组合逻辑电路如：算术运算电路、编码译码电路、数据选择器、数据分配器和数值比较器等。

项目一　基本逻辑门的功能分析与测试

任务一　掌握逻辑代数基础知识

一、数制与编码

1. 数制

在日常生活中，人们离不开计数，如时钟“秒”“分”的六十进制和“时”的十二或二十四进制，“一打”为十二进制，“一双”即为二进制等，然而，用得最多也是人们最习惯的是十进制数。数字电路中经常遇到计数问题，在数字电路中由于只有高、低电平两个状态，正好与二进制中的1、0对应，故一般采用二进制数，有时也采用八进制数和十六进制数。对于任何一个数，可以用不同的进位制来表示。

（1）十进制数　十进制数有10个数字符号，即0、1、2、3、4、5、6、7、8、9。任何一个数都可以用这10个数字符号按一定规律并列在一起来表示，由低位向高位进位是“逢十进一”，这就是十进制的特点。

某种进位制所具有的数字符号的个数称为该进位制的基数，某种进位制的数中不同位置上数字的单位数值称为该进位制的位权或权。十进制的基数为10，十进制数中第 i 位上数字的权为 10^i。基数和权是进位制的两个要素，利用基数和权，可以将任何一个数表示成多项式的形式。例如，十进制的603.85可以表示为

$$603.85=6\times10^2+0\times10^1+3\times10^0+8\times10^{-1}+5\times10^{-2}$$

一般地，任何一个十进制数 N 可以表示为

$$(N)_{10}=(a_{n-1}a_{n-2}\cdots a_1a_0.a_{-1}a_{-2}\cdots a_{-m})_{10}$$

这种表示方法称为并列表示法。

又可以表示为

$$(N)_{10}=\sum_{i=-m}^{n-1}K_i\times10^i$$

式中，n 表示整数部分的位数，m 表示小数部分的位数，10表示基数，10^i 为第 i 位的权，K_i 表示各个数字符号。

这种表示方法称为多项式表示法或按权展开式。

（2）二进制数　在数字电路中，常用二进制来表示数和进行运算。采用二进制具有以下优点：

1）二进制的基数为2，只有0和1两个数字符号，容易用物理状态来表示。

2）二进制运算规则简单，其进位规则是“逢二进一”，便于进行算术运算。

3）采用二进制来表示数可以节省设备，其运算逻辑电路的设计也比较方便。

任何一个二进制数 N 可以表示为

$$(N)_2 = \sum_{i=-m}^{n-1} K_i \times 2^i$$

利用上式可以将任何一个二进制数转换为十进制数。

［例 6-1］ 将二进制数 10101.01 转换为十进制数。

$$(10101.01)_2 = (1\times2^4 + 0\times2^3 + 1\times2^2 + 0\times2^1 + 1\times2^0 + 0\times2^{-1} + 1\times2^{-2})_{10} = (21.25)_{10}$$

（3）十六进制数　十六进制的基数为 16，采用的 16 个数字符号为 0、1、2、3、4、5、6、7、8、9、A、B、C、D、E、F，其中字母 A、B、C、D、E、F 分别代表十进制数 10、11、12、13、14、15，进位规则为“逢十六进一”。任何一个十六进制数 N 可以表示为

$$(N)_{16} = \sum_{i=-m}^{n-1} K_i \times 16^i$$

利用上式可以将任何一个十六进制数转换为十进制数。

［例 6-2］ 将十六进制数 5DF.8 转化为十进制数。

$$(5DF.8)_{16} = (5\times16^2 + 13\times16^1 + 15\times16^0 + 8\times16^{-1})_{10} = (1503.5)_{10}$$

2. 数制转换

（1）二进制数与十六进制数之间的相互转换　由于一位十六进制的 16 个数字符号正好相应于四位二进制数的 16 种不同组合，所以十六进制与二进制之间有简单的对应关系。利用这种对应关系，可以很方便地在十六进制与二进制之间进行数的转换。

［例 6-3］ 将二进制数 1101101101.0100101 转换为十六进制数。

0011	0110	1101	0100	1010
↓	↓	↓	↓	↓
3	6	D	4	A

所以，$(1101101101.0100101)_2 = (36D.4A)_{16}$

［例 6-4］ 将十六进制数 4FA.C6 转换为二进制数。

4	F	A	C	6
↓	↓	↓	↓	↓
0100	1111	1010	1100	0110

所以，$(4FA.C6)_{16} = (10011111010.1100011)_2$

（2）十进制数转换为其他进制数　将十进制整数转换为其他进制数一般采用基数除法，也称为除基取余法。设将十进制整数转换为 N 进制数，其方法是将十进制整数连续除以 N 进制的基数 N，求得各次的余数，然后将各余数换成 N 进制中的数字符号，最后按照并列表示法将先得到的余数列在低位、后得到的余数列在高位即得 N 进制的整数。

［例 6-5］ 将十进制整数 44 分别转换为二进制和十六进制数。

除数	被除数/商	余数	
2	44		低位
2	22	$0=K_0$	↑
2	11	$0=K_1$	↑
2	5	$1=K_2$	↑
2	2	$1=K_3$	↑
2	1	$0=K_4$	↑
	0	$1=K_5$	高位

故 $(44)_{10} = (101100)_2$

$$\begin{array}{r|l} 16 & 44 \\ 16 & 2 \\ & 0 \end{array} \quad \begin{array}{c} \text{余数} \\ 12=K_0 \\ 2=K_1 \end{array} \quad \uparrow \quad \begin{array}{c} \text{低位} \\ \\ \text{高位} \end{array}$$

因$(12)_{10}=(C)_{16}$，故$(44)_{10}=(2C)_{16}$。

将十进制小数转换为其他进制数一般采用基数乘法，也称为乘基取整法。例如，将十进制小数转换为 N 进制数，其方法是将十进制小数连续乘以 N 进制的基数 N，求得各次乘积的整数部分，然后将各整数换成 N 进制中的数字符号，最后按照并列表示法将先得到的整数列在高位、后得到的整数列在低位即得 N 进制的小数。

3. 编码

数字电路中处理的信息除了数值信息外，还有文字、符号以及一些特定的操作（例如表示确认的回车操作）等。为了处理这些信息，必须将这些信息也用二进制的数字符号来表示。这些特定的二进制数字符号称为这些信息的代码，这些代码的编制过程称为编码。

（1）二－十进制编码（BCD 码）　在数字电子计算机中，十进制数除了转换成二进制数参加运算外，还可以直接用十进制数进行输入和运算。其方法是将十进制的 10 个数字符号分别用四位二进制代码来表示，这种编码称为二－十进制编码，也称为 BCD 码。BCD 码有很多种形式，常用的有 8421 码、余 3 码、2421 码和 5421 码等，见表 6-1。

表 6-1　常用 BCD 码

十进制数	8421 码	余 3 码	2421 码	5421 码
0	0000	0011	0000	0000
1	0001	0100	0001	0001
2	0010	0101	0010	0010
3	0011	0110	0011	0011
4	0100	0111	0100	0100
5	0101	1000	1011	1000
6	0110	1001	1100	1001
7	0111	1010	1101	1010
8	1000	1011	1110	1011
9	1001	1100	1111	1100
权	8421	余 3	2421	5421

在 8421 码中，10 个十进制数字符号与自然二进制数一一对应，即用二进制数的 0000～1001 来分别表示十进制数的 0～9。8421 码是一种有权码，各位的权从左到右分别为 8、4、2、1，所以根据代码的组成便可知道代码所代表的值。设 8421 码的各位为 $a_3a_2a_1a_0$，则它所代表的值为

$$N=8a_3+4a_2+2a_1+1a_0$$

8421 码与十进制数之间的转换只要直接按位转换即可。例如：

$(901.73)_{10}=(1001\quad 0000\quad 0001.0111\quad 0011)_{BCD}$

$(0110\quad 0101\quad 1000.0100\quad 0010)_{BCD}=(658.42)_{10}$

8421 码只利用了四位二进制数的 16 种组合 0000～1111 中的前 10 种组合 0000～1001，其余 6 种组合 1010～1111 是无效的。从 16 种组合中选取 10 种组合方式的不同，可以得到其他二－十进制码，如 2421 码、5421 码、余 3 码等。

（2）格雷码　格雷码有多种编码形式，但所有的格雷码都有一个共同的特点：即从一个代码变为相邻的另一个代码时只有一位发生变化。表 6-2 所示给出了一种典型格雷码与十进制码及二进制码的对应关系。

表 6-2 典型格雷码与十进制码及二进制码的对应关系

十进制码	二进制码	格雷码
0	0000	0000
1	0001	0001
2	0010	0011
3	0011	0010
4	0100	0110
5	0101	0111
6	0110	0101
7	0111	0100
8	1000	1100
9	1001	1101
10	1010	1111
11	1011	1110
12	1100	1010
13	1101	1011
14	1110	1001
15	1111	1000

由表 6-2 可以看出，不仅两个相邻的格雷码之间只相差一位数码，而且整个 4 位二进制码的首、尾格雷码之间也只相差一位数码，所以格雷码又称为循环码。

其他编码方法表示的数码，在递增或递减过程中可能发生多位数码的变化。例如，8421 BCD 码表示的十进制数，从 7（0111）递增到 8（1000）时，4 位数码均发生了变化。由于数字电路中多位数码同时发生变化是不可能的，所以在变化过程中就会出现短暂的粗大错误。如第一位先变为 1，然后再其他位变为 0，就会出现从 0111 变到 1111 的粗大错误。而格雷码由于其任何两个代码（包括首、尾）均只差一位数码，所以用格雷码表示的数在递增或递减过程中不易产生差错。

（3）奇偶校验码　二进制信息在传送、存储过程中，可能会发生错误，即有的 1 错成 0，或者有的 0 错成 1。奇偶校验码是一种能检查出这类错误的可靠性编码。表 6-3 所示为 8421 BCD 码的奇校验码和偶校验码。

奇偶校验码由信息位和校验位两部分组成。信息位就是要传送的信息本身，可以是位数不限的二进制代码。例如，并行传送 8421 BCD 码，信息位就是 4 位；校验位是根据规定算法求得并附加在信息位后的冗余位。

奇偶校验码分为奇校验和偶校验两种。校验位产生的规则是：对于奇校验，若信息位中有奇数个 1，则校验位为 0，若信息位中有偶数个 1，则校验位为 1；对于偶校验，若信息位中有奇数个 1，则校验位为 1，若信息位中有偶数个 1，则校验位为 0。也即通过调节校验位的 0 或 1，使得整个代码中 1 的个数恒为奇数或者恒为偶数。

接收方对收到的加有校验位的代码进行校验，若信息位和校验位中 1 的个数的奇偶性符合约定的规则，则认为信息没有发生错误，否则可以确定信息已经出错。

奇偶校验码算法简单，实现容易，在计算机中有着广泛的应用。但奇偶校验码只能发现代码一位（或奇数位）出错，不能发现两位（或偶数位）出错。由于两位或两位以上出错的概率相当小，所以奇偶校验码用来检测代码在传送过程中的错误是相当有效的。

表 6-3 8421 BCD 码的奇校验码和偶校验码

十进制数	奇校验码		偶校验码	
	信息位	校验位	信息位	校验位
0	0000	1	0000	0
1	0001	0	0001	1
2	0010	0	0010	1
3	0011	1	0011	0
4	0100	0	0100	1
5	0101	1	0101	0
6	0110	1	0110	0
7	0111	0	0111	1
8	1000	0	1000	1
9	1001	1	1001	0

二、逻辑代数基本概念、公式和定理

1. 三种基本逻辑关系

在客观世界中，事物的发展变化通常都是有一定因果关系的。电灯的亮与灭决定于电源是否接通，如果电源接通了，电灯就会亮，否则就会灭。这里电源接通与否是因，电灯亮与不亮是果。这种因果关系，一般称为逻辑关系，反映和处理逻辑关系的数学工具，就是逻辑代数。逻辑代数又叫作布尔代数或开关代数。

因为数字电路的输出信号与输入信号之间的关系就是逻辑关系，所以数字电路的工作状态可以用逻辑代数来描述。

逻辑代数和普通代数一样，用字母代表变量。逻辑代数的变量称为逻辑变量。和普通代数不同的是，逻辑变量只有两种取值，可用常量 0 和 1 来表示。注意逻辑代数中的 0 和 1 并不表示数量的大小，而是表示两种对立的逻辑状态，如是和非、真和假、高和低、有和无、开和关等。

在客观世界中，最基本的逻辑关系只有与逻辑关系、或逻辑关系和非逻辑关系 3 种，所以逻辑代数中对变量的运算也只有与运算、或运算和非运算 3 种基本逻辑运算。其他任何复杂的逻辑运算都可以用这 3 种基本逻辑运算来实现。

（1）与逻辑关系　只有当决定一件事情的所有条件全部具备时，这件事情才会发生，这样的逻辑关系称为与逻辑关系。

实际生活中与逻辑关系的例子很多。例如，在图 6-1a 所示的电路中，电池 E 通过开关 A 和 B 向灯 Y 供电，只有 A 与 B 都闭合时，灯 Y 才会亮；A 和 B 中只要有一个不闭合或两者均不闭合时，灯 Y 不亮。所以对灯亮来说，开关 A、B 闭合是与逻辑关系。这一关系可以用表 6-4 所示的功能表来表示。

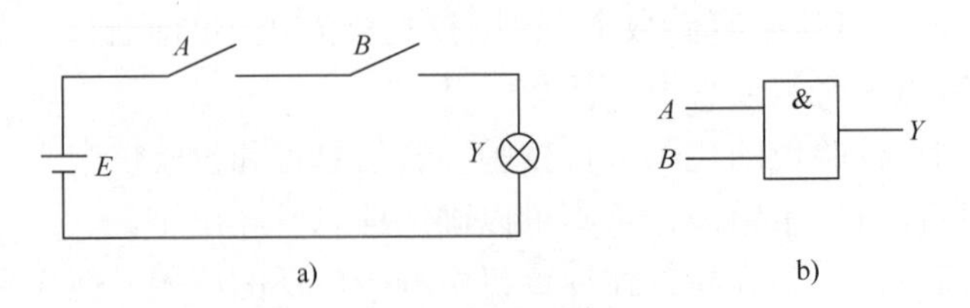

图 6-1　与运算电路和逻辑符号

a）电路　b）逻辑符号

如果用二元常量0和1来表示图6-1a所示电路的逻辑关系，把开关A、B和灯Y分别用A、B和Y表示，并用0表示开关断开和灯灭，用1表示开关闭合和灯亮，则可以得到表6-5所示的表格。这种用字母表示开关和电灯的过程称为设定变量，用二元常量0和1表示开关和电灯有关状态的过程称为状态赋值，经过状态赋值得到的反映开关状态和电灯亮灭之间逻辑关系的表格称为逻辑真值表，简称真值表。

表6-4　图6-1a所示电路的功能表

开关A	开关B	灯Y
断开	断开	灭
断开	闭合	灭
闭合	断开	灭
闭合	闭合	亮

表6-5　图6-1a所示电路的真值表

A	B	Y
0	0	0
0	1	0
1	0	0
1	1	1

注意：与运算除用真值表和逻辑表达式表示外，还可用逻辑符号表示，图6-1b所示为国家规定的标准符号。

由表6-5可知，Y与A、B之间的关系是：只有当A和B都是1时，Y才为1；否则Y为0。这一关系可用逻辑表达式表示为

$$Y=A\cdot B$$

式中小圆点“·”表示A、B的**与**运算，**与**运算又叫作逻辑乘，通常**与**运算符“·”可以省略。上式读作“Y等于A**与**B”，或者“Y等于A乘B”。由**与**运算的逻辑表达式$Y=A\cdot B$或表6-5所示的真值表，可知**与**运算的规律是：

$$0\cdot 0=0 \quad 0\cdot 1=0 \quad 1\cdot 0=0 \quad 1\cdot 1=1$$

（2）或逻辑关系　在决定一件事情的所有条件中，只要具备一个或一个以上的条件，这件事情就会发生，这样的逻辑关系称为**或**逻辑关系。

例如，在图6-2a所示的电路中，电池E通过开关A和B向灯Y供电，只要A或B或者两者都闭合，灯Y就会亮；A和B均不闭合时，灯Y不亮。所以对灯亮来说，开关A、B闭合是或逻辑关系。这一关系可以用表6-6所示的功能表来表示。设定变量并经状态赋值后，所得真值表见表6-7。

表6-6　图6-2a所示电路的功能表

开关A	开关B	灯Y
断开	断开	灭
断开	闭合	亮
闭合	断开	亮
闭合	闭合	亮

表6-7　图6-2a所示电路的真值表

A	B	Y
0	0	0
0	1	1
1	0	1
1	1	1

由表6-7可知，Y与A、B之间的关系是：只要A、B当中有一个或两者全是1时，Y就为1；若A和B全为0，则Y为0。这一关系可用逻辑表达式表示为

$$Y=A+B$$

式中符号“+”表示A、B的**或**运算，**或**运算又叫作逻辑加。上式读作“Y等于A**或**B”，或者“Y等于A加B”。由**或**运算的逻辑表达式$Y=A+B$或表6-7所示的真值表，可知**或**运算的规律是：

$$0+0=0 \quad 0+1=1 \quad 1+0=1 \quad 1+1=1$$

或运算也可用逻辑符号表示，如图6-2b所示为国家规定的标准符号。

(3) 非逻辑关系　当决定一件事情的条件不具备时，这件事情才会发生，这样的逻辑关系称为**非**逻辑关系。**非**就是相反，就是否定。例如，在图6-3a所示电路中，当开关A闭合时灯Y灭，而当开关A断开时灯Y亮。所以对灯亮来说，开关A闭合是一种**非**逻辑关系。这一关系可以用表6-8所示的功能表来表示，其真值表见表6-9。

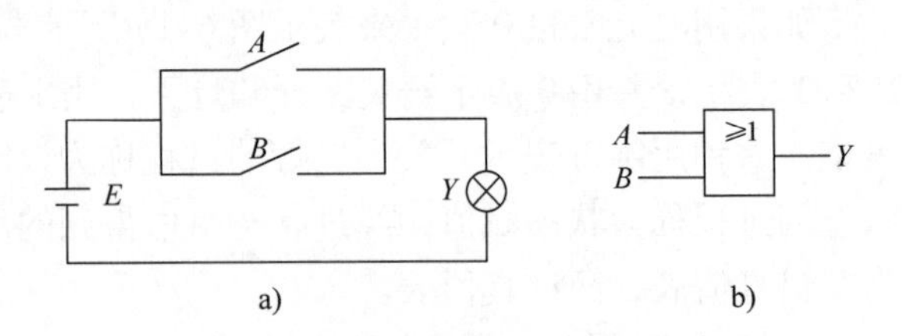

图6-2　或运算的电路和逻辑符号

a) 电路　b) 逻辑符号

由表6-9可知，Y与A之间的关系是：当$A=0$时，$Y=1$；而$A=1$时，则$Y=0$。这一关系可用逻辑表达式表示为

$$Y=\bar{A}$$

表6-8　图6-3a所示电路的功能表

开关A	灯Y
断开	亮
闭合	灭

表6-9　图6-3a所示电路的真值表

A	Y
0	1
1	0

式中字母A上方的符号“－”表示A的**非**运算或者反运算。上式读作“Y等于A **非**”，或者“Y等于A反”。显然，非运算的规律是：

$$\overline{0}=1 \qquad \overline{1}=0$$

非运算的逻辑符号如图6-3b所示，其为国家规定的标准符号。

除了与、或、非这3种基本逻辑运算之外，经常用到的还有由这3种基本运算构成的一些复合运算，它们是与非、或非、与或非、异或等运算，其逻辑符号如图6-4所示。

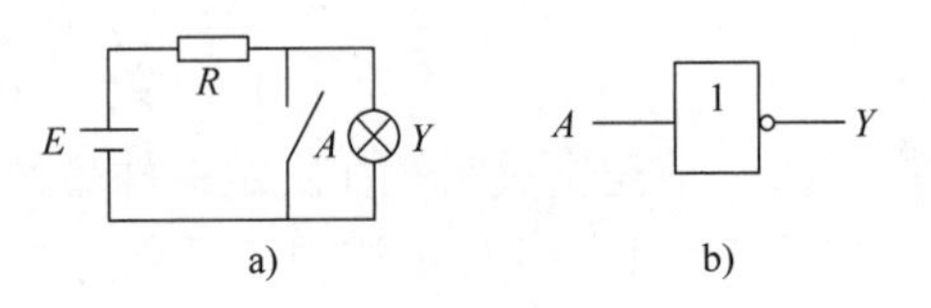

图6-3　非运算的电路和逻辑符号

a) 电路　b) 逻辑符号

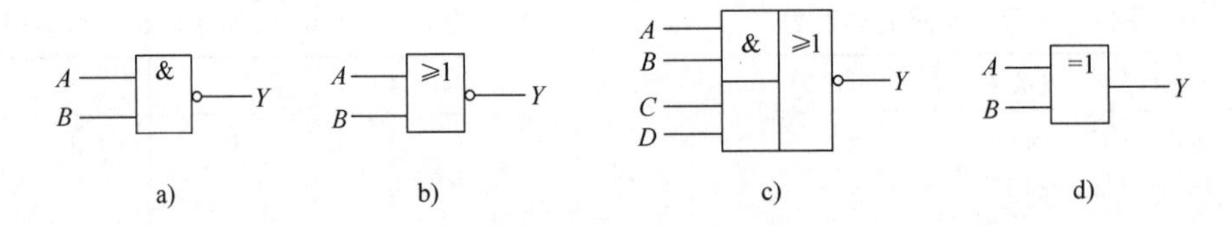

图6-4　常用逻辑运算的逻辑符号

a) 与非运算符号　b) 或非运算符号　c) 与或非运算符号　d) 异或运算符号

① 与非运算：逻辑表达式为$Y=\overline{A\cdot B}$。与非运算的规律是：$\overline{0\cdot 0}=1$，$\overline{0\cdot 1}=1$，$\overline{1\cdot 0}=1$，$\overline{1\cdot 1}=0$。也即变量全为1，表达式为0；只要有一个变量为0，表达式为1。

② 或非运算：逻辑表达式为$Y=\overline{A+B}$。或非运算的规律是：$\overline{0+0}=1$，$\overline{0+1}=0$，$\overline{1+0}=0$，$\overline{1+1}=0$。即变量全为0，表达式为1；只要有一个变量为1，表达式为0。

③ 与或非运算：逻辑表达式为$Y=\overline{AB+CD}$。与或非运算的规律遵从与运算、或运算、非运算的规律，运算的先后顺序为：先与运算，其次或运算，最后非运算。

④ 异或运算：逻辑表达式为$Y=A\overline{B}+\overline{A}B=A\oplus B$。异或运算的规律是：$A$、$B$取值相同（即$A=B=0$及$A=B=1$）时$Y=0$，$A$、$B$取值不同（即$A=0$、$B=1$及$A=1$、$B=0$）时$Y=1$。

在数字电路中，基本和常用逻辑运算应用十分广泛，是构成各种复杂逻辑运算的基础。实现这些逻辑运算的逻辑电路称为门电路。门电路是组成各种数字电路的基本单元。

2. 基本公式、定理和常用规则

（1）逻辑代数的公式和定理　根据逻辑变量的取值只有0和1，以及逻辑变量的**与**、**或**、**非**3种运算法则，可推导出逻辑运算的基本公式和定理。这些公式的证明，最直接的方法是列出等号两边函数的真值表，看看是否完全相同。也可利用已知的公式来证明其他公式。

1）常量之间的关系：因为在二值逻辑中只有0和1两个常量，逻辑变量的取值不是0就是1，而最基本的逻辑运算又只有**与**、**或**、**非**3种，所以常量之间的关系也只有**与**、**或**、**非**3种：

与运算：$0\cdot0=0$　$0\cdot1=0$　$1\cdot0=0$　$1\cdot1=1$

或运算：$0+0=0$　$0+1=1$　$1+0=1$　$1+1=1$

非运算：$\overline{1}=0$　$\overline{0}=1$

2）基本公式：

0－1律：$\begin{cases}A+0=A\\A\cdot1=A\end{cases}$　$\begin{cases}A+1=1\\A\cdot0=0\end{cases}$

互补律：$\begin{cases}A+\overline{A}=1\\A\cdot\overline{A}=0\end{cases}$

等幂律：$\begin{cases}A+A=A\\A\cdot A=A\end{cases}$

双重否定律：$\overline{\overline{A}}=A$

3）基本定理：

交换律：$\begin{cases}A\cdot B=B\cdot A\\A+B=B+A\end{cases}$

结合律：$\begin{cases}(A\cdot B)\cdot C=A\cdot(B\cdot C)\\(A+B)+C=A+(B+C)\end{cases}$

分配律：$\begin{cases}A\cdot(B+C)=A\cdot B+A\cdot C\\A+B\cdot C=(A+B)\cdot(A+C)\end{cases}$

证明：

$$\begin{aligned}(A+B)\cdot(A+C)&=A\cdot A+A\cdot B+A\cdot C+B\cdot C &&(\text{分配律})\\&=A+A\cdot B+A\cdot C+B\cdot C &&(\text{等幂律})\\&=A\cdot(1+B+C)+B\cdot C &&(\text{分配律})\\&=A+BC &&(0-1\text{ 律})\end{aligned}$$

反演律（又称为摩根定律）：

$$\begin{cases}\overline{A\cdot B\cdot C\cdot\cdots}=\overline{A}+\overline{B}+\overline{C}+\cdots\\\overline{A+B+C+\cdots}=\overline{A}\cdot\overline{B}\cdot\overline{C}\cdot\cdots\end{cases}$$

4）常用公式：

还原律：$\begin{cases}A\cdot B+A\cdot\overline{B}=A\\(A+B)\cdot(A+\overline{B})=A\end{cases}$

吸收律：$\begin{cases}A+A\cdot B=A\\A\cdot(A+B)=A\end{cases}$　$\begin{cases}A\cdot(\overline{A}+B)=A\cdot B\\A+\overline{A}\cdot B=A+B\end{cases}$

证明：
$$
\begin{aligned}
A+\overline{A}B &= (A+\overline{A})(A+B) &&（分配律）\\
&= 1\cdot(A+B) &&（互补律）\\
&= A+B
\end{aligned}
$$

冗余律：$A\cdot B+\overline{A}\cdot C+B\cdot C=A\cdot B+\overline{A}\cdot C$

证明：
$$
\begin{aligned}
AB+\overline{A}C+BC &= AB+\overline{A}C+(A+\overline{A})BC &&（互补律）\\
&= AB+\overline{A}C+ABC+\overline{A}BC &&（分配律）\\
&= AB(1+C)+\overline{A}C(1+B) &&（分配律）\\
&= AB+\overline{A}C &&（0-1 律）
\end{aligned}
$$

可以利用上述公式和定理来对逻辑表达式进行化简，也可以利用它们来证明两个逻辑表达式是否相等。例如，可以利用反演律、分配律和互补律来证明等式$\overline{A\,\overline{B}+\overline{A}B}=\overline{A}\,\overline{B}+AB$是否成立，证明如下：

$$
\begin{aligned}
\overline{A\,\overline{B}+\overline{A}B} &= \overline{A\,\overline{B}}\cdot\overline{\overline{A}B} &&（反演律）\\
&= (\overline{A}+B)(A+\overline{B}) &&（反演律）\\
&= A\,\overline{A}+\overline{A}\,\overline{B}+AB+B\,\overline{B} &&（分配律）\\
&= \overline{A}\,\overline{B}+AB &&（互补律）
\end{aligned}
$$

可见等式成立。

（2）逻辑代数运算的基本规则　逻辑代数有 3 个重要规则。利用这 3 个规则，可以得到更多的公式，也可以扩充公式的应用范围。

1）代入规则：任何一个含有变量 A 的等式，如果将所有出现 A 的位置都用同一个逻辑函数来代替，则等式仍然成立。这个规则就称为代入规则。

例如，已知等式$\overline{AB}=\overline{A}+\overline{B}$，用函数 $Y=AC$ 代替等式中的 A，根据代入规则，等式仍然成立，即有：

$$\overline{(AC)B}=\overline{AC}+\overline{B}=\overline{A}+\overline{B}+\overline{C}$$

据此可以证明 n 个变量的摩根定律成立。

2）反演规则：对于任何一个逻辑表达式 Y，如果将表达式中的所有“·”换成“+”，“+”换成“·”，“0”换成“1”，“1”换成“0”，原变量换成反变量，反变量换成原变量，那么所得到的表达式就是函数 Y 的反函数（或称为补函数）$\overline{Y}$。这个规则称为反演规则。

利用反演规则可以很容易地求出一个函数的反函数。需要注意的是，在运用反演规则求一个函数的反函数时，必须按照逻辑运算的优先顺序进行：先算括号，接着**与**运算，然后**或**运算，最后**非**运算，注意公共**非**号要保留。例如：

$Y=A\,\overline{B}+C\,\overline{D}E$　　　$\overline{Y}=(\overline{A}+B)(\overline{C}+D+\overline{E})$

$Y=A+\overline{B+\overline{C}+\overline{D+\overline{E}}}$　　　$\overline{Y}=\overline{A}\cdot\overline{B}\cdot\overline{\overline{C}\cdot\overline{\overline{D}\cdot E}}$

3）对偶规则：对于任何一个逻辑表达式 Y，如果将表达式中的所有“·”换成“+”，“+”换成“·”，“0”换成“1”，“1”换成“0”，而变量保持不变，则可得到的一个新的函数表达式 Y'，Y'称为函数 Y 的对偶函数。这个规则称为对偶规则。例如：

$Y=A\,\overline{B}+C\,\overline{D}E$　　　$Y'=(A+\overline{B})(C+\overline{D}+E)$

$Y=A+\overline{B+\overline{C}+\overline{D+\overline{E}}}$　　　$Y'=A\cdot\overline{B\cdot\overline{C}\cdot\overline{D\cdot\overline{E}}}$

由这些例子可以看出，如果 Y 的对偶函数为 Y'，则 Y'的对偶函数就是 Y，也就是 Y 和 Y'互为对偶函数。在求一个函数的对偶函数时，同样要注意运算的先后顺序。

对偶规则的意义在于：如果两个函数相等，则它们的对偶函数也相等。

利用对偶规则，可以使要证明及要记忆的公式数目减少1/2。例如，已知等式$A(B+C)=AB+AC$成立，则其对偶等式$A+BC=(A+B)(A+C)$也是成立的。

把上述反函数的例子与对偶函数的例子对照一下，可以看出，反函数和对偶函数之间在形式上只差变量的“非”。因此，若已求得一函数的反函数，只要将所有变量取反便得该函数的对偶函数，反之亦然。

三、逻辑函数的化简

1. 逻辑函数的标准与或式和最简式

一个逻辑函数的表达式可以有与或表达式、或与表达式、与非-与非表达式、或非-或非表达式、与或非表达式多种表示形式。一种形式的函数表达式相应于一种逻辑电路。尽管一个逻辑函数表达式的各种表示形式不同，但逻辑功能是相同的。例如：

$$
\begin{aligned}
Y &= \bar{A}B + AC && \text{与或表达式}\\
&= (A+B)(\bar{A}+C) && \text{或与表达式}\\
&= \overline{\overline{\bar{A}B}\cdot\overline{AC}} && \text{与非-与非表达式}\\
&= \overline{\overline{A+B}+\overline{\bar{A}+C}} && \text{或非-或非表达式}\\
&= \overline{\bar{A}\,\bar{B}+A\,\bar{C}} && \text{与或非表达式}
\end{aligned}
$$

其中与或表达式最为常见，同时与或表达式也比较容易和其他形式的表达式相互进行转换。函数的与或表达式就是将函数表示为若干个乘积项之和的形式，即若干个与项相或的形式。

（1）逻辑函数的最小项及其性质　如果一个函数的某个乘积项包含了函数的全部变量，其中每个变量都以原变量或反变量的形式出现，且仅出现一次，则这个乘积项称为该函数的一个标准积项，标准积项通常称为最小项。

根据最小项的定义可知：

一个变量A可组成两个最小项：A、$\bar{A}$。

两个变量A、B可组成4个最小项：$\bar{A}\,\bar{B}$、$\bar{A}B$、$A\,\bar{B}$、AB。

3个变量A、B、C可组成8个最小项：$\bar{A}\,\bar{B}\,\bar{C}$、$\bar{A}\,\bar{B}C$、$\bar{A}B\,\bar{C}$、$\bar{A}BC$、$A\,\bar{B}\,\bar{C}$、$A\,\bar{B}C$、$AB\,\bar{C}$、$ABC$。

一般地，n个变量可组成2^n个最小项。

为了叙述和书写方便，通常用符号m_i来表示最小项。其中下标i是这样确定的：把最小项中的原变量记为1，反变量记为0，当变量顺序确定后，可以按顺序排列成一个二进制数，则与这个二进制数相对应的十进制数，就是这个最小项的下标i。按照这个原则，3变量的8个最小项可以分别表示为：$m_0=\bar{A}\,\bar{B}\,\bar{C}$，$m_1=\bar{A}\,\bar{B}C$，$m_2=\bar{A}B\,\bar{C}$，$m_3=\bar{A}BC$，$m_4=A\,\bar{B}\,\bar{C}$，$m_5=A\,\bar{B}C$，$m_6=AB\,\bar{C}$，$m_7=ABC$。

为了分析最小项的性质，现将3个变量的全部最小项的真值表列于表6-10中。

观察表6-10可以看出，最小项具有下列三个主要性质：

① 对于任意一个最小项，只有一组变量取值使其值为1。

② 任意两个不同的最小项的乘积必为0。

③ 全部最小项的和必为1。

（2）逻辑函数的标准与或式　任一个逻辑函数均可以表示成一组最小项的和，这种表达式称为函数的最小项表达式，也称为函数的标准**与或**式，或称为函数的标准积之和形式。任何一个n变量的函数都有一个且仅有一个标准**与或**式。

反复使用公式$A+\bar{A}=1$和$A(B+C)=AB+AC$，可以求出函数的标准**与或**式。例如，设

$Y=\bar{A}+BC$，则：

$$
\begin{aligned}
Y &= \bar{A}(B+\bar{B})(C+\bar{C})+(A+\bar{A})BC \\
&= \bar{A}BC+\bar{A}B\bar{C}+\bar{A}\bar{B}C+\bar{A}\bar{B}\bar{C}+ABC+\bar{A}BC \\
&= \bar{A}\bar{B}\bar{C}+\bar{A}\bar{B}C+\bar{A}B\bar{C}+\bar{A}BC+ABC \\
&= m_0+m_1+m_2+m_3+m_7 \\
&= \sum m(0,1,2,3,7)
\end{aligned}
$$

表 6-10　3 变量全部最小项的真值表

A	B	C	m_0	m_1	m_2	m_3	m_4	m_5	m_6	m_7	$m_i \cdot m_j(i \neq j)$	$\sum m_i$
0	0	0	1	0	0	0	0	0	0	0	0	1
0	0	1	0	1	0	0	0	0	0	0	0	1
0	1	0	0	0	1	0	0	0	0	0	0	1
0	1	1	0	0	0	1	0	0	0	0	0	1
1	0	0	0	0	0	0	1	0	0	0	0	1
1	0	1	0	0	0	0	0	1	0	0	0	1
1	1	0	0	0	0	0	0	0	1	0	0	1
1	1	1	0	0	0	0	0	0	0	1	0	1

其中“$\sum$”表示**或**运算，括号中的数字表示最小项的下标值。如果列出了函数的真值表，则只要将函数值为 1 的那些最小项相加，便是函数的最小项表达式。

（3）反函数的标准与或式　如果将真值表中函数值为 0 的那些最小项相加，便可得到反函数的标准**与或**式。

（4）逻辑函数的最简式　根据逻辑表达式，可以画出相应的逻辑图。但是直接根据逻辑要求而归纳出来的逻辑表达式及其对应的逻辑电路，往往不是最简单的形式，这就需要对逻辑表达式进行化简。用化简后的逻辑表达式来构成逻辑电路，所需的门电路的数量最少，而且每个门电路的输入端数量也最少。

化简逻辑函数经常用到的方法有两种：一种是公式化简法，就是利用逻辑代数中的公式进行化简；另一种是图形化简法，用来进行化简的工具是卡诺图。

一个逻辑函数的最简表达式，可按照式中变量之间运算关系的不同，分为最简**与或**表达式、最简**与非－与**非表达式、最简**或与**表达式、最简**或非－或**非表达式和最简**与或非**表达式五种形式。这五种形式之间可以相互转化，知道其中一种形式就不难得出其他形式。只要得到了函数的最简**与或**表达式，再利用摩根定律进行适当变换，就可以得到其他几种类型的最简表达式。所以，对逻辑函数进行化简时，往往先将其化简为最简**与或**表达式，然后再根据需要将其转化为其他形式的最简表达式。

最简**与或**表达式，就是式中的乘积项最少，并且每个乘积项中的变量也最少的**与或**表达式。例如：

$$
\begin{aligned}
Y &= \bar{A}B\bar{E}+\bar{A}B+A\bar{C}+A\bar{C}E+B\bar{C}+B\bar{C}D \\
&= \bar{A}B+A\bar{C}+B\bar{C} \\
&= \bar{A}B+A\bar{C}
\end{aligned}
$$

显然，在函数 Y 的各个**与或**表达式中，表达式 $\bar{A}B+A\bar{C}$ 是最简的，因为该表达式中乘积项最少，并且每个乘积项中变量也最少。

2. 逻辑函数的公式化简法

公式化简法就是运用逻辑代数的基本公式、定理和规则来化简逻辑函数的一种方法。常用的有以下几种方法：

（1）并项法　利用公式 $A+\overline{A}=1$，将两项合并为一项，并消去一个变量。例如：

$$\begin{aligned}Y_1 &= ABC+\overline{A}BC+B\overline{C}=(A+\overline{A})BC+B\overline{C}\\ &= BC+B\overline{C}=B(C+\overline{C})=B\\ Y_2 &= ABC+A\overline{B}+A\overline{C}=ABC+A(\overline{B}+\overline{C})\\ &= ABC+A\overline{BC}=A(BC+\overline{BC})=A\end{aligned}$$

（2）吸收法　利用公式 $A+AB=A$，消去多余的项。例如：

$$Y_1=\overline{A}B+\overline{A}BCD(E+F)=\overline{A}B$$

$$\begin{aligned}Y_2 &= A+\overline{\overline{B}+\overline{CD}}+\overline{\overline{AD}\,\overline{B}}=A+BCD+AD+B\\ &= (A+AD)+(B+BCD)=A+B\end{aligned}$$

（3）配项法　利用公式 $A+A=A$，为某项配上其所能合并的项。例如：

$$\begin{aligned}Y &= ABC+AB\overline{C}+A\overline{B}C+\overline{A}BC\\ &= (ABC+AB\overline{C})+(ABC+A\overline{B}C)+(ABC+\overline{A}BC)\\ &= AB+AC+BC\end{aligned}$$

（4）消去冗余项法　利用冗余律 $AB+\overline{A}C+BC=AB+\overline{A}C$，将冗余项 BC 消去。例如：

$$\begin{aligned}Y &= A\overline{B}+AC+ADE+\overline{C}D\\ &= A\overline{B}+(AC+\overline{C}D+ADE)\\ &= A\overline{B}+AC+\overline{C}D\end{aligned}$$

3. 逻辑函数的图形化简法

图形化简法是将逻辑函数用卡诺图来表示，在卡诺图上进行函数化简的方法。图形化简法简便、直观，是逻辑函数化简的一种常用方法。

（1）卡诺图的构成　将逻辑函数真值表中的最小项重新排列成矩阵形式，并且使矩阵的横方向和纵方向的逻辑变量的取值按照格雷码的顺序排列（这是关键），这样构成的图形就是卡诺图。图 6-5 所示分别为 2 变量、3 变量和 4 变量的卡诺图。

如果一个逻辑函数的某两个最小项只有一个变量不同，其余变量均相同，则称这样的两个最小项为相邻最小项。如 ABC 和 $\overline{A}BC$、$A\overline{B}C\overline{D}$和 $A\overline{B}CD$。相邻最小项可以合并消去一个变量，如 $A\overline{B}C+A\overline{B}\,\overline{C}=A\overline{B}(C+\overline{C})=A\overline{B}$，$AB\overline{CD}+A\overline{B}\,\overline{CD}=A\,\overline{CD}$。逻辑函数化简的实质就是相邻最小项的合并。

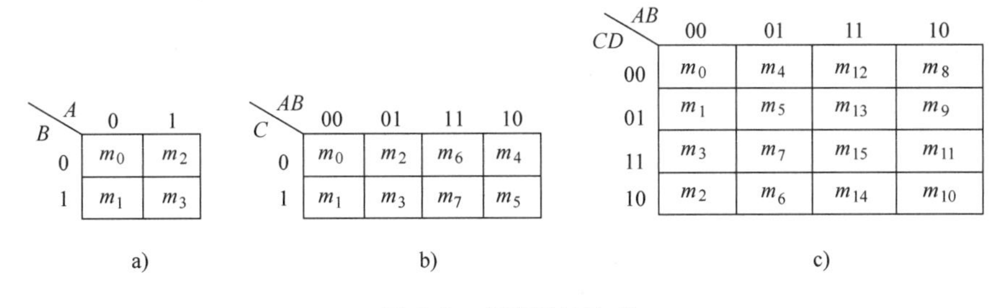

图 6-5　卡诺图的构成

a）2 变量卡诺图　b）3 变量卡诺图　c）4 变量卡诺图

卡诺图的特点是任意两个相邻的最小项在图中也是相邻的，并且图中最左列的最小项与最右列的相应最小项也是相邻的；最上面一行的最小项与最下面一行的相应最小项也是相邻的。因此，每个 2 变量的最小项有两个最小项与它相邻；每个 3 变量的最小项有 3 个最小项与它相邻；

每个 4 变量的最小项有 4 个最小项与它相邻。

（2）逻辑函数在卡诺图上的表示　如果逻辑函数是以真值表或者以最小项表达式给出的，只要在卡诺图上那些与给定逻辑函数的最小项相对应的方格内填入 1，其余的方格内填入 0，即得到该函数的卡诺图。

例如，对于函数 $Y(A, B, C, D) = \sum m(1, 3, 4, 6, 7, 11, 14, 15)$，在与最小项 m_1、m_3、m_4、m_6、m_7、m_{11}、m_{14}及 m_{15}相对应的方格内填入 1，其余方格内填入 0，即得该函数的卡诺图，如图 6-6 所示。

如果逻辑函数是以一般的逻辑表达式给出的，可先将函数变换为**与或**表达式（不必变换为最小项之和的形式），然后在卡诺图上与每一个乘积项所包含的那些最小项（该乘积项就是这些最小项的公因子）相对应的方格内填入 1，其余的方格内填入 0，即得到该函数的卡诺图。

例如，对于函数 $Y=\overline{(A+D)(B+\overline{C})}$，将其变换为**与或**表达式 $Y=\overline{A}\,\overline{D}+\overline{B}C$，乘积项 $\overline{A}\,\overline{D}$ 所包含的最小项有 m_0、m_2、m_4、m_6，乘积项 $\overline{B}C$ 所包含的最小项有 m_2、m_3、m_{10}、m_{11}，在和这些最小项相对应的方格（即与 $AD=00$ 及 $BC=01$ 相应的方格）内填入 1，其余的方格内填入 0，即得该函数的卡诺图，如图 6-7 所示。

CD \ AB	00	01	11	10
00	0	1	0	0
01	1	0	0	0
11	1	1	1	1
10	0	1	1	0

图 6-6　$Y=\sum m$（1，3，4，6，7，11，14，15）的卡诺图

CD \ AB	00	01	11	10
00	1	1	0	0
01	0	0	0	0
11	1	0	0	1
10	1	1	0	1

图 6-7　$Y=\overline{(A+D)(B+\overline{C})}$ 的卡诺图

（3）卡诺图的性质　卡诺图具有如下性质：

1）卡诺图上任何两个（2^1 个）标 1 的相邻最小项，可以合并为一项，并消去一个变量。

这种合并，在卡诺图中表示为把两个标 1 的方格圈在一起，并将圈中互反变量因子消去，保留共有变量因子。

2）卡诺图上任何 4 个（2^2 个）标 1 的相邻最小项，可以合并为一项，并消去两个变量。

例如，在图 6-8a 中，最小项 m_0、m_2、m_8和 m_{10}彼此相邻，它们可以合并，即：$(m_0+m_2)+(m_8+m_{10})=\overline{A}\,\overline{B}\,\overline{D}+A\overline{B}\,\overline{D}=\overline{B}\,\overline{D}$；最小项 m_5、m_7、m_{13}和 m_{15}也彼此相邻，它们合并的结果为 $m_5+m_7+m_{13}+m_{15}=BD$。这样可得该图合并后的函数表达式为

$$Y=\overline{B}\,\overline{D}+BD$$

根据同样的道理，将图 6-8b 中的相邻最小项合并后，可得函数表达式为

$$Y=B\overline{D}+\overline{B}D$$

CD \ AB	00	01	11	10
00	1	0	0	1
01	0	1	1	0
11	0	1	1	0
10	1	0	0	1

a)

CD \ AB	00	01	11	10
00	0	1	1	0
01	1	0	0	1
11	1	0	0	1
10	0	1	1	0

b)

CD \ AB	00	01	11	10
00	1	0	0	0
01	1	1	1	1
11	1	0	0	0
10	1	0	0	0

c)

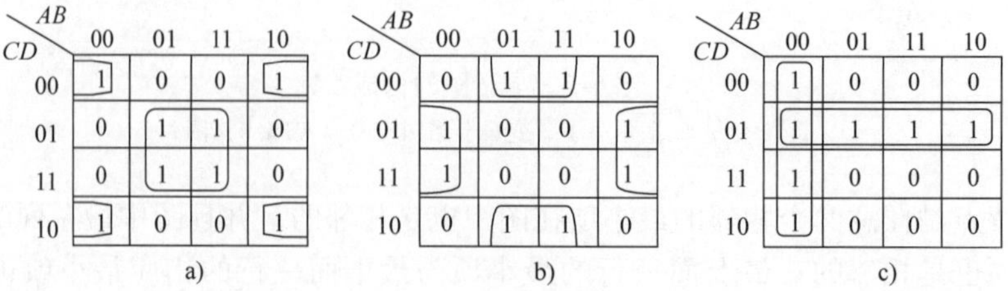

图 6-8　4 个相邻最小项合并的情况

将图6-8c中的相邻最小项合并后，可得函数表达式为

$$Y=\overline{A}\,\overline{B}+\overline{C}D$$

由上述性质可知，相邻最小项的数目必须为2^i个才能合并为一项，并消去i个变量。包含的最小项数目越多，即由这些最小项所形成的圈越大，消去的变量也就越多，从而所得到的逻辑表达式就越简单。这就是利用卡诺图化简逻辑函数的基本原理。

（4）图形法化简的基本步骤　根据上述原理，利用卡诺图化简逻辑函数可按以下步骤进行：

1）将逻辑函数正确地用卡诺图表示出来。

2）合并最小项。在合并画圈时，每个圈所包含的方格数目必须为2^i个，并可根据需要将一些方格同时画在几个圈内，但每个圈都要有新的方格，否则它就是多余的，同时不能漏掉任何一个方格。此外，要求圈的个数最少，并且每个圈所包围的方格数目最多，这样化简后函数的乘积项最少，且每个乘积项的变量也最少，即化简后的函数才是最简的。

3）将代表每个圈的乘积项相加，即得到函数的最简**与或**表达式。

四、逻辑函数的表示方法及相互转换

1. 几种逻辑函数的表示方法

逻辑函数有五种表示形式：真值表、逻辑表达式、卡诺图、逻辑图和波形图。只要知道其中一种表示形式，就可转换为其他几种表示形式。

（1）真值表　真值表就是由变量的所有可能取值组合及其对应的函数值所构成的表格。这是一种用表格表示逻辑函数的方法。

真值表的列写方法是：每一个变量均有0、1两种取值，n个变量共有2^n种不同的取值，将这2^n种不同的取值按顺序排列起来，一般按二进制递增规律（这样既不会重复，又不会遗漏）排列，同时在相应位置上填入函数的值，便可得到逻辑函数的真值表。

（2）逻辑表达式　逻辑表达式就是由逻辑变量和**与**、**或**、**非**三种运算符连接起来所构成的式子。这是一种用公式表示逻辑函数的方法。

如果已经列出了函数的真值表，则只要将那些使函数值为1的最小项加起来，就可以得到函数的标准**与或**表达式。

用逻辑表达式表示函数，便于利用逻辑代数的公式和定理进行运算和变换，也便于用逻辑图来实现函数，其缺点是不够直观。

（3）卡诺图　卡诺图就是由表示变量的所有可能取值组合的小方格所构成的图形。卡诺图是真值表中各项的二维排列方式，是真值表的一种变形。在卡诺图中，真值表的每一行用一个小方格来表示。

利用卡诺图表示逻辑函数的方法是：在那些使函数值为1的变量取值组合所对应的小方格内填入1，其余的方格内填入0，便得到该函数的卡诺图。

卡诺图的排列方式不仅比真值表紧凑，而且便于对函数进行化简。但对于5变量以上的卡诺图，因变量增多，卡诺图变得相当复杂，这时用卡诺图来对函数进行化简也变得相当困难，因此应用较少。

（4）逻辑图　逻辑图就是由表示逻辑运算的逻辑符号构成的图形。在数字电路中，用逻辑符号表示基本单元电路及由这些基本单元电路组成的部件，因此，用逻辑图表示逻辑函数是一种比较接近工程实际的表示方法。

例如，函数$Y=\overline{A}\,\overline{B}\,\overline{C}+\overline{A}BC+A\overline{B}C+AB\overline{C}=\overline{A\oplus B\oplus C}$可以用图6-9所示的逻辑图来表示。

（5）波形图　波形图就是由输入变量的所有可能取值组合的高、低电平及其对应的输出函数值的高、低电平所构成的图形。波形图可以将输出函数的变化和输入变量的变化之间在时间上

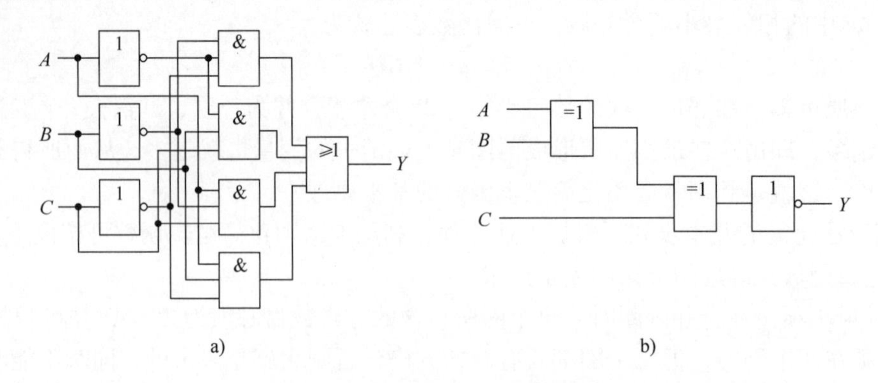

图 6-9　判偶函数的逻辑图

a）用**与**、**或**、**非**逻辑实现　b）用**异或**、**非**逻辑实现

的对应关系直观地表示出来，因此又称为时间图或时序图。此外，可以利用示波器对电路的输入、输出波形进行测试、观察，以判断电路的输入、输出是否满足给定的逻辑关系。对于函数 $Y=\overline{A}\,\overline{B}\,\overline{C}+\overline{A}BC+A\overline{B}C+AB\overline{C}=\overline{A\oplus B\oplus C}$，可以用图 6-10 所示的波形图来表示。

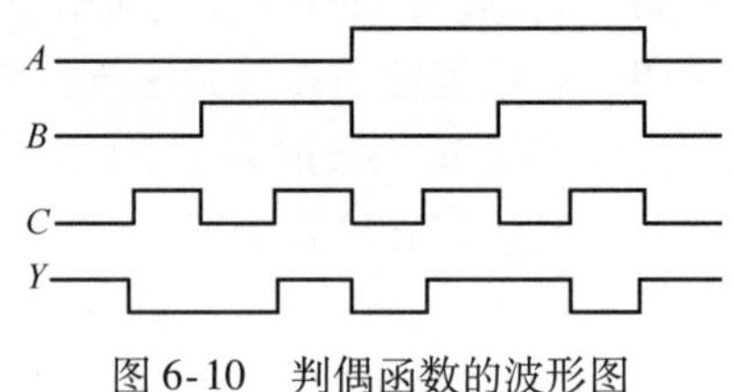

图 6-10　判偶函数的波形图

画波形图时要特别注意，横坐标是时间轴，纵坐标是变量取值。由于时间轴相同，变量取值又十分简单，只有 0（低）和 1（高）两种可能，所以在图中可不标出坐标轴。具体画波形时，一定要对应起来画。

2. 逻辑函数几种表示方法之间的转换

逻辑函数的 5 种表示方法在本质上是相通的，可以互相转换。其中最为重要的是真值表与逻辑图之间的转换。

由真值表到逻辑图的转换可按以下步骤进行：

1）根据真值表写出函数的**与或**表达式，或者画出函数的卡诺图。

2）用公式法或者图形法进行化简，求出函数的最简**与或**表达式。

3）根据函数的最简表达式画逻辑图，有时还要对**与或**表达式进行适当变换，才能画出所需要的逻辑图。

［例 6-6］　输出变量 Y 是输入变量 A、B、C 的函数，当 A、B、C 的取值不一样时 $Y=1$，否则 $Y=0$。列出此问题的真值表，并画出逻辑图。

解：(1) 根据题意可以列出函数的真值表，见表 6-11。由真值表写出函数的逻辑表达式为

$$Y=\sum m(1,2,3,4,5,6)$$

根据真值表画出函数的卡诺图，如图 6-11 所示。

表 6-11　［例 6-6］的真值表

A	B	C	Y
0	0	0	0
0	0	1	1
0	1	0	1
0	1	1	1
1	0	0	1
1	0	1	1
1	1	0	1
1	1	1	0

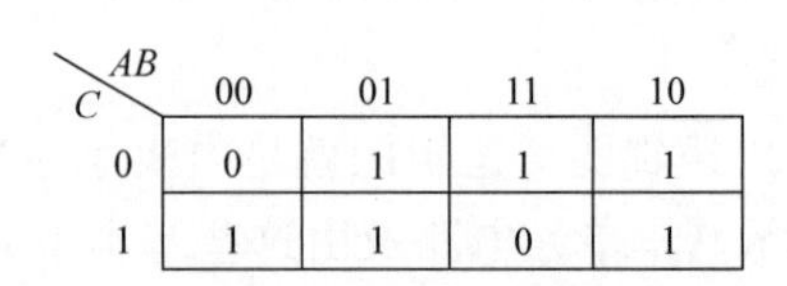

图 6-11　［例 6-6］逻辑图

（2）进行化简。用图形法，合并函数的最小项，得函数的最简**与或**表达式为

$$Y=A\overline{B}+B\overline{C}+\overline{A}C$$

（3）画逻辑图。根据上式可画出函数的逻辑图，如图6-12a所示。

如果要用**与非**运算符号实现，则应先将函数的最简**与或**表达式转换为最简**与非-与非**表达式为

$$Y=\overline{\overline{A\overline{B}+B\overline{C}+\overline{A}C}}=\overline{\overline{A\overline{B}}\cdot\overline{B\overline{C}}\cdot\overline{\overline{A}C}}$$

根据上式画出的逻辑图如图6-12b所示。

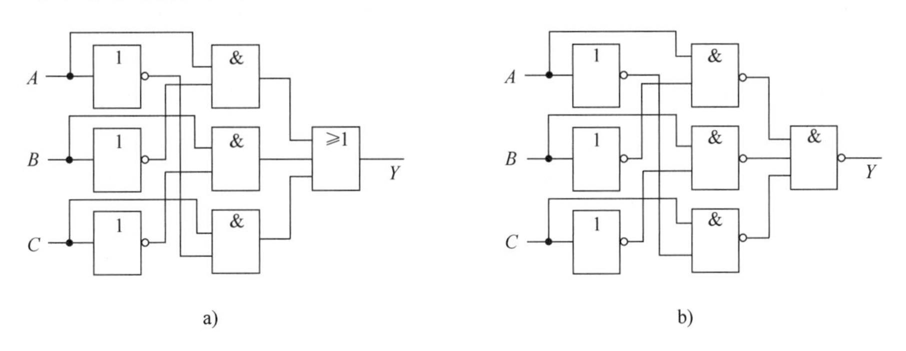

图6-12　［例6-6］的逻辑图

a）用与、或、非逻辑实现　b）用与非和非逻辑实现

任务二　掌握集成逻辑门电路的组成与特性

实现基本逻辑运算的电子电路叫作逻辑门电路，简称门电路。例如，实现与运算的电路叫与门，实现或运算的电路叫作或门，实现非运算的电路叫作非门，也叫作反相器。类似地，实现与非、或非、与或非、异或等运算的电路，分别叫作与非门、或非门、与或非门、异或门。在数字电路中，门电路就是实现输入信号与输出信号之间逻辑关系的电路。最基本的逻辑关系只有与、或、非3种，其他任何复杂的逻辑关系都可以用这3种逻辑关系来表示。所以，最基本的逻辑门是与门、或门和非门。

一、基本逻辑门电路

1. 与门电路

实现与逻辑关系的电路称为**与门**。由二极管构成的双输入**与**门电路及其符号如图6-13所示。图中A、B为输入信号，Y为输出信号。输入信号为5V或0V。

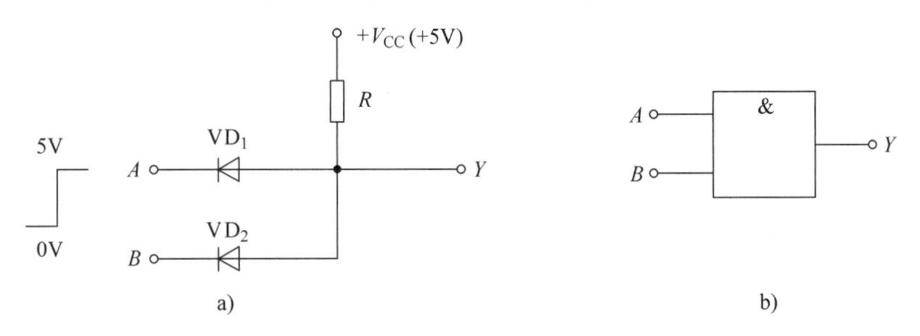

图6-13　二极管构成的双输入**与**门电路及其符号

a）电路　b）逻辑符号

1）$u_A=u_B=0V$时，二极管VD_1、VD_2都处于正向导通状态，所以：

$$u_Y = u_{VD1} + u_A = (0.7+0)V = 0.7V$$

2）$u_A = 0V$，$u_B = 5V$ 时，电源将经电阻 R 向处于 0V 电位的 A 端流通电流，VD_1 优先导通。VD_1 导通后，$u_Y = u_{VD1} + u_A = (0.7+0)V = 0.7V$，将 Y 点电位钳制在 0.7V，使 VD_2 受反向电压而截止，所以 $u_Y = 0.7V$。

3）$u_A = 5V$，$u_B = 0V$ 时，VD_2 优先导通，使 Y 点电位钳制在 0.7V，此时，VD_1 受反向电压而截止，$u_Y = 0.7V$。

4）$u_A = u_B = 5V$ 时，VD_1、VD_2 都受反向电压截止，$u_Y = V_{CC} = 5V$。

把上述分析结果归纳列于表 6-12 中，可见图 6-13 所示的电路满足与逻辑关系：只有所有输入信号都是高电平时，输出信号才是高电平，否则输出信号为低电平，所以这是一种**与**门。把高电平用 1 表示，低电平用 0 表示，输入 u_A、u_B 用 A、B 表示，输出 u_Y 用 Y 表示，代入表 6-12 中，则得到表 6-13 所示的逻辑真值表。

表 6-12　双输入与门的输入和输出电平关系

输入		输出
u_A/V	u_B/V	u_Y/V
0	0	0.7
0	5	0.7
5	0	0.7
5	5	5

表 6-13　双输入与门的逻辑真值表

输入		输出
A	B	Y
0	0	0
0	1	0
1	0	0
1	1	1

由表 6-13 可知，Y 与 A、B 之间的关系是：只有当 A、B 都是 1 时，Y 才为 1；否则 Y 为 0，满足**与**逻辑关系，可用逻辑表达式表示为

$$Y = A \cdot B$$

2. 或门电路

实现或逻辑关系的电路称为**或**门。由二极管构成的双输入**或**门电路及其符号如图 6-14 所示。图中 A、B 为输入信号，Y 为输出信号，输入信号为 5V 或 0V。

1）$u_A = u_B = 0V$ 时，二极管 VD_1、VD_2 都处于截止状态，$u_Y = 0V$。

2）$u_A = 0V$，$u_B = 5V$ 时，VD_2 导通。VD_2 导通后，$u_Y = u_B - u_{VD_2} = (5-0.7)V = 4.3V$，使 Y 点处于高电位，VD_1 受反向电压而截止。

3）$u_A = 5V$，$u_B = 0V$ 时，VD_1 导通，VD_2 受反向电压而截止，$u_Y = 4.3V$。

4）$u_A = u_B = 5V$ 时，VD_1、VD_2 都导通，$u_Y = 4.3V$。

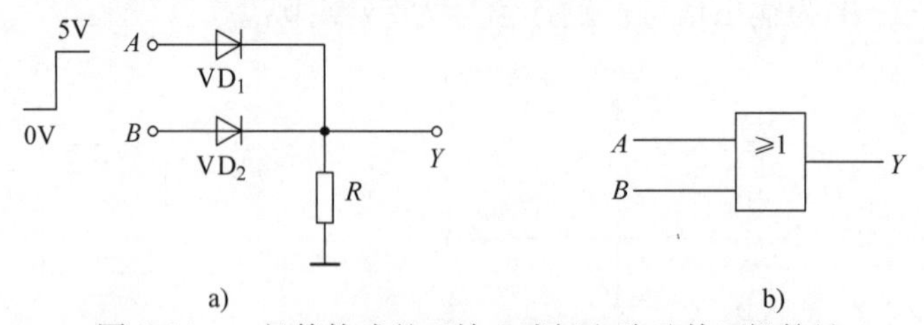

图 6-14　二极管构成的双输入**或**门电路及其逻辑符号

a）电路　b）逻辑符号

输入和输出的电平关系及真值表分别见表 6-14 和表 6-15。

由表 6-15 可知，Y 与 A、B 之间的关系是：A、B 中只要有一个或一个以上是 1 时，Y 就为 1，只有当 A、B 全为 0 时 Y 才为 0，满足**或**逻辑关系，可用逻辑表达式表示为

$$Y = A + B$$

表6-14 双输入或门的输入和输出电平关系

输入		输出
u_A/V	u_B/V	u_Y/V
0	0	0
0	5	4.3
5	0	4.3
5	5	4.3

表6-15 双输入或门的逻辑真值表

输入		输出
A	B	Y
0	0	0
0	1	1
1	0	1
1	1	1

3. 非门电路

实现非逻辑关系的电路称为**非**门，也称为反相器。

图6-15所示为双极型晶体管**非**门的原理电路及其逻辑符号。

图中 $R_c=1\text{k}\Omega$，$R_b=4.3\text{k}\Omega$，$V_{CC}=5\text{V}$，晶体管的 $\beta=30$，$u_{BE}=0.7\text{V}$，$U_{CES}=0.3\text{V}$。输入信号电压 U_A 为0V或5V。

1）当 $u_A=0\text{V}$ 时，晶体管截止，$i_B=0$，$i_C=0$，输出电压 $u_Y=V_{CC}=5\text{V}$。

2）当 $u_A=5\text{V}$ 时，晶体管导通。此时的基极电流为

$$i_B=\frac{u_i-u_{BE}}{R_b}=\frac{5-0.7}{4.3}\text{mA}=1\text{mA}$$

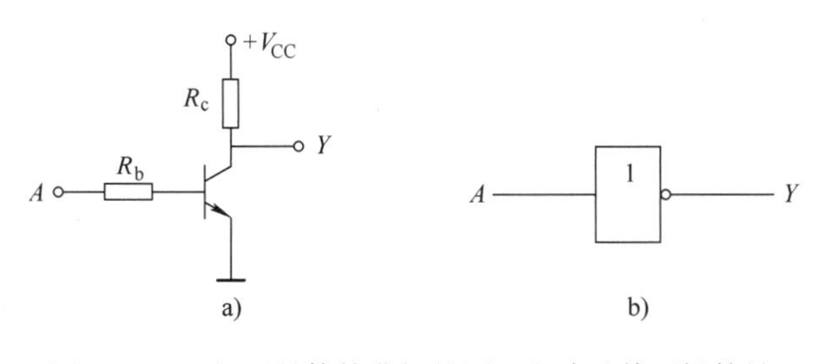

图6-15 双极型晶体管**非**门的原理电路及其逻辑符号

a）电路 b）逻辑符号

而晶体管临界饱和时的基极电流为

$$I_{BS}=\frac{u_A-U_{CES}}{\beta R_c}=\frac{5-0.3}{30\times1}\text{mA}=0.16\text{mA}$$

因为 $i_B>I_{BS}$，所以晶体管工作在饱和状态。此时输出电压 $u_Y=U_{CES}=0.3\text{V}$。

输入和输出的电平关系及真值表分别见表6-16和表6-17。

表6-16 非门的输入和输出电平关系

输入	输出
u_A/V	u_Y/V
0	5
5	0.3

表6-17 非门的逻辑真值表

输入	输出
A	Y
0	1
1	0

由表6-17可知，Y 与 A 之间的关系是：$A=0$ 时，$Y=1$；$A=1$ 时，$Y=0$，满足非逻辑关系。逻辑表达式表示为

$$Y=\overline{A}$$

图6-16所示是MOS晶体管**非**门的原理电路及其逻辑符号。输入电压 u_A 的低电平为0V，高电平为10V。MOS晶体管的开启电压 $U_T=2\text{V}$。

1）当 $u_A=0V$ 时，由于 $u_{GS}=u_A=0V$，小于开启电压 $U_T=2V$，所以 MOS 晶体管截止，输出电压为 $u_Y=V_{DD}=10V$。

2）当 $u_A=10V$ 时，由于 $u_{GS}=u_A=10V$，大于开启电压 U_T，所以 MOS 晶体管导通，且工作在可变电阻区，导通电阻很小，只有几百欧姆，输出电压为 $u_Y\approx0V$。

输入和输出的电平关系及真值表分别与表 6-16 和表 6-17 相同。

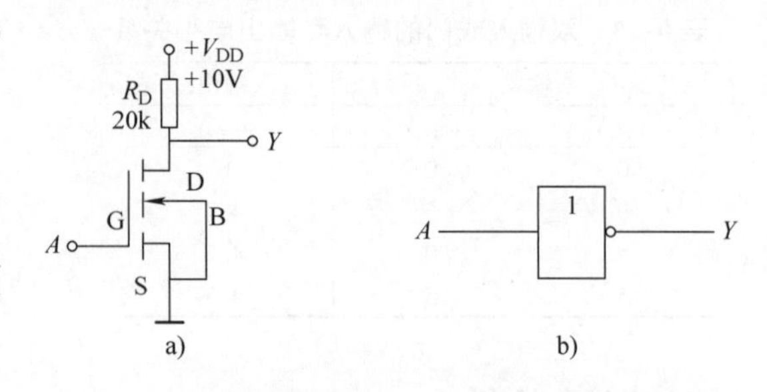

图 6-16　MOS 晶体管非门的原理电路和逻辑符号
a）电路　b）逻辑符号

二、TTL 集成逻辑门电路

1. TTL 与非门

以半导体器件为基本单元，集成在一块硅片上，并具有一定逻辑功能的电路称为逻辑集成电路。输入端和输出端都用双极型晶体管的逻辑电路称为晶体管 - 晶体管逻辑电路，简称 TTL 电路。TTL 电路的开关速度较高，其缺点是功耗较大。

图 6-17 所示为 TTL **与非**门的电路结构。图中输入级 VT_1 是一个多发射结晶体管，VT_2 为中间反相级，VT_3、VT_4、VT_5 为输出级。其工作原理如下：

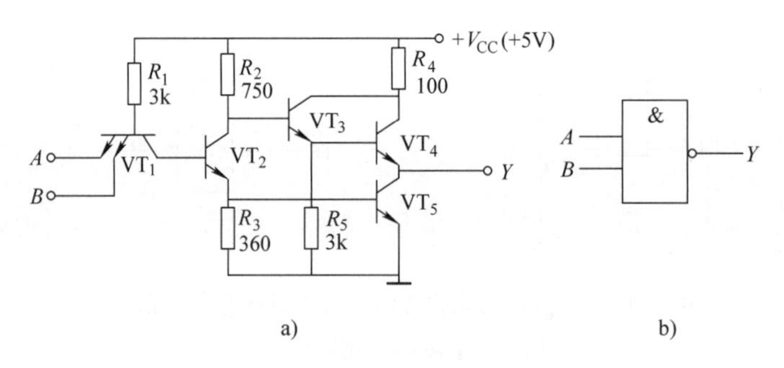

图 6-17　TTL **与非**门原理电路和逻辑符号
a）电路　b）逻辑符号

（1）输入信号不全为 1 的情况　当输入端有一个或几个接低电平（+0.3V）时，对应于输入端接低电平的发射结导通，VT_1 的基极电位等于输入低电平加上发射结正向电压，$u_{B1}=(0.3+0.7)V=1V$。因为要使晶体管 VT_2、VT5 导通，必须使 $u_{B1}=u_{BC1}+u_{B2}+u_{B5}=(0.7+0.7+0.7)V=2.1V$，所以 VT_2、VT_5 截止。由于 VT_2 截止，其集电极电位接近于 V_{CC}，于是电源 V_{CC} 经过电阻 R_2 向晶体管 VT_3、VT_4 提供基极电流而使 VT_3、VT_4 导通，所以输出端的电位为

$$u_Y=V_{CC}-i_{B3}R_2-u_{BE3}-u_{BE4}$$

因为 i_{B3} 很小，可以忽略不计，电源电压 $V_{CC}=5V$，于是：

$$u_Y\approx(5-0.7-0.7)V=3.6V$$

即输出 Y 为高电平。由于 VT_5 截止，当接负载后，有电流从 V_{CC} 经 R_4 流向每个负载门，这种电流称为拉电流。

（2）输入信号全为 1 的情况　当输入端全部接高电平（+3.6V）时，VT_1 的几个发射结都处于反向偏置，电源 V_{CC} 经过电阻 R_1 向 VT_2、VT_5 提供足够的基极电流而使 VT_2、VT_5 饱和导通，所以输出电位为

$$u_Y=U_{CES5}=0.3V$$

即输出 Y 为低电平。此时 VT_1 的基极电位 $u_{B1}=u_{BC1}+u_{BE2}+u_{BE5}=(0.7+0.7+0.7)V=$

2.1V，VT_2 集电极电位 $u_{C2}=u_{CES2}+u_{BE5}=(0.3+0.7)V=1V$，此值大于 VT_3 的发射结正向电压，使 VT_3 导通。由于 $u_{B4}=u_{E3}=u_{C2}-u_{BE3}=(1-0.7)V=0.3V$，所以 VT_4 必然截止。由于 VT_4 截止，当接负载后，VT_5 的集电极电流全部由外接负载门灌入，这种电流称为灌电流。

综上所述，图 6-17 所示电路的输入与输出之间的逻辑关系为**与非**逻辑关系，即输入有 0 时输出为 1，输入全 1 时输出为 0，实现了**与非**逻辑运算，是**与非**门，即

$$Y=\overline{A\cdot B}$$

图 6-18 所示是两种 TTL 集成**与非**门 74LS00 和 74LS20 的引脚排列。74LS00 内含 4 个 2 输入**与非**门，74LS20 内含 2 个 4 输入**与非**门。

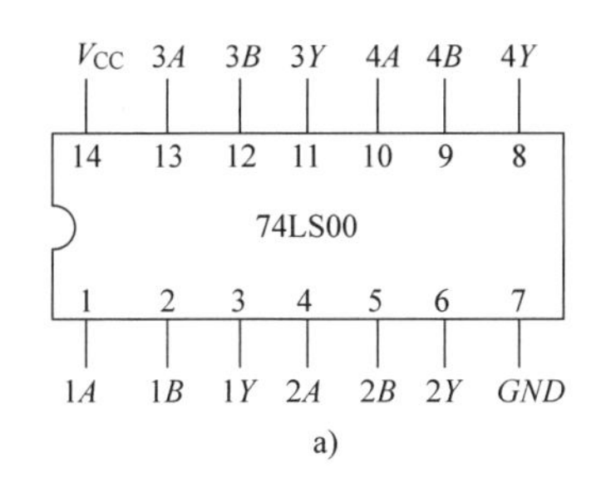

a)

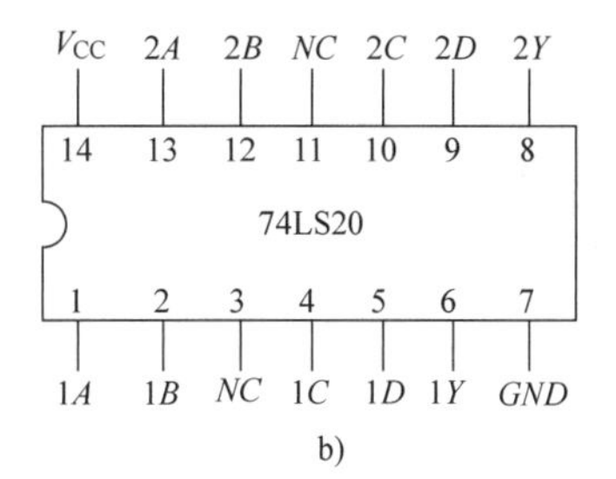

b)

图 6-18 TTL 与非门 74LS00 和 74LS20 的引脚排列
a）74LS00 b）74LS20

TTL 集成电路参数很多，这里以 TTL **与非**门为例介绍一些反映性能的主要参数。

1）输出高电平 U_{OH}：TTL **与非**门的一个或几个输入为低电平时的输出电平。产品规范值 $U_{OH}\geqslant 2.4V$，标准高电平 $U_{SH}=2.4V$。

2）高电平输出电流 I_{OH}：输出为高电平时，提供给外接负载的最大输出电流，超过此值会使输出高电平下降。I_{OH}表示电路的拉电流负载能力。

3）输出低电平 U_{OL}：TTL **与非**门的输入全为高电平时的输出电平。产品规范值 $U_{OL}\leqslant 0.4V$，标准低电平 $U_{SL}=0.4V$。

4）低电平输出电流 I_{OL}：输出为低电平时，外接负载的最大输出电流，超过此值会使输出低电平上升。I_{OL}表示电路的灌电流负载能力。

5）扇出系数 N_O：指一个门电路能带同类门的最大数目，它表示门电路的带负载能力。一般 TTL 门电路扇出系数 $N_O\geqslant 8$，功率驱动门的 N_O 可达 25。

6）最大工作频率 f_{max}：超过此频率电路就不能正常工作。

7）输入开门电平 U_{ON}：是在额定负载下使**与非**门的输出电平达到标准低电平 U_{SL}时的输入电平。它表示使**与非**门开通的最小输入电平。一般 TTL 门电路的 $U_{ON}\approx 1.8V$。

8）输入关门电平 U_{OFF}：使**与非**门的输出电平达到标准高电平 U_{SH}时的输入电平。它表示使**与非**门关断所需的最大输入电平。一般 TTL 门电路的 $U_{OFF}\approx 0.8V$。

9）高电平输入电流 I_{IH}：输入为高电平时的输入电流，即当前级输出为高电平时，本级输入电路造成的前级拉电流。

10）低电平输入电流 I_{IL}：输入为低电平时的输出电流，即当前级输出为低电平时，本级输入电路造成的前级灌电流。

11）平均传输时间 t_{pd}：信号通过**与非**门时所需的平均延迟时间。在工作频率较高的数字电路中，信号经过多级传输后造成的时间延迟，会影响电路的逻辑功能。

12）空载功耗：**与非**门空载时电源总电流 I_{CC}与电源电压 V_{CC}的乘积。

上述参数指标可以在 TTL 集成电路手册里查到。对于功能复杂的 TTL 集成电路，在使用时还要参考手册上提供的波形图（或时序图）、真值表（或功能表），以及引脚信号电平的要求，这样才能正确使用各类 TTL 集成电路。

2. TTL 反相器

TTL 反相器电路如图 6-19a 所示，除了输入级 VT_1 由多发射级晶体管改为单发射极晶体管外，其余部分 TTL **与非**门完全一样。图 6-19b 所示为集成反相器 74LS04 的引脚排列，74LS04 中包含 6 个相互独立的反相器。

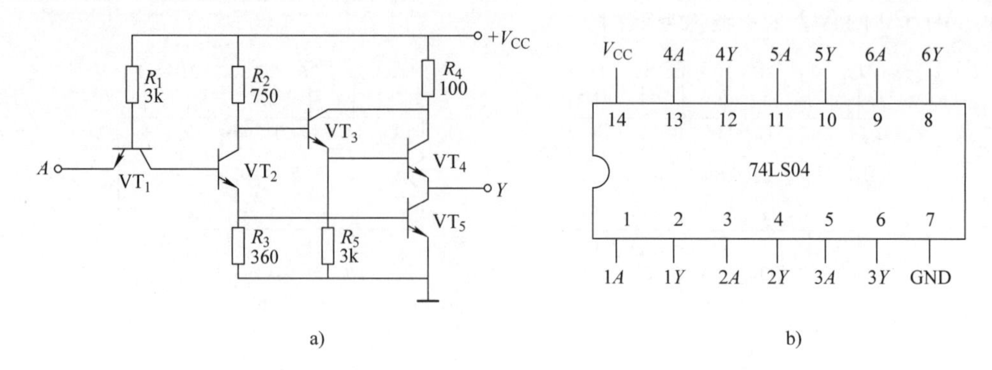

图 6-19　TTL 反相器电路和集成 TTL 反相器 74LS04 的引脚排列
a）电路　b）74LS04 的引脚排列

由图 6-19a 可知，当 $A=0$，即为低电平时，VT_1 基极电流都将流向发射极，因此 VT_2、VT_5 截止，VT_3、VT_4 导通，输出 $Y=1$，即为高电平；当 $A=1$，即为高电平时，VT_1 基极电流流向集电极进入 VT_2 基极，使 VT_2、VT_5 饱和导通，VT_3、VT_4 截止，输出 $Y=0$，即为低电平。可见图 6-19a 所示电路输入与输出之间的逻辑关系为**非**逻辑关系，即

$$Y=\overline{A}$$

3. TTL 与或非门

TTL 与或非门电路如图 6-20a 所示。

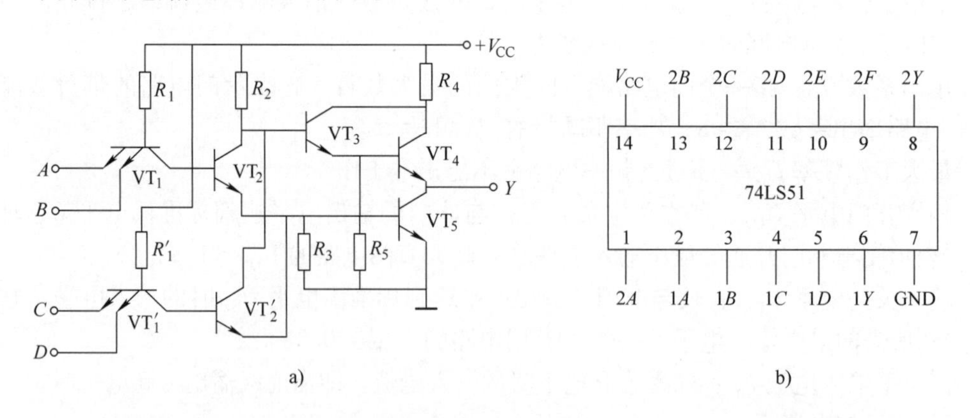

图 6-20　TTL 与或非门电路和集成 TTL 与或非门 74LS51 的引脚排列
a）电路　b）74LS51 的引脚排列

由图 6-20a 可知，VT_2 和 VT_2'中的任何一个导通，都可以使 VT_5 饱和导通、VT_4 截止，输出为低电平；只有 VT_2 和 VT_2'同时截止，VT_5 才会截止、VT_4 才会饱和导通，输出才会是高电平。也就是说，若 A 和 B 都为高电平（VT_2 导通）、或 C 和 D 都为高电平（VT_2'导通）时，VT_5 饱和

导通、VT_4 截止，输出 Y 为低电平；若 A 和 B 不全为高电平，并且 C 和 D 也不全为高电平（VT_2 和 VT'_2 同时截止）时，VT_5 才会截止、VT_4 才会饱和导通，输出 Y 才会是高电平。可见图 6-20a 所示电路实现了**与或**非运算，即

$$Y = \overline{A \cdot B + C \cdot D}$$

图 6-20b 所示为集成 TTL 与**或非**门 74LS51 的引脚排列。74LS51 中集成了两个相互独立的**与或**非门，其中 $1Y = \overline{1A \cdot 1B + 1C \cdot 1D}$，$2Y = \overline{2A \cdot 2B \cdot 2C + 2D \cdot 2E \cdot 2F}$。

4. TTL 异或门

TTL **异或**门可由一个**与门**和两个**或非**门构成，如图 6-21a 所示，图 6-21b 所示为集成 TTL **异或**门 74LS86 的引脚排列，74LS86 中包含 4 个相互独立的**异或**门。

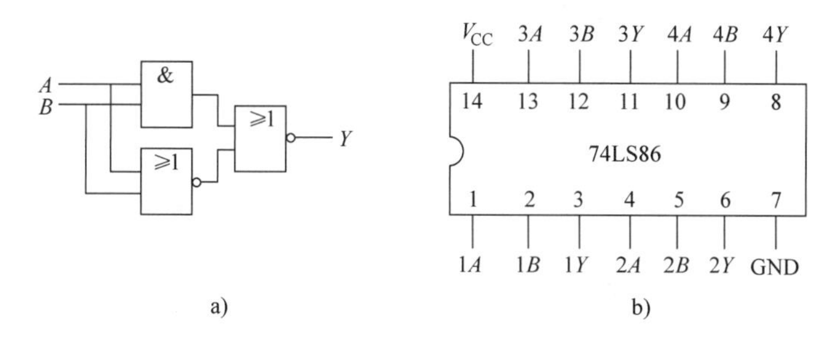

图 6-21 TTL **异或**门和集成 TTL **异或**门 74LS86 的引脚排列
a）等效逻辑符号 b）74LS86 的引脚排列

由图 6-21a 可得：

$$\begin{aligned} Y &= \overline{A \cdot B + \overline{A + B}} = \overline{A \cdot B}(A + B) \\ &= (\overline{A} + \overline{B})(A + B) = \overline{A}B + A\overline{B} \\ &= A \oplus B \end{aligned}$$

5. TTL 集电极开路门

在实际使用中，有时需要将多个与非门的输出端直接相连，这种靠线的连接形成与功能的方式称为线与。

值得注意的是，一般的 TTL 与非门是不能线与的。集电极开路门可以线与。集电极开路门简称 OC 门（Open Collector Gate）。图 6-22a 所示为一种集电极开路与非门电路。它和普通 TTL 与非门的区别，就在于输出管的集电极处于开路状态，使用时需外接电阻。图 6-22b 所示为集电极开路与非门的线与电路，n 个 OC 门线与时可共用一个电阻。适当选择 OC 门的外接电阻，就可以既保证线与的输出高、低电平，又不致使电流过大而损坏器件。设 n 个 OC 门线与，后面带 m 个负载门，则外接电阻 R 的取值范围为

$$\frac{V_{CC} - U_{OLmax}}{I_{OL} - mI_{IL}} \leqslant R \leqslant \frac{V_{CC} - U_{OHmin}}{nI_{OH} - mI_{IH}}$$

图 6-22b 所示电路的逻辑表达式为

$$Y = Y_1 \cdot Y_2 = \overline{AB} \cdot \overline{CD} = \overline{AB + CD}$$

由此可以看出，OC **与非**门的**线与**能用于实现**与或非**逻辑功能。

6. TTL 三态门

三态门简称 TSL（Three State Logic）门，它是在普通门的基础上，加上使能控制信号和控制电路构成的。图 6-23 所示为 TSL 反相器的电路和逻辑符号，其中 E 为控制信号端，又称为使能端，A 为信号输入端，Y 为输出端。

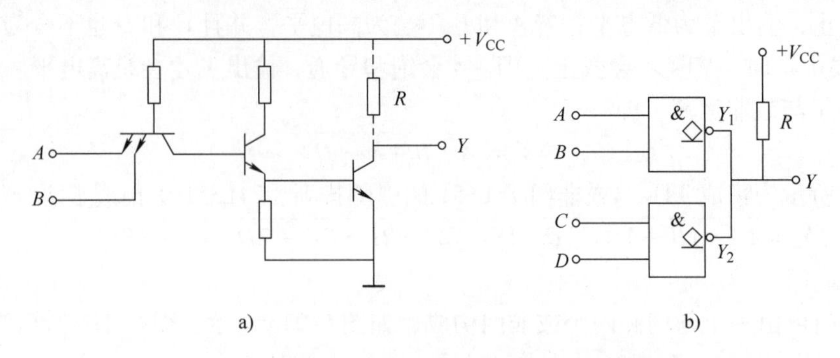

图 6-22　集电极开路与非门的结构及其线与电路

a）OC 与非门的电路结构　b）OC 门线与

由图 6-23a 可知，当 $E=0$ 时，二极管 VD 导通，VT_1 基极和 VT_2 基极均被钳制在低电平，因而 $VT_2\sim VT_5$ 均截止，输出端开路，电路处于高阻状态。当 $E=1$ 时，二极管 VD 截止，TSL 门的输出状态完全取决于输入信号 A 的状态，电路输出与输入的逻辑关系和一般反相器相同，即：$Y=\overline{A}$，$\overline{A}=0$ 时 $Y=1$，为高电平；$A=1$ 时 $Y=0$，为低电平。可见电路的输出有高阻态、高电平和低电平三种状态，是一种三态门。由于 TSL 门处于高阻态时电路不工作，所以高阻态又叫作禁止态。表 6-18 所示为图 6-23a 所示的 TSL 非门的真值表。

表 6-18　TSL 非门的真值表

控制	输入	输出
E	A	Y
0	×	高阻
1	0	1
1	1	0

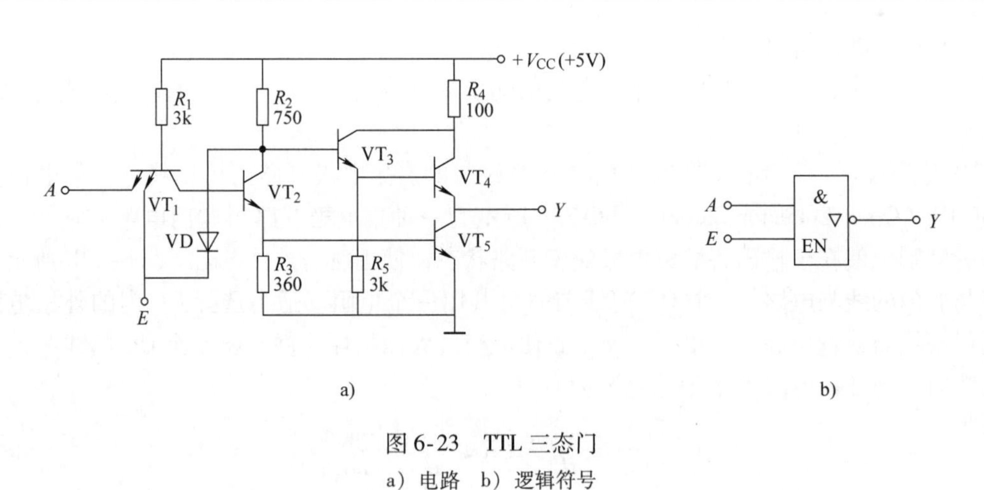

图 6-23　TTL 三态门

a）电路　b）逻辑符号

由于电路结构不同，也有 $E=0$ 时处于工作状态，而 $E=1$ 时处于高阻状态的 TSL 门。

TSL 门应用中的几个例子。

1）用作多路开关，如图 6-24a 所示。

2）用于信号双向传输，如图 6-24b 所示。

3）构成数据总线。TSL 最重要的一个用途是实现多路数据的分时传输，即用一根导线轮流传送几个不同的数据，如图 6-24c 所示，这根导线称为总线。只要让各门的控制端轮流处于低电

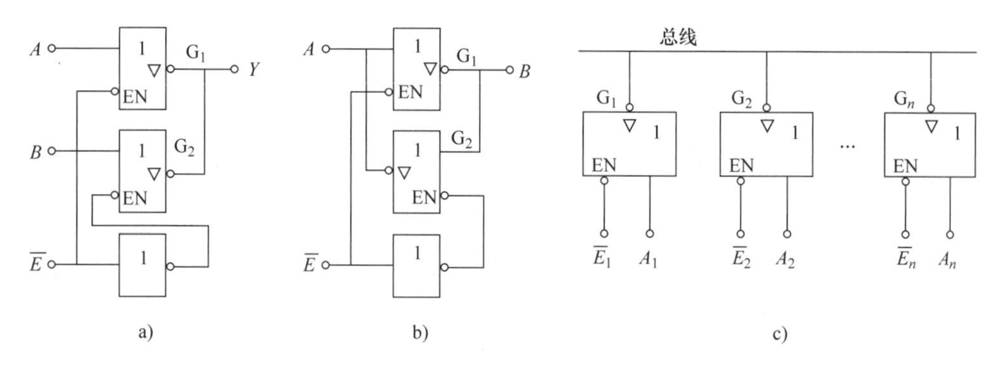

图 6-24 TSL 门应用举例

平，即任何时刻只让一个 TSL 门处于工作状态，而其余 TSL 门均处于高阻状态，这样总线就会轮流接受各 TSL 门的输出。这种用总线来传送数据的方法，在计算机中被广泛采用。

7. TTL 集成逻辑门的使用

TTL 门电路是基本逻辑单元，是构成各种 TTL 电路的基础。实际生产的 TTL 集成电路品种齐全，种类繁多，应用十分普遍。

TTL 集成电路产品有 74、74H、74S、74LS 四个系列。

74 是标准系列，其典型电路**与非**门的平均传输时间 $t_{pd}=10\text{ns}$，平均功耗 $P=10\text{mW}$。

74H 是高速系列，是在 74 系列基础上改进得到的，其典型电路与非门的平均传输时间 $t_{pd}=6\text{ns}$，平均功耗 $P=22\text{mW}$。

74S 是肖特基系列，是在 74H 系列基础上改进得到的，其典型电路与非门的平均传输时间 $t_{pd}=3\text{ns}$，平均功耗 $P=19\text{mW}$。

74LS 是低功耗肖特基系列，是在 74S 系列基础上改进得到的，其典型电路与非门的平均传输时间 $t_{pd}=9\text{ns}$，平均功耗 $P=2\text{mW}$。74LS 系列产品具有最佳的综合性能，是 TTL 集成电路的主流，是应用最广的系列。

TTL 集成电路在使用时应注意下列事项：

1）TTL 器件对电源的要求是 $V_{CC}=5\text{V}\pm0.5\text{V}$，使用时不能超过此范围。

2）不要施加超过电源电压的信号。

3）对输出端的要求是：

① 输出端不能直接连接低内阻的电源，若要提高输出高电平，可以通过提升电阻接至电源的正极。

② 除了 OC 门和 TSL 门以外，一般 TTL 电路的输出端不允许直接连接在一起，否则不仅会使电路逻辑混乱，并会导致器件损坏。

③ TTL 电路的输出端可以瞬间接地，但当一个管壳内封装有多个单元电路时，不允许多个单元电路的输出端同时瞬间接地，否则将因电流过大而损坏器件。

4）多余的输入端必须妥善处理。对于一般小规模电路的输入端，实验时允许悬空处理，这是相当于该输入端为逻辑 1 状态，但输入端悬空容易受干扰，破坏电路的功能，造成逻辑错误。对于接有长导线的输入端、中规模以上的集成电路及使用集成电路较多的复杂电路，尤其不允许输入端悬空，而应按其逻辑功能的特点接至相应的逻辑电平上。例如，多余的与输入端可直接或通过一个大于或等于 1kΩ 的电阻接至电源 V_{CC}，而多余的或输入端接地。

5）TTL 电路通常要求输入信号上升沿或下降沿小于 50～100ns/V，当外加输入信号不满足此要求时，必须加施密特触发器整形。

6）当TTL电路输出端接容性负载而电阻为零时，电路从断到通的瞬间有很大的电流倒灌入集成电路的输出端，有可能导致电路损坏。为避免这种情况的发生，应在输出端接一个电阻 R，一般 $C>100\text{pF}$ 时，R 选取 180Ω 左右。

三、CMOS 集成电路

CMOS集成电路的许多最基本的逻辑单元，都是用P沟道增强型MOS管和N沟道增强型MOS管按照互补对称形式连接起来构成的，故称为互补型MOS集成电路，简称CMOS集成电路。CMOS集成电路具有电压控制、功耗极低、连接方便等一系列优点，是目前应用最广泛的集成电路之一。

1. CMOS 反相器

CMOS反相器如图6-25a所示。VT_N 是N沟道增强型MOS管，假设其开启电压为 $U_{TN}=2V$；VT_P 是P沟道增强型MOS管，假设其开启电压为 $U_{TP}=-2V$，两者连成互补对称的结构。它们的栅极连接起来作为信号输入端，漏极连接起来作为信号输出端，VT_N 的源极接地，VT_P 的源极接电源 V_{DD}。VT_N、VT_P 特性对称，$U_{TN}=|U_{TP}|$，如果 $U_{TN}=2V$，则 $U_{TP}=-2V$。一般情况下都要求电源电压 $V_{DD}>U_{TN}+|U_{TP}|$。实际应用中，V_{DD} 通常取5V，以便与TTL电路兼容。

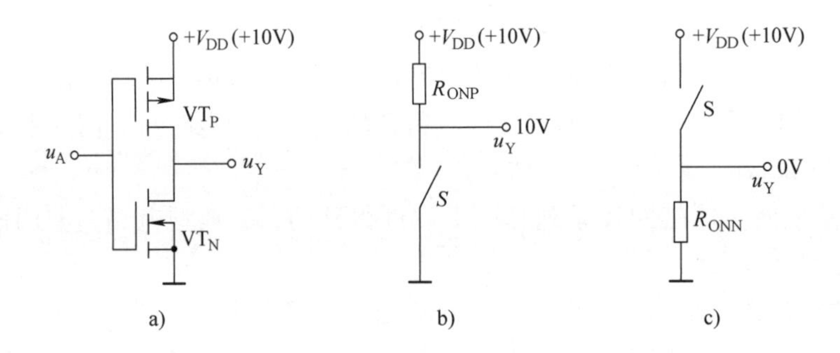

图6-25　CMOS 反相器

a）电路　b）VT_N 截止、VT_P 导通　c）VT_N 导通、VT_P 截止

图6-25a所示电路的工作原理如下：

1）当 $u_A=0V$ 时，$u_{GSN}=0V<U_{TN}$，VT_N 截止；$u_{GSP}=u_A-V_{DD}=(0-10)V=-10V<U_{TP}$，$VT_P$ 导通。简化等效电路如图6-25b所示，输出电压 $u_Y=V_{DD}=10V$。

2）当 $u_A=10V$ 时，$u_{GSN}=10V>U_{TN}$，VT_N 导通；$u_{GSP}=u_A-V_{DD}=(10-10)V=0V>U_{TP}$，$VT_P$ 截止。简化等效电路如图6-25c所示，输出电压 $u_Y=0V$。

综上所述，当 u_A 为低电平时 u_Y 为高电平，当 u_A 为高电平时 u_Y 为低电平，可见图6-25所示电路实现了非逻辑运算。若用 A、Y 分别表示 u_A、u_Y，则可得：

$$Y=\overline{A}$$

2. CMOS 与非门、CMOS 或非门

图6-26所示为CMOS **与非**门电路。两个N沟道增强型MOS管 VT_{N1} 和 VT_{N2} 串联，两个P沟道增强型MOS管 VT_{P1} 和 VT_{P2} 并联。VT_{P1} 和 VT_{N1} 的栅极连接起来作为输入端 A，VT_{P2} 和 VT_{N2} 的栅极连接起来作为输入端 B。电路的工作原理如下：

若 A、B 当中有一个或全为低电平时，VT_{N1}、VT_{N2} 中有一个或全部截止，VT_{P1}、VT_{P2} 中有一个或全部导通，输出 Y 为高电平。只有当输入 A、B 全为高电平时，VT_{N1} 和 VT_{N2} 才会都导通，VT_{P1} 和 VT_{P2} 才会都截止，输出 Y 才会为低电平。可见电路实现了**与非**逻辑功能，即

$$Y=\overline{A\cdot B}$$

图6-27所示为CMOS**或非**门电路。VT_{N1}和VT_{N2}是N沟道增强型MOS管，两者并联；VT_{P1}和VT_{P2}是P沟道增强型MOS管，两者串联。VT_{P1}和VT_{N1}的栅极连接起来作为输入端A，VT_{P2}和VT_{N2}的栅极连接起来作为输入端B。电路的工作原理如下：

只要输入A、B当中有一个或全为高电平，VT_{P1}、VT_{P2}中有一个或全部截止，VT_{N1}、VT_{N2}中有一个或全部导通，输出Y为低电平。只有当A、B全为低电平时，VT_{P1}和VT_{P2}才会都导通，VT_{N1}和VT_{N2}才会都截止，输出Y才会为高电平。可见电路实现了**或非**逻辑功能，即

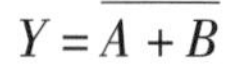

$$Y=\overline{A+B}$$

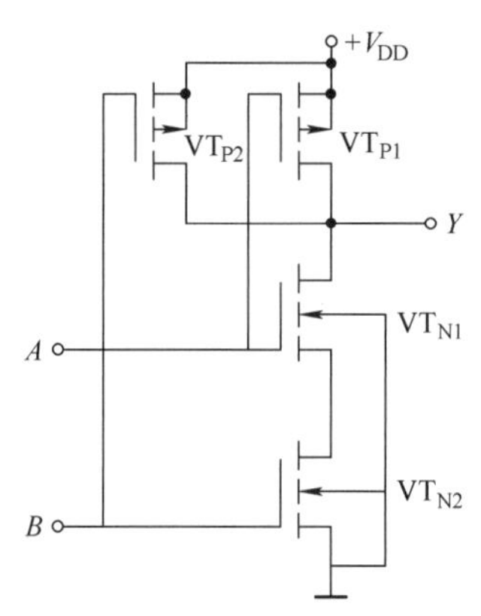

图6-26 CMOS**与非**门电路

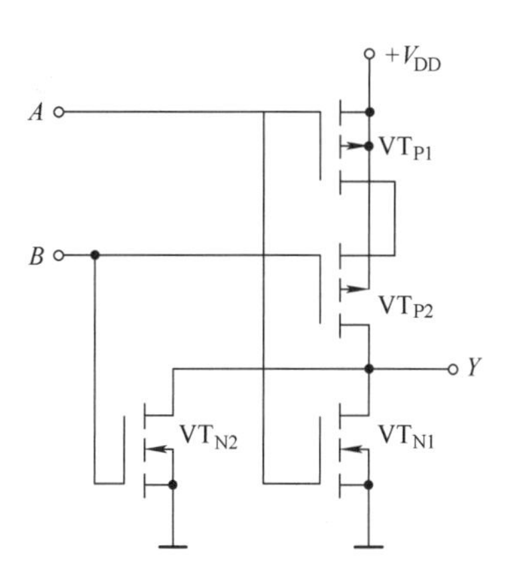

图6-27 CMOS**或非**门电路

3. CMOS与门和或门

在CMOS**与非**门的输出端加一个反相器，便构成了**与**门；在CMOS**或非**门的输出端加一个反相器，便构成了**或**门。

4. CMOS漏极开路门、三态门和传输门

（1）CMOS漏极开路门 CMOS漏极开路**与非**门（OD门）电路如图6-28a所示，图6-28b所示为其逻辑符号。由于输出MOS管的漏极是开路的，如图6-28a中虚线所示，工作时必须外接电源V'_{DD}和电阻R_D，电路才能工作，实现$Y=\overline{A\cdot B}$；若不外接电源V'_{DD}和电阻R_D，则电路不能工作。

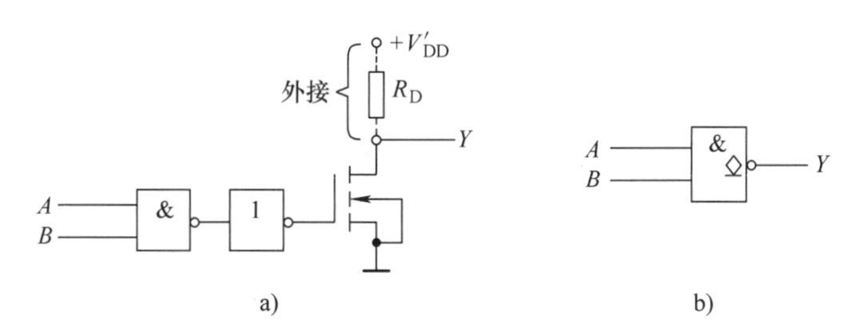

图6-28 CMOS漏极开路门

a）电路 b）逻辑符号

OD门可以实现**线与**功能，即可以把几个OD门的输出端用导线直接连接起来实现与运算。因为OD门输出MOS管漏极电源是外接的，其输出高电平可随V'_{DD}的不同而改变，所以OD门也可以用来实现逻辑电平的变换。

（2）CMOS 三态门　图 6-29 所示是 CMOS 三态门的电路和逻辑符号，A 是信号输入端，$\overline{E}$是控制信号端，也叫作使能端，Y 是输出端。

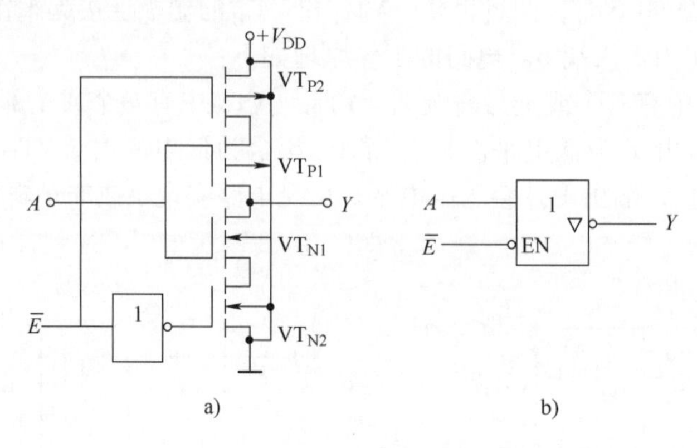

图 6-29　CMOS 三态门

a）电路　b）逻辑符号

由图 6-29a 可知：当 $\overline{E}=1$，即为高电平时，VT_{P2}、VT_{N2} 均截止，Y 与地和电源都断开了，输出端呈现为高阻态。当 $\overline{E}=0$，即为低电平时，VT_{P2}、VT_{N2} 均导通，VT_{P1}、VT_{N1} 构成反相器，故 $Y=\overline{A}$，$A=0$ 时 $Y=1$，为高电平；$A=1$ 时 $Y=0$，为低电平。可见电路的输出有高阻态、高电平和低电平三种状态，是一种三态门。

（3）CMOS 传输门　图 6-30 为 CMOS 传输门电路及其逻辑符号，其中 N 沟道增强型 MOS 管 VT_N 的衬底接地，P 沟道增强型 MOS 管 VT_P 的衬底接电源 V_{DD}，两管的源极和漏极分别连在一起作为传输门的输入端和输出端，在两管的栅极上加上互补的控制信号 C 和$\overline{C}$。

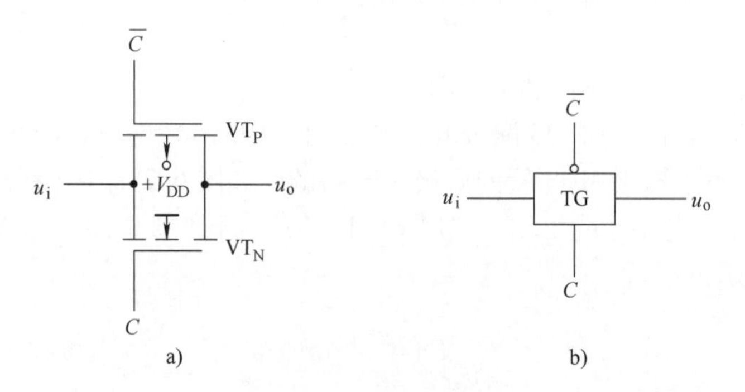

图 6-30　CMOS 传输门

a）电路　b）逻辑符号

传输门实际上是一种可以传送模拟信号或数字信号的压控开关，其工作原理如下：

当 $C=0$、$\overline{C}=1$，即 C 端为低电平（0V）、$\overline{C}$端为高电平（$+V_{DD}$）时，VT_N 和 VT_P 都不具备开启条件而截止，即传输门截止。此时不论输入 u_i 为何值，都无法通过传输门传输到输出端，输入和输出之间相当于开关断开一样。

当 $C=1$、$\overline{C}=0$，即 C 端为高电平（$+V_{DD}$）、$\overline{C}$端为低电平（0V）时，VT_N 和 VT_P 都具备了导通条件。此时若 u_i 在 $0\sim V_{DD}$范围之内，VT_N 和 VT_P 中必定有一个导通，u_i 可通过传输门传输到输出端，输入和输出之间相当于开关接通一样，$u_o=u_i$。如果将 VT_N 的衬底由接地改为接 $-V_{DD}$，则 u_i 可以是 $-V_{DD}$到 $+V_{DD}$之间的任意电压。

由于 MOS 管的结构是对称的，即源极和漏极可互换使用，所以 CMOS 传输门具有双向性，即信号可以双向传输，因此 CMOS 传输门又称为双向开关。传输门也可以用作模拟开关，用于传输模拟信号。

5. CMOS 电路的特点

CMOS 集成电路的品种也非常多。CC4000 系列是符合国家标准的 CMOS 集成电路，电源电压 $V_{DD}=3\sim18V$，产品的输入端和输出端都加了反相器作为缓冲器，具有对称的驱动能力和输出波形，高、低电平抗干扰能力相同。

一般 CMOS 电路的工作速度较低，标准门的传输延迟时间在 100ns 左右。高速 CMOS 集成电路即 HCMOS 集成电路的传输延迟时间已和 TTL 集成电路相当，为 9ns 左右。目前国内生产的 HCMOS 集成电路主要是 54/74 系列，包括带缓冲输出的 HCMOS 集成电路 54/74HC 系列、不带缓冲输出的 HCMOS 集成电路 54/74HCU 系列及与 TTL 集成电路完全兼容的 HCMOS 集成电路 54/74HCT 系列。

和 TTL 数字电路相比较，CMOS 电路具有以下特点：

1）CMOS 电路的输入阻抗很高，在频率不高的情况下，电路的扇出能力较大，即带负载的能力比 TTL 电路强。

2）CMOS 电路的电源电压允许范围较大，一般在 3～18V，使电路的输出高、低电平的摆幅大，因此电路的抗干扰能力比 TTL 电路强。

3）由于 CMOS 电路工作时总是一管导通，另一管截止，而截止管的电阻很高，这就使在任何时候流过电路的电流都很小，因此 CMOS 电路的功耗比 TTL 电路小得多。门电路的功耗只有几个 μW，中规模集成电路的功耗也不会超过 100μW。

4）因 CMOS 集成电路的功耗很小，使内部发热量小，因此 CMOS 集成电路的集成度比 TTL 电路高。

5）CMOS 集成电路的温度稳定性好，抗辐射能力强，因此 CMOS 电路适合于特殊环境下工作。

6）由于 CMOS 电路的输入阻抗高，使其容易受静电感应而击穿，因此在使用和存放时应注意静电屏蔽，焊接时电烙铁应接地良好，尤其是 CMOS 电路多余不用的输入端不能悬空，应根据需要接地或接高电平。

6. 集成电路使用注意事项

1）对于各种集成电路，在技术手册中都会给出各主要参数的工作条件和极限值，使用时一定要在推荐的工作条件范围内，否则将导致性能下降或损坏器件。

2）多余的输入端在不改变逻辑关系的前提下可以并联起来使用，其优点是不影响电路的噪声容限，缺点是若前级为 TTL 电路，则会增加前级输出低电平时的灌电流和前级输出高电平时的拉电流。也可根据逻辑关系的要求把多余的输入端接地或接高电平，这样不仅不会造成对前级门的负载影响，而且还可以抑制来自电源的干扰。对于 TTL 电路，多余的输入端悬空表示输入为高电平。但对于 CMOS 电路，多余的输入端不允许悬空，否则电路将不能正常工作。

3）集成电路在使用过程中，常常会遇到 TTL 电路和 CMOS 电路之间以及它们和其他集成电路之间的连接问题。由于这些电路相互之间的电源电压和输入输出电平及电流并不相同，因此它们之间必须经过电平转换或电流变换电路才可进行连接，使前级器件的输出电平及电流满足后级器件对输入电平及电流的要求，并不得对器件造成损害，这种转换电路称为接口电路。

由 TTL 电路驱动 CMOS 电路时，若 CMOS 电路的电源也为 5V，由于 TTL 电路的输出高电平 $U_{OH}\geq2.4V$，而 CMOS 电路的输入高电平要求为 3.5V，因此需要在 TTL 电路的输出端接一个上

拉电阻至电源 V_{CC} 来提高 TTL 电路的输出电平，如图 6-31a 所示。如果 CMOS 电路的电源不同，TTL 电路的输出端仍可接一个上拉电阻至电源 V_{DD}，但这时的 TTL 电路需使用 OC 门，如图6-32b 所示。另外还可采用专门的接口器件，如 40109，其输入端为 TTL 电路电平，输出为 CMOS 电路电平。

由 CMOS 电路驱动 TTL 电路时，若 CMOS 电路由 5V 电源供电，由于 CMOS 电路的驱动能力较小，既不能供给大的拉电流，也不允许灌入大电流，因此需采用具有较大驱动能力的专用接口器件，如 4009、4049、4010、4050 等。另外，也可采用漏极开路的 CMOS 驱动器，如 40107 电路可驱动 10 个 TTL 电路负载；也可将 CMOS 电路的输出经过一级晶体管反相器再接至 TTL 电路的输入端。

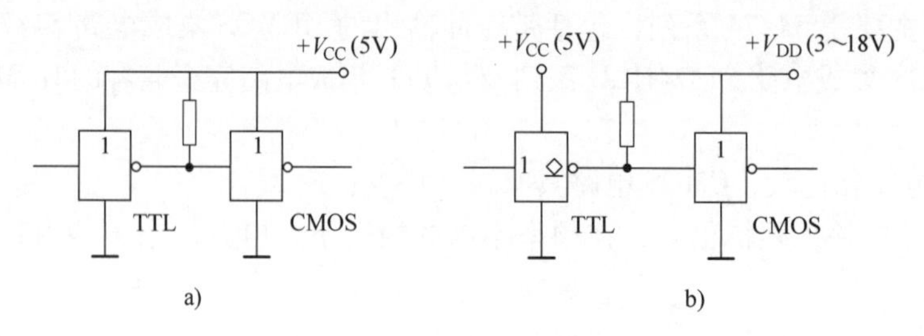

图 6-31　TTL 电路驱动 CMOS 电路

a）$V_{DD}=5V$ 时　b）$V_{DD}=3\sim18V$ 时

任务三　逻辑门的功能测试

一、实训目的

1）熟悉数字逻辑实验仪的面板结构与使用方法。

2）掌握逻辑笔、示波器和数字式万用表的使用方法及注意事项。

3）掌握 TTL 与非门主要参数和逻辑功能的测试方法。

二、所用仪器与器材

数字逻辑实验仪 1 台，示波器 1 台，逻辑笔 1 支，数字式万用表 1 块，74LS00 1 片。

三、测试电路

TTL 与非门主要参数的测试电路如图 6-32 所示。

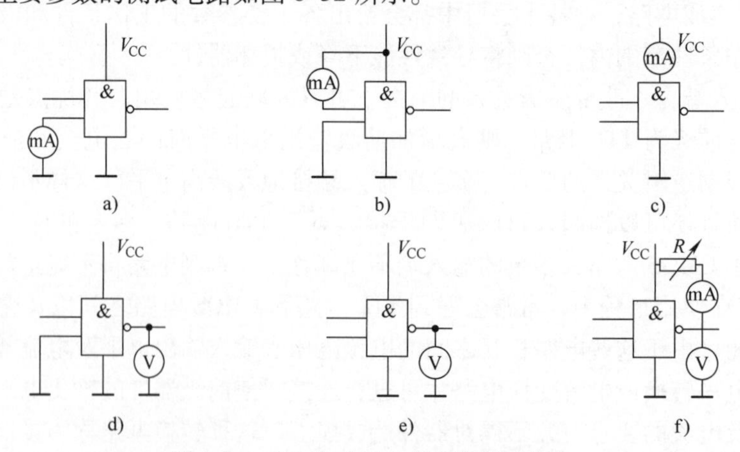

图 6-32　TTL 与非门主要参数测试电路

a）低电平输入电流测试　b）高电平输入电流测试　c）空载导通功耗测试

d）输出高电平测试　e）输出低电平测试　f）扇出系数测试

TTL 与非门逻辑功能测试电路如图 6-33 所示。

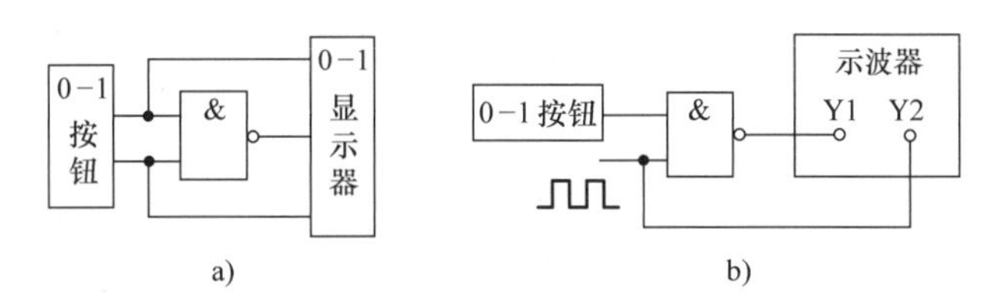

图 6-33 TTL 与非门逻辑功能测试电路
a）静态测试 b）动态测试

四、测试内容和步骤

（1）仪器的使用

1）用数字式万用表测试数字逻辑实验仪：打开实验仪的电源开关，用万用表的电阻档检查芯片插座各插孔与连接导线用的插孔柱间、元件插孔与对应插孔柱间等的通断情况，用万用表的电压档检查实验仪内部的直流稳压电源是否为 +5V 电压。

2）测试 0－1 按钮和 0－1 显示器的功能：取两根导线，将它们的一端分别插入 0－1 按钮的两个输出插孔 P+和 P－，另一端与 0－1 显示器相连，观察 0－1 显示器两个发光二极管的状态；然后按下并放松 0－1 按钮，观察 0－1 显示器两个发光二极管的状态变化情况。

3）测试逻辑开关和数码显示功能：先按步骤 2）的方法测试逻辑开关是否正常；然后将逻辑开关与 0－1 显示器及字符显示器相连，用逻辑开关送入 8421BCD 码，观察并记录 0－1 显示器及数码显示器的状态。

4）逻辑笔的使用：利用逻辑笔检查数字逻辑实验仪芯片插座各插孔与连接导线用的插孔柱间、元件插孔与对应插孔柱间等的通断情况。再将逻辑笔接到 0－1 按钮的输出端口，测试 0－1 按钮的功能；用同样的方法测试一下逻辑开关的功能，然后再用逻辑笔测量 1Hz 连续脉冲，数一数 30s 内有多少个脉冲，验证一下是否为 1Hz 的时钟信号。

5）用示波器观察单脉冲和连续脉冲信号：将示波器的 Y1 输入线接 P1+端口，Y2 输入线接 P1－端口，按下并松开 P1 按钮，多做几次，观察并记录示波器显示的波形；然后用示波器观察并记录实验仪上的 1Hz、100Hz、1kHz、10kHz 连续脉冲信号，并测量一下这些信号的频率是否与标称值相符。

（2）TTL 与非门主要参数测试　根据图 6-32 所示各个测试电路，分别测出 TTL 与非门的低电平输入电流，高电平输入电流、空载导通功耗、输出高电平、输出低电平以及扇出系数，记录测试结果。

（3）TTL 与非门逻辑功能测试

1）按图 6-33a 所示电路测试 TTL 与非门的逻辑功能：使与非门两个输入端的状态分别为 00、01、10、11，用 0－1 显示器观察并记录相应的输出端状态。

2）按图 6-33b 所示电路测试 TTL 与非门的逻辑功能：与非门的一个输入端接 0－1 按钮作为控制端，另一端输入 3V、1kHz 的连续脉冲信号，用示波器观察并记录控制信号分别为 0 及 1 时所对应的输入、输出波形。

五、实训报告要求

1）记录本次实验中所得到的各种数据与波形。根据测试数据判断所测与非门的逻辑关系是否正确。

2）思考并回答下列问题：

① 如要达到下述目的，需要分别调节示波器面板上的哪些旋钮？波形清晰且亮度适中；波形稳定不发生移动；波形幅度占屏幕显示高度的2/3；扩展周期确定的波形的宽度。

② 利用示波器测量时间参数和电压幅值时，怎样提高测试精度？

③ 简述数字式万用表、逻辑笔、示波器在功能上有何异同。

④ 测量扇出系数的原理是什么？为什么只计算输出低电平时的负载电流值，而不考虑输出高电平时的负载电流值？

⑤ TTL 与非门中不用的输入端如何处理？各种处理方法的优缺点是什么？

⑥ TTL 或门、或非门中不用的输入端是否能悬空或接高电平？为什么？

项目二　数显逻辑笔电路的分析与制作

任务一　了解编码器和译码器

一、编码器

一般地说，用文字、符号或者数字表示特定对象的过程叫作编码。日常生活中就经常遇到编码问题。例如，孩子出生时家长给取名字，开运动会给运动员编号，学校学生的学号等，都是编码。不过孩子取名用的汉字，运动员编码、学生的学号用的是十进制数，而汉字、十进制数用电路实现起来比较困难，所以在数字电路中不用它们编码，而是用二进制数进行编码，相应的二进制数叫作二进制代码。编码器就是实现编码操作的电路。

1. 二进制编码器

用 n 位二进制代码对 $N=2^n$ 个信号进行编码的电路叫作二进制编码器，即有 2^n 个输入、n 个输出。3 位二进制编码器示意框图如图 6-34 所示，这里以图 6-35 所示的 8 线 - 3 线编码器为例说明其工作原理。

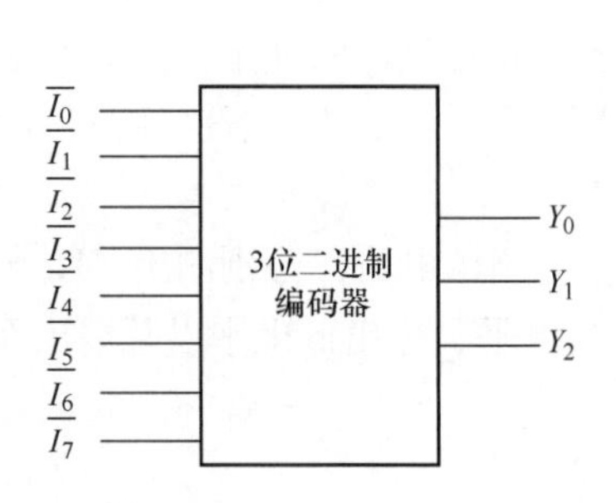

图 6-34　3 位二进制编码器示意框图

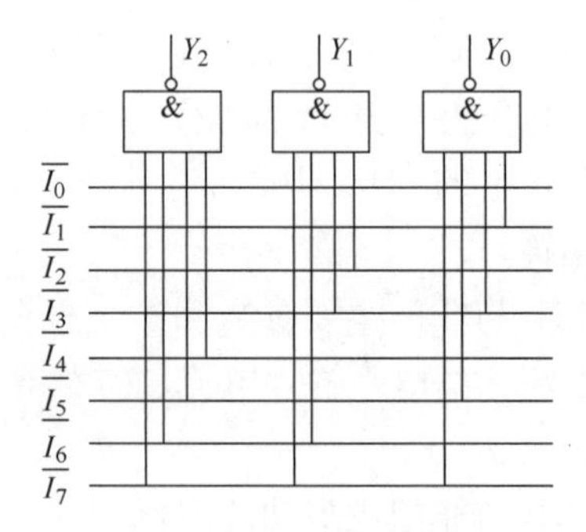

图 6-35　3 位二进制编码器

表 6-19 所示是 3 位二进制编码器真值表。该编码器用 3 位二进制数分别代表八个信号，3 位输出为 Y_2、Y_1、Y_0。八个输入$\overline{I_0}\sim\overline{I_7}$为低电平有效（或 $I_0\sim I_7$ 为高电平有效）。当某一个输入端为低电平时，就输出与该输入端相对应的代码。

由于$\overline{I_0}\sim\overline{I_7}$（$I_0\sim I_7$）相互排斥，所以只需要将使函数值为 1 的变量加起来，便可以得到相应输出信号的最简表达式，即

$$Y_2 = I_4 + I_5 + I_6 + I_7 = \overline{\overline{I_4}\,\overline{I_5}\,\overline{I_6}\,\overline{I_7}}$$

$$Y_1 = I_2 + I_3 + I_6 + I_7 = \overline{\overline{I_2}\,\overline{I_3}\,\overline{I_6}\,\overline{I_7}}$$

$$Y_0 = I_1 + I_3 + I_5 + I_7 = \overline{\bar{I}_1 \bar{I}_3 \bar{I}_5 \bar{I}_7}$$

八个被编码的对象可以是十进制数码中的八个，也可以是任意其他八个开关量。

若用三个或门来实现 8 线 -3 线编码，则输入量应是高电平有效。

表 6-19　3 位二进制编码器真值表

输入								输出		
$\bar{I}_0$	$\bar{I}_1$	$\bar{I}_2$	$\bar{I}_3$	$\bar{I}_4$	$\bar{I}_5$	$\bar{I}_6$	$\bar{I}_7$	Y_2	Y_1	Y_0
0	1	1	1	1	1	1	1	0	0	0
1	0	1	1	1	1	1	1	0	0	1
1	1	0	1	1	1	1	1	0	1	0
1	1	1	0	1	1	1	1	0	1	1
1	1	1	1	0	1	1	1	1	0	0
1	1	1	1	1	0	1	1	1	0	1
1	1	1	1	1	1	0	1	1	1	0
1	1	1	1	1	1	1	0	1	1	1

2. 优先编码器

普通编码器在某一时刻只允许有一个有效的输入信号，如果同时有两个或两个以上的输入信号要求编码，输出端一定会发生混乱，出现错误。为了解决这一问题，人们设计了优先编码器。

优先编码器的功能是允许同时在几个输入端有输入信号，编码器按输入信号排定的优先顺序或输入信号的轻重缓急，只对同时输入的几个信号中优先权限最高的一个进行编码。

3. 集成 8 线 -3 线优先编码器

常用的 8 线 -3 线优先编码器有 74LS148、74LS348（两者引脚排列完全相同，两者的区别仅在于：74LS348 在禁止状态、使能状态且输入全为高电平时输出为高阻状态）；10 线 4 线 8421BCD 优先编码器有 74LS147、CC40107 等。表 6-20 是 TTL 集成 8 线 -3 线优先编码器真值表。

表 6-20　TTL 集成 8 线 -3 线优先编码器真值表

输入									输出				
$\overline{ST}$	$\bar{I}_7$	$\bar{I}_6$	$\bar{I}_5$	$\bar{I}_4$	$\bar{I}_3$	$\bar{I}_2$	$\bar{I}_1$	$\bar{I}_0$	$\bar{Y}_2$	$\bar{Y}_1$	$\bar{Y}_0$	$\overline{GS}$	EO
1	×	×	×	×	×	×	×	×	1 *	1 *	1 *	1	1
0	1	1	1	1	1	1	1	1	1 *	1 *	1 *	1	0
0	0	×	×	×	×	×	×	×	0	0	0	0	1
0	1	0	×	×	×	×	×	×	0	0	1	0	1
0	1	1	0	×	×	×	×	×	0	1	0	0	1
0	1	1	1	0	×	×	×	×	0	1	1	0	1
0	1	1	1	1	0	×	×	×	1	0	0	0	1
0	1	1	1	1	1	0	×	×	1	0	1	0	1
0	1	1	1	1	1	1	0	×	1	1	0	0	1
0	1	1	1	1	1	1	1	0	1	1	1	0	1

注：* 74LS348 为“Z” = 高阻态。

为了扩展功能，增加了$\overline{ST}$选通输入端，也称为控制端或使能端；增加了 EO 使能输出端（也称为选通输出端）和$\overline{GS}$扩展输出端。级联应用时，高位片的 EO 端与低位片的$\overline{ST}$端连接起来，可以扩展优先编码器功能；$\overline{GS}$可作为输出位的扩展端。

① $\overline{ST}=1$ 时，编码器停止工作。

② $\overline{ST}=0$ 时，编码器使能（工作）：

若 $EO=0$，则表示无输入信号（$\bar{I}_0 \sim \bar{I}_7$ 全为 1），此时$\overline{GS}=1$。

若 $EO=1$，则表示有输入信号（$\bar{I}_0 \sim \bar{I}_7$ 不全为 1），即有编码输出，此时$\overline{GS}=0$。

EO 和$\overline{GS}$的逻辑关系为

$$\overline{GS} = \overline{EO} + \overline{ST}$$

4. 字符编码器

字符编码器是一种使用十分广泛的编码器，根据不同的用途有不同的电路形式。如常用的计算机键盘，其内部就有一个字符编码器，它将键盘上的大、小写英文字母和数字及符号，还包括一些功能键等编成一系列的七位二进制代码（即 ASCII 码），送到计算机的 CPU，然后再进行处理、存储，输出到显示器或打印机上。

又如计算机显示器和打印机也都使用专用的字符编码器。显示器是把每个被显示的字符分成 m 行，每行又分成 n 点，每行用一组 n 位的二进制数来表示。因此，每个字符变成 $m \times n$ 的二进制数阵列。显示时，只要按行将某字符的行二进制编码送到屏幕上，经过若干行后，一个完整的字符就显示在屏幕上。针式打印机把每个被打印的字符分成 x 列，每列又分成 y 点，每列用一组 y 位的二进制数来表示，因此每个字符变成 $x \times y$ 的二进制数阵列。打印时，只要按列将某字符的列二进制编码打印出来，经过若干列后，一个完整的字符就打印出来。这些字符的编码都存储在 ROM（只读存储器）中，以备使用。

二、译码器

译码是编码的逆过程，在编码时，每一种二进制代码状态，都赋予了特定的含义，即都表示了一个确定的信号和对象。把代码状态的特定含义“翻译”出来的过程叫译码，实现译码操作的电路称为译码器。译码器的使用场合颇为广泛，例如数字仪表中的各种显示译码器，计算机中的地址译码器、指令译码器，通信设备中由译码器构成的分配器，以及各种代码转换的译码器等。下面将分别介绍二进制译码器、二十进制译码器和显示译码器，它们是三种最典型、使用十分广泛的译码电路。

1. 二进制译码器

把二进制代码的各种状态按原意翻译成对应输出信号的电路叫作二进制译码器（也称为变量译码器）。

严格地讲，不知道编码是无法译码的，不过在二进制译码器中，一般情况下都把输入的二进制代码状态当成二进制数，输出就是相应十进制数的数值，并用输出信号的下标表示。3 位二进制译码器示意图如图 6-36 所示，我们以 3 位二进制译码器（3 线 - 8 线译码器）为例说明其工作原理。

表 6-21 所示是 3 位二进制译码器真值表，输入是 3 位二进制代码 A_2、A_1、A_0，输出是其状态译码 $Y_0 \sim Y_7$。

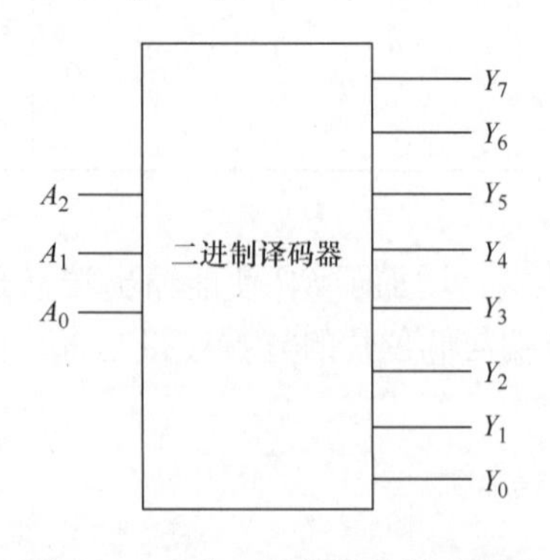

图 6-36　3 位二进制译码器示意图

表 6-21　3 位二进制译码器真值表

输入			输出							
A_2	A_1	A_0	Y_7	Y_6	Y_5	Y_4	Y_3	Y_2	Y_1	Y_0
0	0	0	0	0	0	0	0	0	0	1
0	0	1	0	0	0	0	0	0	1	0
0	1	0	0	0	0	0	0	1	0	0
0	1	1	0	0	0	0	1	0	0	0
1	0	0	0	0	0	1	0	0	0	0
1	0	1	0	0	1	0	0	0	0	0
1	1	0	0	1	0	0	0	0	0	0
1	1	1	1	0	0	0	0	0	0	0

由真值表可直接得到：

$$Y_0 = \overline{A}_2\overline{A}_1\overline{A}_0 \qquad Y_1 = \overline{A}_2\overline{A}_1A_0$$

$$Y_2 = \overline{A}_2A_1\overline{A}_0 \qquad Y_3 = \overline{A}_2A_1A_0$$

$$Y_4 = A_2\overline{A}_1\overline{A}_0 \qquad Y_5 = A_2\overline{A}_1A_0$$

$$Y_6 = A_2A_1\overline{A}_0 \qquad Y_7 = A_2A_1A_0$$

根据上述逻辑表达式画出如图 6-37 所示的逻辑图。

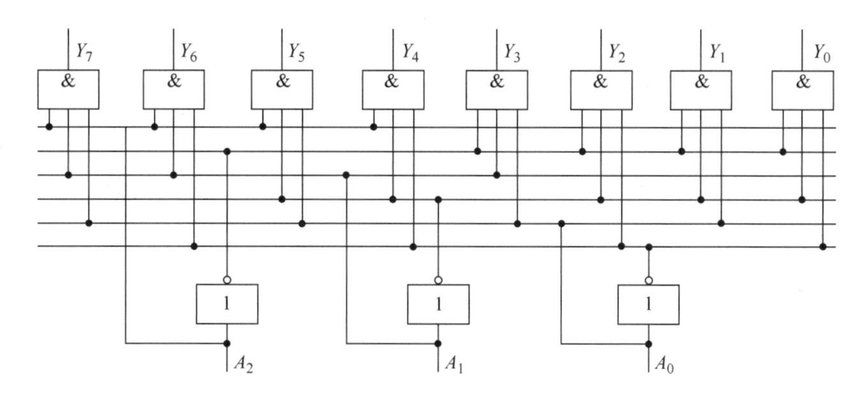

图 6-37 3 位二进制译码器逻辑图

由于译码器各个输出信号逻辑表达式的基本形式是有关输入信号的**与**运算，所以它的逻辑图是由**与**门组成的阵列，这也是译码器基本电路结构的一个显著特点。

如果把图 6-37 所示电路的**与**门换成**与非**门，同时把输出信号写成反变量，那么所得到的就是由**与非**门构成的输出反变量（低电平有效）的 3 位二进制译码器，实际中的 74LS138 就是这种类型。表 6-22 所示为 74LS138 的真值表，它除了有三个代码输入端之外，还有三个控制输入端 ST_A、$\overline{ST_B}$、$\overline{ST_C}$，这三个输入端也称为片选端，作为扩展功能或级联时使用。

表 6-22 74LS138 的真值表

输入						输出							
ST_A	$\overline{ST_B}$	$\overline{ST_C}$	A_2	A_1	A_0	$\overline{Y_7}$	$\overline{Y_6}$	$\overline{Y_5}$	$\overline{Y_4}$	$\overline{Y_3}$	$\overline{Y_2}$	$\overline{Y_1}$	$\overline{Y_0}$
0	×	×	×	×	×	1	1	1	1	1	1	1	1
1	1	1	×	×	×	1	1	1	1	1	1	1	1
1	0	0	0	0	0	1	1	1	1	1	1	1	0
1	0	0	0	0	1	1	1	1	1	1	1	0	1
1	0	0	0	1	0	1	1	1	1	1	0	1	1
1	0	0	0	1	1	1	1	1	1	0	1	1	1
1	0	0	1	0	0	1	1	1	0	1	1	1	1
1	0	0	1	0	1	1	1	0	1	1	1	1	1
1	0	0	1	1	0	1	0	1	1	1	1	1	1
1	0	0	1	1	1	0	1	1	1	1	1	1	1

由表 6-22 可知，片选控制端 $ST_A=0$ 时，译码器停止译码，输出端全为高电平；$ST_A=1$，$\overline{ST_B}=\overline{ST_C}=1$ 时，译码器也不工作；只有当 $ST_A=1$，$\overline{ST_B}=\overline{ST_C}=0$ 时，才进行译码。

同理，实际中还有 4 线 – 16 线译码器 74LS154，由于输入信号是四位二进制数，相当于一位十六进制数，故又称为十六进制译码器。它也是一种二进制译码器。

2. 二 – 十进制译码器

这种译码器的代表是 4 线 – 10 线译码器，它的功能是将 8421BCD 码译为十个对象，如 74LS42、74LS43 等。它的原理与 3 线 – 8 线译码器类同，只不过它有四个输入端，十个输出端。

4位输入代码共有0000～1111十六种状态组合，其中有1010～1111六个没有与其对应的输出端，这六组代码称为伪码，伪码输入时，十个输出端均处于无效状态（一般是低电平有效，此时输出均为高电平）。

3. 显示译码器

在数字系统和装置中，经常需要把数字、文字和符号等的二进制编码，翻译成人们习惯的形式直观地显示出来，以便于查看和对话。由于各种工作方式的显示器件对译码器的要求很大，而实际工作中又希望显示器和译码器配合使用，甚至直接利用译码器驱动显示器。因此，人们就把这种类型的译码器叫作显示译码器。而要弄懂显示译码器，对常用的显示器必须有所了解。

几种常用的显示器件有CRT、LED、LCD、PDP，在数字电路中最常用的显示器是LED、LCD。

下面以驱动七段发光二极管的二－十进制译码器为例，来认识显示译码器。

输入为8421BCD码（D、C、B、A），输出是驱动七段发光二极管显示字型的信号（Y_a、Y_b、Y_c、Y_d、Y_e、Y_f、Y_g），如图6-38所示。若采用共阳极数码管，则$Y_a \sim Y_g$应为0，即低电平有效；反之，如果采用共阴极数码管，那么$Y_a \sim Y_g$应为1，即高电平有效。七段发光二极管内部的两种接法如图6-39所示。

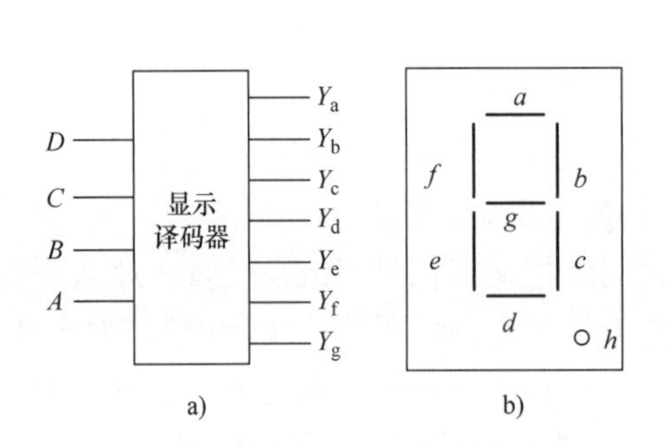

图6-38　显示译码器

a）输入、输出示意图　b）七段字形

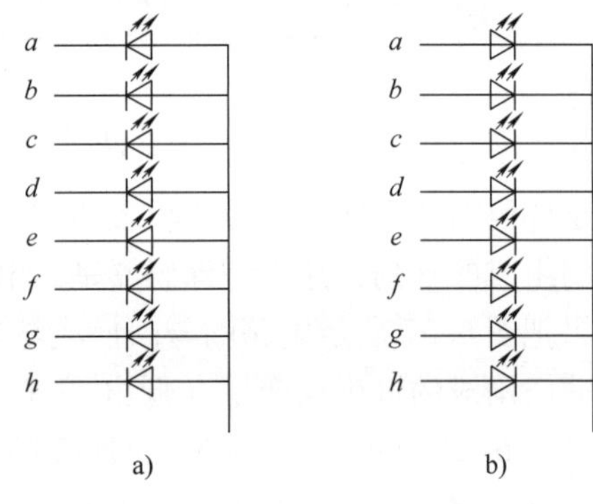

图6-39　七段发光二极管的两种接法

a）共阳极接法　b）共阴极接法

注：h为小数点。

假定采用共阴极数码管。真值表见表6-23。

表6-23　显示译码器真值表

输入				输出							字形
D	C	B	A	Y_a	Y_b	Y_c	Y_d	Y_e	Y_f	Y_g	
0	0	0	0	1	1	1	1	1	1	0	0
0	0	0	1	0	1	1	0	0	0	0	1
0	0	1	0	1	1	0	1	1	0	1	2
0	0	1	1	1	1	1	1	0	0	1	3
0	1	0	0	0	1	1	0	0	1	1	4
0	1	0	1	1	0	1	1	0	1	1	5
0	1	1	0	0	0	1	1	1	1	1	6①
0	1	1	1	1	1	1	0	0	0	0	7
1	0	0	0	1	1	1	1	1	1	1	8
1	0	0	1	1	1	1	0	0	1	1	9①

① 该字形为74LS48显示字形；74LS248字形为“6”和“9”。

根据真值表，可以分别写出七段字划每一划的逻辑表达式（Y_a、Y_b、Y_c、Y_d、Y_e、Y_f、Y_g，它们都是以8421BCD码为逻辑变量的组合函数），再利用卡诺图对每个函数进行化简，即可得到译码器译码部分的逻辑图，最后再把一些附加功能的控制端的控制方式考虑进去，就可得到整个译码器的全部逻辑图，如图6-40所示。

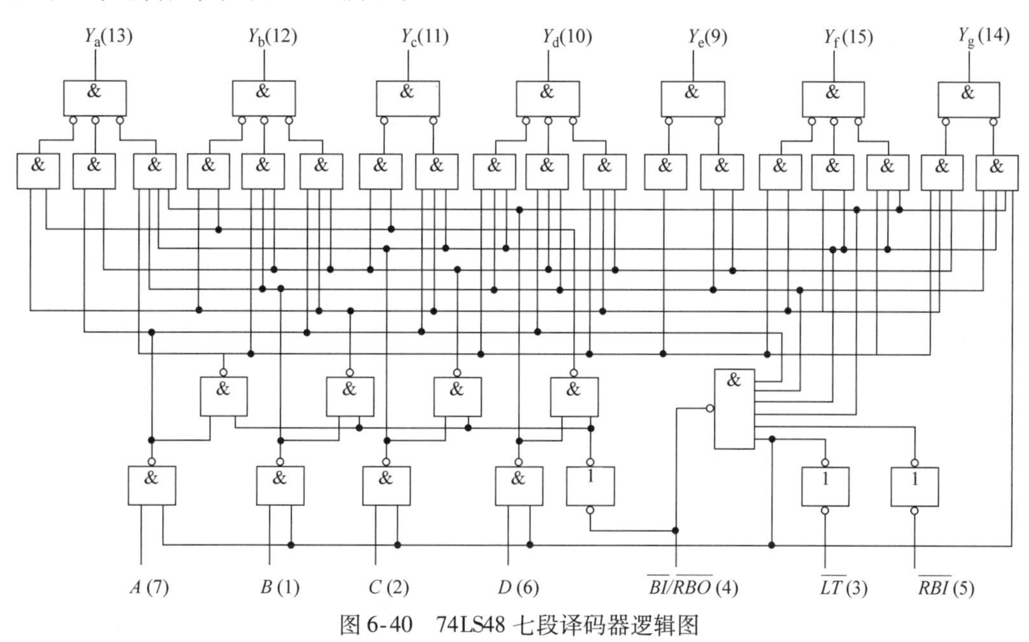

图6-40　74LS48七段译码器逻辑图

三、集成编码器/译码器功能测试

1. 准备测试仪器与器材

数字逻辑实验仪1台（或面包板2块），数字式万用表1块，逻辑笔1支，74LS148 1片，74LS138 1片，0－1显示器一个。集成编码器74LS148、集成译码器74LS138引脚排列如图6-41所示。

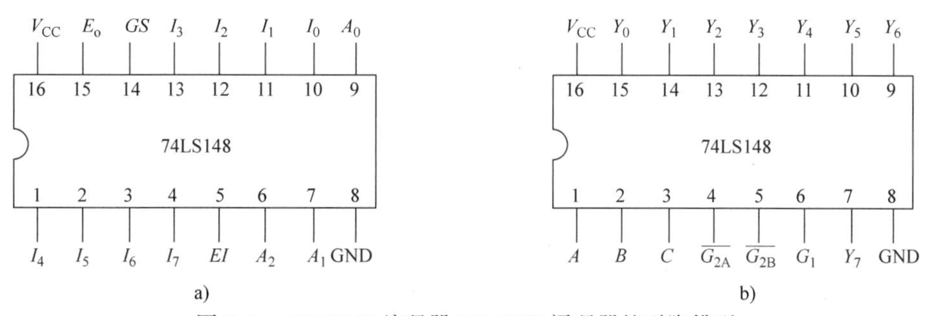

图6-41　74LS148编码器/74LS138译码器的引脚排列

a）集成编码器74LS148　b）集成译码器74LS138

2. 测试所用参考电路

测试电路如图6-42所示，该电路由8线－3线编码器、3线－8线译码器和0－1显示器构成。用开关电平模拟检测传感的输出信号，用0－1显示器指示译码器的输出信号。74LS138是一个3线－8线译码器，它的功能是编码器的逆过程。在这个测试电路中，用它代替微控制器接收编码器输出的二进制码，并变成有效信号在对应的显示器上显示。

3. 测试步骤

按照图6-42所示接好电路，依次在各输入端输入有效电平，观察并记录电路输入与输出的对应关系，以及当几个输入同时为有效电平时编码的优先级别关系。

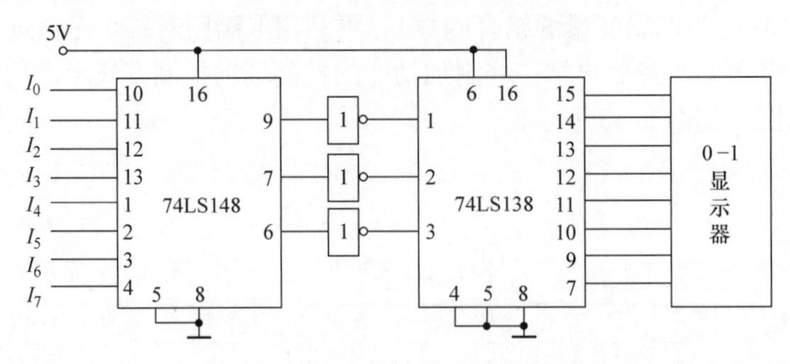

图 6-42　二进制译码器逻辑功能测试

四、编码器译码器的应用

1. 用 74LS138 和与非门实现逻辑函数的逻辑功能

$$S_1(A,B,C) = \Sigma_m(1,2,4,7) = \overline{\overline{m_1}\cdot\overline{m_2}\cdot\overline{m_4}\cdot\overline{m_7}}$$

$$S_2(A,B,C) = \Sigma_m(3,5,6,7) = \overline{\overline{m_3}\cdot\overline{m_5}\cdot\overline{m_6}\cdot\overline{m_7}}$$

三变量译码器 74LS138 八个输出正好就是三个输入变量的全部最小项的反，因此，用有关最小项的反再经**与非**门即得有关最小项的和。其逻辑图如图 6-43 所示。

这种由译码器加上门电路的方法，可用来实现任何组合逻辑电路。这一思想已被近代发展的用只读存储器实现逻辑函数所采用。

2. 用 74LS138 构成数据分配器

能够将一路输入数据，根据需要传送到多个输出端的任何一个输出端的电路，叫数据分配器，又称为多路分配器，其功能相当于单刀多掷开关，如图 6-44 所示。

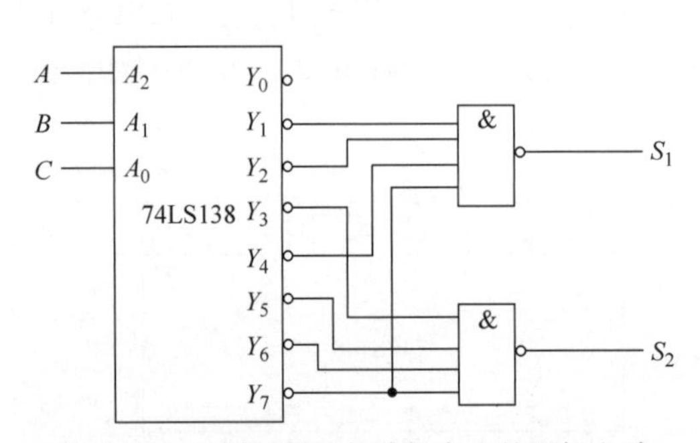

图 6-43　用译码器和**与**非门实现的逻辑电路

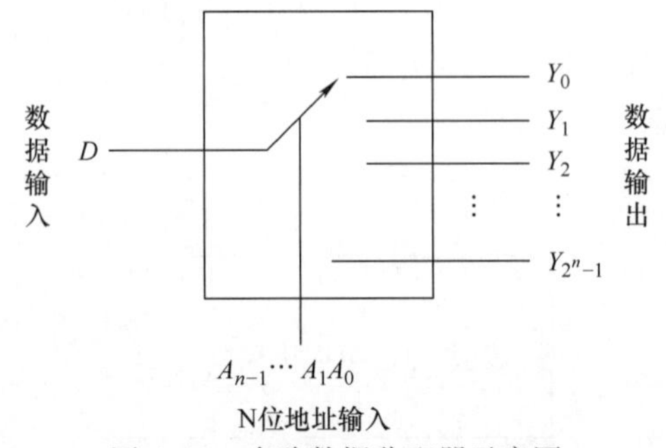

图 6-44　多路数据分配器示意图

实际上多路分配器可由译码器实现，具体方法是将传送的数据接至译码器的使能端 ST_A，通过改变译码器的输入（地址选择码），把数据分配到不同的通道上。

74LS138 不仅可以作为 3 线－8 线译码器，而且还可以用作 1 路－8 路数据分配器。如图 6-45 所示，译码输出 $\overline{Y_0}\sim\overline{Y_7}$ 改作 8 路数据输出，译码输入 $A_2\sim A_0$ 改作为 3 个地址选择输入，用于决定输入数据分配到哪一路输出端上。3 个选通输入端 ST_A、$\overline{ST_B}$、$\overline{ST_C}$ 可以选用其中任意一个作为数据输入 D。当数据从 ST_A

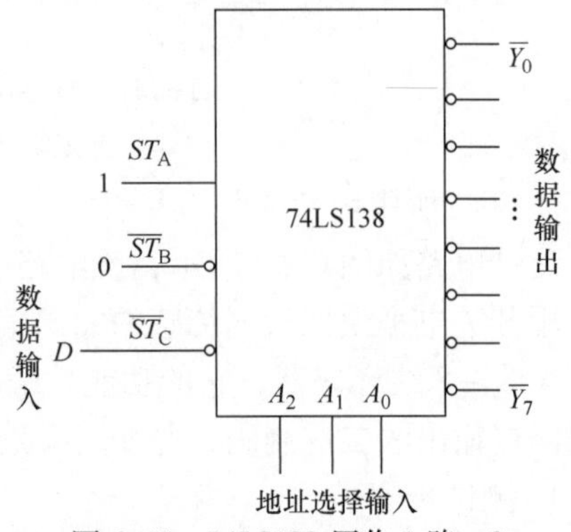

图 6-45　74LS138 用作 1 路－8 路数据分配器

输入时，输出为反码输出；当数据 D 从$\overline{ST_B}$或$\overline{ST_C}$输入时，输出为原码输出。如$\overline{ST_C}$已作为数据输入 D，当 $A_2A_1A_0=000$ 时，ST_A、$\overline{ST_B}$、$\overline{ST_C}$（即 D）为1、0、0，译码器正常工作，则$\overline{Y_0}$为0，与$\overline{ST_C}$（即 D）相同；若 ST_A、$\overline{ST_B}$、$\overline{ST_C}$（即 D）为1、0、1，译码器不工作（禁止），则$\overline{Y_0}$为1，与$\overline{ST_C}$（即 D）相同，满足了数据分配器的逻辑功能。

任务二　数显逻辑笔的制作

一、逻辑笔功能概述

逻辑笔是采用不同颜色的指示灯或数码管指示数字电平高低的仪器，它是一种较简便的测量数字电路工具，使用逻辑笔可快速检测出数字电路中有故障的芯片，如图6-46所示。

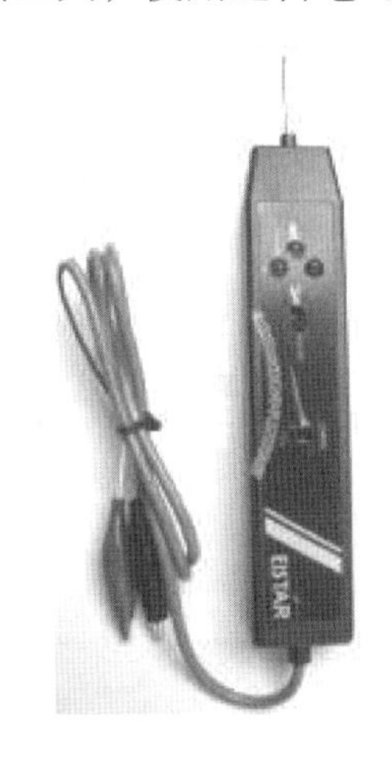

图6-46　逻辑笔的外形与功能

二、逻辑笔的组成

能实现逻辑笔功能的电路有多种，其实质就是一个将被测电压转换为显示器件能直接显示的编码和译码的过程。图6-47是一款由晶体管输入电路承担编码功能和由集成字符译码器4511作译码显示的数显逻辑笔。

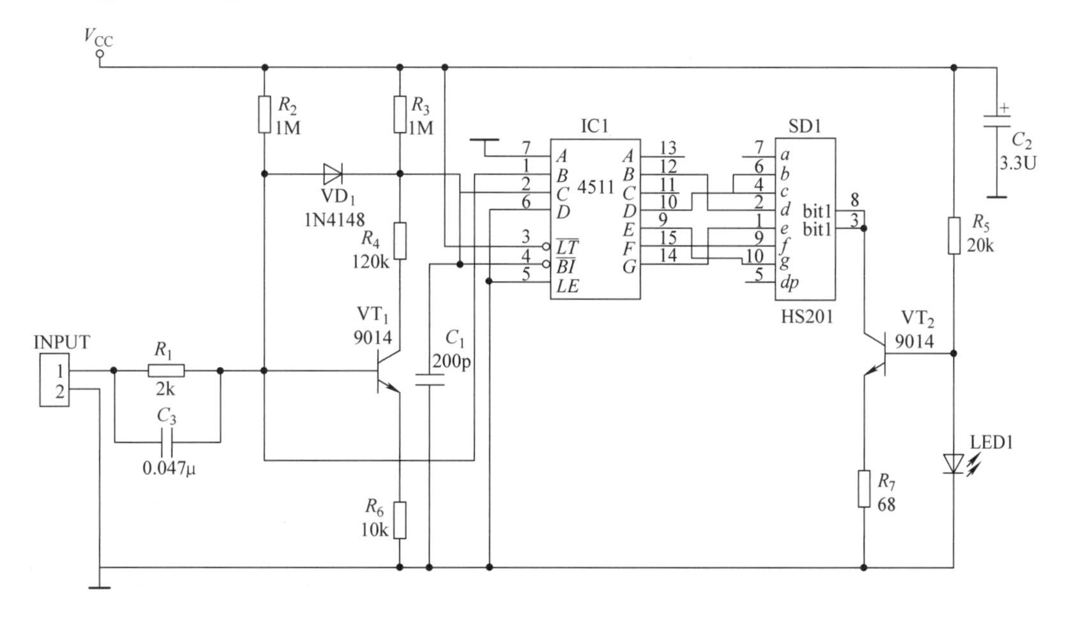

图6-47　逻辑笔的电路原理

对逻辑笔电路的主要技术要求是：

① 当被测信号为低电平时，数码管显示为“L”；当被测信号为高电平时，数码管显示为“H”。

② 不测试信号时，数码管无显示。

③ 逻辑笔的电源取自于被测电路。测试时，将逻辑笔的电源夹子夹到被测电路的任一电源点，另一个夹子夹到被测电路的公共接地端。逻辑笔与被测电路的连接除了可以为逻辑笔提供接地外，还能改善电路灵敏度及提高被测电路的抗干扰能力。

三、逻辑笔的工作原理分析

1. 晶体管输入电路

电路结构如图6-48所示。在测试高电平、低电平、测试输入端悬空三种状态下，晶体管的工作状态及C、B电平的性质分析如下：

1）悬空时，由于电阻分压的关系，晶体管的基极电位高于集电极电位，晶体管工作在饱和状态（可以计算静态工作点 $U_B=0.8V$，$U_C=1.65V$），二极管截止，C点电位为低。

2）测试高电平时，输入高电平加到晶体管基极，B点电位为高，使得晶体管更加饱和导通，且高电位加到二极管的阳极，二极管导通，C点电位为高。

3）测试低电平时，输入低电平加到晶体管基极，B点电位为低，晶体管截止，C点电位为高，二极管截止。

2. 4511译码电路

逻辑笔译码电路如图6-49所示：B点接至4511的B脚，C点接至4511的C和$\overline{BI}$。其他引脚的接法如图6-49所示。

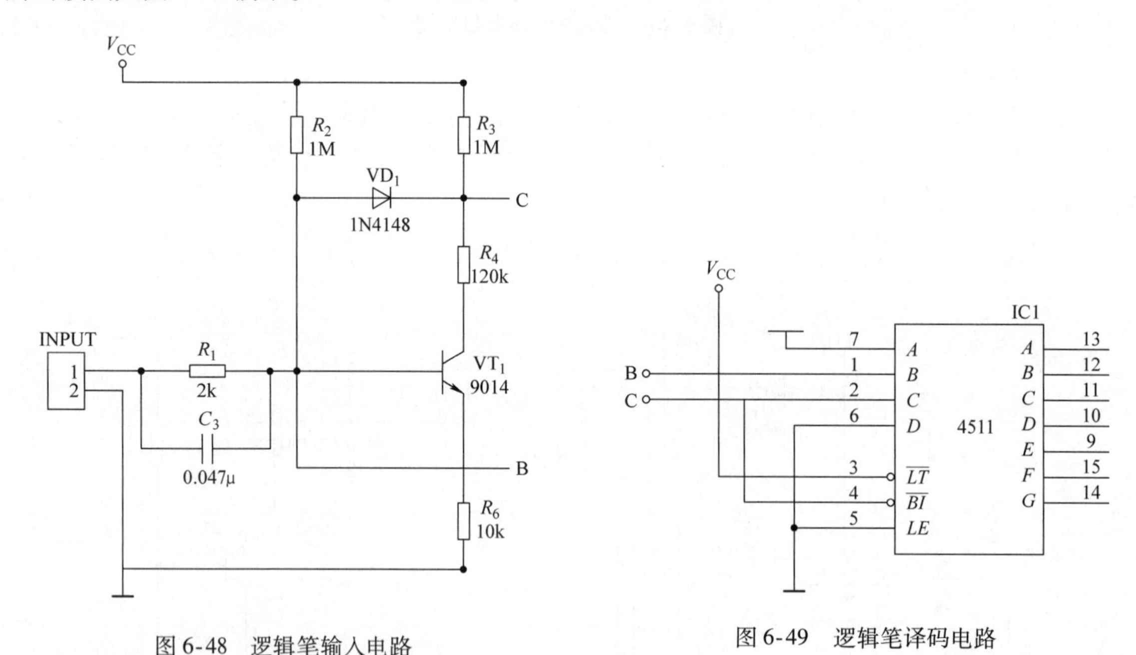

图6-48　逻辑笔输入电路　　图6-49　逻辑笔译码电路

在测试高电平、低电平、测试输入端悬空三种状态下，4511的工作状态及输出分析如下：

① 悬空时，C点为低电平，4511消隐。

② 测试高电平时，C点为高电平，B点为高电平，4511译码，DCBA为0110，输出为显示6的状态（见功能表）。

③ 测试低电平时，C点为高电平，B点为低电平，4511译码，DCBA为0100，输出为显示4

的状态（见功能表）。

3. 数码管显示电路

电路结构如图6-50所示。数码管为共阴极七段数码显示器件，当 $a \sim g$ 中的任一位接高电平时所在段高亮显示，图中二极管指示逻辑笔电源，晶体管作为各字段的总限流电阻。

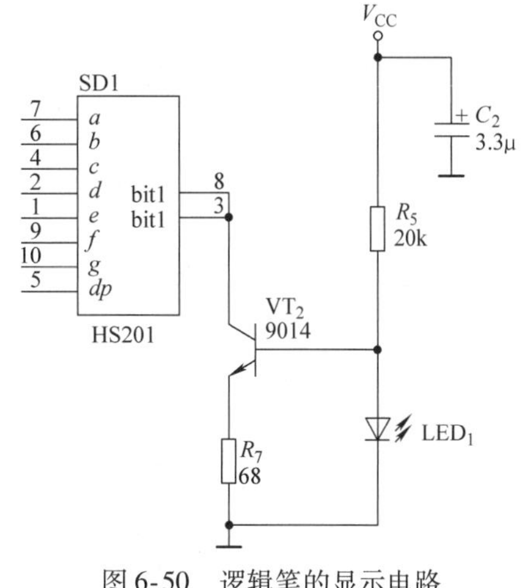

图6-50 逻辑笔的显示电路

四、数显逻辑笔的制作步骤

1）逻辑笔电路制作前，利用电路仿真软件Multisim对电路的功能及各器件的参数进行模拟测试，直观了解逻辑笔电路的功能特点、元器件取值及电路关键节点的电压电流参数值。

2）按表6-24的内容对所列元器件进行测试。

表6-24 元器件测试

元器件	识别及检测内容		
电阻器	色环	标称值（含误差）	
	红白黑棕棕		
发光二极管	所用仪表	数字表□　　指针表□	
	万用表读数（含单位）	正测	
		反测	
数码管	所用仪表	数字表□　　指针表□	
	画出数码的外形图，且标出各引脚的名称		

3）安装印制电路板，印制电路板组件符合IPC－A－610D印制板组件可接受性标准的二级产品等级可接收条件。

4）装配完成后进行通电测试，在输入端不同状态下，测试如表6-25所列内容。

表6-25 测试表

测试端状态	B端电位/V	C端电位/V	数码管显示	所用仪表的型号及档位选择
悬空				
接高电压				
接地				

五、完成下列工艺文件

1）列出元件清单。

2）列出工具设备清单。

3）画出电路测试框图。

4）简述电路装调的步骤。

项目三　简易抢答器电路的分析与设计

任务一　组合逻辑电路的分析与设计

一、组合逻辑电路的分析

当我们研究某一给定的逻辑电路时，常常会遇到这样一些问题：需要采取或借鉴电路的设计思想、需要更换电路的某些组件、需要评价电路的技术经济指标等。这就要求我们对给定的逻辑电路进行分析。

组合逻辑电路的分析步骤如下：

1）写表达式：一般方法是从输入到输出逐级写出逻辑函数表达式。

2）化简：利用公式法或图形法进行化简，得出最简函数表达式。

3）列真值表：根据最简函数表达式列出函数真值表。

4）功能描述：判断该电路所完成的逻辑功能，做出简要的文字描述，或进行改进设计。

[例 6-7]　分析如图 6-51 所示逻辑电路的逻辑功能。

解：

（1）写函数表达式

$$L = \overline{A\,\overline{ABC}} \qquad M = \overline{B\,\overline{ABC}}$$

$$N = \overline{C\,\overline{ABC}} \qquad Y = \overline{LMN} = \overline{L} + \overline{M} + \overline{N}$$

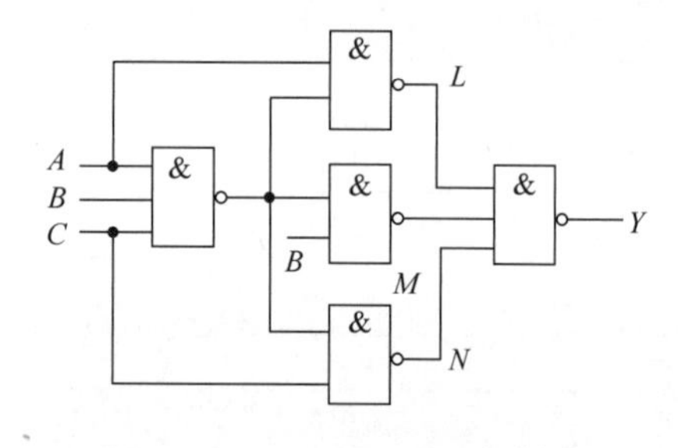

图 6-51　[例 6-7] 的逻辑电路

（2）化简

$$Y = A(\overline{A} + \overline{B} + \overline{C}) + B(\overline{A} + \overline{B} + \overline{C}) + C(\overline{A} + \overline{B} + \overline{C})$$

$$= A\overline{B} + A\overline{C} + B\overline{A} + B\overline{C} + \overline{A}C + \overline{B}C$$

用卡诺图化简，见图 6-52，可得：

$$Y = \overline{A}B + \overline{B}C + \overline{C}A \quad 或 \quad Y = A\overline{B} + B\overline{C} + C\overline{A}$$

（3）列真值表　见表 6-26。

（4）由真值表可知，只要输入 A、B、C 的取值不一样，输出 Y 就为 1；否则，当 A、B、C 取值一样时，Y 为 0。所以，这是一个三变量的非一致电路。电路无反变量输入，这是它的特点。

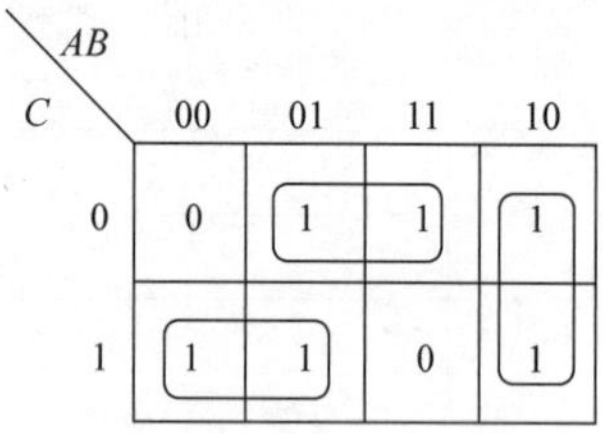

C \ AB	00	01	11	10
0	0	1	1	1
1	1	1	0	1

图 6-52　[例 6-7] 的卡诺图

表 6-26　[例 6-7] 的真值表

A	B	C	Y
0	0	0	0
0	0	1	1
0	1	0	1
0	1	1	1
1	0	0	1
1	0	1	1
1	1	0	1
1	1	1	0

二、组合逻辑电路的设计

组合逻辑电路的设计过程正好与分析相反，它是根据给定的逻辑功能要求，找出用最少逻辑门来实现该逻辑功能的电路。一般可分为以下几个步骤：

1）根据设计的逻辑要求列出真值表。

2）根据真值表写出函数表达式。

3）化简函数表达式或作适当形式的变换。

4）画出逻辑图。

整个设计框图如图6-53所示。

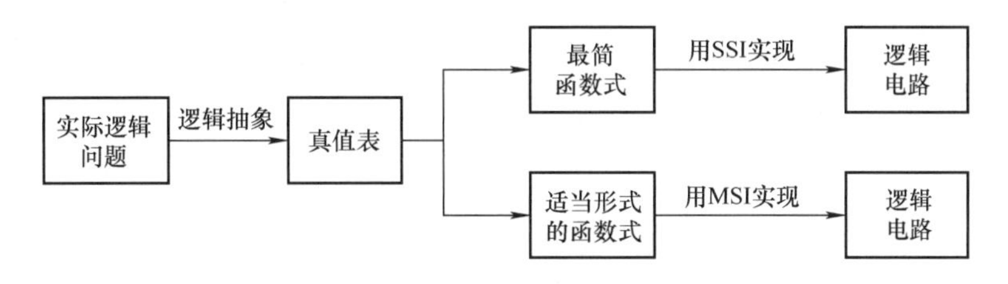

图6-53　组合逻辑电路的设计框图

当然，上述设计步骤不是一成不变的，有些逻辑问题较简单，某些设计步骤就可省略。

这四个设计步骤中，最关键的是第一步，即根据逻辑要求列出真值表。任何逻辑问题，只要能列出它的真值表，就能把逻辑电路设计出来。然而，由于逻辑要求往往是用文字描述的，一般较难做到全面而确切，有时甚至是含糊不清的。因此，对设计者来说建立真值表不是一件很容易的事，它要求设计者对设计的逻辑问题有一个全面的理解，对每一种可能的情况都能做出正确的判断。列真值表就如同数学中的应用题列方程一样。

在列真值表时以下三个方面的概念需弄清楚：

① 输入、输出变量是什么？

② 0、1代表的含义是什么？

③ 输入、输出之间的关系是什么？

下面通过具体例子来说明列真值表的方法。

［例6-8］　设举重比赛有三个裁判，一个主裁判和两个副裁判。杠铃完全举起的裁决由每一裁判按一下自己面前的按钮来确定。只有当两个以上裁判（其中必须有主裁判）判明成功时，表示“成功”的灯才亮。试列出此逻辑问题的真值表。

解：设输入变量：主裁判为A，副裁判分别为B和C，按下按钮为1，否则为0；输出变量：表示成功与否的灯为F，灯亮为1，不亮为0。依题意，可列出真值表6-27。

表6-27　［例6-8］表决器的真值表

A	B	C	F
0	0	0	0
0	0	1	0
0	1	0	0
0	1	1	0
1	0	0	0
1	0	1	1
1	1	0	1
1	1	1	1

表6-28　［例6-9］的真值表

H	M	L	A	B
0	0	0	0	0
0	0	1	0	1
0	1	0	×	×
0	1	1	1	0
1	0	0	×	×
1	0	1	×	×
1	1	0	×	×
1	1	1	1	1

［例6-9］　用A、B两泵对矿井进行抽水，如图6-54所示。当水位在H以上时，A、B两泵同时开启；当水位在H以下M以上时，开启A泵；当水位在M以下L以上时，开启B泵；而水位在L以下时，A、B两泵均不开启。试列写控制A、B两泵动作的真值表。

解：设输入逻辑变量为H、M、L，当水高于某一水位时，相应的变量取值为1，否则为0，

输出逻辑变量为 A、B，当泵开启时取值为 1，否则为 0。

当 $H=0$、$M=1$、$L=1$ 时表示水位在 H 以下、M 以上、L 以上，即在 H、M 之间，此时，A 泵开启，即 $A=1$，$B=0$；而当 $H=1$、$M=0$、$L=1$ 时，则不可能出现，A、B 的值视为随意项。列出所有可能情况。

依题意，可列出真值表 6-27。

［例 6-10］ 能对两个一位二进制数进行相加，但不考虑低位来的进位，而求得“和”及“进位”的逻辑电路，称之为半加器（*Half Adder*）。其中，A、B 分别为两个一位二进制数的输入；S_H、C_H 分别为相加形成的“和”及“进位”。试设计一个半加器。

解：（1）根据逻辑要求列真值表，见表 6-29。

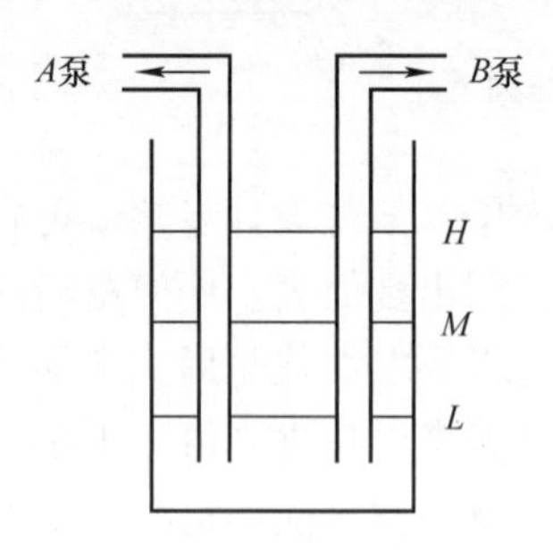

图 6-54　［例 6-9］示意图

表 6-29　［例 6-10］半加器的真值表

A	B	S_H	C_H
0	0	0	0
0	1	1	0
1	0	1	0
1	1	0	1

（2）由真值表写出函数表达式：

$$S_H=\overline{A}B+A\overline{B}\qquad C_H=AB$$

（3）化简：S_H、C_H 已为最简**与或**表达式。

（4）画出逻辑电路。

方案一　用**与非**门实现，将函数变换成如下形式：

$$S_H=\overline{A}B+A\overline{B}=\overline{\overline{\overline{A}B}\cdot\overline{A\overline{B}}}\qquad C_H=\overline{\overline{AB}}$$

其逻辑图如图 6-55a 所示。

方案二　若输入信号中无反变量存在，同样用**与非**门实现，将函数变换成：

$$S_H=\overline{A}B+A\overline{B}=\overline{AB}\cdot B+A\cdot\overline{AB}=\overline{\overline{\overline{AB}\cdot B}\cdot\overline{A\cdot\overline{AB}}}\qquad C_H=\overline{\overline{AB}}$$

其逻辑图如图 6-55b 所示。该电路只需一片 74LS00 芯片即可。

方案三　采用自选元件，可用**异或**门来产生半加和 S_H，用**与**门来产生进位 C_H：

$$S_H=\overline{A}B+A\overline{B}=A\oplus B\qquad C_H=AB$$

该方案的逻辑电路如图 6-55c 所示。

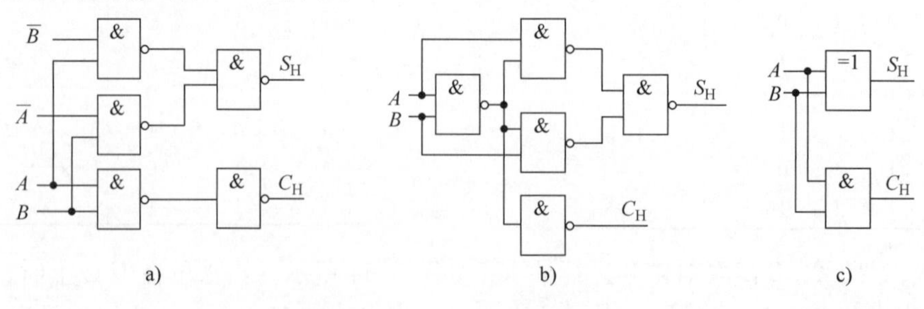

图 6-55　［例 6-10］逻辑图

a）方案一　b）方案二　c）方案三

三、其他典型组合逻辑电路

(1) 1 位数值比较器　在数字计算机和其他数字系统中，常常对两个二进制数或二 - 十进制数进行比较。用来比较两个正数的逻辑电路，称为数值比较器。

两个 1 位二进制数 A 和 B 的大小比较，不外乎三种情况：$A>B$；$A<B$；$A=B$，所以这个比较器应有两个输入端（A 和 B），三个输出端。如果 $Z_1=1$ 表示 $A>B$；$Z_2=1$ 表示 $A<B$；$Z_3=1$ 表示 $A=B$，则可列出真值表，见表 6-30。其逻辑图如图 6-56 所示。

由真值表可分别写出三个输出信号的逻辑表达式，即

$$Z_1 = A\overline{B} \qquad Z_2 = \overline{A}B \qquad Z_3 = \overline{A}\ \overline{B} + AB = \overline{\overline{A}B + A\overline{B}} = \overline{A \oplus B}$$

表 6-30　1 位数值比较器的真值表

输入	输出		
A　B	$Z_1(A>B)$	$Z_2(A<B)$	$Z_3(A=B)$
0　0	0	0	1
0　1	0	1	0
1　0	1	0	0
1　1	0	0	1

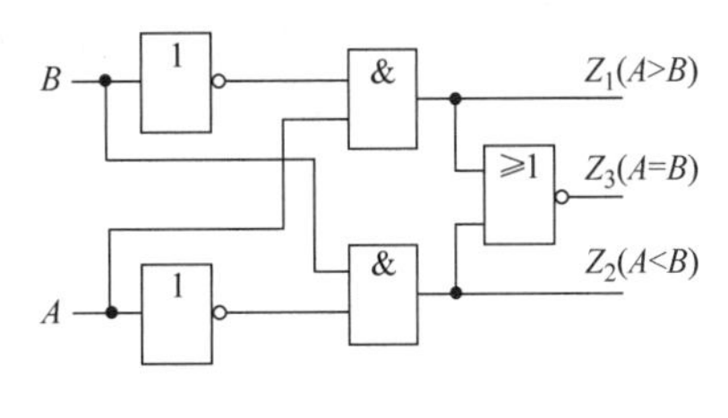

图 6-56　1 位比较器逻辑图

两个多位数，例如 $A_3A_2A_1A_0$ 和 $B_3B_2B_1B_0$ 相比较时，必须从最高位开始。如果最高位 $A_3>B_3$，则肯定 $A>B$；如果 $A_3=B_3$，再去比较次高位 A_2 和 B_2，依此类推。

(2) 数据选择器　数据选择器（*Multiplexer*，简称 MUX）又称为“多路开关”或“多路调制器”。它的功能是在选择输入（又称为“地址输入”）信号的作用下，从多个数据输入通道中选择某一通道的数据（数字信息）传输至输出端。4 选 1 数据选择器的真值表列于表 6-31 中。

因为 4 选 1 数据选择器是从四路输入数据中选择一路作为输出，输入地址代码必须有四个不同的状态与之对应，所以地址输入端必须是两个（A_1 和 A_0）。此外，为了对选择器工作与否进行控制和扩展功能的需要，还设置了附加使能控制端$\overline{EN}$。当$\overline{EN}=0$ 时，选择器工作，当$\overline{EN}=1$ 时，选择器输入的数据被封锁，输出为 0。其逻辑表达式为

$$Y = [D_0(\overline{A_1}\ \overline{A_0}) + D_1(\overline{A_1}A_0) + D_2(A_1\overline{A_0}) + D_3(A_1A_0)] \cdot \overline{\overline{EN}}$$

其逻辑图如图 6-57 所示。

表 6-31　4 选 1 数据选择器的真值表

地址输入		使能控制	输出
A_1	A_0	$\overline{EN}$	Y
×	×	1	0
0	0	0	D_0
0	1	0	D_1
1	0	0	D_2
1	1	0	D_3

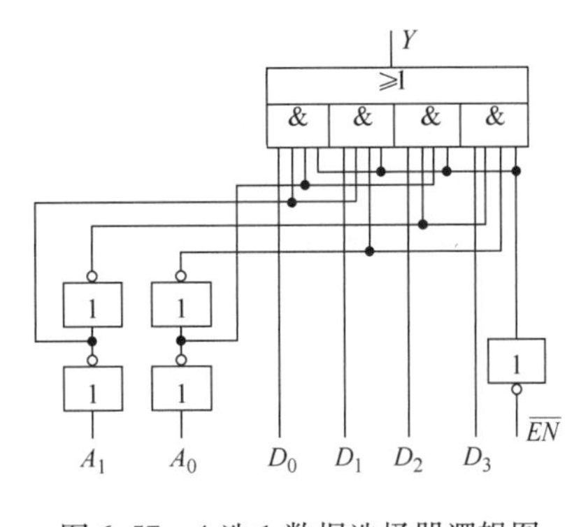

图 6-57　4 选 1 数据选择器逻辑图

数据选择器的芯片种类很多，常用的有 2 选 1，如 74LS157；4 选 1，如 74LS153、74LS253、74LS353；8 选 1，如 74LS151、74LS152；16 选 1，如 74LS150 等。

(3) 用数据选择器实现组合逻辑函数　用数据选择器实现组合逻辑电路时，一般可按以下

步骤进行。

1）画出要求实现的逻辑函数 F 的卡诺图。

2）画出选用 MUX 器件输出 Y 的卡诺图。

3）对比两者卡诺图，确定逻辑函数 F 中各自变量与 MUX 选择输入变量的关系，为使 $Y=F$，需使各对应的最小项的系数相等。

4）画逻辑图。

［**例 6-11**］　用 8 选 1MUX（74LS151）实现逻辑函数 $F=\overline{A}\ \overline{B}\ \overline{C}+AC+\overline{A}BC$。

解：因 F 为三变量逻辑函数，74LS151MUX 选择输入端数为 3，函数 F 变量个数和 MUX 输入端个数相同。

1）画出函数 F 的卡诺图，如图 6-58a 所示。

2）画出 8 选 1MUX74LS151 的卡诺图，如图 6-58b 所示。

3）对比图 6-58a 和图 6-58b，设 $A_2=A$，$A_1=B$，$A_0=C$，则得 $D_0=D_3=D_5=D_7=1$，$D_1=D_2=D_4=D_6=0$。

4）画出逻辑图，如图 6-58c 所示。

用数据选择器除了实现选择输入端数与逻辑变量相同的逻辑函数外，还可以实现选择输入端数少于逻辑变量的逻辑函数。此时可以分离出多余的变量，做出分离变量后的函数 F 的卡诺图，再与选用的 MUX 输出 Y 的卡诺图比较，将其他变量依次接数据选择器的选择输入端，而分离出的变量按一定规则接到数据选择器输入端，即可实现逻辑函数。

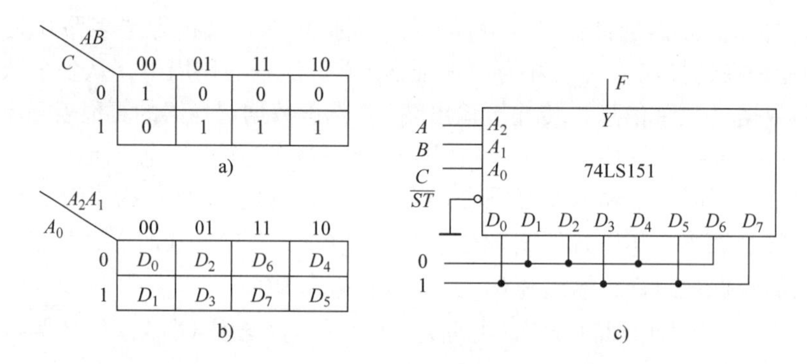

图 6-58　用 74LS151 实现［例 6-11］逻辑函数

a）F 的卡诺图　b）Y 的卡诺图　c）逻辑图

四、组合逻辑电路设计实训

1. 实训目的

1）掌握用门电路设计组合逻辑电路的方法。

2）掌握组合逻辑电路的调试方法。

2. 所用仪器与器材

数字逻辑实验仪 1 台，数字式万用表 1 块，逻辑笔 1 支，74LS00 4 片，74LS20 4 片。

3. 设计方法

组合逻辑电路的设计大致可分为以下几个步骤：

1）根据给定的实际问题做出逻辑说明。

2）根据给定的逻辑要求及逻辑问题列出真值表。

3）根据真值表写出组合电路的逻辑函数表达式并化简。

4）根据集成芯片的类型，变换逻辑函数表达式并画出逻辑电路。

5）检查设计的组合逻辑电路是非存在竞争冒险，若有则设法消除。

4. 实训内容

1）用与非门设计一个组合逻辑电路，使之在输入 0 ~ 15 的二进制数字为素数时输出为 1，否则输出为 0。画出实验电路，并测试实际结果。

2）用与非门设计一个监视交通信号灯工作状态的逻辑电路。用 R、Y、G 分别表示红、黄、绿 3 个灯的工作状态，并规定灯亮时为 1，不亮时为 0。用 L 表示故障信号，正常工作时 L 为 0，发生故障时 L 为 1。画出实验电路，并测试实际结果。

3）已知输入信号 A、B、C 与输出信号 F 的逻辑关系如图 6-59 所示，用与非门设计一个具有此逻辑关系的逻辑电路。画出实验电路，并测试实际结果。

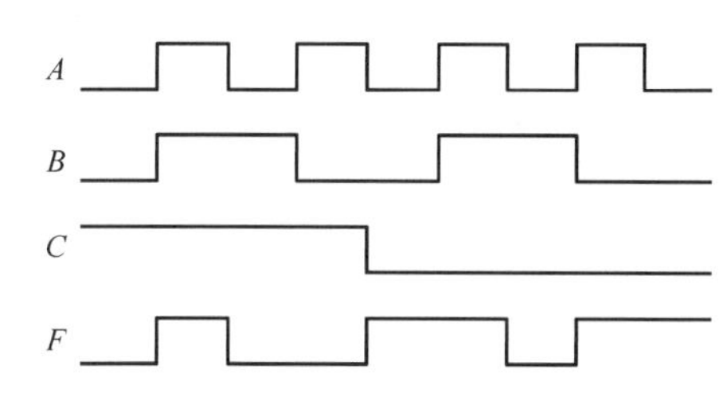

图 6-59 A、B、C 与 F 的逻辑关系

4）用与非门设计一个 4 位数码的奇偶校验电路。奇校验电路的功能是判奇，即输入信号中 1 的个数为奇数时电路输出为 1，反之输出为 0。偶校验电路的功能是判偶，即输入信号中 1 的个数为偶数时电路输出为 1，反之输出为 0。同时具有判奇和判偶功能的电路称为奇偶校验电路，有两个输出端，一个作为判奇输出，另一个作为判偶输出。画出实验电路，并测试实际结果。

5. 实训报告要求

1）画出各个实验电路，列表整理实验测量结果。

2）总结实验体会。

任务二　简易抢答器电路的设计与测试

一、抢答器电路功能概述

为开展智力竞赛活动设计并制作一个 4 路抢答器电路。具体要求如下：

① 给节目主持人设置一个控制开关，用来控制系统的清零（编号显示数码管灭灯）及抢答的开始。

② 设计四路抢答信号，抢答按钮的编号与选手的编号相对应，抢答开始后，当有某一选手首先按下抢答按钮时，选手编号立即被锁存，编号数码管显示选手编号，封锁输入编码电路，禁止其他选手抢答。此时抢答器不再接收其他输入信息。抢答选手的编号一直保持到主持人将系统清零为止。

画出主体电路、整机逻辑框图和逻辑电路，写出设计、制作、测试总结报告。

二、抢答器的组成及原理分析

四路抢答器的系统原理框图如图 6-60 所示，它由抢答按钮、主持人控制开关、锁存器及显示电路组成。

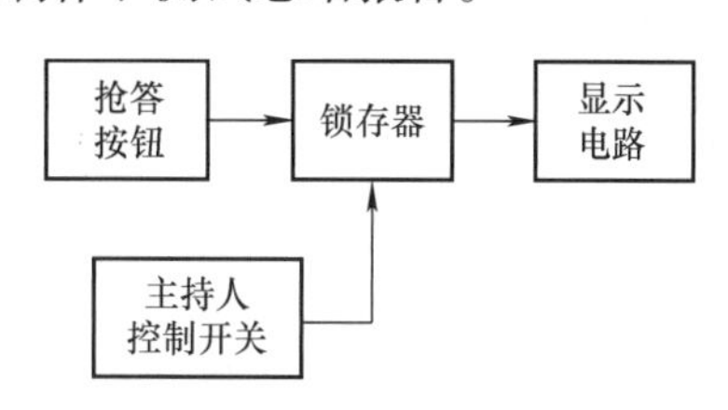

图 6-60　智力竞赛抢答器原理框图

图 6-61 所示的抢答器电路的主要器件 74LS373 是常用的地址锁存器芯片，它实质是一个是带三态缓冲输出的 8D 触发器。

74LS373 的管脚分布如图 6-62 所示，其功能简述如下：

1）1 脚是输出使能（$\overline{OE}$），是低电平有效，当 1 脚是高电平时，不管输入端 3、4、7、8、13、14、17、18 如何，也不管 11 脚锁存控制端 LE 如何，输出 2（Q_0）、5（Q_1）、6（Q_2）、9（Q_3）、12（Q_4）、15（Q_5）、16（Q_6）、19（Q_7）全部呈现高阻状态（或者叫浮空状态）。

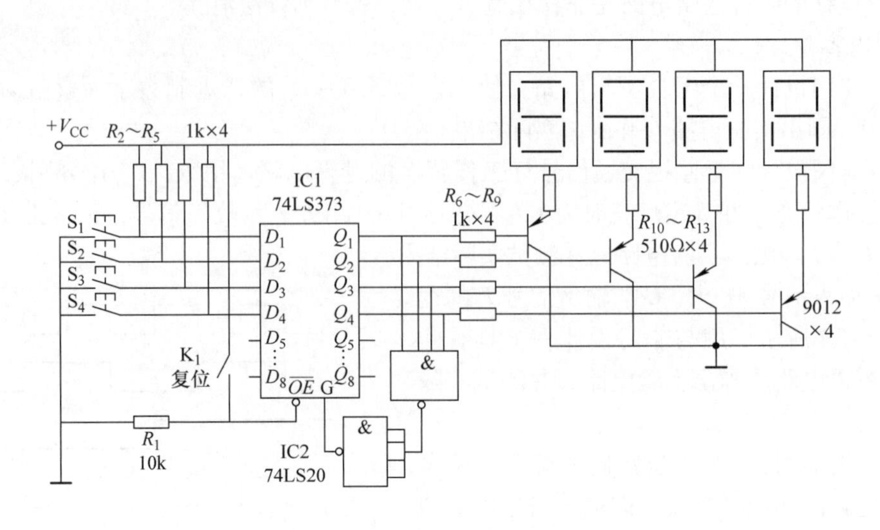

图 6-61　抢答器电路

2）当 1 脚是低电平时，允许 Q_0 ~ Q_7 输出。

3）只要 11 脚（锁存控制端，LE（G）上出现一个下降沿，输出 2（Q_0）、5（Q_1）、6（Q_2）、9（Q_3）、12（Q_4）、15（Q_5）、16（Q_6）、19（Q_7）立即呈现输入端 3、4、7、8、13、14、17、18 的状态，输出端 8 位信息被锁存，直到 LE 端再次有效。

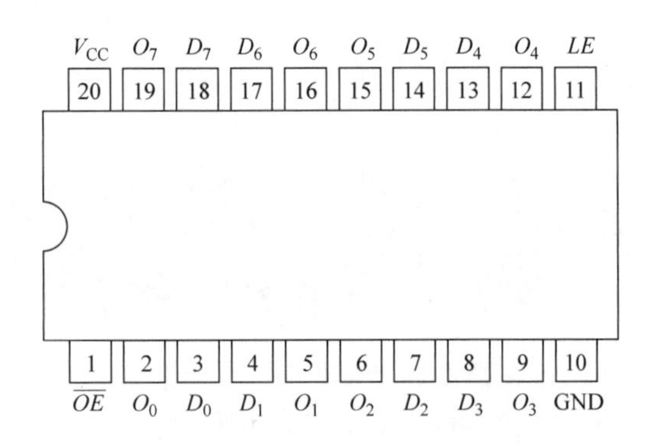

图 6-62　74LS373 的引脚排列

图 6-61 所示的抢答器电路的工作过程是：接通电源时，节目主持人开关 K_1 置于“接通”位置，抢答器处于禁止工作状态，编号显示器灭灯，当节目主持人宣布抢答题目后，说一声“抢答开始”，同时将控制开关置于“断开”位置，抢答器处于工作状态，4 名选手编号为：1，2，3，4；各有一个抢答按钮。当选手按动抢答键时，抢答器要完成以下 3 项工作：

① 立即分辨出抢答者的编号，并由锁存器进行锁存，然后由编码显示电路显示相应编号。

② 控制电路要对输入编码电路进行封锁，避免其他选手再次进行抢答。

③ 当选手将问题回答完毕，节目主持人操作控制开关，使系统回复到禁止工作状态，以便进行下一轮抢答。

三、组装步骤

1）元器件的选择与准备。

万能板 2 块或抢答器 PCB 板，集成电路：74LS373 1 片，74LS20 1 片，共阴极显示器（数码管）4 个，电阻：510Ω 4 个，1kΩ 8 个，10kΩ 1 个，晶体管：9012 4 个，按钮 4 个，拨动开关 1 个。

2）按表 6-32 的内容对所列元器件进行测试。

表 6-32 元器件测试

元器件	识别及检测内容	
电阻 1 支	色环或数码	标称值（含误差）
	绿棕黑黑棕	
晶体管	绘出晶体管外形并标出各引脚名称	
数码管	所用仪表	数字表□　　指针表□
	在右框中画出数码管的外形图，且标出显示对应字符（例如显示 3）的连线方法	

3）安装印制电路板（或万能板）。

4）装配完成后进行通电测试，在输入端不同状态下，集成电路 74LS373 的 1、2、4、6、7 脚的电位，将结果记录于表 6-33 中。

表 6-33 测试结果

测试条件 \ 测试点	集成电路 IC1 G 端	集成电路 IC1 Q_1 端	集成电路 IC1 Q_2 端	集成电路 IC1 Q_3 端	集成电路 IC1 Q_4 端
按下 K_1					
按下 S_1					

四、完成下列工艺文件

1）列出元件清单。

2）列出工具设备清单。

3）画出电路测试框图。

4）简述电路装调的步骤。

习　　题

1. 将十进制数 2075 和 20.75 转换成二进制、八进制、十六进制数。

2. 将十进制数 3692 转换成二进制码及 8421 BCD 码。

3. 已知 $A=(101101110)_2$、$B=(1011100)_2$，按二进制运算规则求 $A+B$ 及 $A-B$ 的值。

4. 利用公式和定理证明下列等式：

(1) $ABC+A\overline{B}C+AB\overline{C}=AB+AC$

(2) $A+A\overline{B}\ \overline{C}+\overline{A}CD+(\overline{C}+\overline{D})E=A+CD+E$

(3) $(A+B)(A+B+C+D+E+F)=A+B$

5. 用图形法将下列函数化简成为最简**与或**式：

(1) $Y=AB\overline{C}D+A\overline{B}CD+A\overline{B}+A\overline{D}+A\overline{B}C$

(2) $Y=A\overline{B}+B\overline{C}\ \overline{D}+ABD+\overline{A}B\overline{C}D$

(3) $Y(A,B,C)=\sum m(0,1,2,3,6,7)$

(4) $Y(A,B,C,D)=\sum m(0,1,8,9,10)$

6. 判断图题 6-1 所示各电路中晶体管的工作状态，并计算输出电压 u_o 的值。

7. 二极管门电路如图题 6-2a、b 所示。

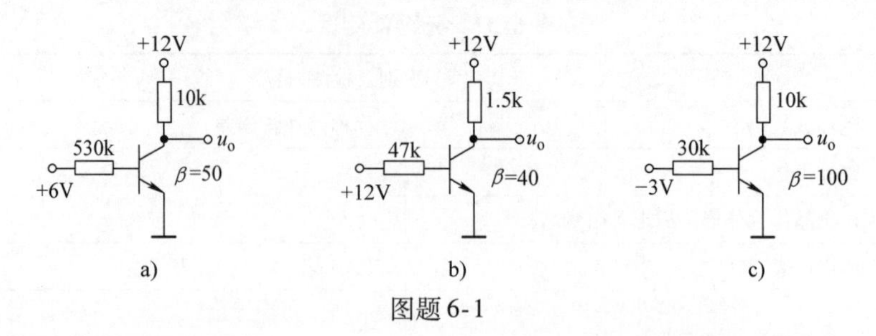

图题 6-1

（1）分析输出信号 Y_1、Y_2 和输入信号 A、B、C 之间的逻辑关系。

（2）根据图题 6-2c 给出的 A、B、C 的波形，对应画出 Y_1、Y_2 的波形。

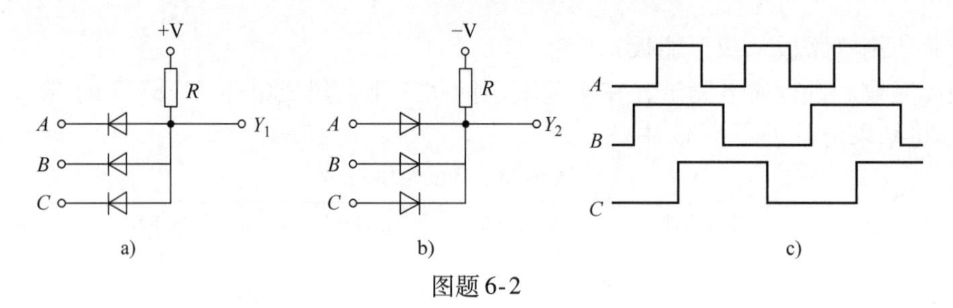

图题 6-2

8. 写出图题 6-3 所示各电路输出信号的逻辑表达式，并说明电路的逻辑功能。

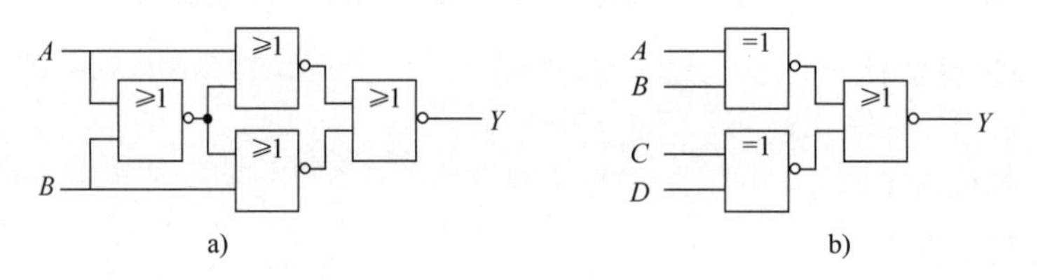

图题 6-3

9. 写出图题 6-4 所示各个电路输出信号的逻辑表达式，并对应 A、B、C 的给定波形画出各个输出信号的波形。

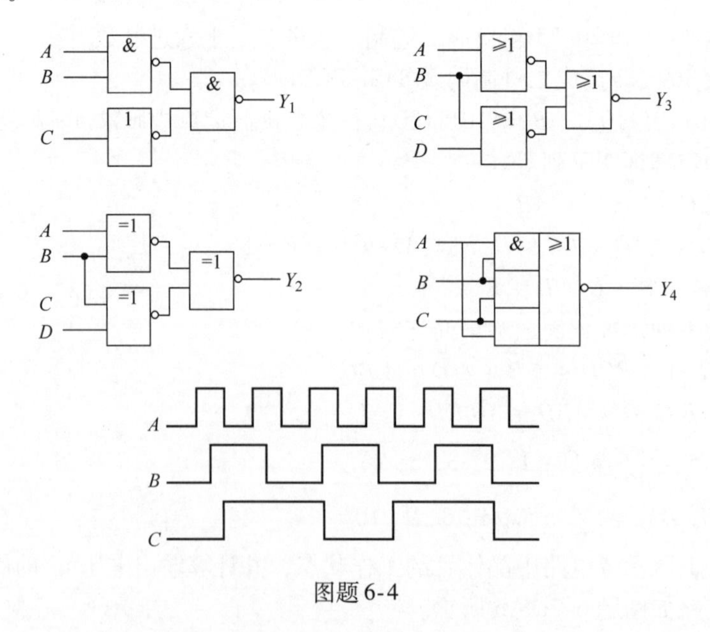

图题 6-4

10. 电话室需要对4种电话进行编码控制，优先级别最高的是火警电话，其次是急救电话，第三是工作电话，第四是生活电话，分别用**与非**门和**或非**门设计该控制电路。

11. 试用3线-8线译码器74LS138和门电路实现下列函数，画出连线图。若用数据选择器如何实现?

（1）$Y_1 = \overline{A}\,\overline{B} + AB\overline{C}$

（2）$Y_2 = \overline{B} + C$

12. 试用数据选择器实现下列函数，选择合适的器件，画出连线图。

（1）$Y_1 = \overline{A}\,\overline{B}C + \overline{A}BC + \overline{A}B\overline{C} + ABC$

（2）$Y_2(A, B, C, D) = \sum m(3, 5, 6, 9, 10, 12)$

13. 设计一个路灯的控制电路（一盏灯），要求在4个不同的地方都能独立地控制灯的亮灭。

14. 现有4台设备，由2台发电机组供电，每台设备用电均为10kW，4台设备的工作情况是：4台设备不可能同时工作，但可能是任意3台、2台同时工作，至少是任意1台进行工作。若X发电机组功率为10kW，Y发电机组功率为20kW。试设计一个供电控制电路，以达到节省能源的目的。

单元七　555 定时器电路的分析与应用

555 定时器是一种中规模集成电路，具有定时精度高、工作速度快、可靠性好、电源电压范围宽（3～18V）、输出电流大（可高达 200mA）等优点，可组成各种波形的脉冲振荡电路、定时延时电路、检测电路、电源变换电路、频率变换电路等，被广泛应用于自动控制、测量、通信等各个领域。

项目一　555 集成定时器的组成与功能分析

任务一　了解 555 集成定时器的基本结构

555 定时器是一种中规模集成电路，只要在外部配上适当阻容元件，就可方便地构成脉冲产生和整形电路，在工业控制、定时、电子乐器、防盗报警及家用电器等方面应用广泛。

555 定时器根据内部器件类型可分为双极型和单极型，均有单或双定时器集成电路。双极型型号为 555（单）和 556（双），电源电压使用范围为 5～15V，输出电流可达 200mA，可直接驱动继电器、发光二极管、扬声器、指示灯等；单极型型号为 7555（单）和 7556（双），电源电压范围为 3～18V，但输出电流仅 1mA。

555 定时器的电路结构如图 7-1a 所示。555 定时器内部含有一个基本 *RS* 触发器、两个电压比较器 C_1 和 C_2、一个放电晶体管 VT、由 3 个 5kΩ 的电阻组成的分压器（555 定时器因此而得名）、一个输出缓冲器 G_3。比较器 C_1 的参考电压为 $2V_{CC}/3$，加在同相输入端，C_2 的参考电压为 $V_{CC}/3$，加在反相输入端，两者均由分压器上取得。

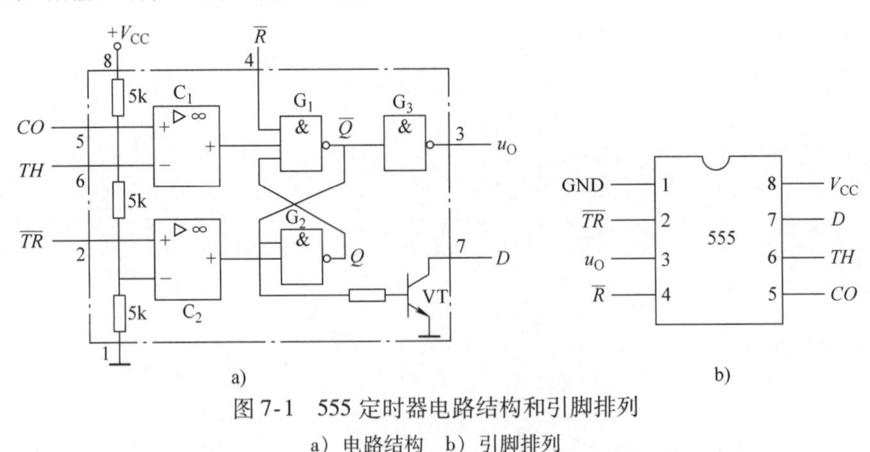

图 7-1　555 定时器电路结构和引脚排列

a）电路结构　b）引脚排列

任务二　掌握 555 集成定时器的引脚功能

555 集成定时器的引脚排列如图 7-1b 所示。各引线端功能说明如下：

1 端 GND 为接地端。

2 端 $\overline{TR}$ 为低电平触发端，也称为触发输入端，由此输入触发脉冲。当 2 端的输入电压高于 $V_{CC}/3$ 时，C_2 的输出为 1；当输入电压低于 $V_{CC}/3$ 时，C_2 的输出为 0，使基本 *RS* 触发器置 1，即

$Q=1$、$\overline{Q}=0$。这时定时器输出 $u_O=1$。

3 端 u_O 为输出端。

4 端$\overline{R}$是复位端，当$\overline{R}=0$时，基本 RS 触发器直接置 0，使 $Q=0$、$\overline{Q}=1$。

5 端 CO 为电压控制端，如果在 CO 端另加控制电压，则可改变 C_1、C_2 的参考电压。工作中不使用 CO 端时，一般都通过一个 0.01μF 的电容接地，以旁路高频干扰。

6 端 TH 为高电平触发端，又叫作阈值输入端，由此输入触发脉冲。当输入电压低于 $2V_{CC}/3$ 时，C_1 的输出为 1；当输入电压高于 $2V_{CC}/3$ 时，C_1 的输出为 0，使基本 RS 触发器置 0，即 $Q=0$、$\overline{Q}=1$。这时定时器输出 $u_O=0$。

7 端 D 为放电端。当基本 RS 触发器的$\overline{Q}=1$ 时，放电晶体管 VT 导通，外接电容元件通过 VT 放电。555 定时器在使用中大多与电容器的充放电有关，为了使充放电能够反复进行，电路特别设计了一个放电端 D。

8 端 V_{CC}为电源端，可在 4.5～16V 范围内使用，若为 CMOS 电路，则 $V_{DD}=3\sim18$V。

表 7-1 所示是 555 定时器的功能表，它全面地表示了 555 的基本功能。

表 7-1 555 定时器的功能表

U_{TH}	$U_{\overline{TR}}$	$\overline{R}$	u_O	VT 的状态
×	×	0	U_{OL}	导通
$>2V_{CC}/3$	$>V_{CC}/3$	1	U_{OL}	导通
$<2V_{CC}/3$	$>V_{CC}/3$	1	不变	不变
$<2V_{CC}/3$	$<V_{CC}/3$	1	U_{OH}	截止

项目二 用 555 定时器构成单稳态触发器

任务一 单稳态触发器工作原理的分析

单稳态触发器在数字电路中一般用于定时（产生一定宽度的矩形波）、整形（把不规则的波形转换成宽度、幅度都相等的波形）以及延时（把输入信号延迟一定时间后输出）等。单稳态触发器具有下列特点：

1）电路有一个稳态和一个暂稳态。

2）在外来触发脉冲作用下，电路由稳态翻转到暂稳态。

3）暂稳态是一个不能长久保持的状态，经过一段时间后，电路会自动返回到稳态。暂稳态的持续时间与触发脉冲无关，仅决定于电路本身的参数。

图 7-2 所示为用 555 定时器构成的单稳态触发器电路及其工作波形。R、C 是外接定时元件；u_i 是输入触发信号，下降沿有效。

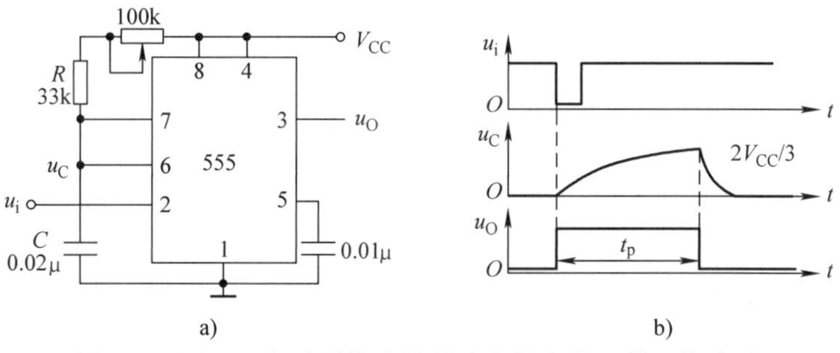

图 7-2 用 555 定时器构成的单稳态触发器及其工作波形

a）电路 b）工作波形

接通电源 V_{CC}后瞬间，电路有一个稳定的过程，即电源 V_{CC}通过电阻 R 对电容 C 充电，当 u_C 上升到 $2V_{CC}/3$ 时，比较器 C_1 的输出为0，将基本 RS 触发器置0，电路输出 $u_O=0$。这时基本 RS 触发器的 $\overline{Q}=1$，使放电管 VT 导通，电容 C 通过 VT 放电，电路进入稳定状态。

当触发信号 u_i 到来时，因为 u_i 的幅度低于 $V_{CC}/3$，比较器 C_2 的输出为0，将基本 RS 触发器置1，u_O 又由0变为1。电路进入暂稳态。由于此时基本 RS 触发器的 $\overline{Q}=0$，放电管 VT 截止，V_{CC}经电阻 R 对电容 C 充电。虽然此时触发脉冲已消失，比较器 C_2 的输出变为1，但充电继续进行，直到 u_C 上升到 $2V_{CC}/3$ 时，比较器 C_1 的输出为0，将基本 RS 触发器置0，电路输出 $u_O=0$，VT 导通，电容 C 放电，电路恢复到稳定状态。

忽略放电管 VT 的饱和压降，则 u_C 从0充电上升到 $2V_{CC}/3$ 所需的时间，即为 u_O 的输出脉冲宽度 t_p，有

$$t_p \approx 1.1RC \tag{7-1}$$

任务二　掌握集成单稳态触发器的功能

集成单稳态触发器，按能否被重触发，将其分成两类：一类是可重触发的；一类是不能重触发的，即非重触发的。重触发是指在暂稳态期间能够接收新的触发信号，重新开始暂稳态过程；非重触发则是在暂稳态期间不能接收新的触发信号，即非重触发的单稳态触发器只能在稳态时接收触发信号，一旦被触发由稳态翻转到暂稳态后，即使再有新的触发信号到来，其既定的暂稳态过程也会照样进行下去，直至结束为止。

74121 是典型的 TTL 非重触发单稳态触发器，其引脚排列如图 7-3a 所示。TR_{-A}、TR_{-B}是两个下降沿有效的触发信号输入端，TR_+是上升沿有效的触发信号输入端。Q 和$\overline{Q}$是两个状态互补的输出端。R_{ext}/C_{ext}、C_{ext}是外接定时电阻和电容的连接端，外接定时电阻 $R(R=1.4\sim40\text{k}\Omega)$接在 V_{CC}和 R_{ext}/C_{ext}之间，外接定时电容 $C(C=10\text{pF}\sim10\mu\text{F})$接在 C_{ext}（正）和 R_{ext}/C_{ext}之间。74121 内部已设置了一个 $2\text{k}\Omega$ 的定时电阻，R_{in}是其引出端，使用时只需将 R_{in}与 V_{CC}连接起来即可，不用时则应将 R_{in}开路。

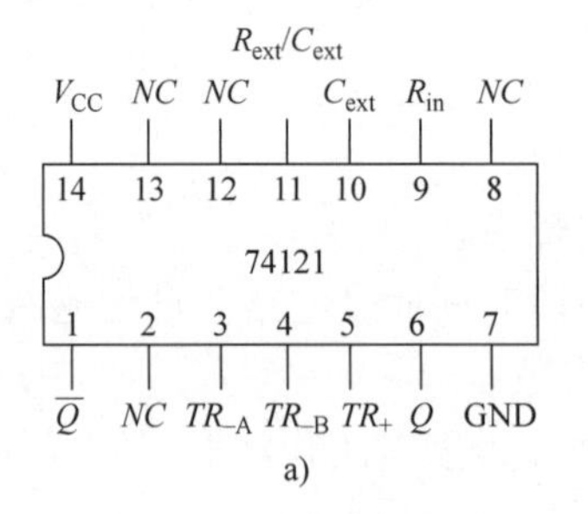

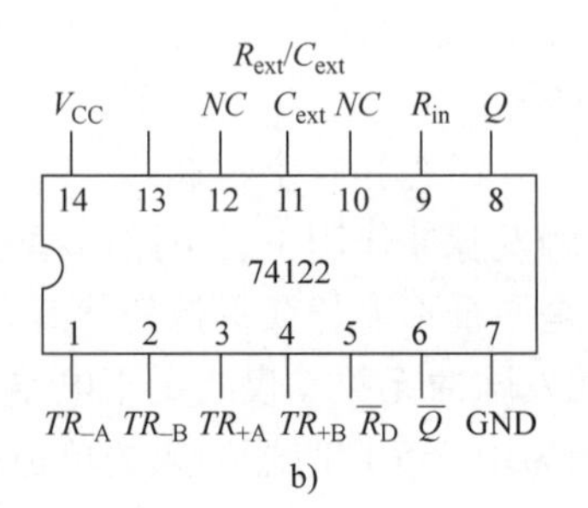

图 7-3　集成单稳态触发器 74121 和 74122 的引脚排列

a）74121　b）74122

表 7-2 所示为 74121 的功能表，表中↑表示上升沿，↓表示下降沿，⎍表示正脉冲，⎍（倒置）表示负脉冲。由表 7-2 可知，在下述情况下，电路可由稳态翻转到暂稳态：

1）若 TR_{-A}、TR_{-B}中有一个或两个为低电平，TR_+发生由0到1的正跳变。

2）若 TR_{-A}、TR_{-B}和 TR_+全为高电平，TR_{-A}、TR_{-B}中有一个或两个产生由1到0的负跳变。

如果 TR_{-A}、TR_{-B}和 TR_+的状态保持不变，则电路会一直工作在稳定状态。

74121 的输出脉冲宽度为

$$t_p \approx 0.7RC$$

74122 是典型的 TTL 可重触发单稳态触发器，其引脚排列如图 7-3b 所示。TR_{-A}、TR_{-B}是两个下降沿有效的触发信号输入端，TR_{+A}、TR_{+B}是两个上升沿有效的触发信号输入端。Q 和$\overline{Q}$是两个状态互补的输出端。R_{ext}/C_{ext}、C_{ext}、R_{in}3 个引出端是供外接定时元件使用的，外接定时电阻 R（$R=5\sim50\text{k}\Omega$）、电容 C（无限制）的接法与 74121 相同。$\overline{R}_D$ 为直接复位输入端，低电平有效。74122 的功能表见表 7-3。

当定时电容 $C>1000\text{pF}$ 时，74122 的输出脉冲宽度为

$$t_p \approx 0.32RC$$

表 7-2　74121 的功能表

输　　入			输　　出		说　　明
TR_{-A}	TR_{-B}	TR_+	Q	$\overline{Q}$	
0	×	1	0	1	保持稳态
×	0	1	0	1	
×	×	0	0	1	
1	1	×	0	1	
1	↓	1	⊓	⊔	下降沿触发
↓	1	1	⊓	⊔	
↓	↓	1	⊓	⊔	
0	×	↑	⊓	⊔	上升沿触发
×	0	↑	⊓	⊔	

表 7-3　74122 的功能表

输　　入					输　　出		说　　明
$\overline{R}_D$	TR_{-A}	TR_{-B}	TR_{+A}	TR_{+B}	Q	$\overline{Q}$	
0	×	×	×	×	0	1	复位
×	1	1	×	×	0	1	保持稳态
×	×	×	0	×	0	1	
×	×	×	×	0	0	1	
1	0	×	↑	1	⊓	⊔	下降沿触发
1	0	×	1	↑	⊓	⊔	
1	×	0	↑	1	⊓	⊔	
1	×	0	1	↑	⊓	⊔	
↑	0	×	1	1	⊓	⊔	
↑	×	0	1	1	⊓	⊔	
1	1	↓	1	1	⊓	⊔	上升沿触发
1	↓	↓	1	1	⊓	⊔	
1	↓	1	1	1	⊓	⊔	

任务三　单稳态触发器的应用与测试

1. 单稳态触发器的应用

单稳态触发器应用很广，以下仅举两例说明。

(1) 延时与定时 脉冲信号的延时与定时电路如图7-4a所示。观察u'_O与u_i的工作波形，可以发现u'_O的下降沿比u_i的下降沿滞后了t_w，即延迟了t_w。这个t_w反映了单稳态触发器的延时作用。

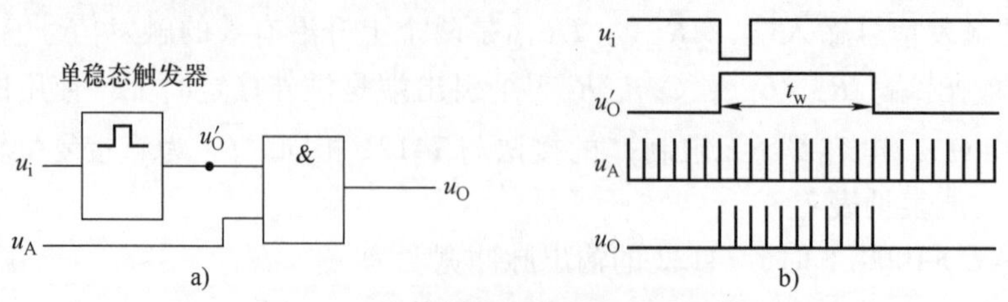

图7-4 脉冲信号的延时与定时控制

a) 电路 b) 工作波形

单稳态触发器的输出u'_O送入**与**门作为定时控制信号，当$u'_O=1$时**与**门打开，$u_O=u_A$；$u'_O=0$时与门关闭，$u_O=0$。显然，**与**门打开的时间是恒定不变的，就是单稳态触发器输出脉冲u'_O的宽度t_w。

(2) 波形整形 输入脉冲的波形往往是不规则的，边沿不陡，幅度不齐，不能直接输入到数字电路。因为单稳态触发器的输出u_O的幅度仅决定于输出的高、低电平，宽度t_w只与定时元件R、C有关。所以利用单稳态触发器能够把不规则的输入信号u_i，整形成为幅度、宽度都相同的矩形脉冲u_O。图7-5所示就是单稳态触发器整形的一个例子。

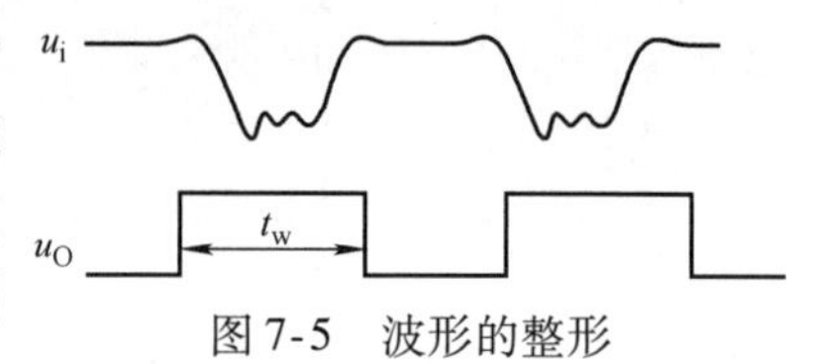

图7-5 波形的整形

2. 单稳态触发器的测试

根据图7-2所示接好电路，取$V_{CC}=10V$，$u_i=5V$，将电位器调至适当的位置，观察u_O和u_i、u_C的波形并测量它们的电压值，测量输出脉冲的宽度t_p，并与理论值进行比较。

项目三 用555定时器构成多谐振荡器

任务一 多谐振荡器工作原理的分析

多谐振荡器是产生矩形波的自激振荡电路。由于矩形波包含基波和高次谐波等较多的谐波成分，因此称为多谐振荡器。另外，这类电路不存在稳态，故又称为无稳态电路。

图7-6所示是用555定时器构成的多谐振荡器及其工作波形。R_1、R_2、C是外接定时元件。

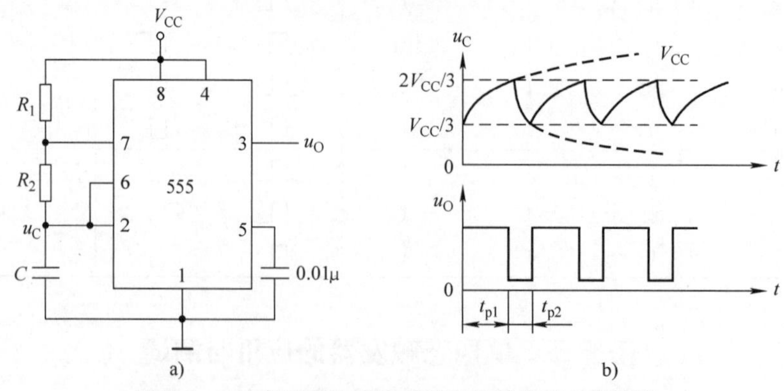

图7-6 555定时器构成的多谐振荡器及其工作波形

a) 电路 b) 工作波形

接通电源 V_{CC}后，电源 V_{CC}经电阻 R_1 和 R_2对电容 C 充电，当 u_C 上升到 $2V_{CC}/3$ 时，比较器 C_1 的输出为0，将基本 RS 触发器置0，定时器输出 $u_O=0$。这时基本 RS 触发器的$\overline{Q}=1$，使放电管 VT 导通，电容 C 通过电阻 R_2和 VT 放电，u_C 下降。当 u_C 下降到 $V_{CC}/3$ 时，比较器 C_2 的输出为0，将基本 RS 触发器置1，u_O 又由0变为1。由于此时基本 RS 触发器的$\overline{Q}=0$，放电管 VT 截止，V_{CC}又经电阻 R_1 和 R_2对电容 C 充电。如此重复上述过程，于是在输出端 u_O 产生了连续的矩形脉冲。

第一个暂稳态的脉冲宽度 t_{p1}，即 u_C 从 $V_{CC}/3$ 充电上升到 $2V_{CC}/3$ 所需的时间。根据电路分析中的三要素法，即可求出：

$$t_{p1}\approx 0.7(R_1+R_2)C$$

第二个暂稳态的脉冲宽度 t_{p2}，即 u_C 从 $2V_{CC}/3$ 放电下降到 $V_{CC}/3$ 所需的时间，同理可得：

$$t_{p2}\approx 0.7R_2C$$

振荡周期为

$$T=t_{p1}+t_{p2}\approx 0.7(R_1+2R_2)C$$

占空比为

$$q=\frac{t_{p1}}{T}=\frac{R_1+R_2}{R_1+2R_2} \tag{7-2}$$

由式（7-2）可知，无论 R_1 或 R_2怎样改变，q 总是大于50%。在改变占空比的同时，振荡频率也将改变。若改变 q 的同时，要求振荡频率 f 保持不变，可采用占空比可调而振荡频率不变的矩形波发生器，如图7-7所示。

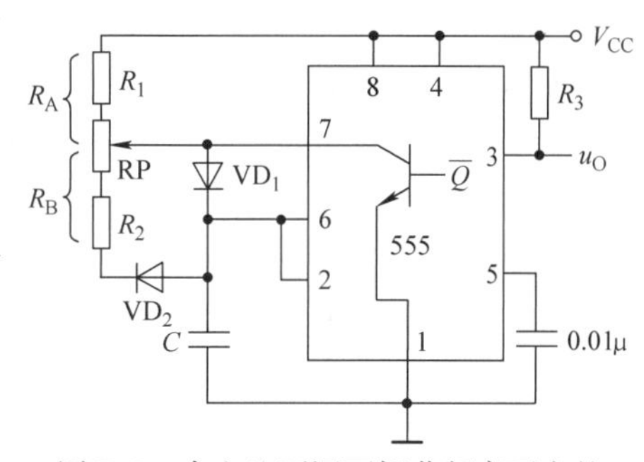

图7-7 占空比可调而振荡频率不变的矩形波发生器

根据二极管 VD_1 和 VD_2 的单向导电性，其充电回路为：$V_{CC}\rightarrow R_A\rightarrow VD_1\rightarrow C\rightarrow$地，充电时间常数 $\tau_c=R_AC$；放电回路为：$u_C(+)\rightarrow VD_2\rightarrow R_B\rightarrow VT\rightarrow$地$(u_C(-))$，放电时间常数为 $\tau_d=R_BC$，其工作波形与图7-6b完全相同，故输出高电平的脉宽为

$$t_{p1}\approx 0.7R_AC$$

输出低电平的脉宽为

$$t_{p2}\approx 0.7R_BC$$

振荡周期为

$$T=t_{p1}+t_{p2}\approx 0.7(R_A+R_B)C \tag{7-3}$$

占空比为

$$q=\frac{t_{p1}}{T}=\frac{R_A}{R_A+R_B} \tag{7-4}$$

由式（7-3）、式（7-4）两式可知，在调节电位器 RP 的滑臂时，只改变 R_A 和 R_B 阻值，而 R_A+R_B 保持不变，故在改变 q 时可使振荡周期 T 保持不变。

电阻 R_3 的作用是使输出高电平时为 V_{CC}，以便与 CMOS 电路输入高电平相匹配，故 R_3 又称为上拉电阻。

任务二　熟悉其他多谐振荡器

1. *RC* 环形多谐振荡器

图7-8所示为 *RC* 环形多谐振荡器的电路和工作波形。它由3级反相器接成环形而构成，故

称为环形振荡器。R 和 C 组成延时环节；R_S是限流电阻，其值不大，约为 100Ω。下面以振荡器进入稳定振荡时来说明其工作原理。

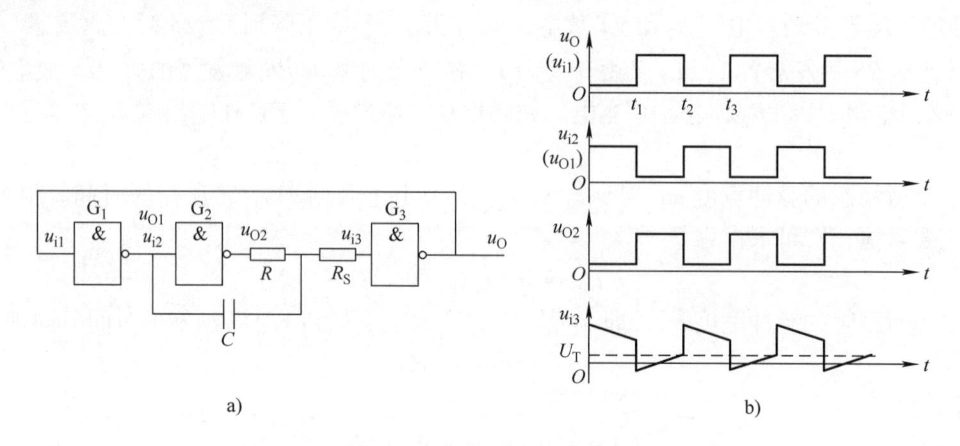

图 7-8　RC 环形多谐振荡器的电路和工作波形

a）电路　b）工作波形

（1）第一暂稳态及其自动翻转的工作过程　在 t_1 时刻，$u_{i1}(u_O)$ 由 0 变为 1，于是 u_{O1}（u_{i2}）由 1 变为 0，u_{O2} 由 0 变为 1。由于电容电压不能跃变，故 u_{i3} 必定跟随 u_{i2} 发生负跳变。这个低电平保持 u_O 为 1，以维持已进入的这个暂稳态。

在这个暂稳态期间，u_{O2}（高电平）通过电阻 R 对电容 C 充电，使 u_{i3} 逐渐上升。在 t_2 时刻，u_{i3} 上升到门电路的阈值电压 U_T，使 $u_O(u_{i1})$ 由 1 变为 0，$u_{O1}(u_{i2})$ 由 0 变为 1，u_{O2} 由 1 变为 0。同样由于电容电压不能跃变，故 u_{i3} 跟随 u_{i2} 发生正跳变。这个高电平保持 u_O 为 0。至此，第一个暂稳态结束，电路进入第二个暂稳态。

（2）第二暂稳态及其自动翻转的工作过程　在 t_2 时刻，u_{O2} 变为低电平，电容 C 开始通过电阻 R 放电。随着放电的进行，u_{i3} 逐渐下降。在 t_3 时刻，u_{i3} 下降到 U_T，使 $u_O(u_{i1})$ 又由 0 变为 1，第二个暂稳态结束，电路返回到第一个暂稳态，又开始重复前面的过程。

由上述可知，造成振荡器自动翻转的原因是电容 C 的充放电。由于充放电的时间常数不同，所以两个暂稳态的脉冲宽度也不一样。如果采用的是 TTL 门电路，振荡周期为

$$T \approx 2.2RC \tag{7-5}$$

2. CMOS 多谐振荡器

图 7-9 所示为由两个 CMOS 反相器构成的多谐振荡器。它的工作原理如下：

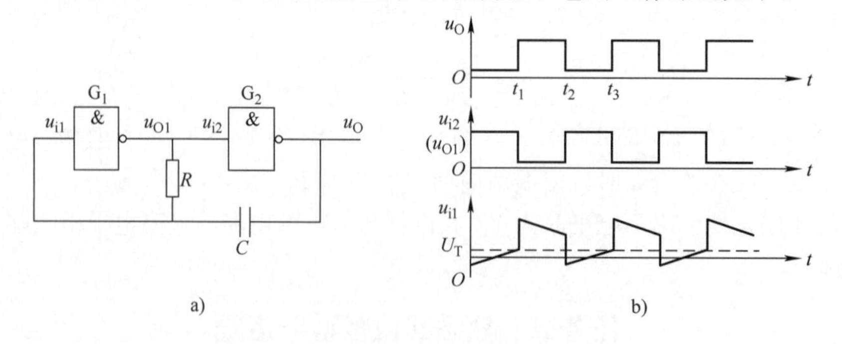

图 7-9　CMOS 多谐振荡器的电路和工作波形

a）电路　b）工作波形

（1）第一暂稳态及其自动翻转的工作过程　在 t_1 时刻，u_O 由 0 变为 1，由于电容电压不能跃变，故 u_{i1} 必定跟随 u_O 发生正跳变，于是 u_{i2}（u_{O1}）由 1 变为 0。这个低电平保持 u_O 为 1，以维持已进入的这个暂稳态。在这个暂稳态期间，电容 C 通过电阻 R 放电，使 u_{i1} 逐渐下降。在 t_2 时刻，u_{i1} 下降到门电路的开启电压 U_T，使 u_{O1}（u_{i2}）由 0 变为 1，u_O 由 1 变为 0。同样由于电容电压不能跃变，故 u_{i1} 跟随 u_O 发生负跳变，于是 u_{i2}（u_{O1}）由 0 变为 1。这个高电平保持 u_O 为 0。至此，第一个暂稳态结束，电路进入第二个暂稳态。

（2）第二暂稳态及其自动翻转的工作过程　在 t_2 时刻，u_{O1} 变为高电平，这个高电平通过电阻 R 对电容 C 充电。随着充电的进行，u_{i1} 逐渐上升。在 t_3 时刻，u_{i1} 上升到 U_T，使 u_O（u_{i1}）又由 0 变为 1，第二个暂稳态结束，电路返回到第一个暂稳态，又开始重复前面的过程。

若 $U_T = 0.5V_{DD}$，振荡周期为

$$T \approx 1.4RC$$

3. 石英晶体多谐振荡器

前面介绍的多谐振荡器，振荡频率容易受温度、电源电压变化等因素的影响，频率稳定性较差。在许多数字系统中，要求时钟脉冲的频率 f 十分稳定。为了得到频率稳定性很高的脉冲信号，可采用如图 7-10a 所示的石英晶体多谐振荡器。石英晶体具有如图 7-10b 所示的阻抗频率特性。由图可明显看出，当外加电压的频率 $f = f_0$ 时，石英晶体的电抗 $X = 0$，在其他频率下电抗都很大。石英晶体不仅选频特性极好，而且谐振频率 f_0 十分稳定。

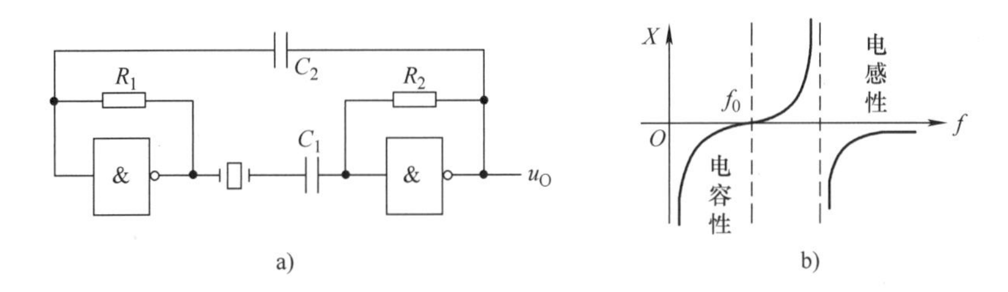

图 7-10　石英晶体多谐振荡器和石英晶体阻抗频率特性

a）石英晶体多谐振荡器　b）石英晶体阻抗频率特性

图 7-10a 所示电路中，电阻 R_1、R_2 的作用是保证两个反相器在静态时都能工作在线性放大区。对 TTL 反相器，常取 $R_1 = R_2 = R = 0.7 \sim 2\text{k}\Omega$，而对于 CMOS 门，则常取 $R_1 = R_2 = R = 10 \sim 100\text{k}\Omega$；$C_1 = C_2 = C$ 是耦合电容，它们的容抗，在石英晶体谐振频率 f_0 时可以忽略不计；石英晶体构成选频环节。

由于石英晶体具有极好的选频特性，只有频率为 f_0 的信号能够顺利通过，满足振荡条件，所以一旦接通电源，电路就会在频率 f_0 形成自激振荡。因为石英晶体的谐振频率 f_0 仅决定于其体积大小、几何形状及材料，与 R、C 无关，所以这种电路工作频率的稳定度很高。实际使用中，常在电路输出端再加一个反相器，它既起整形作用，使输出脉冲更接近矩形波，又起缓冲隔离作用。

任务三　多谐振荡器的应用与测试

1. 多谐振荡器的应用

（1）秒信号发生器　图 7-11 所示为一个秒信号发生器的逻辑电路。石英晶体多谐振荡器产生 $f = 32768\text{Hz}$ 的基准信号，经由 T' 触发器构成的 15 级异步计数器分频后，便可得到稳定度极高的秒信号。这种秒信号发生器可作为各种计时系统的基准信号源。

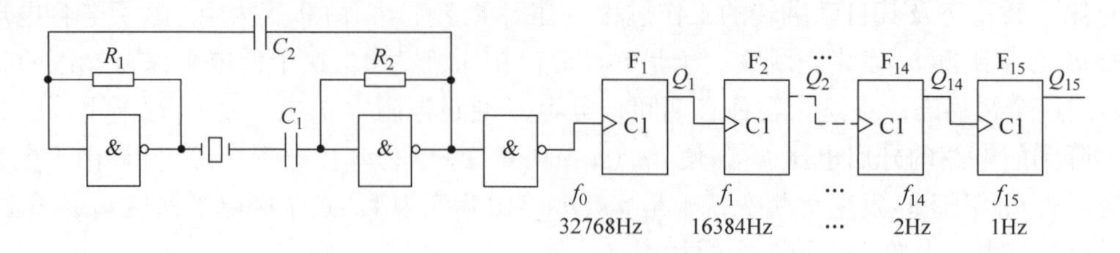

图 7-11　秒信号发生器

（2）CMOS5544 时钟集成电路　专用时钟集成电路可获得高精度秒脉冲信号，国内型号为 5G5544，国外型号为 SM5544H。电源仅需 1.5V。具有功耗低、精度高、体积小、走时长、价格低的特点。

5G5544 时钟集成电路内部结构框图如图 7-12a 所示。其内部振荡器与外接谐振频率为 32768Hz 的石英晶体构成振荡电路，电容 C 用于微调振荡频率，经 16 级二分频电路，输出 OUT_1、OUT_2两路周期为 2s 交替负脉冲信号，如图 7-12b 所示波形。将 OUT_1和 OUT_2输出经二极管 VD_3、VD_4和 NPN 型晶体管 VT 组成**与非**门电路，输出即为周期 1s 的脉冲信号，输出高电平近于 V_{DD}。在 1 脚和 2 脚间，利用 VD_1、VD_2上压降获得近于 1.5V 电源电压。

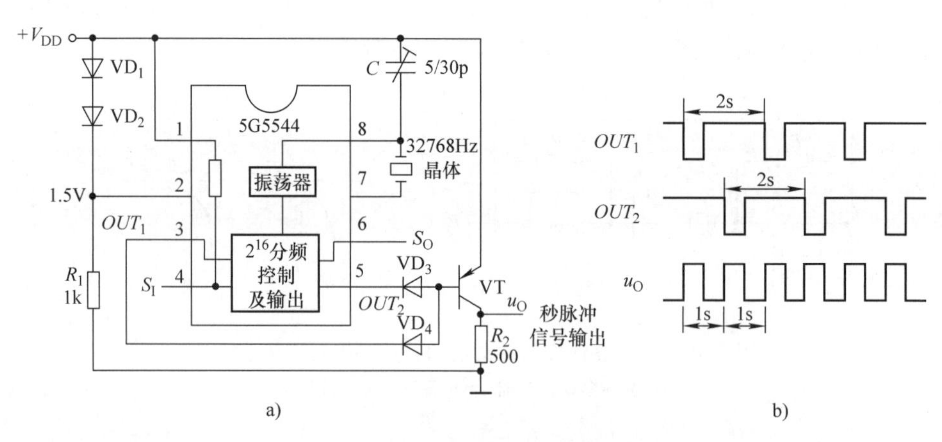

图 7-12　CMOS5544 时钟集成电路
a）内部结构框图　b）输出波形

S_I、S_O分别为闹铃输出控制端和输出端。当 S_I与 V_{SS}接通时，则 S_O输出波形为 2048Hz 间歇振荡闹铃信号。

用于驱动时钟步进电动机时，只需将输出端和与时钟步进电动机相连，即构成指针式石英钟，其电路如图 7-13 所示。

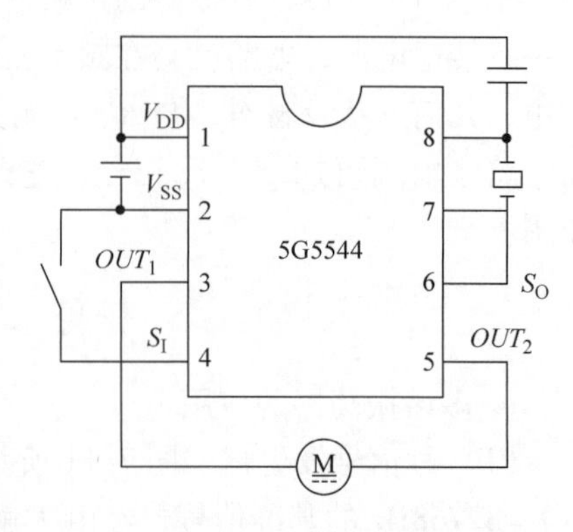

图 7-13　时钟电路

（3）模拟声响电路　图 7-14a 所示为用两个多谐振荡器构成的模拟声响电路。若调节定时元件 R_1、R_2、C_1 使振荡器Ⅰ的振荡频率 f_1 = 1Hz，调节 R_3、R_4、C_2使振荡器Ⅱ的振荡频率 f_2 = 1kHz，则扬声器就会发出呜呜的间歇声响。因为振荡器Ⅰ的输出电压 u_{o1}，接到振荡器Ⅱ中 555 定时器的复位端$\overline{R}$（4 脚），当 u_{o1}为高电平时振荡器Ⅱ振荡，为低电平时 555 定时器复位，振荡器Ⅱ停止振荡。图 7-14b 所示为电路的工作波形。

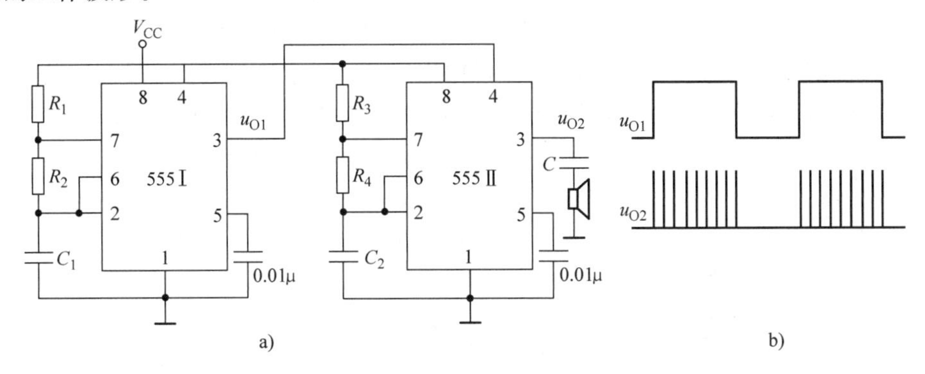

图 7-14　用 555 定时器构成的模拟声响电路及其工作波形

a）电路　b）工作波形

2. 多谐振荡器的测试

1）用 555 定时器构成的多谐振荡器如图 7-15 所示。根据图示电路图接好电路，取 $V_{CC}=10V$，将电位器调至适当的位置，用示波器观察 u_C 和 u_O 的波形，测量输出脉冲的振荡周期 T 及占空比，并与理论值进行比较。

2）将电位器调至阻值最大的位置，然后逐步减小阻值，观察输出波形变化情况。

3）在 555 定时器的低电平触发端 2 接入一个 0 ~ 5V 的直流电压，用示波器测量输出电压 u_O 的频率变化范围。

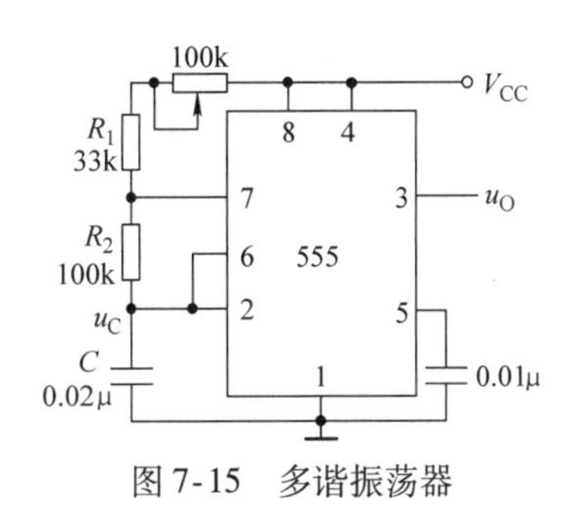

图 7-15　多谐振荡器

项目四　用 555 定时器构成施密特触发器

任务一　施密特触发器工作原理的分析

施密特触发器一个最重要的特点，就是能够把变化非常缓慢的输入脉冲波形，整形成为适合于数字电路需要的矩形脉冲，而且由于具有滞回特性，所以抗干扰能力也很强。施密特触发器在脉冲的产生和整形电路中应用很广。

凡输出和输入信号电压具有如图 7-16a 所示的滞后电压传输特性的电路均称为施密特触发器。

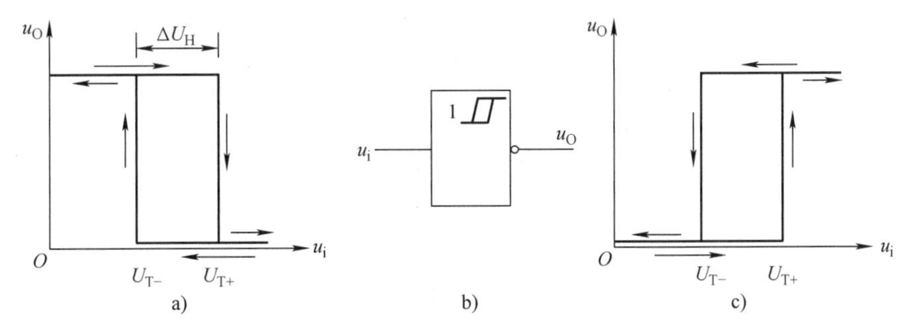

图 7-16　施密特触发器

a）反相输出的传输特性　b）图形符号　c）同相输出的传输特性

其特点是当输入信号由小到大，达到或超过正向阈值电压 U_{T+} 时，输出电压由高电平转为低电平。反之，输入信号由大到小，达到或小于负向阈值电压 U_{T-} 时，输出电压由低电平翻转为高电平，其电路符号如图 7-16b 所示。也有输出状态与上述相反的电路，其传输特性如图 7-16c所示。正向阈值电压 U_{T+} 与负向阈值电压 U_{T-} 的差值 ΔU_H 称为回差电压，即

$$\Delta U_H = U_{T+} - U_{T-}$$

将 555 定时器的 TH 端和 $\overline{TR}$ 端连接起来作为信号 u_i 的输入端，便构成了施密特触发器，如图 7-17a 所示。555 中的放电晶体管 V 的集电极引出端 D 通过电阻 R 接电源 V_{CC1}，成为输出端 u_{O1}，其高电平可通过改变 V_{CC1} 进行调节；u_O 是 555 的信号输出端。

1）当 $u_i=0$ 时，由于比较器 C_1 输出为 1、C_2 输出为 0，基本 RS 触发器置 1，即 $Q=1$、$\overline{Q}=0$，$u_{O1}=1$、$u_O=1$。u_i 升高时，在未到达 $2V_{CC}/3$ 以前，$u_{O1}=1$、$u_O=1$ 的状态不会改变。

2）u_i 升高到 $2V_{CC}/3$ 时，比较器 C_1 输出跳变为 0、C_2 输出为 1，基本 RS 触发器置 0，即跳变到 $Q=0$、$\overline{Q}=1$，u_{O1}、u_O 也随之跳变到 0。此后，u_i 上升到 V_{CC}，然后再降低，但在未到达 $V_{CC}/3$ 以前，$u_{O1}=0$、$u_O=0$ 的状态不会改变。

3）u_i 下降到 $V_{CC}/3$ 时，比较器 C_1 输出为 1、C_2 输出跳变为 0，基本 RS 触发器置 1，即跳变到 $Q=1$、$\overline{Q}=0$，u_{O1}、u_O 也随之跳变到 1。此后，u_i 继续下降到 0，但 $u_{O1}=1$、$u_O=1$ 的状态不会改变。

由上述可知，图 7-17a 所示施密特触发器可以将输入的缓慢变化的正弦波信号 u_i，整形成为输出跳变的矩形脉冲信号 u_O，如图 7-17b 所示。

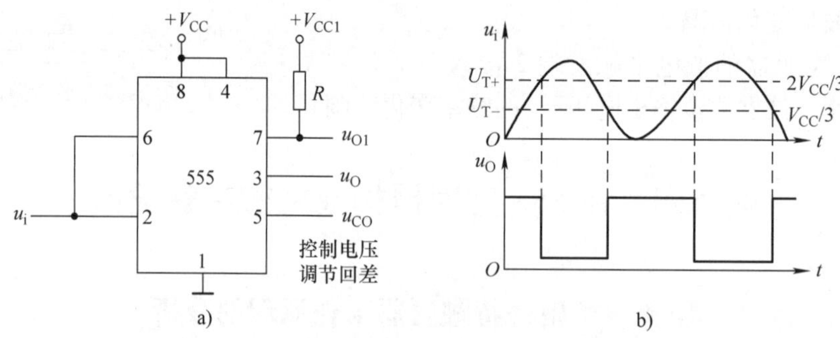

图 7-17　用 555 定时器构成的施密特触发器及其工作波形

a）电路　b）工作波形

任务二　掌握集成施密特触发器的功能

施密特触发器可由分立元器件或集成门电路组成，但是因为这种电路应用十分广泛，所以市场上有专门的集成电路产品出售，而且称之为施密特触发门电路。集成施密特触发器一致性好，触发阈值稳定，使用方便。

40106（6 反相器）和 4093（四 2 输入**与非**门）是 CMOS 集成施密特触发器。

7414（6 反相器）和 74132（四 2 输入**与非**门）是 TTL 集成施密特触发器。

另外，还有两个以上多输入端的**与非**施密特触发器集成电路，如 7413 为二 4 输入**与非**施密特触发器。多输入**与非**施密特触发器可以作为多输入**与非**门使用，若作为整形电路使用，只要在任意一个输入端接入被整形的信号，余下的输入端全部接高电平即可。

任务三　施密特触发器的应用与测试

1. 施密特触发器的应用

施密特触发器的用途很广，下面列举几例。

（1）接口与整形　图 7-18a 所示电路中，施密特触发器用作 TTL 系统的接口，将缓慢变化的输入信号转换成为符合 TTL 系统要求的脉冲波形。

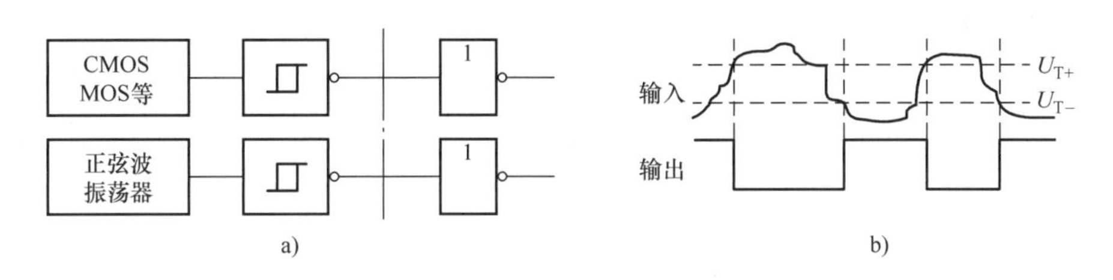

图 7-18　施密特触发器应用于接口及整形
a）缓慢输入波形的 TTL 系统接口　b）整形电路的输入、输出波形

图 7-18b 所示为用作整形电路的施密特触发器的输入、输出电压波形，它把不规则的输入信号整形成为矩形脉冲。

（2）幅度鉴别和多谐振荡器　图 7-19a 所示为用作幅度鉴别时，施密特触发器的输入、输出波形，显然，只有幅度达到 U_{T+} 的输入电压信号才可以被鉴别出来，并形成相应的输出脉冲。

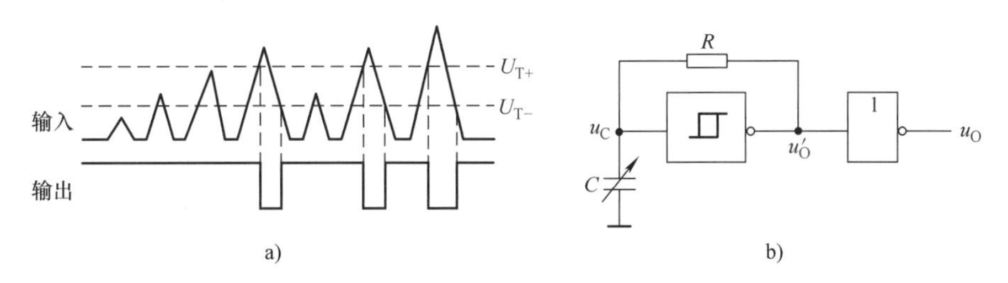

图 7-19　施密特触发器应用于幅度鉴别和多谐振荡器
a）幅度鉴别的输入、输出波形　b）多谐振荡器

图 7-19b 所示为用施密特触发反相器构成的多谐振荡器，其工作原理比较简单。接通电源瞬间，电容 C 上的电压为 0，施密特触发反相器的输出电压 u'_O 为高电平，u'_O 的高电平通过电阻 R 对电容 C 充电，随着充电过程的进行，u_C 逐渐升高，当 u_C 上升到 U_{T+} 时，施密特触发器翻转，u'_O 跳变到低电平，此后电容 C 又开始放电，u_C 下降，当 u_C 下降到 U_{T-} 时，u'_O 又跳变到高电平，于是形成振荡，在施密特触发反相器输出端所得到的便是接近矩形的脉冲电压 u'_O，再经过反相器整形，就可以得到比较理想的矩形脉冲 u_O。

2. 施密特触发器的测试

1）自己选择元器件参数，画出相应电路图，并根据电路图接好电路。

2）输入 1kHz 的正弦电压，对应画出输入电压和输出电压的波形；然后在电压控制端 5 外接 1.5～5V 的可调电压，观察输出脉冲宽度的变化情况。

3）将输入改为 1kHz 的锯齿波电压，重复上一步骤，归纳影响输出波形的因素。

项目五　简易三角波发生器的组装与调试

任务一　掌握简易三角波发生器的组成与原理

555 可调节的对称三角波发生器电路如图 7-20 所示，这是一个具有恒流充电和恒流放电的变形多谐振荡器，恒流源 I_1 由 VT_1 控制。当 VT_1 导通时（3 脚呈高电平），VT_2 导通，I_1 对 C_2 充电，当 C_2电压达到阈值电平 $2V_{DD}/3$（8V）时，555 被复位，3 脚呈低电平，VT_1截止，$I_1=0$，C_2通过 VT_3、RP_1、VD_4放电，当放至触发电平 $V_{DD}/3$（4V）时，555 又被置位，输出高电平，开始第二周期的充电。

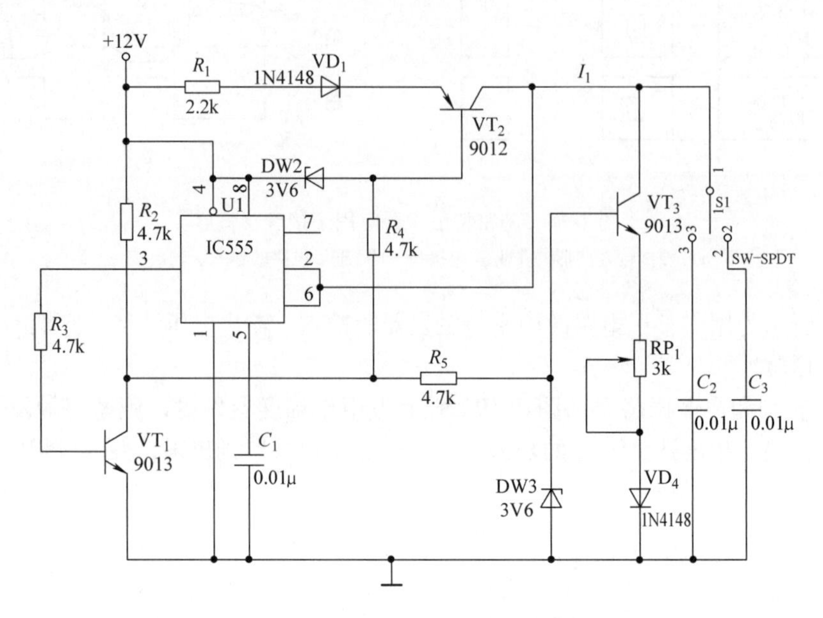

图 7-20　简易三角波发生器

任务二　简易三角波发生器的组装与调试

1. 元器件的选择与准备

按表 7-4 清点选择元器件。

表 7-4　三角波发生器的组装与调试所需元器件

序号	名称	规格	数量	备注
1	电阻	2.2kΩ/0.25W	1	
2	电阻	4.7kΩ/0.25W	4	
3	微调电阻	3kΩ	1	
4	瓷片电容	0.01μF	2	
5	瓷片电容	0.1μF	1	
6	二极管	1N4148	2	
7	稳压二极管	3.6V	2	
8	晶体管	9013	2	
9	晶体管	9012	1	
10	集成电路	555	1	配管座
11	开关	方形/四脚	1	推推开关
12	接线端子	3 端	2	
13	PCB 板	双面板	1	

2. 元器件的识别与检测

按表 7-5 的内容对所列元器件进行测试。

表 7-5 元器件的性能测试

<table>
<tr><td>元器件</td><td colspan="3">识别及检测内容</td></tr>
<tr><td rowspan="3">电阻器
2 支</td><td>色环</td><td colspan="2">标称值（含误差）</td></tr>
<tr><td>黄紫黑棕棕（五环电阻）</td><td colspan="2"></td></tr>
<tr><td>红红黑棕棕（四环电阻）</td><td colspan="2"></td></tr>
<tr><td rowspan="2">电容器
1 支</td><td>数码标识</td><td colspan="2">容量值/μF</td></tr>
<tr><td>103</td><td colspan="2"></td></tr>
<tr><td rowspan="3">稳压二极管
3V6</td><td>所用仪表</td><td colspan="2">数字表□　　指针表□</td></tr>
<tr><td rowspan="2">万用表读数（含单位）</td><td>正测</td><td></td></tr>
<tr><td>反测</td><td></td></tr>
</table>

3. 安装印制电路板（或万能板）

根据装配图安装印制电路板，印制电路板组件符合 IPC－A－610D 印制板组件可接受性标准的二级产品等级可接收条件。

4. 通电测试

装配完成后进行通电测试。调节电位器，使输出波形左右对称，用示波器测试本信号发生器，将结果记录于表 7-6 中。

表 7-6 三角波发生器波形测试

名称	开关 1、3 脚连接	开关 1、2 脚连接
波形		
周期/ms		
幅值/V		

5. 完成下列工艺文件

1）列出元器件清单。

2）列出工具设备清单。

3）画出电路测试框图。

4）简述电路装调的步骤。

习　　题

1. 图题 7-1 所示电路是由两个 TTL 与非门外接电阻和电容构成的多谐振荡器，试分析电路的工作原理，并画出 u_{i1}、u_{O1}、u_{i2}、u_{O2}的波形。

2. 图题 7-2 所示电路是一个防盗报警装置，a、b 两端用一细铜丝接通，将此铜丝置于盗窃者必经之处。当盗窃者闯入室内将铜丝碰掉后，扬声器即发出报警声。试说明电路的工作原理。

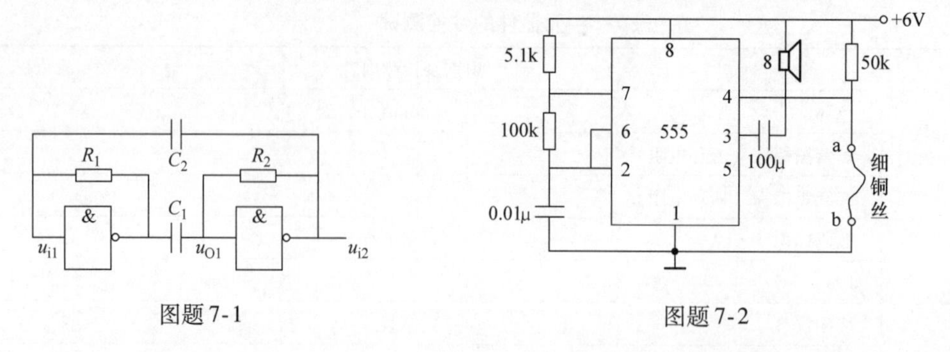

图题 7-1　　　　图题 7-2

3. 图题 7-3 所示电路是一个照明灯自动亮灭装置，白天让照明灯自动熄灭；夜晚自动点亮。图中 R 是一个光敏电阻，当受光照射时电阻变小；当无光照射或光照微弱时电阻增大。试说明其工作原理。

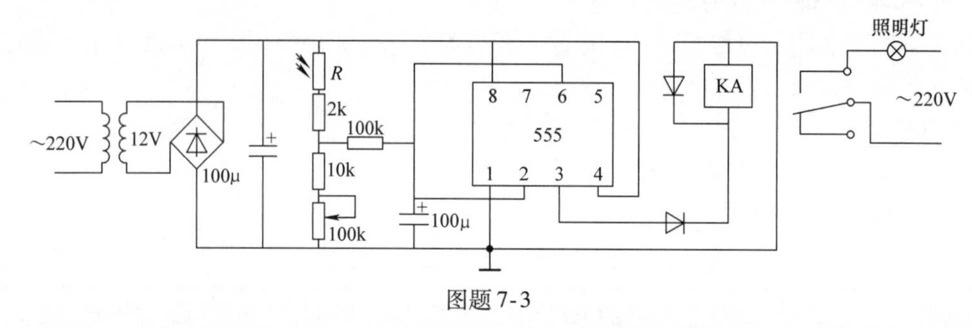

图题 7-3

4. 图题 7-4 所示电路是由**与非**门构成的微分型单稳态触发器，试分析电路的工作原理，并画出 u_i、u_{O1}、u_A、u_{O2} 的波形。

5. 图题 7-5 所示电路是由**与非**门构成的积分型单稳态触发器，试分析电路的工作原理，并画出 u_i、u_{O1}、u_A、u_{O2} 的波形。

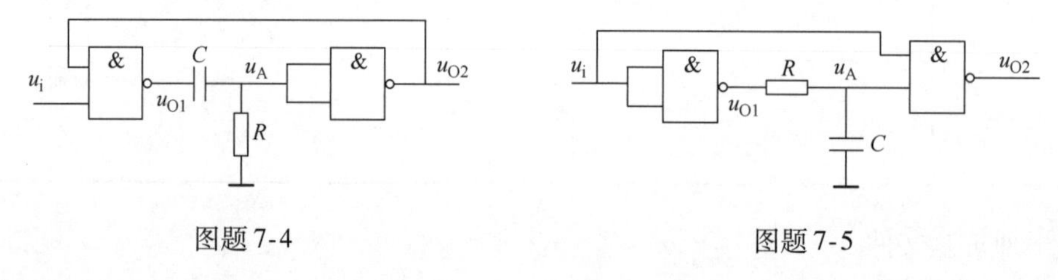

图题 7-4　　　　图题 7-5

6. 图题 7-6 所示电路为由 CMOS **或非**门构成的单稳态触发器的另一种形式，试分析电路的工作原理，并画出 u_i、u_{O1}、u_R、u_{O2} 的波形。

7. 图题 7-7 所示电路是一简易触摸开关电路，当手摸金属片时，发光二极管亮，经过一定时间，发光二极管熄灭。试说明电路的工作原理，并问发光二极管能亮多长时间？

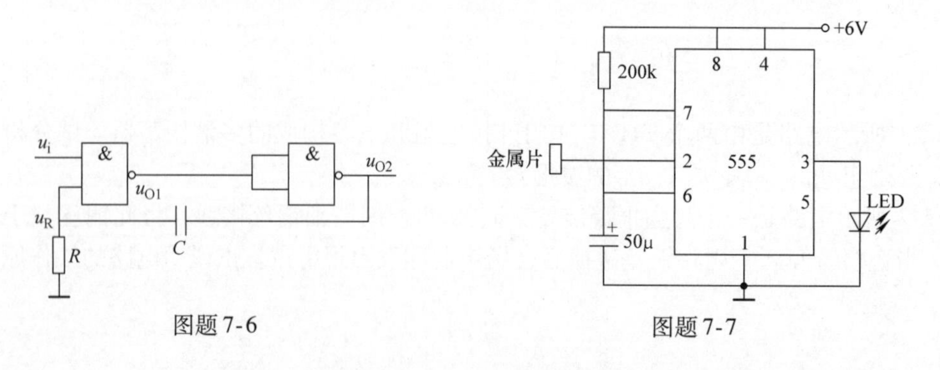

图题 7-6　　　　图题 7-7

8. 图题 7-8 所示电路是用 CMOS 施密特触发器构成的单稳态触发器，试分析电路的工作原理，并画出 u_i、u_A、u_O 的波形。

9. 如图题 7-9 所示，电路由 555 定时器组成简易延时门铃。设在 4 脚复位端电压小于 0.4V 时为 0，电源电压为 6V。根据电路图上所示各阻容元件的参数，试计算：

1）当按钮 SB 按一下放开后，门铃响多长时间？

2）门铃声的频率为多大？

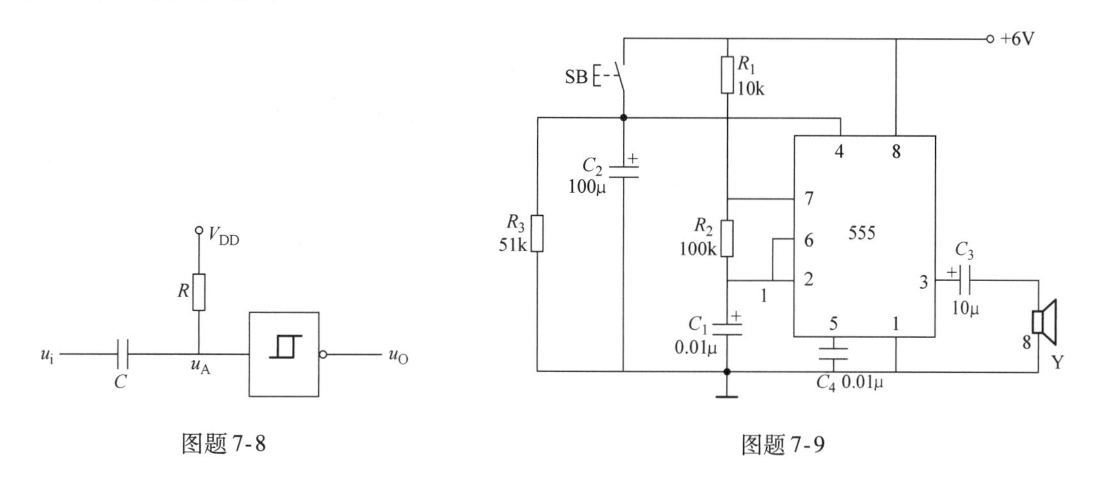

图题 7-8　　　　图题 7-9

10. 图题 7-10 所示为波群发生器电路，可用作遥控信号源、救护车警铃声和电刺激治疗仪等的振荡信号源。

1）试分析电路的第一级对第二级的控制作用。

2）设 RP_1 和 RP_2 阻值均处于最大时，试画出第二级输出波形，并计算前、后两级输出波形的周期参数和振荡频率。

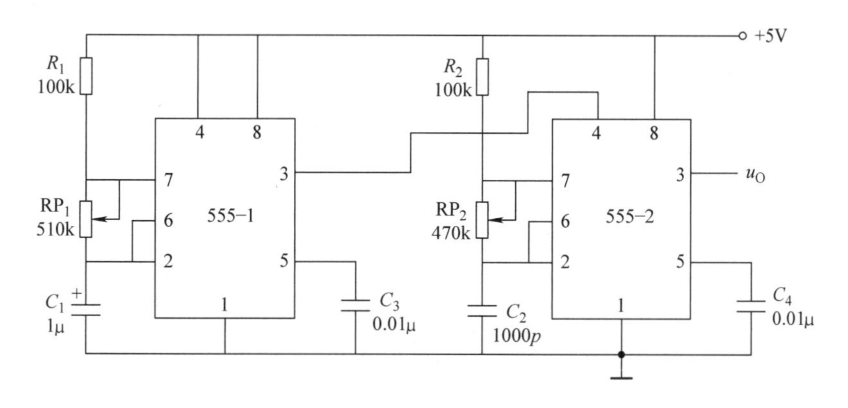

图题 7-10

单元八　时序逻辑电路的分析与应用

时序逻辑电路是数字逻辑电路的重要组成部分，时序逻辑电路又称为时序电路，主要由存储电路和组合逻辑电路两部分组成。它和我们熟悉的其他电路不同，其在任何一个时刻的输出状态由当时的输入信号和电路原来的状态共同决定，而它的状态主要是由存储电路来记忆和表示的。各种触发器是时序逻辑电路的基本部件。常见的时序逻辑电路如：各种计数器、寄存器、移位寄存器等。

项目一　触发器的功能分析与测试

触发器是数字系统中广泛应用的能够记忆一位二进制信号的基本逻辑单元电路。触发器具有两个能自行保持的稳定状态，用来表示逻辑 1 和 0（或二进制数的 1 和 0），所以又叫作双稳态电路；在不同的输入信号作用下其输出可以置成 1 态或 0 态，且当输入信号消失后，触发器获得的新状态能保持下来。

根据触发器逻辑功能的不同，可分为 *RS* 触发器、*JK* 触发器、*D* 触发器、*T* 触发器和 *T′* 触发器等。触发器的逻辑功能常用特性表、特性方程、状态转换图、时序图来表示。

触发器是构成时序逻辑电路必不可少的基本部件。

任务一　掌握基本 *RS* 触发器

一、基本 *RS* 触发器的电路组成

图 8-1a 即由两个**与非**门组成的基本 *RS* 触发器，它有两个稳态，一般以 *Q* 端的状态作为触发器的状态，当 $Q=1$，$\overline{Q}=0$ 时，称触发器处于 1 态；反之，当 $Q=0$，$\overline{Q}=1$ 时，称它处于 0 态。由于输入的一对触发信号是低电平有效，所以用 $\overline{S}_d$ 和 $\overline{R}_d$ 表示输入端，并称 $\overline{S}_d$ 端为“置 1 输入端”或“置位端”，$\overline{R}_d$ 为“置 0 输入端”或“复位端”。

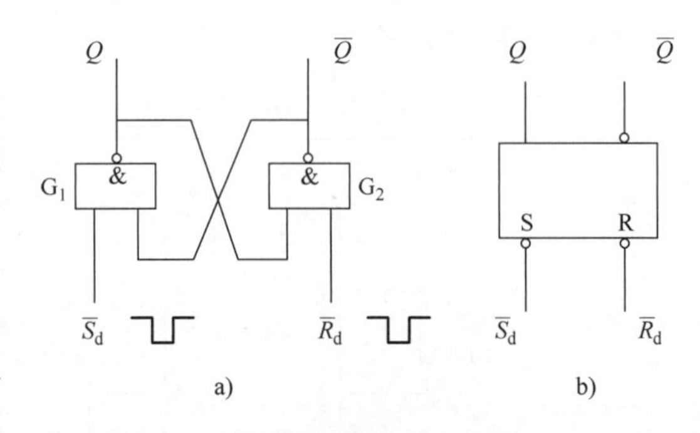

图 8-1　由两个**与非**门组成的基本 *RS* 触发器

a）基本 *RS* 触发器逻辑电路

b）基本 *RS* 触发器逻辑符号

图 8-1b 表示基本 *RS* 触发器的逻辑符号，输入端的小圆圈表示触发信号为低电平有效。

二、逻辑功能分析

根据图 8-1a 基本 *RS* 触发器电路，其输入与输出逻辑关系可分为四种情况：

（1）触发器置 1　当 $\overline{R}_d=1$，$\overline{S}_d=0$ 时，不论触发器原状态如何，可得：

$$\overline{S}_d=0 \xrightarrow{t_{pd}} \left\{\begin{array}{l}\text{已知 } \overline{R}_d=1 \\ Q=1\end{array}\right. \xrightarrow{t_{pd}} \overline{Q}=0$$

反馈至 G_1 门的输入端

电路经 $2t_{pd}$ 延迟时间，$\overline{Q}=0$ 的反馈作用使 G_1 门封锁，即使 $\overline{S}_d=0$ 的输入信号消失，触发器仍将保持 1 态不变，实现置 1 逻辑功能。置 1 取决于 $\overline{S}_d=0$，故称 $\overline{S}_d$ 端为置 1 端。

（2）触发器置 0　当 $\overline{R}_d=0$，$\overline{S}_d=1$ 时，不论触发器原状态如何，可得：

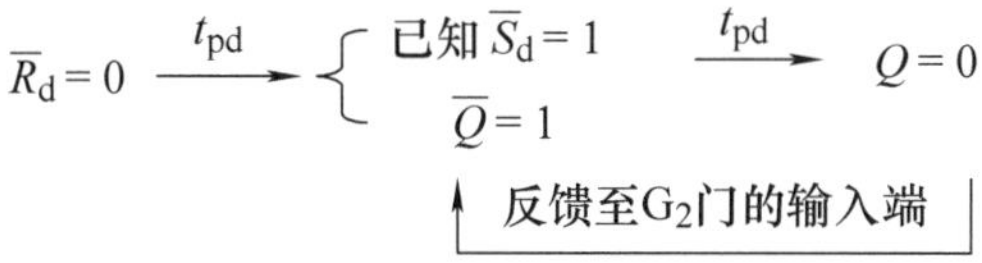

$$\overline{R}_d=0 \xrightarrow{t_{pd}} \left\{\begin{array}{l}\text{已知 } \overline{S}_d=1\\ \overline{Q}=1\end{array}\right. \xrightarrow{t_{pd}} Q=0$$

反馈至 G_2 门的输入端

电路经 $2t_{pd}$ 延迟时间，$Q=0$ 的反馈作用使 G_2 门封锁，即使 $\overline{R}_d=0$ 的输入信号消失，触发器仍将保持 0 态不变，实现置 0 逻辑功能。置 0 取决于 $\overline{R}_d=0$，故称 $\overline{R}_d$ 端为置 0 端。

（3）触发器保持状态不变　当 $\overline{R}_d=1$，$\overline{S}_d=1$ 时，G_1 门和 G_2 门的打开和封锁由互补输出 Q 和 $\overline{Q}$ 的状态决定，显然触发器保持原有状态不变。

（4）触发器状态不确定　当 $\overline{R}_d=0$，$\overline{S}_d=0$ 时，两个**与非**门均被封锁，迫使 $Q=\overline{Q}=1$，两个输出端失去互补性，出现一种未定义的状态，没有意义。特别在 $\overline{R}_d=\overline{S}_d=0$ 的信号都同时消失后，触发器的终态是 0 态还是 1 态，纯属偶然，无法确定，叫不确定状态。为避免触发器的输出状态不确定，输入信号必须遵守 $\overline{S}_d$ 和 $\overline{R}_d$ 不允许同时为 0 的约束条件。约束条件可写为 $\overline{S}_d+\overline{R}_d=1$，即 $S_d \cdot R_d=0$。

三、逻辑功能描述

触发器的逻辑功能，可以用它的特性表、特性方程、状态转换图和时序图来描述。这些描述方法在本质上是一致的，它们可以相互转化。

（1）特性表　为描述触发器的状态，规定：触发器在接收信号之前所处的状态称为现态，用 Q^n 表示；触发器在接收信号之后建立的新的稳定状态，叫作次态，用 Q^{n+1} 表示。由于触发器的次态 Q^{n+1} 不仅与输入信号的取值有关，而且与触发器原来所处的状态 Q^n 有关，所以把 Q^n 也作为一个逻辑变量，称为状态变量。次态 Q^{n+1} 与 $\overline{S}_d$、$\overline{R}_d$ 和 Q^n 的逻辑关系可用表 8-1 表示，称为"基本 RS 触发器的特性表"，化简后，得表 8-2。

表 8-1　基本 RS 触发器的特性表

$\overline{S}_d$	$\overline{R}_d$	Q^n	Q^{n+1}	说明
0	0	0	×	禁用（不确定）
0	0	1	×	
0	1	0	1	置 1
0	1	1	1	
1	0	0	0	置 0
1	0	1	0	
1	1	0	0	保持
1	1	1	1	

表 8-2　基本 RS 触发器特性表（简表）

$\overline{S}_d$	$\overline{R}_d$	Q^{n+1}	$\overline{Q^{n+1}}$	说明
0	0	×	×	禁用（不确定）
0	1	1	0	置　1
1	0	0	1	置　0
1	1	Q^n	$\overline{Q}^n$	保持

（2）特性方程　描述触发器逻辑功能的函数表达式称为特性方程或状态方程。它其实就是 Q^{n+1} 的表达式。根据表 8-1 画出的卡诺图如图 8-2 所示，化简可得特性方程为

$$\begin{cases}Q^{n+1}=S_d+\overline{R}_dQ^n\\ \text{约束条件：}S_d \cdot R_d=0\end{cases}$$

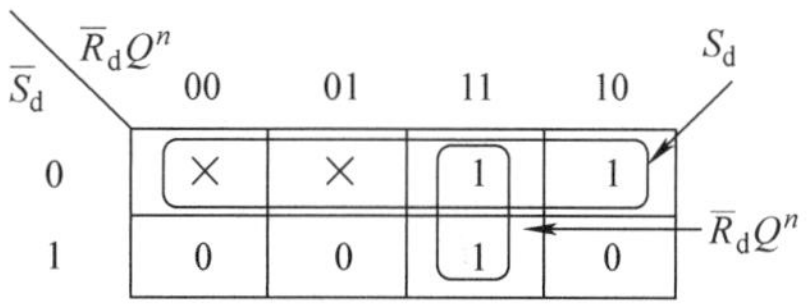

$\overline{S}_d$ \ $\overline{R}_dQ^n$	00	01	11	10
0	×	×	1	1
1	0	0	1	0

图 8-2　基本 RS 触发器 Q^{n+1} 的卡诺图

（3）状态转换图和激励表　触发器的逻辑功能还可采用状态转换图描述，如图 8-3 所示。用圆圈圈成的 0 和 1 分别代表触发器的两个稳定状态，箭头表示在输入信号作用下状态转换的方

向，箭头旁的标注表示状态转换时的条件，×表示任意。

从图 8-3 可列出表 8-3，它表示了触发器由现态 Q^n 转换到次态 Q^{n+1}时，对输入信号的要求。因此称表 8-3 为触发器的激励表或驱动表，它实质是表 8-1 的派生表。

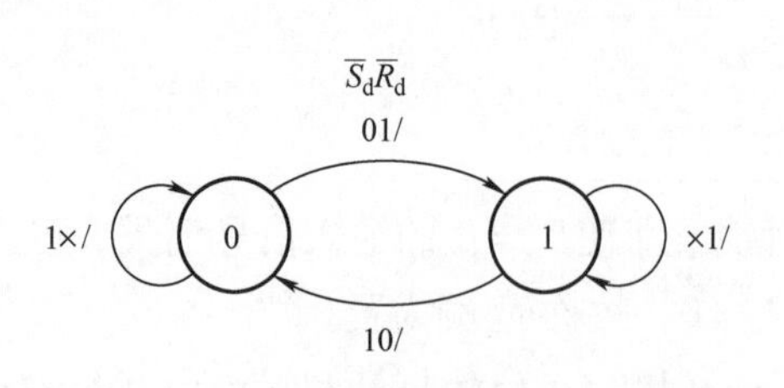

图 8-3　基本 *RS* 触发器的状态转换图

表 8-3　基本 *RS* 触发器的激励表

状态转换		激励条件	
$Q^n \to Q^{n+1}$		$\overline{S}_d$	$\overline{R}_d$
0	0	1	×
0	1	0	1
1	0	1	0
1	1	×	1

（4）时序图　触发器的逻辑功能的描述，除以上方法之外，还可用时序图（波形图）来描述。

当给定 $\overline{S}_d$ 和 $\overline{R}_d$的波形时，可根据表 8-1 画出 Q 和 $\overline{Q}$ 的波形图，如图 8-4 所示。

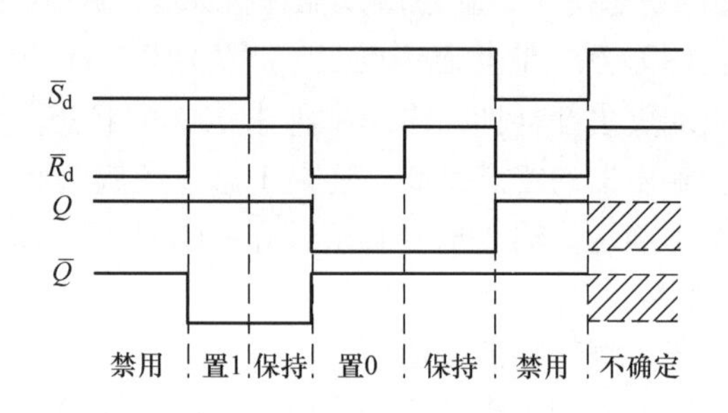

图 8-4　用**与非**门构成的基本 *RS* 触发器的波形图

四、应用实例

在调试数字电路时，经常要用到单脉冲信号，即按一下按钮只产生一个脉冲信号。由于按钮触点的金属片有弹性，所以按下按钮时触点常发生抖动，造成多个脉冲输出，给电路调试带来困难。用基本 *RS* 触发器和按钮可构成无抖动的开关电路，如图 8-5 所示。

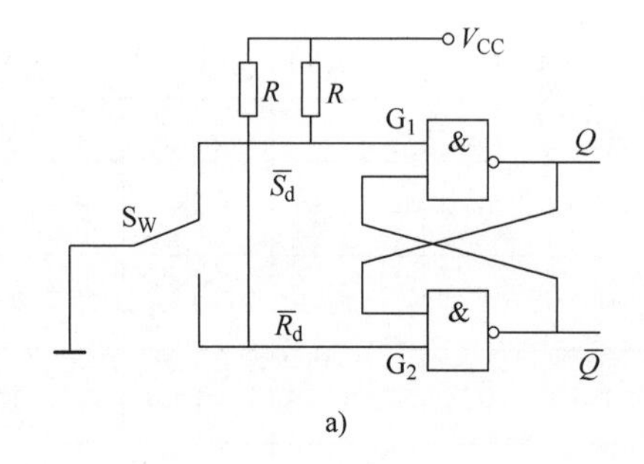

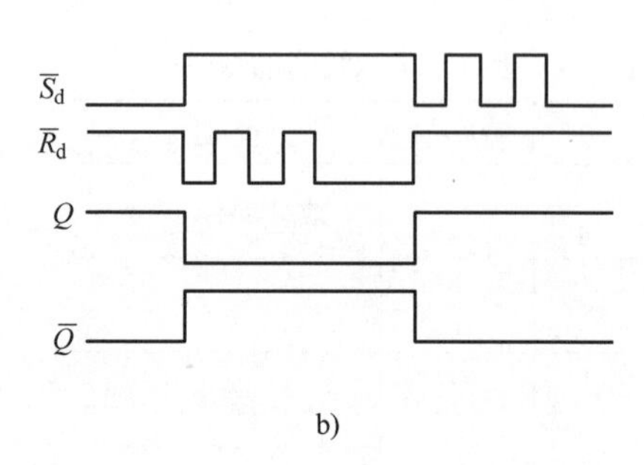

图 8-5　用基本 *RS* 触发器组成的无抖动开关

a）电路　b）电压波形

五、TTL 集成基本触发器 74LS279 的功能测试

图 8-6 所示为 TTL 集成基本 *RS* 触发器 74279、74LS279 的逻辑电路和引出端功能图。在一个芯片中，集成了两个如图 8-6a 所示的电路和两个如图 8-6b 所示的电路，共 4 个触发器单元。

将基本 *RS* 触发器的输入端 $\overline{S}_d$ 和 $\overline{R}_d$ 分别接逻辑开关，输出端接发光二极管，依次测试各种输入状态时的功能。设计记录表格并记录。

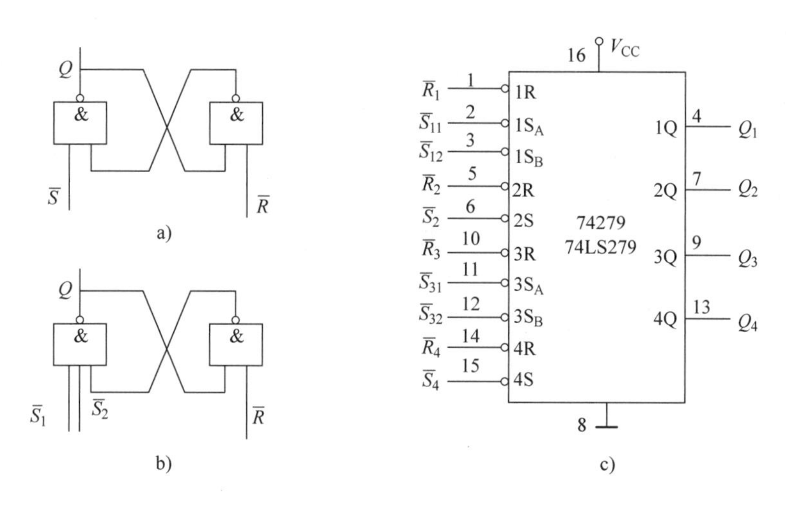

图 8-6　TTL 集成基本 *RS* 触发器 74279、74LS279

任务二　掌握时钟触发器

为了提高基本 *RS* 触发器电路的抗干扰能力及多个触发器的同步工作，在基本触发器的输入端增设一级同步信号控制的触发导引电路，使触发器的状态只有在同步信号到达时才会翻转，此同步信号称为时钟脉冲信号，用 *CP*（*Clock Pulse*）表示。这类受时钟信号控制的触发器称为时钟触发器，又称为同步触发器。

时钟触发器有四种触发方式（所谓触发方式，是指在时钟脉冲 *CP* 的什么时刻触发器的输出状态可能发生变化）：

高电平触发：*CP* =1 期间均可触发，记为“⎍”
低电平触发：*CP* =0 期间均可触发，记为“⊔”　}电平触发

上升沿触发：*CP* 由 0 变 1 时触发，记为“_⌐”或“↑”
下降沿触发：*CP* 由 1 变 0 时触发，记为“¬_”或“↓”　}边沿触发

为区别上述四种触发方式，常在触发器逻辑符号的 *CP* 端画以不同的标记，如图 8-7 所示。

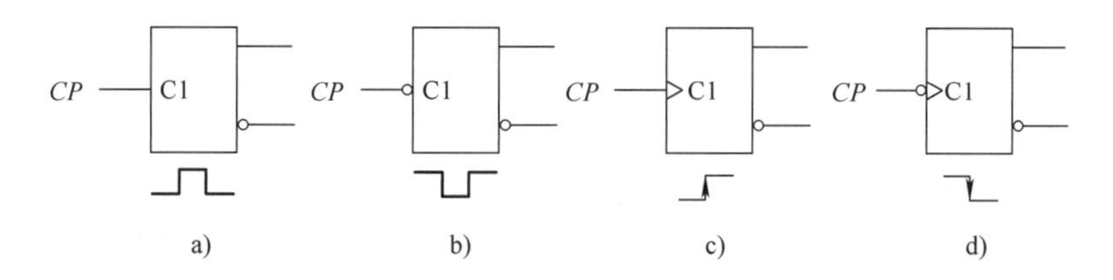

图 8-7　时钟触发器的触发方式
a）高电平触发　b）低电平触发　c）上升沿触发　d）下降沿触发

一、同步 *RS* 触发器的电路组成和工作原理

它是由基本 *RS* 触发器加上用来引入 *R*、*S* 及时钟脉冲 *CP* 的两个**与非**门构成的，如图 8-8 所示。

在 *CP* =0 期间，输入信号 *S* 和 *R* 不起作用，触发器的输出状态保持不变。

在 *CP* =1 期间，输入信号 *S* 和 *R* 经倒相后被引导到基本 *RS* 触发器的输入端 $\overline{S}_d$ 和 $\overline{R}_d$。

二、逻辑功能描述

（1）特性表　同步 RS 触发器的特性表见表 8-4。其功能与基本 RS 触发器相同，但只能在 $CP=1$ 到来时状态才能翻转，且 R 和 S 是高电平有效。

（2）特性方程　由表 8-4 可知，其特性表内容与基本 RS 触发器的特性表相似。将 Q^{n+1} 作为输出变量，把 S、R 和 Q^n 作为输入变量填入卡诺图，如图 8-9a 所示，化简后得特性方程为

$$\begin{cases} Q^{n+1}=S+\overline{R}Q^n \\ \text{约束条件：} S\cdot R=0 \end{cases} \quad CP=1 \text{ 时有效}$$

（3）状态转换图　同步 RS 触发器的状态转换图如图 8-9b 所示。

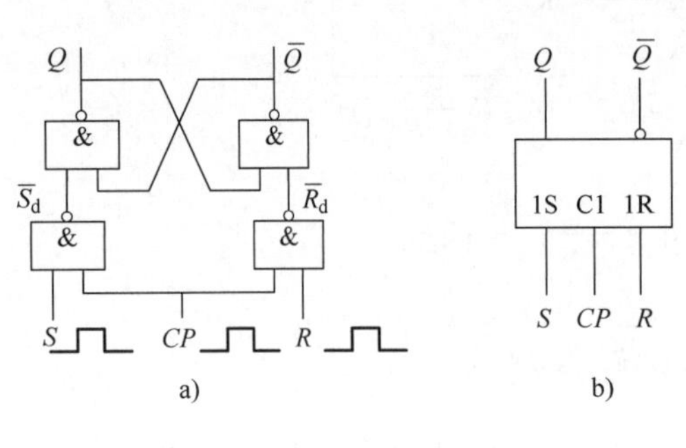

图 8-8　同步 RS 触发器

a）逻辑电路　b）逻辑符号

表 8-4　同步 RS 触发器的特性表

S	R	Q^n	Q^{n+1}	说明
0	0	0	0	保持
0	0	1	1	
0	1	0	0	置 0
0	1	1	0	
1	0	0	1	1
1	0	1	1	
1	1	0	×	禁用（不确定）
1	1	1	×	

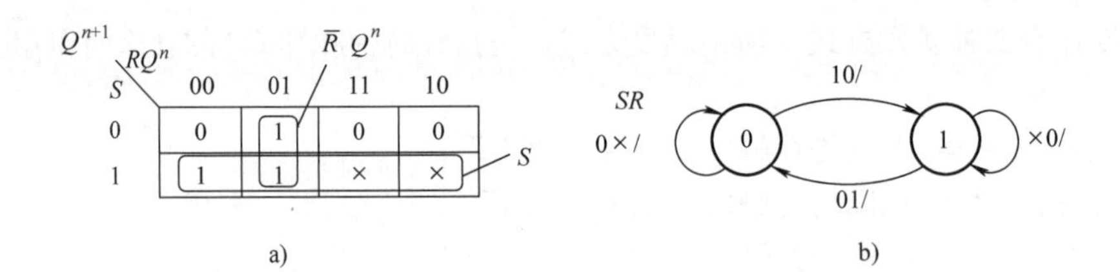

图 8-9　同步 RS 触发器逻辑功能描述图

a）同步 RS 触发器的卡诺图　b）同步 RS 触发器的状态转换图

三、同步 *RS* 触发器的空翻问题

给时序逻辑电路施加时钟脉冲的目的是统一电路动作的节拍。对触发器而言，在一个时钟脉冲作用下，要求触发器的状态只能翻转一次。而同步 RS 触发器在一个时钟脉冲作用下，触发器状态可能发生两次或两次以上的翻转，这种现象称为空翻。出现空翻现象有以下两种情况：

1）在 $CP=1$ 期间。如果输入端的信号 R 和 S 再有变化，可能引起输出端 Q 翻转两次或两次以上，如图 8-10 所示。欲保证在 $CP=1$ 期间输出只变化一次，则要求在 $CP=1$ 期间，不允许 R 和 S 的输入信号发生变化。

2）当同步 RS 触发器接成计数状态时，容易发生空翻。所谓计数状态是指触发器对 CP 脉冲进行计数，即触发器在逐个 CP 脉冲作用下，产生 0 和 1 两个状态间的交替变化，实现二进制计数。这就要求每作用一个 CP 脉冲，触发器只允许翻转一次，其电路如图 8-11 所示（$Q^{n+1}=S+\overline{R}Q^n=\overline{Q}^n+\overline{Q}^nQ^n=\overline{Q}^n$，具备翻转计数功能）。计数脉冲加于 CP 端，R 和 S 分别由 Q 和 $\overline{Q}$ 反馈自锁，不再外加信号。分析图 8-11 可知，如设原始状态 $Q=0$，则当 $CP=1$ 脉冲到来时，门 G_3 因输入全为 1，输出为 0，门 G_1 输出为 1，Q 由 0 翻转为 1。此时，如果 $CP=1$ 继续维持，就会因 Q

对 R 端的反馈使门 G_4 输入端全为1，输出为0，会再次引起 $\overline{Q}$ 由0翻回到1，而 Q 又从1翻回到0。这样 $CP=1$ 期间，输出连续引起的翻转，即空翻。要避免空翻，必须严格限制 CP 的脉宽，一般约限制在三个门的传输延迟时间和之内，显然，这种要求是较为苛刻的。

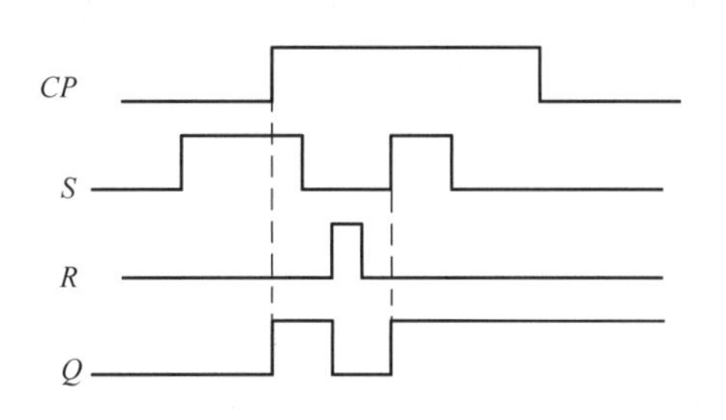

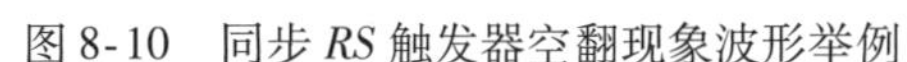
图8-10　同步 RS 触发器空翻现象波形举例

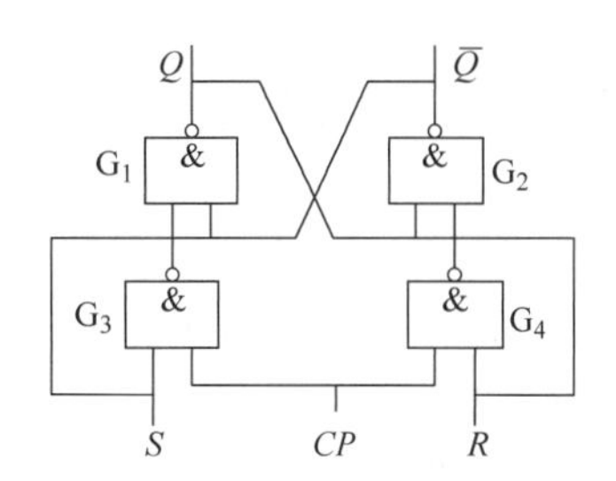

图8-11　接成计数状态的同步 RS 触发器

产生空翻的原因，是因为在 $CP=1$ 期间，同步 RS 触发器仍然存在直接控制问题。为了克服空翻现象，可采用目前应用较多、性能较好的边沿触发器。

任务三　掌握维持阻塞 D 触发器（74LS74）

维持阻塞结构的触发器是一种能有效克服空翻的触发器。所谓维持阻塞，就是利用反馈脉冲的作用来防止空翻。国产 TTL 集成电路中的 D 型触发器（Delayed）全部采用维持阻塞结构。

一、电路组成和工作原理

维持阻塞 D 触发器的电路结构如图8-12所示。它由六个**与非**门构成，其中 G_1、G_2 构成基本 RS 触发器，G_3、G_4、G_5 和 G_6 组成同步触发引导电路。引导电路中引入四条维持阻塞反馈线，D 为信号输入端。维持阻塞 D 触发器在 CP 脉冲的上升沿触发。分析它的工作原理，应先从 $CP=0$ 分析，再分析 CP 上升沿到时的触发机理，以及 $CP=1$ 的锁存维持阻塞机理。

设 $\overline{R}_D=\overline{S}_D=1$，即分析时可暂不考虑电路中的虚线。

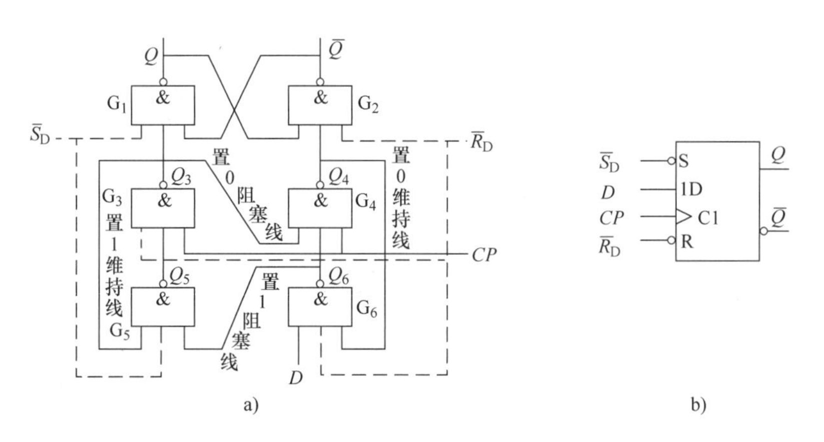

图8-12　维持阻塞 D 触发器（1/2 74LS74）

a）逻辑电路　b）逻辑符号

① $CP=0$ 时，G_3、G_4 门被封锁，$Q_3=Q_4=1$，触发器输出保持原态。由于 Q_3 至 G_5、Q_4 至 G_6 的反馈作用，使 G_5 和 G_6 开启，G_5 和 G_6 的输出随 D 端信号变化，此时 $Q_5=\overline{D}$、$Q_6=D$，触发器处于等待翻转状态。

② $D=0$ 时，$Q_5=0$、$Q_6=1$ 已准备就绪；当 CP 上升沿到来时，G_3 和 G_4 门打开，使得 $Q_3=$

1、$Q_4=0$，G_1 和 G_2 组成的基本 RS 触发器得到置 0 输入信号，触发器置 0。$CP=1$ 期间，Q_4 通过置 0 维持线维持 $Q_6=1$，从而锁存 $Q_4=0$；同时，Q_6 通过置 1 阻塞线保持 $Q_5=0$，从而阻塞 G_3 输出置 1 负脉冲，使触发器保持 0 状态不变。

③ $D=1$ 时，$Q_5=1$、$Q_6=0$ 已准备就绪；当 CP 上升沿到来时，G_3 和 G_4 门打开，使得 $Q_3=0$、$Q_4=1$，G_1 和 G_2 组成的基本 RS 触发器得到置 1 输入信号，触发器置 1。$CP=1$ 期间，Q_3 通过置 1 维持线维持 $Q_5=1$，从而锁存 $Q_3=0$；同时，Q_3 还通过置 0 阻塞线保持 $Q_4=1$，从而阻塞 G_4 输出置 0 负脉冲，使触发器保持 1 状态不变。

由上分析可知，维持阻塞 D 触发器的特性方程为

$$Q^{n+1}=D \qquad CP\uparrow \text{有效}$$

当维持阻塞作用产生之后，即 $CP=1$ 期间，D 信号将失去作用，这种维持阻塞作用将一直保持到 CP 的下降沿到来时为止。

为了使用上的方便，集成维持阻塞结构 D 触发器常设置有异步输入端 $\overline{R}_D$（直接复位端）和 $\overline{S}_D$（直接置位端），低电平有效。

维持阻塞边沿 D 触发器输出端 Q 和 $\overline{Q}$ 的波形与输入 CP 和 D 信号的波形对应关系如图 8-13 所示。

从其工作波形可以看出，Q 端波形的变化要滞后于 D，故 D 触发器也称为延迟触发器。

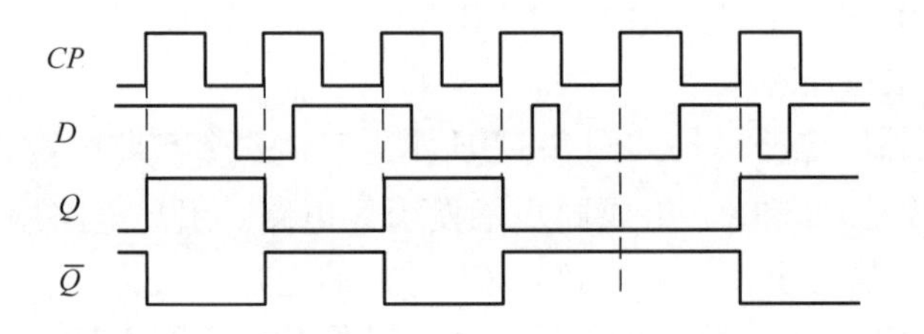

图 8-13　维持阻塞边沿 D 触发器的工作波形

二、集成 D 触发器 74LS74 逻辑功能测试

（1）测试异步置位端 $\overline{S}_D$ 和异步复位端 $\overline{R}_D$ 的功能　将 D 触发器的异步置位端和异步复位端分别接逻辑开关，输出端接发光二极管（0－1 显示器），如图 8-14 所示。依次测试各种输入状态时的功能，并记录下来。

（2）逻辑功能测试　按图 8-14 所示连接测试电路并测试 D 触发器的逻辑功能，并记录下来。

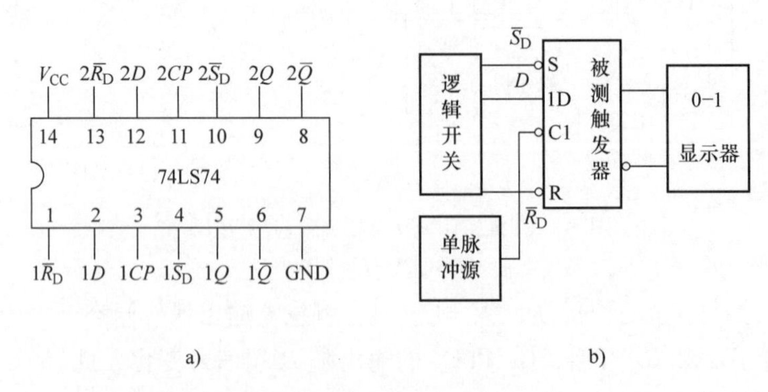

图 8-14　D 触发器（74LS74）引脚排列及测试电路

a）74LS74 引脚排列　b）功能测试电路

任务四　掌握负边沿 *JK* 触发器（74LS76）

负边沿 *JK* 触发器输出状态是根据 *CP* 下降沿到达瞬间所处输入信号的状态来决定的。而在 *CP* 变化前后，输入信号状态变化对触发器状态都不产生影响。

一、电路组成和工作原理

负边沿 *JK* 触发器的电路结构如图 8-15 所示。它包含一个**与或非**门组成的基本 *RS* 触发器和两个输入控制门 G_3、G_4。门 G_3、G_4 的传输延迟时间大于基本 *RS* 触发器的翻转时间，这种触发器正是利用门电路的传输延迟时间实现负边沿触发的。

设触发器的 $\overline{R}_D=\overline{S}_D=1$。注意：在分析触发器的工作原理时，可以先不考虑异步输入端 $\overline{R}_D$ 和 $\overline{S}_D$ 输入信号的作用（电路中的实线），即设 $\overline{R}_D=\overline{S}_D=1$，在分析触发器工作原理后，再加上 $\overline{R}_D$ 和 $\overline{S}_D$（电路中的虚线）分析其作用，这样可使电路简化，分析简单。

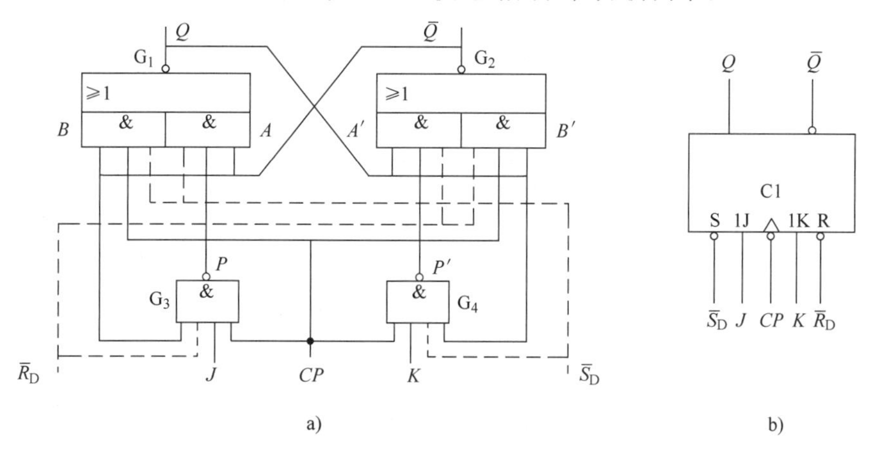

图 8-15　负边沿 *JK* 触发器（74LS76）
a）逻辑电路　b）逻辑符号

① $CP=0$ 期间，**与**门 B、B'被 CP 的低电平封锁，电路成为一个基本 *RS* 触发器；同时 G_3、G_4 也被 CP 的低电平封锁，使 $P=P'=1$，所以触发器保持原态，J、K 不起作用。

② $CP=1$ 期间，与门 B、B'被解除封锁，基本 *RS* 触发器的状态可通过 B、B'继续保持原状态不变，此时可写出各门输出函数式为

$$B=\overline{Q^n}\qquad B'=Q^n$$

$$A=P\cdot\overline{Q^n}=\overline{J\,\overline{Q^n}}\cdot\overline{Q^n}=\overline{J}\cdot\overline{Q^n}$$

$$A'=P'\cdot Q^n=\overline{KQ^n}\cdot Q^n=\overline{K}\cdot Q^n$$

$$Q^{n+1}=\overline{A+B}=\overline{\overline{J}\,\overline{Q^n}+\overline{Q^n}}=Q^n$$

$$\overline{Q^{n+1}}=\overline{A'+B'}=\overline{\overline{K}Q^n+Q^n}=\overline{Q^n}$$

从 Q^{n+1}和$\overline{Q^{n+1}}$的表达式看到，J、K 无论为何值，在 $CP=1$ 期间输出均不改变状态。

③ $CP\uparrow$ 到来瞬间，由于**与非**门 G_3、G_4 传输时间的延迟作用，门 B、B'先打开，即先有 B 的变化：$B=0\rightarrow B=\overline{Q^n}$；稍后才有 A 的变化：$A=\overline{Q^n}\rightarrow A=\overline{J}\cdot\overline{Q^n}$。

在此过程中：$$Q^{n+1}=\overline{A+B}=\begin{cases}\overline{\overline{Q^n}+0}=Q^n & \text{（}A\text{、}B\text{ 变化之前）}\\ \overline{\overline{Q^n}+\overline{Q^n}}=Q^n & \text{（先 }B\text{ 变化）}\\ \overline{\overline{J}\,\overline{Q^n}+\overline{Q^n}}=Q^n & \text{（后 }A\text{ 变化）}\end{cases}$$

因此，$Q^{n+1}=Q^n$；同理，由电路的对称性可知$\overline{Q^{n}+1}=\overline{Q^n}$，即触发器保持原态，$J$、$K$仍不起作用。

④ $CP\downarrow$到来瞬间，由于G_3、G_4的延迟，门B、B'先关闭，$B=B'=0$，而P、P'则要保持一个t_{pd}的延迟时间，就在这一个极短时间内，使$P=J\overline{\overline{Q^n}}$，$P'=\overline{KQ^n}$，而**或非**门和**与**门$A$、$A'$相当于构成由**与非**门组成的基本$RS$触发器，与之对照，对应可得$P=\overline{S}_D=\overline{J\overline{Q^n}}$，$P'=\overline{R}_d=\overline{KQ^n}$。

此后，门G_2、G_4被$CP=0$封锁，使$P=P'=1$，触发器状态Q不再受JK信号影响而变化。由于Q^n和$\overline{Q^n}$分别反馈到G_4和G_3输入端，无论J、K为何值，基本RS触发器都不会出现$\overline{S}_D=\overline{R}_D=0$的情况，即$J$、$K$之间无约束。因此，$JK$触发器在输入信号$J$、$K$的任何取值下都具有确定的逻辑功能，使用较为灵活、方便。

二、逻辑功能描述

1）JK触发器的特性方程为

$$Q^{n+1}=J\overline{Q^n}+\overline{K}Q^n$$

2）根据JK触发器的特性方程，得到其特性表，见表8-5。

表8-5　负边沿触发 *JK* 触发器的特性表

$\overline{S}_D$	$\overline{R}_D$	CP	J	K	Q^{n+1}	$\overline{Q^{n+1}}$	说明
0	1	×	×	×	1	0	异步置1
1	0	×	×	×	0	1	异步置0
1	1	↓	0	0	Q^n	$\overline{Q^n}$	保持$Q^{n+1}=Q^n$
1	1	↓	0	1	0	1	置0$Q^{n+1}=0$
1	1	↓	1	0	1	0	置1$Q^{n+1}=1$
1	1	↓	1	1	$\overline{Q^n}$	Q^n	翻转$Q^{n+1}=\overline{Q^n}$

3）JK触发器的状态转换图如图8-16所示。

常用的边沿JK触发器产品有CT74S112、CT74H108、CT74LS114、CT74LS107、CT74S113、CT74H101和CT74H102等。

负边沿JK触发器输出端波形的画法是：对负边沿JK触发器在输入信号CP、J、K作用下输出端Q的波形可用如图8-17所示（图中J端存在窄干扰脉冲）方法画出。

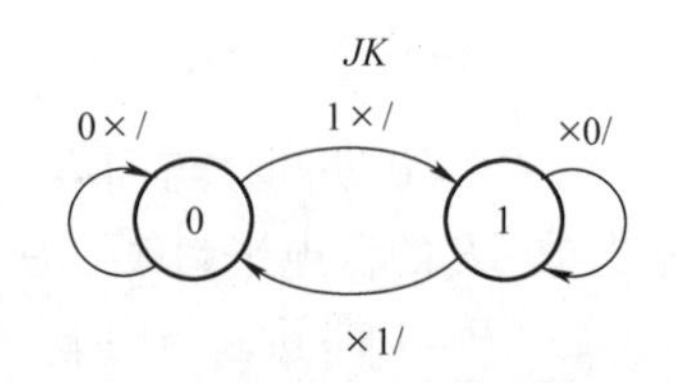

图8-16　JK触发器的状态转换图

设初态$Q=0$，首先画出每个CP下降沿作用瞬间的时标虚线，然后从初态$Q=0$开始，根据每一个CP下降沿到来之前瞬间J、K的逻辑状态，按特性方程或特性表或状态图计算出次态，画出Q端的波形。需要注意的是，触发器状态的改变只可能在CP的下降沿；现态、次态是相对于某一特定的CP下降沿而言。如触发器的某一状态相对于某个CP下降沿是次态，但对下一个CP下降沿来说便又是现态，依此类推。

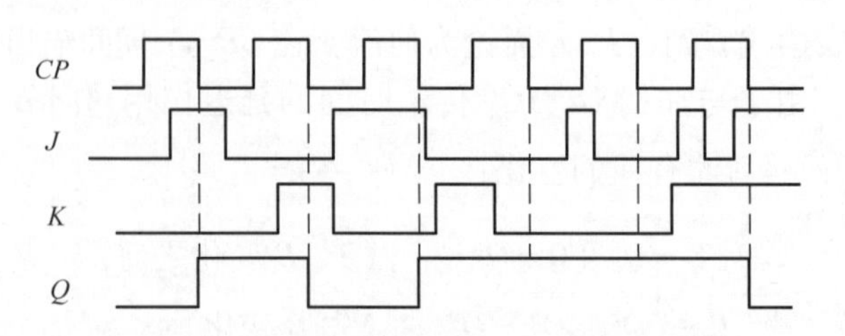

图8-17　负边沿JK触发器的输出波形

三、74LS76 逻辑功能测试

（1）测试异步置位端 $\overline{S}_D$ 和异步复位端 $\overline{R}_D$ 的功能　将 $J-K$ 触发器的异步置位端和异步复位端分别接逻辑开关，输出端接发光二极管（0－1 显示器），如图 8-18 所示。依次测试各种输入状态时的功能并记录下来。

（2）逻辑功能测试　按图 8-18 所示连接测试电路并测试 $J-K$ 触发器的逻辑功能并记录下来。

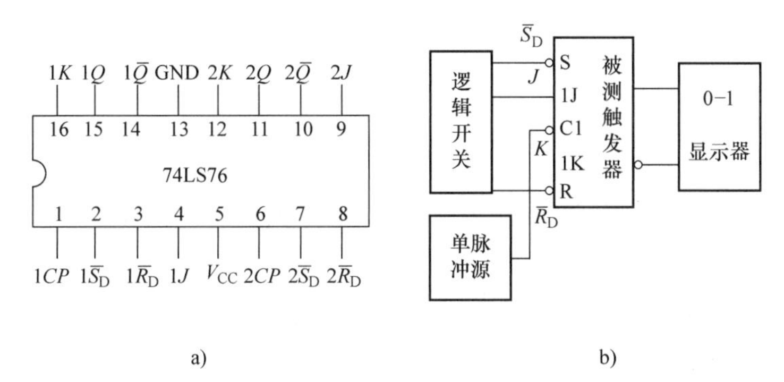

图 8-18　$J-K$ 触发器（74LS76）引脚排列及测试电路

a）引脚排列　b）测试电路

任务五　掌握 *T* 触发器和 *T′* 触发器

在集成触发器电路中不存在 T 和 T' 触发器，而是由其他类型的触发器连接成具有翻转功能的触发器，但其逻辑符号可以单独存在，以突出其功能特点。

（1）T 触发器的逻辑功能　在 CP 作用下，根据输入信号 T（0 或 1）的不同，凡具有保持和翻转功能的触发器电路都称为 T 触发器。

将 JK 触发器的两个输入端连在一起作为 T 端，即 $J=K=T$，就构成了 T 触发器。T 触发器的特性方程为

$$Q^{n+1}=T\overline{Q^n}+\overline{T}Q^n=T\oplus Q^n$$

根据 T 触发器逻辑功能的定义，可列出 T 触发器的特性表，见表 8-6。

表 8-6　*T* 触发器的特性表

T	Q^n	Q^{n+1}	说明
0	0	0	保持 $Q^{n+1}=Q^n$
0	1	1	
1	0	1	翻转 $Q^{n+1}=\overline{Q^n}$
1	1	0	

T 触发器的逻辑符号与状态转换图如图 8-19所示。

当 $T=0$ 时，触发器将保持原态不变；当 $T=1$ 时，触发器将随 CP 触发沿的到来而翻转，具有计数功能。

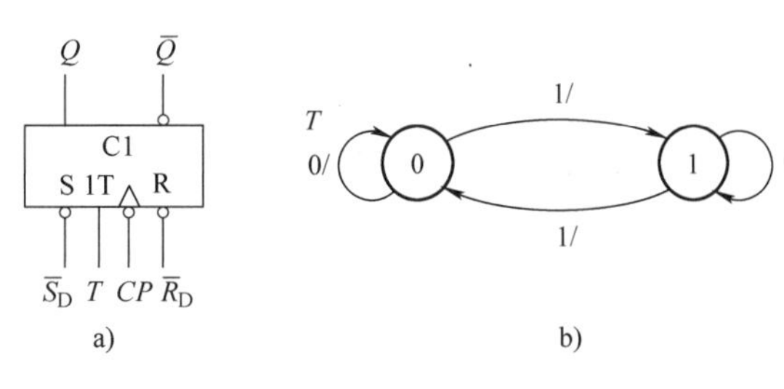

图 8-19　T 触发器

a）逻辑符号　b）状态转换图

（2）T' 触发器的逻辑功能　在 T 触发器的基础上如果固定 $T=1$，那么，每来一

个 CP 脉冲，触发器的状态都将翻转一次，构成计数工作状态，这就是 T' 触发器，也称为翻转触发器，其特性方程为

$$Q^{n+1}=\overline{Q^n}$$

T' 触发器的时序图如图 8-20 所示。

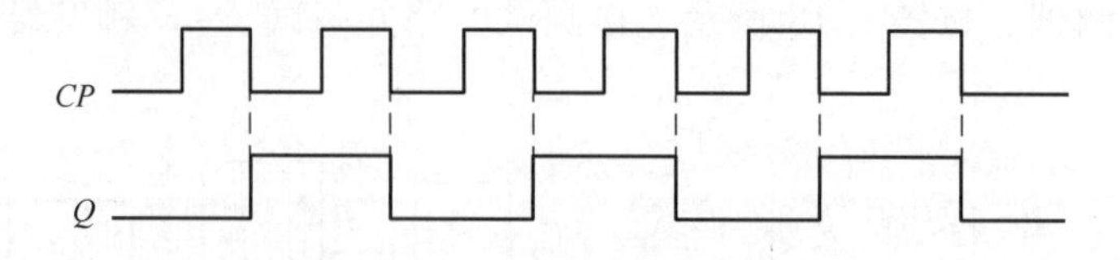

图 8-20　T' 触发器的时序图

由图 8-20 可以看出，T' 触发器输出端 Q 的周期是输入 CP 的 2 倍，即 Q 的频率是 CP 的1/2，也称为二分频。

任务六　掌握触发器的逻辑功能分类及相互转换

一、触发器的逻辑功能分类

前面几小节着重从电路结构上介绍各种触发器，也相应地介绍了有关电路的逻辑功能。根据在 CP 控制下逻辑功能的不同，常把时钟触发器分成 RS、JK、D、T、T' 五种类型。

（1）RS 触发器的定义　在 CP 操作下，根据输入信号 R、S 情况的不同，凡是具有置 0、置 1 和保持功能的电路，都叫作 RS 触发器。

（2）JK 触发器的定义　在 CP 操作下，根据输入信号 J、K 情况的不同，凡是具有置 0、置 1、保持和翻转功能的电路，都称为 JK 触发器。

（3）D 触发器的定义　在 CP 操作下，根据输入信号 D 情况的不同，凡是具有置 0、置 1 功能的电路，都称为 D 触发器。

（4）T 触发器和 T' 触发器的定义　在 CP 操作下，根据输入信号 T 情况的不同，凡是具有保持、翻转功能的电路，都称为 T 触发器。在 CP 操作下，凡是具有翻转功能的电路，都称为 T' 触发器。

二、不同类型时钟触发器间的转换

由于市场销售产品大多为 JK 触发器和 D 触发器，但在设计中，各种功能的触发器都会有需求；此外，在学习时序电路时，也会遇到触发器逻辑功能的转型运用。在此列举出常用触发器的功能转换电路。

转换的常用方法是比较已有触发器和待求触发器的特性方程，求出已有触发器输入端的逻辑表达式，即驱动方程。

若将 JK 触发器转换为 D 触发器，具体方法如下：

已有 JK 触发器的特性方程为

$$Q^{n+1}=J\overline{Q^n}+\overline{K}Q^n$$

待求 D 触发器的特性方程为

$$Q^{n+1}=D$$

将 D 触发器的特性方程转换为

$$Q^{n+1}=D=D(\overline{Q^n}+Q^n)=D\overline{Q^n}+DQ^n$$

比较两者的特性方程可得：

$$J=D\quad K=\overline{D}$$

画出转换电路，如图 8-21a 所示。至于其他转换读者可按类似方法自行推导。

图 8-21 所示为 JK 触发器分别转换为 D、RS、T、T'触发器的转换电路。

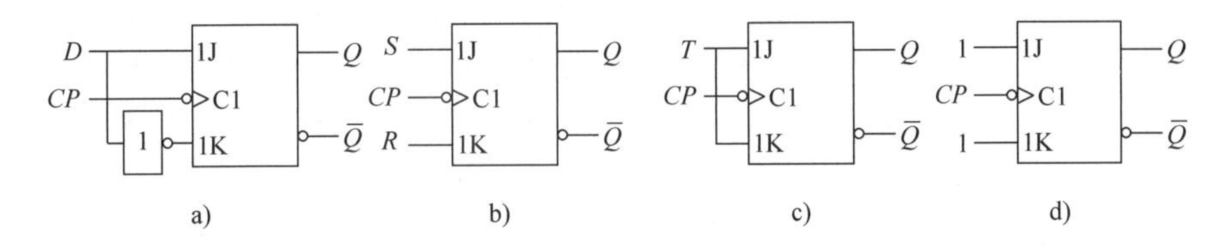

图 8-21 JK 触发器转换为 D、RS、T、T'触发器的转换电路

a) $JK \to D$ b) $JK \to RS$ c) $JK \to T$ d) $JK \to T'$

项目二 简易定时器的设计与制作

任务一 时序逻辑电路的分析与设计

一、时序逻辑电路的特点

时序逻辑电路简称时序电路，图 8-22 所示为它的结构示意框图。

时序电路由两部分组成：一部分是组合逻辑电路，另一部分是由触发器构成的存储电路。

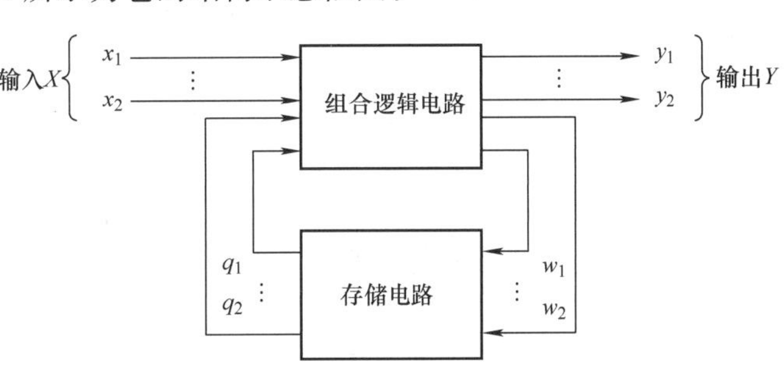

图 8-22 时序逻辑电路的结构示意框图

（1）逻辑功能特点 在数字电路中，凡是任何时刻电路的稳态输出，不仅和该时刻的输入信号有关，而且还取决于电路原来的状态，都叫作时序逻辑电路。这既可看成是时序逻辑电路的定义，也是其逻辑功能特点。

（2）电路组成特点 时序逻辑电路的状态是由存储电路来记忆和表示的，所以从电路组成看，时序电路一定含有作为存储单元的触发器。实际上，时序电路的状态就是依靠触发器记忆和表示的。时序电路中可以没有组合电路，但不能没有触发器。

二、时序电路逻辑功能表示方法

触发器也是时序电路，因此表示触发器逻辑功能的几种方法，同样适用于时序电路。

（1）逻辑表达式 在图 8-22 中，如果用 $X(x_1,\ x_2,\ \cdots,\ x_i)$、$Y(y_1,\ y_2,\ \cdots,\ y_j)$、$W(w_1,\ w_2,\ \cdots,\ w_k)$ 和 $Q(q_1,\ q_2,\ \cdots,\ q_l)$，分别表示时序电路的现在输入信号、现在输出信号、存储电路的现在输入和输出信号，那么，这些信号之间的逻辑关系就可以用下面三个函数表示为

$$Y(t_n)=F[X(t_n),Q(t_n)]$$

$$W(t_n)=G[X(t_n),Q(t_n)]$$

$$Q(t_{n+1})=H[W(t_n),Q(t_n)]$$

式中 t_n、t_{n+1}是相邻的两个离散时间。由于 y_1，y_2，$\cdots$，y_j 是电路的输出信号，故把$Y(t_n)$式叫作输出方程；而 w_1，w_2，$\cdots$，w_k 是存储电路的驱动或激励信号，所以把 $W(t_n)$ 式称为驱动方程或激励方程；至于 $Q(t_{n+1})$ 式则叫作状态方程，因为 q_1，q_2，$\cdots$，q_l 表示的是存储电路的状态，并称之为状态变量。

对于触发器而言，整个电路的现在输入信号和现在输出信号就是存储电路的现在输入信号和现在输出信号，即 $W(t_n)=X(t_n)$，$Y(t_n)=Q(t_n)$，所以只剩下状态方程，也就是特性方程了。

（2）状态表、状态图和时序图　时序电路的逻辑功能除了用状态方程、输出方程和驱动方程等方程式表示外，还可以用状态表、状态图和时序图等形式加以表示。因为时序电路在每一时刻的状态都与前一个时钟脉冲作用时电路的原状态有关，如果能把在一系列时钟信号操作下电路状态转换的全过程都找出来，那么电路的逻辑功能和工作情况便一目了然了。状态表、状态图和时序图都是描述时序电路状态转换全部过程的方法，它们之间是可以相互转换的。

（3）时序逻辑电路分类　按逻辑功能划分有：计数器、寄存器、移位寄存器、读/写存储器、顺序脉冲发生器等。实际中，完成各种各样操作的时序电路是千变万化不胜枚举的，这里提到的只是几种比较典型的电路而已。

1）按电路中触发器状态变化是否同步可分为：同步时序电路和异步时序电路。

① 同步时序电路：电路状态改变时，电路中更新状态的触发器是同步翻转的，各个触发器受同一个时钟脉冲的控制。

② 异步时序电路：电路状态改变时，电路中要更新状态的触发器，有的先翻转，有的后翻转，是异步进行的，各个触发器无统一的时钟脉冲，有的触发器，其 *CP* 信号就是输入时钟脉冲，有的触发器则不是，而是其他触发器的输出。

2）按电路输出信号的特性可分为：米利（*Mealy*）型时序电路和穆尔（*Moore*）型时序电路。

① 米利（*Mealy*）型时序电路：其输出不仅与现态有关，而且还取决于电路的输入。其输出方程为：$Y(t_n)=F[X(t_n),\ Q(t_n)]$。

② 穆尔（*Moore*）型时序电路：其输出仅取决于电路的现态，即 $Y(t_n)=F[Q(t_n)]$。

三、时序逻辑电路分析步骤

所谓分析就是找出给定时序电路的逻辑功能和工作特点。

在一般情况下可按下列步骤进行：

（1）写方程式　仔细观察、分析时序电路，然后再逐一写出：

1）时钟方程：各个触发器时钟信号的逻辑表达式。

2）输出方程：时序电路各个输出信号的逻辑表达式。

3）驱动方程：各个触发器输入端信号的逻辑表达式。

（2）求状态方程　把驱动方程代入相应触发器的特性方程，即可求出时序电路的状态方程，也就是各个触发器次态输出的逻辑表达式，因为任何时序电路的状态，都是由组成该时序电路的各个触发器来记忆和表示的。

（3）进行计算　把电路输入和现态的各种可能取值，代入状态方程和输出方程进行计算，求出相应的次态和输出。这里应注意以下几点：

1）状态方程有效的时钟条件，凡不具备时钟条件时，方程式则是无效的，即触发器保持原来状态不变。

2）电路的现态，就是组成该电路各个触发器的现态的组合。

3）不能漏掉任何可能出现的现态和输入的取值组合。

4）现态的起始值如果给定了，则可以从给定值开始依次进行计算，倘若未给定，那么就可以从自己设定的起始值开始依次计算。

（4）画状态图（或状态表、或时序图）　整理计算结果，画出状态图（或状态表、或时序图）。这里需注意以下三点：

1）状态的转换是由现态到次态，不是由现态到现态或次态到次态。

2）输出是现态的函数，不是次态的函数。

3）如需画时序图，应在 CP 触发沿到来时更新状态。

（5）电路功能说明　一般情况下，用状态图或状态表就可以反映电路的工作特性。但实际中，各个输入、输出信号都有明确的物理含义，因此，常常需要结合这些信号的物理含义，进一步说明电路的具体功能，或结合时序图说明时钟脉冲与输入、输出及内部变量之间的关系。

四、时序逻辑电路分析举例

试分析如图 8-23 所示同步时序逻辑电路的功能。F_1、F_2 和 F_3 为下降沿触发的 JK 触发器，输入端悬空时相当于逻辑 1 状态。

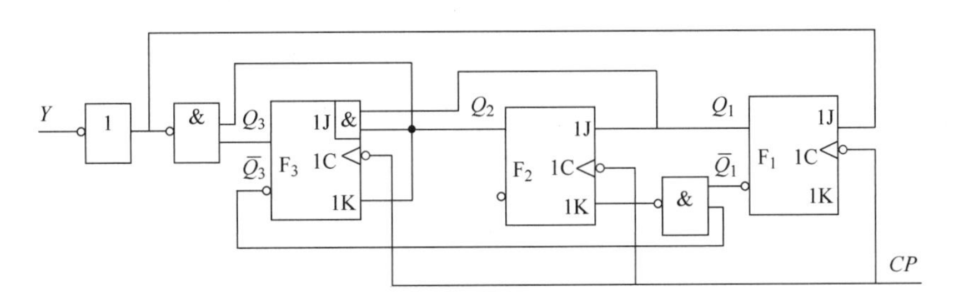

图 8-23　同步时序逻辑电路

（1）写方程式

1）时钟方程：
$$CP_3 = CP_2 = CP_1 = CP$$

对于同步时序电路而言，只要触发沿到来，各个触发器都将按特性方程动作，因此，时钟方程也可省略不写。

2）驱动方程：

$$\begin{cases} J_1 = \overline{Q_2^n Q_3^n} & K_1 = 1 \\ J_2 = Q_1^n & K_2 = \overline{\overline{Q_1^n} \cdot \overline{Q_3^n}} \\ J_3 = Q_1^n Q_2^n & K_3 = Q_2^n \end{cases}$$

3）输出方程：$Y = Q_2^n Q_3^n$

（2）求状态方程　将驱动方程代入 JK 触发器的特性方程 $Q^{n+1} = J\overline{Q^n} + \overline{K}Q^n$，得到电路的状态方程，即

$$\begin{cases} Q_1^{n+1} = \overline{Q_2^n Q_3^n}\ \overline{Q_1^n} \\ Q_2^{n+1} = Q_1^n\ \overline{Q_2^n} + \overline{Q_1^n}\ \overline{Q_3^n} Q_2^n \\ Q_3^{n+1} = Q_1^n\ Q_2^n \overline{Q_3^n} + \overline{Q_2^n} Q_3^n \end{cases}$$

（3）计算及列状态表　依次假定电路的现态 $Q_3^n Q_2^n Q_1^n$，代入状态方程和输出方程并进行计算，求出相应的次态和输出，可得表 8-7。

表 8-7　电路的状态表

现态			次态			输出
Q_3^n	Q_2^n	Q_1^n	Q_3^{n+1}	Q_2^{n+1}	Q_1^{n+1}	Y
0	0	0	0	0	1	0
0	0	1	0	1	0	0

（续）

现态			次态			输出
Q_3^n	Q_2^n	Q_1^n	Q_3^{n+1}	Q_2^{n+1}	Q_1^{n+1}	Y
0	1	0	0	1	1	0
0	1	1	1	0	0	0
1	0	0	1	0	1	0
1	0	1	1	1	0	0
1	1	0	0	0	0	1
1	1	1	0	0	0	1

（4）画状态图（或时序图）　根据状态表，可从初始状态 $Q_2^nQ_2^nQ_1^n=000$ 开始，找出次态和输出，而这个次态又作为下一个 CP 到来前的现态，这样依次下去，画出所有可能出现的状态，如图 8-24 所示。

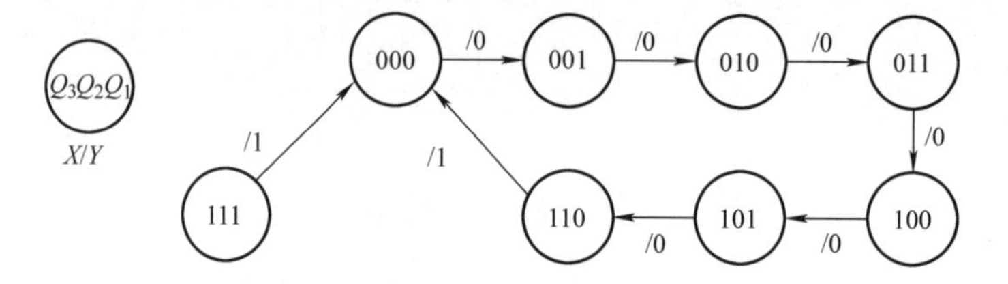

图 8-24　电路的状态图

状态图中 X/Y 表示输入/输出，因为此电路无外来输入信号（时钟信号只是触发控制信号，不是输入逻辑变量），所以状态图中斜线上方不用表示变量。

该电路中利用的有效状态有七个，没有利用的无效状态只有一个，无效状态在 CP 作用下总能进入有效状态的循环中来（111→000），我们称之为能自启动，否则就是不能自启动。不能自启动的电路是没有实际意义的。

时序图如图 8-25 所示。

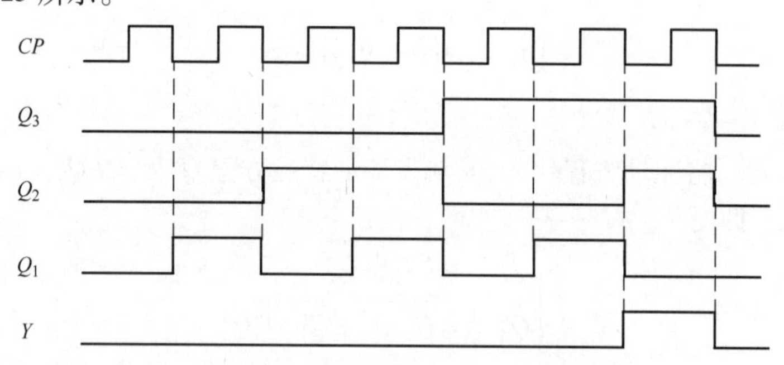

图 8-25　电路的时序图

（5）电路功能　该电路是一个能自启动的同步七进制加法计数器。

五、时序逻辑电路设计的基本步骤

设计时序逻辑电路的任务就是根据给定的逻辑问题，设计出满足要求的时序逻辑电路。通常，电路设计的标准是：所用的触发器和门电路的数量以及门的输入端数目尽可能少。

根据逻辑要求，确定电路状态转换规律，并由此求出各触发器的驱动方程，这是设计同步时序逻辑电路的关键。一般设计步骤如下：

1）根据设计要求和给定条件，设定电路内部状态。

2）作状态转换图或状态转换表，即建立原始状态图。

3）状态化简，即合并等价状态，画出最简状态图。等价状态是指输入相同、输出相同、转至次态也相同的重复状态。

4）状态分配，即对状态进行编码，给每个状态确定一个二进制编码。因为电路的状态是用触发器状态的不同组合表示的，所以状态分配前要确定触发器的数目 n，为获得 M 个状态组合，应取 $2^{n-1}<M\leqslant 2^n$。

5）确定触发器的类型，根据状态转换图（表）及触发器的特性，求出触发器的驱动方程和输出方程。

6）画逻辑电路图。

7）检查所设计电路的自启动能力。如无自启动能力，则需修改设计。

六、时序逻辑电路设计举例

设计一个串行数据检测电路，对它的要求是：连续输入 3 个或 3 个以上 1 时，输出为 1；其他情况输出为 0。

（1）状态电路内部状态　检测电路的输入信号是串行数据，输出信号是检测结果，从起始状态出发，要记录连续输入 3 个和 3 个以上 1 的情况，大体上应设置 4 个内部状态，即取 $M=4$。用 S_0 表示起始状态，用 S_1、S_2、S_3 分别表示连续输入 1 个**1**、2 个**1**、3 个**1** 和 3 个以上**1** 时电路的状态。

（2）建立原始状态图　现用 X/Y 分别表示电路的输入数据/输出信号，依据题意，可建立起如图 8-26a 所示的原始状态图。起始状态 S_0，输入第一个**1** 输出为 0，状态转换到 S_1，连续再输入一个**1** 输出为 0，状态转换到 S_2，连续输入第三个**1** 输出为**1**，状态转换到 S_3，此后只要连续不断地输入**1**，输出应该总是**1**，电路也应保持 S_3 不变。不难理解，电路无论处在什么状态，只要输入为 0，都应回到 S_0，以便重新进行检测。

（3）状态化简　仔细观察可以发现，S_2 和 S_3 是等价状态。因为无论是在 S_2 还是 S_3，当输入为 1 时输出均为 1，且都转换到次态 S_3；当输入为 0 时输出均为 0，且都转换到次态 S_0。所以 S_2 和 S_3 可以合并为一个状态，合并后的状态用 S_2 表示。画出如图 8-26b 所示的最简状态图。

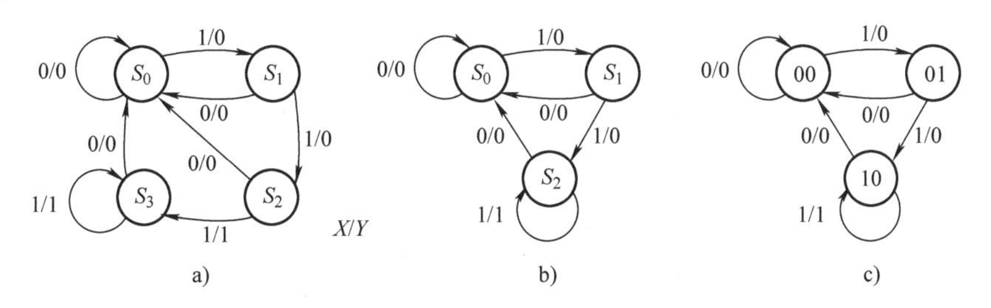

图 8-26　状态图

a）原始状态图　b）最简状态图　c）二进制状态图

（4）状态分配　因状态数 $M=3$，故需要 2 位二进制代码，即触发器的数目 $n=2$。令 $S_0=00$，$S_1=01$，$S_2=10$。编码后得如图 8-26c 所示的二进制状态图。

（5）选择触发器，求出驱动方程和输出方程　选用 2 个 CP 下降沿触发的 JK 触发器，分别用 F_0、F_1 表示。采用同步方案，即取：

$$CP_0=CP_1=CP_2$$

由于输出 Y 是现态 $Q_1^nQ_0^n$ 和输入 X 的函数，根据图 8-26c 所示状态图，可得图 8-27a 所示输出 Y 的卡诺图，并可求出输出方程为

$$Y = XQ_1^n$$

同理，可画出如图 8-27b 所示电路次态 $Q_1^{n+1}Q_0^{n+1}$ 的卡诺图。图 8-28 所示为各触发器次态的卡诺图。

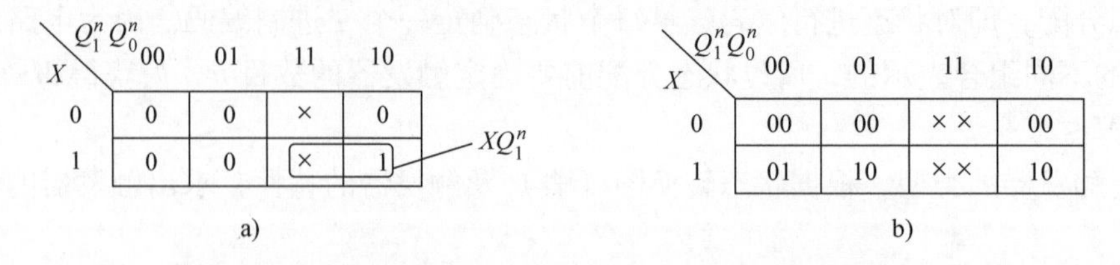

图 8-27　输出信号 Y 及电路次态 $Q_1^{n+1}Q_0^{n+1}$ 的卡诺图

a）Y 的卡诺图　b）次态卡诺图

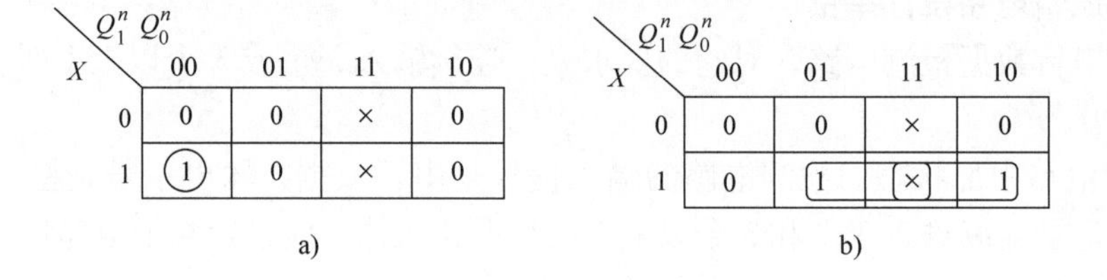

图 8-28　各触发器次态的卡诺图

a）Q_0^{n+1} 的卡诺图　b）Q_1^{n+1} 的卡诺图

由图 8-28 可得状态方程为

$$\begin{cases} Q_0^{n+1} = X\,\overline{Q_1^nQ_0^n} \\ Q_1^{n+1} = XQ_1^n + XQ_0^n \end{cases}$$

而 JK 触发器特性方程为

$$Q^{n+1} = J\,\overline{Q^n} + \overline{K}Q^n$$

变换状态方程，使之形式与特性方程相同，即

$$\begin{cases} Q_0^{n+1} = X\,Q_1^nQ_0^n = X\,\overline{Q_1^nQ_0^n} + 0 \cdot Q_0^n \\ Q_1^{n+1} = XQ_1^n + XQ_0^n = XQ_1^n + XQ_0^n\ (\overline{Q_1^n} + Q_1^n) \\ \qquad = XQ_0^n\,\overline{Q_1^n} + (X + XQ_0^n)Q_1^n = XQ_0^n\,\overline{Q_1^n} + XQ_1^n \end{cases}$$

与特性方程比较，得驱动方程为

$$J_0 = X\,\overline{Q_1^n} \qquad K_0 = 1$$

$$J_1 = XQ_0^n \qquad K_1 = \overline{X}$$

（6）画逻辑电路图　根据选用的触发器和求得的时钟方程、输出方程及驱动方程，画出如图 8-29 所示的逻辑电路。

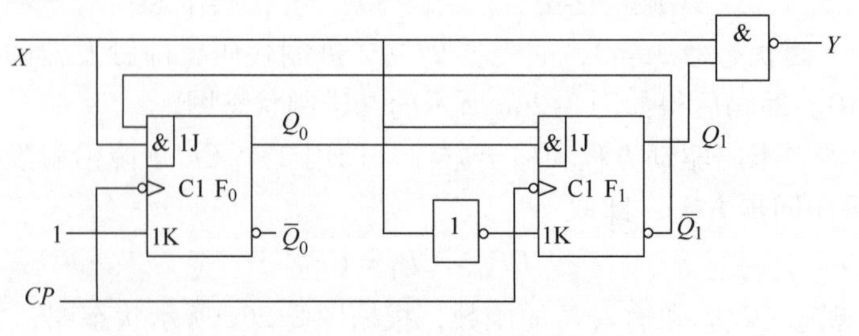

图 8-29　所设计的逻辑电路

(7) 检查设计的电路能否自启动　将电路的无效状态 11 代入输出方程和状态方程进行计算，结果如下：

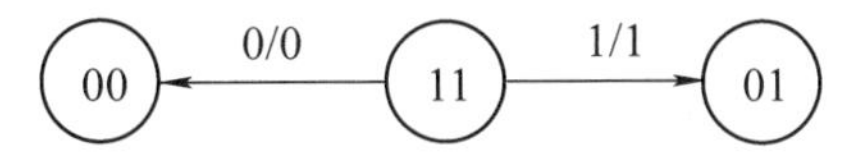

由此可见，设计的电路能够自行启动。

任务二　计数器的功能及测试

实现计数操作的电路称为计数器，其作用是记忆输入脉冲的个数。计数器是一种时序逻辑电路，其应用十分广泛，可用于定时、分频及进行数字运算等。在测距、测频、时间测量等数字系统中，从小型数字仪表到大型计算机几乎无所不在，是任何现代数字系统中不可缺少的组成部分。

计数器的种类繁多，从不同的角度出发，有不同的分类方法：

1）按计算机中触发器翻转的时序异同划分，有同步计数器和异步计数器两类。

2）按计数器中数字的变化规律划分，有加法计数器（递增计数）、减法计数器（递减计数）和可逆计数器（既可进行加法计数，又可进行减法计数）。

3）按计数进位制划分，有二进制计数器、十进制计数器和 N 进制（即除二进制之外的其他进制）计数器。十进制计数器是 N 进制的一个特例，因其应用广泛，所以通常也单独列出。

一、异步计数器

1. 异步二进制计数器

(1) 异步二进制加法计数器　表 8-8 为 3 位二进制加法计数器的状态表。

表 8-8　3 位二进制加法计数器的状态表

计数顺序	电路状态			等效十进制数
	Q_2	Q_1	Q_0	
0	0	0	0	0
1	0	0	1	1
2	0	1	0	2
3	0	1	1	3
4	1	0	0	4
5	1	0	1	5
6	1	1	0	6
7	1	1	1	7
8	0	0	0	8

根据表 8-8 所示 3 位二进制加法计数器翻转规律，最低位 Q_0 是每来一个脉冲变化一次（翻转一次）；次低位 Q_1 是每来两个脉冲翻转一次，且当 Q_0 从 1 跳到 0 时，Q_1 翻转；高位 Q_2 是每来四个脉冲翻转一次，且当 Q_1 从 1 跳到 0 时，Q_2 翻转。依此类推，如以 Q_i 代表第 i 位，则每来 2^i 个脉冲，该位 Q_i 翻转一次，且当 Q_{i-1} 从 1 跳到 0 时翻转。

采用异步方式构成二进制加法计数器是很容易的。只要将触发器接成 T' 触发器，外来时钟脉冲作最低位触发器的时钟脉冲，而低位触发器的输出作为相邻高位触发器的时钟脉冲，即可满足上述规律。

若是下降沿触发的触发器构成计数器，则由低位 Q 端引出进位信号作相邻高位的时钟脉冲，如图 8-30 所示。

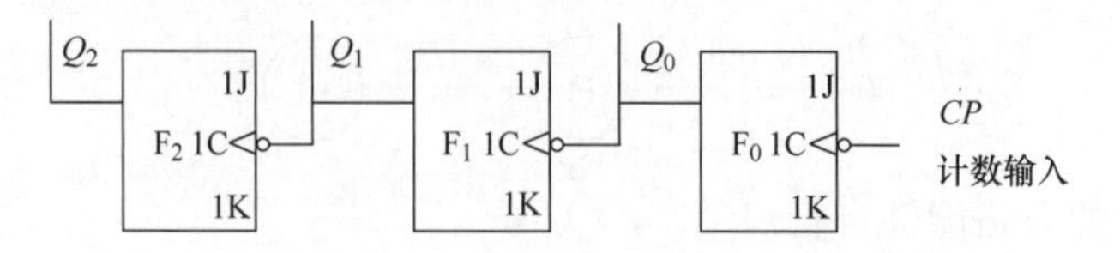

图 8-30　下降沿触发的异步 3 位二进制加法计数器

若是上升沿触发的触发器构成计数器，则由低位 $\overline{Q}$ 端引出进位信号作相邻高位的时钟脉冲，如图 8-31 所示。

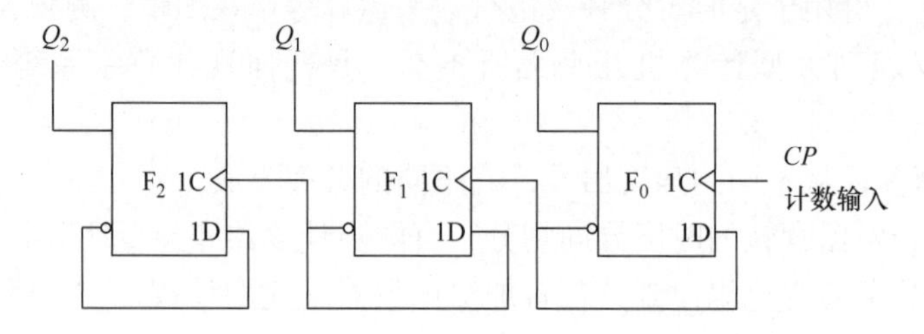

图 8-31　上升沿触发的异步 3 位二进制加法计数器

根据 T'触发器的翻转规律，可依次画出 $Q_2Q_1Q_0$ 在 CP 作用下的时序图，如图 8-32 所示。

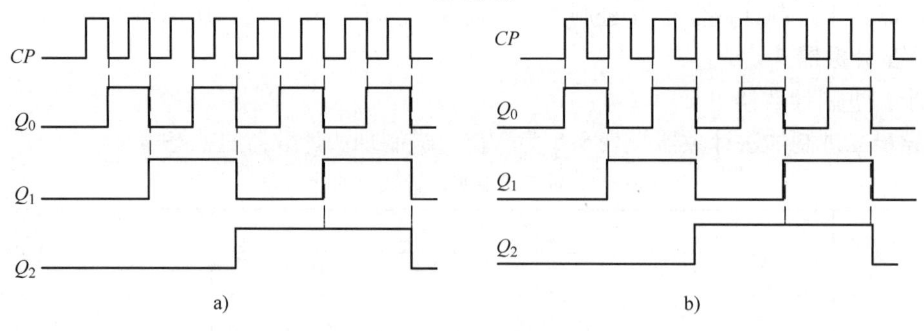

图 8-32　异步 3 位二进制加法计数器的时序图

a）下降沿触发　b）上升沿触发

由图 8-32 可以看到，如果 CP 的频率为 f_0，那么 Q_0、Q_1、Q_2 的频率分别为 $f_0/2$、$f_0/4$、$f_0/8$，说明计数器具有分频作用，也叫作分频器。对于图 8-30 和图 8-31 所示电路来说，每经过一级 T'触发器，输出脉冲的频率就被二分频。即相对于 CP 而言，各级依次称为二分频、四分频和八分频。

人们常把一个具体的计数器能够记忆输入脉冲的数目叫作计数器的计数容量、计数长度或模。在上述 3 位异步二进制加法计数器中，从状态 000 开始，输入 8 个 CP 脉冲时，就计满归零，显然该计数器的容量或长度（有时又称为模）为 8。由 n 个触发器组成的二进制计数器其容量或长度为 2^n。不难发现，所谓计数器的容量、长度或模，就是电路的有效状态数。在逻辑符号中以“CTRDIV M”标注模的数值，如十进制计数器 $M=10$，标注为“CTRDIV10”。

（2）异步二进制减法计数器　我们完全可以按上述方法来分析异步二进制减法计数器，这里从略，读者可自行分析。

其实也可以从描述计数规律的时序图来进行分析，我们以上升沿触发的异步 3 位二进制减法计数器为例来说明，描述其计数规律的时序图如图 8-33 所示。

从图 8-33 可以看出，用 T'触发器来实现，只要 CP 上升沿到来 Q_0 就要翻转；只要 Q_0 上升

沿到来 Q_1 就要翻转；只要 Q_1 上升沿到来 Q_2 就要翻转。因此，将低位触发器的输出 Q_i 作为相邻高位触发器的时钟脉冲 CP_{i+1} 便构成了上升沿触发的异步 3 位二进制减法计数器，如图 8-34 所示，只需将图 8-31 中高位触发器的时钟脉冲 CP_{i+1} 与低位输出 $\overline{Q}_i$ 的连线改成与 Q_i 相接即可。

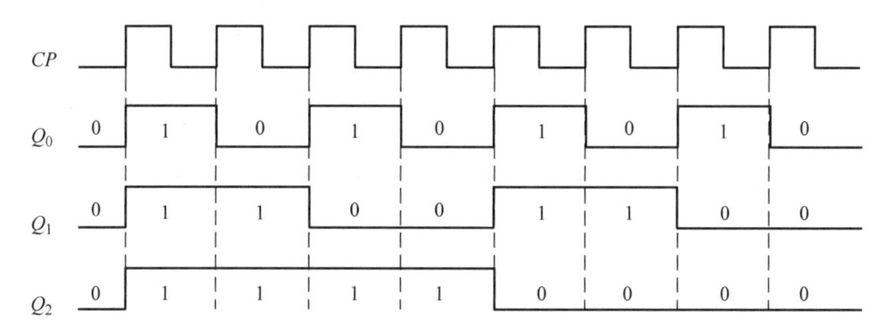

图 8-33　上升沿触发的异步 3 位二进制减法计数器的时序图

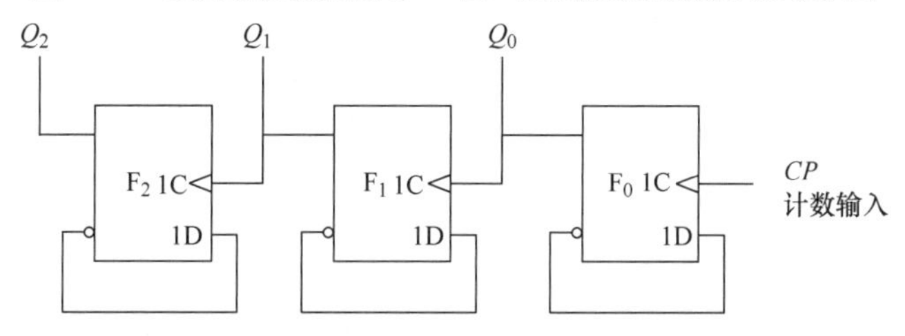

图 8-34　上升沿触发的异步 3 位二进制减法计数器

同理，可得下降沿触发的异步 3 位二进制减法计数器，如图 8-35 所示。

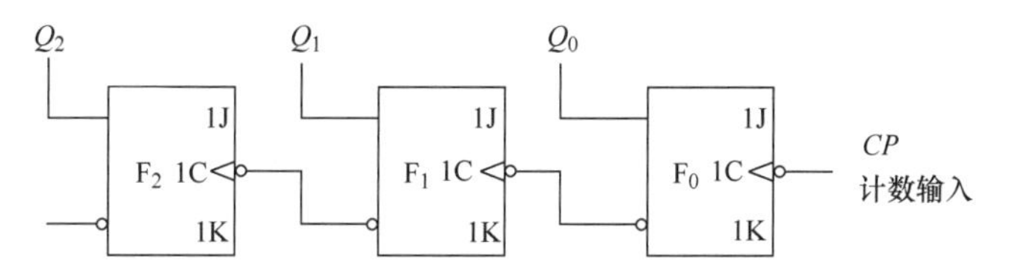

图 8-35　下降沿触发的异步 3 位二进制减法计数器

（3）集成异步二进制计数器（74197）　集成异步二进制计数器，只有按照 8421 编码进行加法计数的电路，规格品种不少，现以比较典型的芯片 74197、74LS197 为例作简单说明。

集成异步 4 位二进制计数器 74197、74LS197 的逻辑功能示意图和引脚排列如图 8-36 所示。$\overline{CR}$ 是异步清零端；$CT/\overline{LD}$ 是计数和置数控制端；CP_0 是触发器 F_0 的时钟输入端；CP_1 是触发器 F_1 的时钟输入端；$D_0 \sim D_3$ 是并行数据输入端；而 $Q_0 \sim Q_3$ 则是计数器状态输出端。

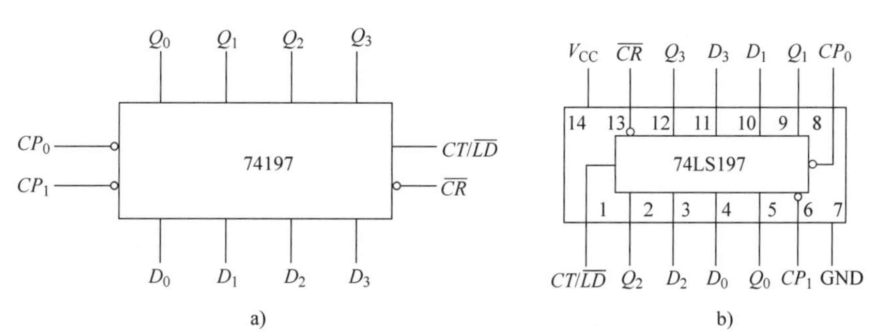

图 8-36　74197、74LS197 示意图

a）逻辑功能　b）引脚排列

74197、74LS197 的功能表见表 8-9。在集成电路手册中状态表又称为功能表。

表 8-9　74197、74LS197 的功能表

输入							输出				说明
$\overline{CR}$	$CT/\overline{LD}$	CP	D_3	D_2	D_1	D_0	Q_3^{n+1}	Q_2^{n+1}	Q_1^{n+1}	Q_0^{n+1}	
0	×	×	×	×	×	×	0	0	0	0	清零
1	0	×	d_3	d_2	d_1	d_0	d_3	d_2	d_1	d_0	置数
1	1	↓	×	×	×	×	计数				$CP_0=CP$　$CP_1=Q_0$

主要功能如下：

① 清零功能：当$\overline{CR}=0$时，计数器异步清零（与 CP 无关）。

② 置数功能：当 $CR=1$、$CT/\overline{LD}=0$ 时，计数器异步置数。

③ 异步 4 位二进制计数器：当$\overline{CR}=1$、$CT/\overline{LD}=1$ 时，异步加法计数。注意：将 CP 加在 CP_0 端、把 Q_0 与 CP_1 连接起来，构成 4 位二进制即异步十六进制加法计数器；若将 CP 加在 CP_1 端，则计数器中 F_1、F_2、F_3 构成 3 位二进制即八进制计数器，F_0 不工作；如果只将 CP 加在 CP_0 端，CP_1 接 0 或 1，那么 F_0 工作，形成 1 位二进制即二进制计数器，F_1、F_2、F_3 不工作。因此，也把 74197、74LS197 叫作二－八－十六进制计数器。

属于异步二－八－十六进制加法计数器的芯片还有 74177、74S197、74293、74LS293 等，属于异步双 4 位二进制加法计数器的芯片有 74393、74LS393。而 CMOS 集成异步计数器有 7 位的 CC4024、12 位的 CC4040、14 位的 CC4060 等。

2. 异步十进制计数器

（1）异步十进制加法计数器　十进制的编码方式很多，其计数器的种类也很多，因为其读出结果都是 BCD 码，所以十进制计数器又称为二十进制计数器。图 8-37 所示为常用的 8421BCD 码异步十进制加法计数器的典型电路，它由两个部分组成，图 8-37 中虚线右边是一个模 $M_1=2$ 的计数器（即一位二进制计数器），虚线左边是异步五进制计数器，模 $M_2=5$。计数器总的模为 $M=M_1\times M_2=10$，即为十进制计数器。

1）写方程式：

① 时钟方程：　$CP_0=CP$　$CP_1=Q_0$　$CP_2=Q_1$　$CP_3=Q_0$

② 驱动方程：　$J_0=K_0=1$

$J_1=\overline{Q_3^n}$，$K_1=1$

$J_2=K_2=1$

$J_3=Q_2^nQ_1^n$　$K_3=1$

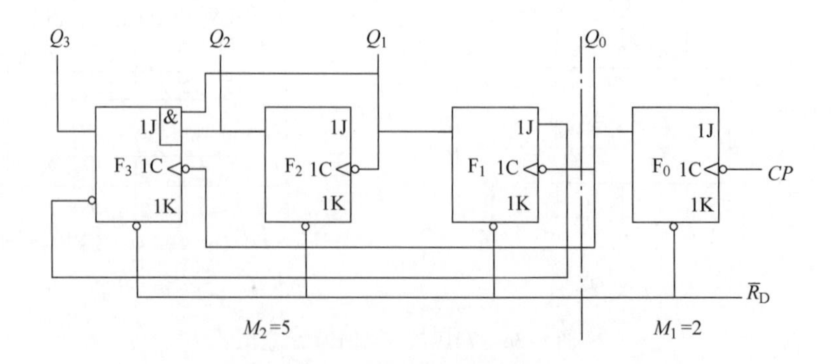

图 8-37　异步十进制加法计数器逻辑电路

2）求状态方程：将驱动方程代入 JK 触发器的特性方程 $Q^{n+1}=J\overline{Q^n}+\overline{K}Q^n$，得状态方程：

$$Q_0^{n+1}=\overline{Q_0^n} \qquad \text{CP}\downarrow\text{有效}$$

$$Q_1^{n+1}=\overline{Q_3^n Q_1^n} \qquad Q_0\downarrow\text{有效}$$

$$Q_2^{n+1}=\overline{Q_2^n} \qquad Q_1\downarrow\text{有效}$$

$$Q_3^{n+1}=Q_2^n Q_1^n\,\overline{Q_3^n} \qquad Q_0\downarrow\text{有效}$$

3）计算：在依次设定电路现态 $Q_3^n\,Q_2^n\,Q_1^n\,Q_0^n$，代入状态方程进行计算求次态时，要特别注意每一个方程式有效的时钟条件，只有当时钟条件具备时，触发器才会按照状态方程的规律更新状态，否则只会保持原来状态不变。计算结果见表 8-10。

表 8-10 异步十进制加法计数器的状态表

现态				次态				说明
Q_3^n	Q_2^n	Q_1^n	Q_0^n	Q_3^{n+1}	Q_2^{n+1}	Q_1^{n+1}	Q_0^{n+1}	时钟条件
0	0	0	0	0	0	0	1	CP_0
0	0	0	1	0	0	1	0	CP_0 CP_1 $CP3$
0	0	1	0	0	0	1	1	CP_0
0	0	1	1	0	1	0	0	$CP_0 CP_1 CP_2 CP_3$
0	1	0	0	0	1	0	1	CP_0
0	1	0	1	0	1	1	0	$CP_0 CP_1$ CP_3
0	1	1	0	0	1	1	1	CP_0
0	1	1	1	1	0	0	0	$CP_0 CP_1 CP_2 CP_3$
1	0	0	0	1	0	0	1	CP_0
1	0	0	1	0	0	0	0	$CP_0 CP_1$ CP_3
1	0	1	0	1	0	1	1	CP_0
1	0	1	1	0	1	0	0	$CP_0 CP_1 CP_2 CP_3$
1	1	0	0	1	1	0	1	CP_0
1	1	0	1	0	1	0	0	$CP_0 CP_1$ CP_3
1	1	1	0	1	1	1	1	CP_0
1	1	1	1	0	0	0	0	$CP_0 CP_1 CP_2 CP_3$

表 8-10 中时钟条件一栏里，标明的是相应触发器的时钟条件，凡写上时钟信号者说明条件具备，其状态方程有效；未写上者说明条件不具备，其状态方程无效，即触发器保持原来状态不变。因为 $CP_0=CP$，所以每当输入时钟脉冲 CP 到来，电路转换状态时，F_0 总是具备时钟条件，相应的 $Q_0^{n+1}=\overline{Q_0^n}$总是有效。但是 F_1（或 F_3）就不同了，因为 $CP_1=Q_0$（或 $CP_3=Q_0$），每当输入时钟脉冲 CP 到来电路由现态转换到次态时，只有当 F_0 的 Q 端从 1 跳变到 0 时，F_1（或 F_3）才算具备了时钟条件，$Q_1^{n+1}=\overline{Q_3^n}\ \overline{Q_1^n}$（或 $Q_3^{n+1}=Q_2^n Q_1^n\,\overline{Q_3^n}$）才有效，也即 F_1（或 F_3）才按状态方程翻转，否则保持原状态不变。而 F_2 的时钟条件为 $CP_2=Q_1$，每当输入时钟脉冲 CP 到来电路由现态转换到次态时，只有当 F_1 的 Q 端从 1 跳变到 0 时，F_2 才算具备了时钟条件，$Q_2^{n+1}=\overline{Q_2^n}$才有效，$\text{F}_2$ 才按状态方程翻转，否则保持原状态不变。

4）画状态图和时序图：由图 8-38 所示状态图可知，该电路虽然有 4 个无效状态（1010 ~ 1111），但均能在 CP 作用下进入有效循环中来，故能自启动。注意，画时序电路的状态图时，无效状态应一并画出。

时序图如图 8-39 所示。注意，画时序图时，无效状态一般不画出来。

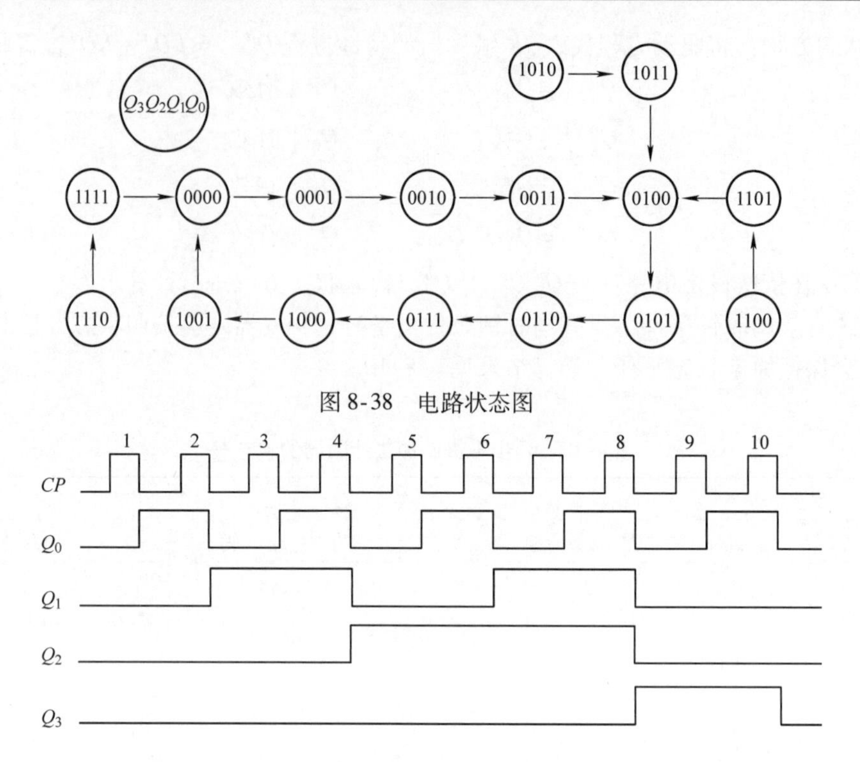

图 8-38　电路状态图

图 8-39　十进制加法计数器时序图

由于每个触发器从 CP 脉冲的出现到 Q 端的状态翻转都有一个延迟时间，因此为保证计数器正确可靠地计数，前后两个计数脉冲之间的时间间隔必须满足 $t>nt_{pd}$（t_{pd} 为触发器翻转延迟时间，n 是触发器的位数）。因此，异步二进制计数器中触发器的位数越多，计数速度就越慢，实际使用时应充分注意这一点。

（2）集成异步十进制计数器（74290）　按照图 8-37 电路制作成的中规模集成计数器芯片有 74LS196（可预置）、74LS290 等。它们都是按照 8421BCD 码进行加法计数的电路，现以 74290 为例作简单说明。

图 8-40 所示为异步二－五－十进制计数器 74290、74LS290 的示意图。

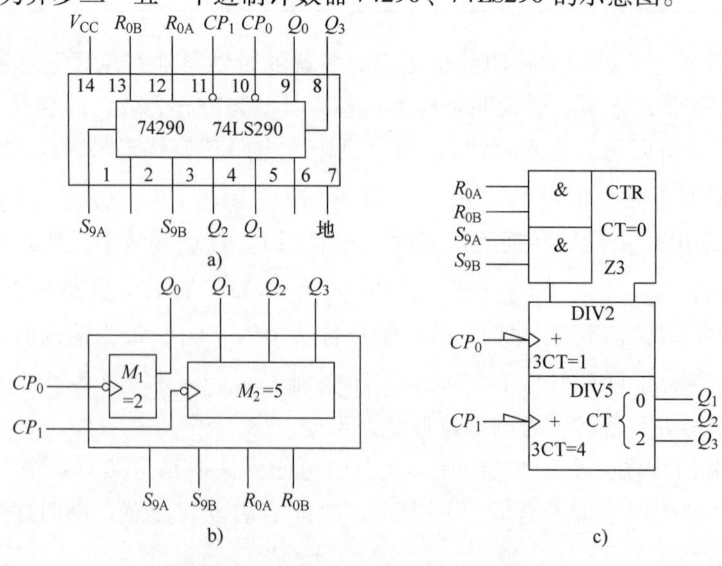

图 8-40　74290、74LS290 的示意图
a）引脚排列　b）结构框图　c）逻辑符号

其状态表见表8-11。

表8-11 74290和74LS290的状态表

输入			输出				说明
$R_{0A} \cdot R_{0B}$	$S_{9A} \cdot S_{9B}$	CP	Q_3^{n+1}	Q_2^{n+1}	Q_1^{n+1}	Q_0^{n+1}	
1	0	×	0	0	0	0	清零
×	1	×	1	0	0	1	置9
0	0	↓		计	数		$CP_0 = CP \quad CP_1 = Q_0$

主要功能如下：

① 清零功能：当 $S_9 = S_{9A} \cdot S_{9B} = 0$ 时，若 $R_0 = R_{0A} \cdot R_{0B} = 1$，则计数器清零，与 CP 无关，这说明清零是异步的。

② 置“9”功能：当 $S_9 = S_{9A} \cdot S_{9B} = 1$ 时计数器置“9”，即被置成1001状态。不难看出，这种置“9”也是通过触发器异步输入端进行的，与 CP 无关，且其优先级别高于 R_0。

③ 计数功能：当 $S_9 = S_{9A} \cdot S_{9B} = 0$，$R_0 = R_{0A} \cdot R_{0B} = 0$ 时，根据 CP_0、CP_1 不同的接法，对输入计数脉冲 CP 进行二－五－十进制计数。

若把输入计数脉冲 CP 加在 CP_0 端，即 $CP_0 = CP$，且把 Q_0 与 CP_1 从外部连接起来，即令 $CP_1 = Q_0$，则电路将对 CP 按照8421BCD码进行异步加法计数。

若仅将 CP 接在 CP_0端，而 Q_0与 CP_1不连接起来，那么计数器的 F_0工作，构成一位二进制计数器。

若只把 CP 接在 CP_1端，显然 F_0不工作，F_1、F_2、F_3工作，构成异步五进制计数器。

倘若按 $CP_1 = CP$、$CP_0 = Q_3$连线，虽然电路仍然是异步十进制计数器，但计数规律就不再是8421BCD码了，感兴趣的读者可结合具体电路自行推导或查阅相关资料。

二、同步计数器

异步计数器电路较为简单，但由于它的进位（或借位）信号是逐级传递的，因而使计数速度受到限制，工作频率不能太高。而同步计数器时钟脉冲同时触发计数器中的全部触发器，各个触发器的翻转与时钟同步，所以工作速度较快，工作频率较高。

1. 同步二进制计数器

（1）同步二进制加法计数器　由于同步计数器中各触发器均有同一时钟脉冲输入，因此它们的翻转就由其输入信号的状态决定，即触发器应该翻转时，要满足计数状态的条件；不应翻转时，要满足状态不变的条件。由此可见，利用 T 触发器构成同步二进制计数器比较方便，因为它只有一个输入端 T，当 $T=1$ 时，为计数状态；当 $T=0$ 时，保持状态不变，通常用 JK 触发器转换而成。

由二进制加法计数器的计数状态表（即表8-8）可知，触发器 F_0每来一个计数脉冲翻转一次，应有 $J_0 = K_0 = 1$。其余各位是所有低位（相对于所说的某位）均为1时，再来计数脉冲才翻转，应有 $J_1 = K_1 = Q_0$、$J_2 = K_2 = Q_1 Q_0$、$J_3 = K_3 = Q_2 Q_1 Q_0$等。这些关于 J 和 K 的表达式，就是驱动方程，是进行级间连接的依据。图8-41给出的就是由 JK 触发器构成的4位同步二进制加法计数器。

（2）同步二进制减法计数器　根据二进制减法计数状态转换规律，最低位触发器 F_0与加法计数器中 F_0相同，每来一个计数脉冲翻转一次，应有 $J_0 = K_0 = 1$。其他触发器的翻转条件是所有低位触发器的 Q 端全为0，应有 $J_1 = K_1 = \overline{Q_0}$、$J_2 = K_2 = \overline{Q_1}\ \overline{Q_0}$、$J_3 = K_3 = \overline{Q_2}\ \overline{Q_1}\ \overline{Q_0}$。只要将图8-41加法计数器中 $F_1 \sim F_3$的 J、K 端由原来接低位 Q 端改为接 $\overline{Q}$ 端，就构成了二进制减法计

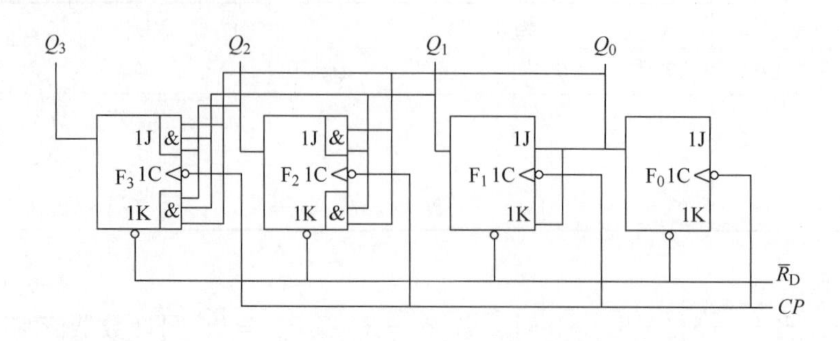

图 8-41　4 位同步二进制加法计数器逻辑电路

数器了。

(3) 同步二进制可逆计数器　将加法计数器和减法计数器综合起来，由控制门进行转换，使计数器成为既能作加法计数又能作减法计数的可逆计数器，又可分为加/减控制式（单时钟输入）和双时钟输入式两种类型。图 8-42 所示为加/减控制式 4 位同步二进制可逆计数器逻辑电路，图中 S 为加/减控制端，当 $S=1$ 时，下边三个**与非**门被封锁，进行加法计数；当 $S=0$ 时，上边三个**与非**门被封锁，进行减法计数。双时钟输入式可逆计数器是分别通过加计数脉冲输入端和减计数脉冲输入端来实现加法计数和减法计数的，后面要介绍的集成同步十进制可逆计数器 74192 就是这种结构。

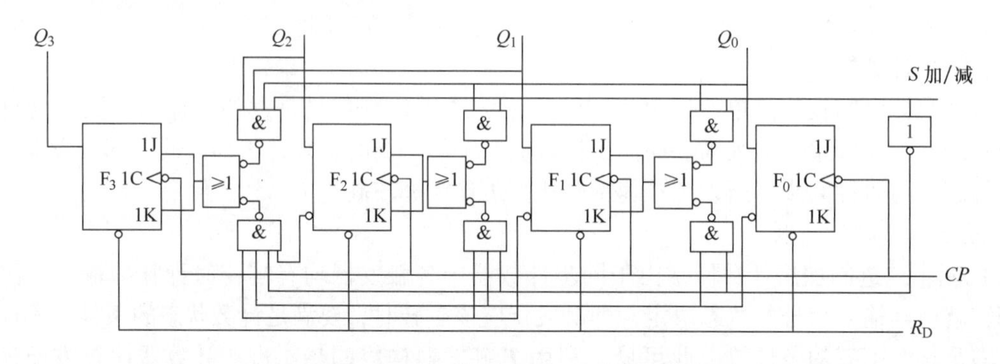

图 8-42　4 位同步二进制可逆计数器逻辑电路

(4) 集成可预置同步二进制加法计数器（74161、74163）　为熟悉集成同步二进制计数器芯片的使用方法，现以 74161（74LS161）为例加以介绍。

就其工作原理而言，集成同步二进制加法计数器与前面介绍的 4 位同步二进制加法计数器并无区别，只是为了使用和扩展功能方便，在制作集成电路时，增加了一些辅助功能罢了。其示意图如图 8-43 所示。

在图 8-43 中，CP 是输入计数脉冲，也就是加到各个触发器的时钟信号端的时钟脉冲，$\overline{CR}$ 是清零端；$\overline{LD}$是置数控制端；CT_P和 CT_T是计数器的两个工作状态控制端；$D_0 \sim D_3$是并行输入数据端；CO 是进位信号输出端；$Q_0 \sim Q_4$是计数器状态输出端。

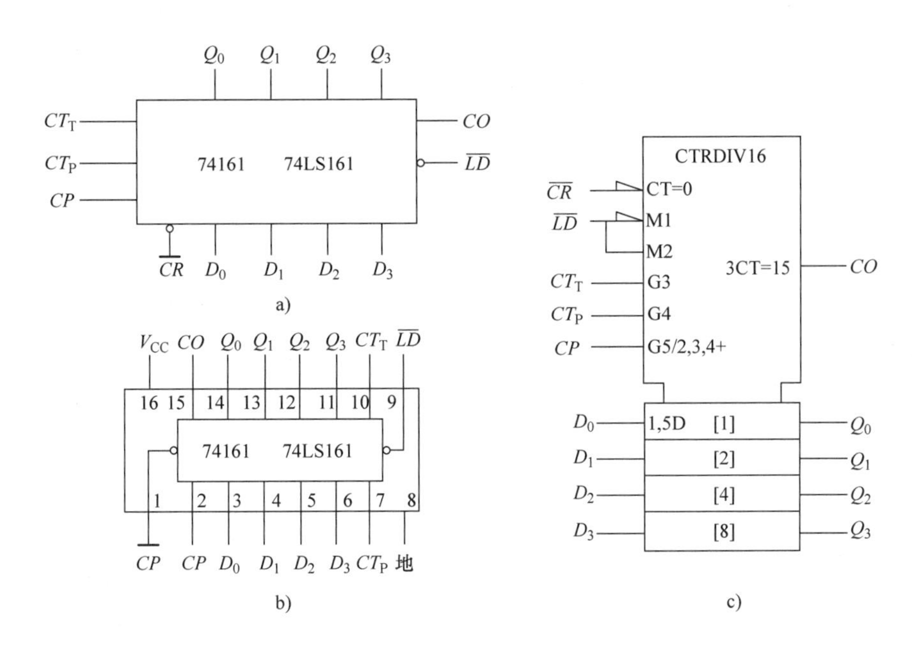

图 8-43 74161、74LS161 的示意图

a）逻辑功能 b）引脚排列 c）逻辑符号

其状态表见表 8-12。

表 8-12 74161、74LS161 的状态表

输入									输出					说明
$\overline{CR}$	$\overline{LD}$	CT_P	CT_T	CP	D_0	D_1	D_2	D_3	Q_0^{n+1}	Q_1^{n+1}	Q_2^{n+1}	Q_3^{n+1}	CO	
0	×	×	×	×	×	×	×	×	0	0	0	0	0	清零
1	0	×	×	↑	d_0	d_1	d_2	d_3	d_0	d_1	d_2	d_3		置数 $CO=CT_TQ_3^nQ_2^nQ_1^nQ_0^n$
1	1	1	1	↑	×	×	×	×		计	数			$CO=Q_3^nQ_2^nQ_1^nQ_0^n$
1	1	0	×	×	×	×	×	×		保	持			$CO=CT_TQ_3^nQ_2^nQ_1^nQ_0^n$
1	1	×	0	×	×	×	×	×		保	持		0	

由表 8-12 可知，集成 4 位同步二进制加法计数器 74161 具有以下功能：

① 异步清零功能：当$\overline{CR}=0$时，计数器清零。从表 8-12 中可看出，在$\overline{CR}=0$时，其他输入信号都不起作用，与 CP 无关，故称为异步清零。

② 同步并行置数功能：当$\overline{CR}=1$，$\overline{LD}=0$时，在 CP 上升沿操作下，并行输入数据 $d_0 \sim d_3$ 置入计数器，使 $Q_3^nQ_2^nQ_1^nQ_0^n=d_3d_2d_1d_0$。

③ 同步二进制加法计数功能：当$\overline{CR}=\overline{LD}=1$时，若 $CT_P=CT_T=1$，则计数器对 CP 信号按照 8421 码进行加法计数。

④ 保持功能：当$\overline{CR}=\overline{LD}=1$时，若 $CT_P \cdot CT_T=0$，则计数器将保持原来状态不变。对于进位输出信号有两种情况，如果 $CT_T=0$，那么 $CO=0$；若是 $CT_T=1$，则 $CO=Q_3^nQ_2^nQ_1^nQ_0^n$。

集成计数器 74163（74LS163）除了采用同步清零方式外，即当$\overline{CR}=0$时，只有在 CP 上升沿到来时计数器才清零。其逻辑功能、计数工作原理和引脚排列与 74161 没有区别，表 8-13 所示是其状态表。

表 8-13　集成计数器 74163 的状态表

输入									输出					说明
$\overline{CR}$	$\overline{LD}$	CT_P	CT_T	CP	D_0	D_1	D_2	D_3	Q_0^{n+1}	Q_1^{n+1}	Q_2^{n+1}	Q_3^{n+1}	CO	
0	×	×	×	↑	×	×	×	×	0	0	0	0	0	清零
1	0	×	×	↑	d_0	d_1	d_2	d_3	d_0	d_1	d_2	d_3		置数 $CO=CT_TQ_3^nQ_2^nQ_1^nQ_0^n$
1	1	1	1	↑	×	×	×	×	计数					$CO=Q_3^nQ_2^nQ_1^nQ_0^n$
1	1	0	×	×	×	×	×	×	保持					$CO=CT_TQ_3^nQ_2^nQ_1^nQ_0^n$
1	1	×	0	×	×	×	×	×	保持				0	

[例 8-1]　用三片 74161 扩展成 12 位二进制计数器。

解：连接方法如图 8-44 所示。

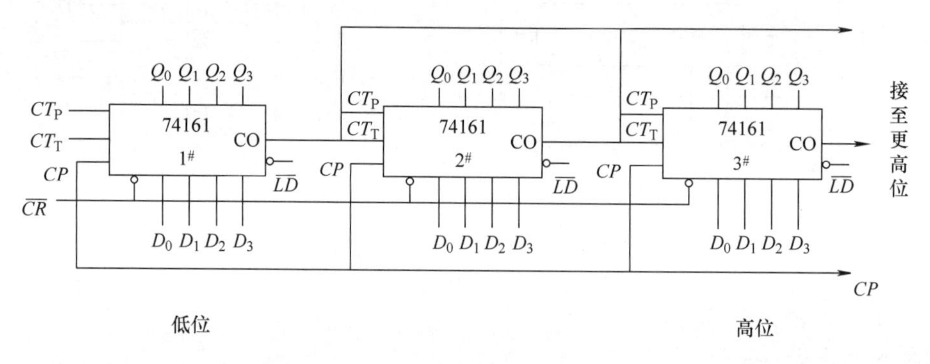

图 8-44　74161 扩展位数的连接方法

图中 $1^\#$、$2^\#$、$3^\#$芯片分别为低、中、高 4 位，$1^\#$芯片的 CO 与 $2^\#$芯片的 CT_P、CT_T相连，只有当 $1^\#$芯片计满 1111 时，其 $CO=1$，$2^\#$芯片才有 $CT_P=CT_T=1$ 的条件，而这个高电平只持续一个 CP 周期，当下一个 CP 到来时，$1^\#$芯片的 $Q_3Q_2Q_1Q_0=0000$，$2^\#$芯片计数 1 次，其输出 $Q_3Q_2Q_1Q_0$由 0000 变为 0001，完成了加 1 运算。由图中可知，$2^\#$芯片 CO 接 $3^\#$芯片 CT_T，$1^\#$芯片 CO 接 $3^\#$芯片 CT_P，只有当 $1^\#$芯片、$2^\#$芯片都计满 1111 时，$3^\#$芯片才具有计数条件 $CT_P=CT_T=1$，此时，再来一个 CP，$1^\#$、$2^\#$芯片均变为 0000，同时 $3^\#$芯片完成一次加 1 运算。

2. 同步十进制计数器

（1）8421BCD 码同步十进制计数器　图 8-45 所示是 8421BCD 码同步十进制加法计数器逻辑电路。按照时序电路的分析方法，可计算出如表 8-14 所示状态表，从状态表可知，该电路 0000 ~ 1001 为 8421BCD 码的有效状态，1010 ~ 1111 为无效状态，电路具有自启动能力，可自动进入有效循环。

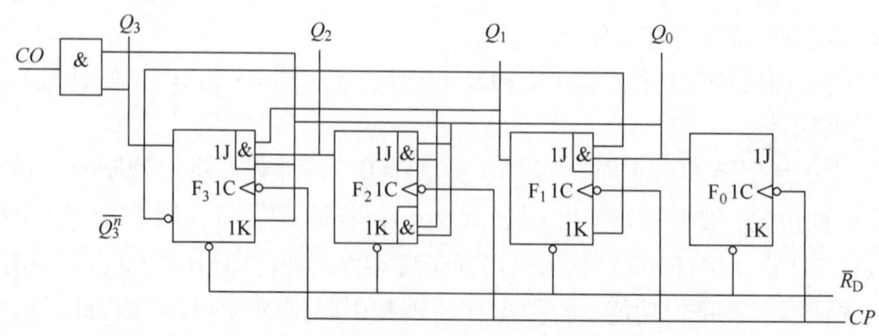

图 8-45　8421BCD 码同步十进制加法计数器逻辑电路

表 8-14 同步十进制加法计数器计数状态表

现态				次态				输出	说明
Q_3^n	Q_2^n	Q_1^n	Q_0^n	Q_3^{n+1}	Q_2^{n+1}	Q_1^{n+1}	Q_0^{n+1}	CO	
0	0	0	0	0	0	0	1	0	有效循环
0	0	0	1	0	0	1	0	0	
0	0	1	0	0	0	1	1	0	
0	0	1	1	0	1	0	0	0	
0	1	0	0	0	1	0	1	0	
0	1	0	1	0	1	1	0	0	
0	1	1	0	0	1	1	1	0	
0	1	1	1	1	0	0	0	0	
1	0	0	0	1	0	0	1	0	
1	0	0	1	0	0	0	0	1	
1	0	1	0	1	0	1	1	0	有自启动能力
1	0	1	1	0	1	0	0	1	
1	1	0	0	1	1	0	1	0	
1	1	0	1	0	1	0	0	1	
1	1	1	0	1	1	1	1	0	
1	1	1	1	0	0	0	0	1	

其时序图如图 8-46 所示（由于状态图和时序图两者是一致的，实际分析时，两者有其一即可）。从时序图可以看出，在第 9 个脉冲（下降沿）到来时进位信号 $CO=1$，此时高位计数器（同为下降沿触发）并不计数，只是为计数做好准备，这就如同第 1 个计数脉冲 CP 上升沿到来后计数器仍然保持 $Q_3Q_2Q_1Q_0=0000$ 一样。当第 10 个计数脉冲（下降沿）到来时，计数器的状态 $Q_3Q_2Q_1Q_0$ 由 1001 返回到 0000，同时 CO 由 1 变为 0，使高位计数器加 1。从上述分析可知，进位信号也可从 Q_3 引出。

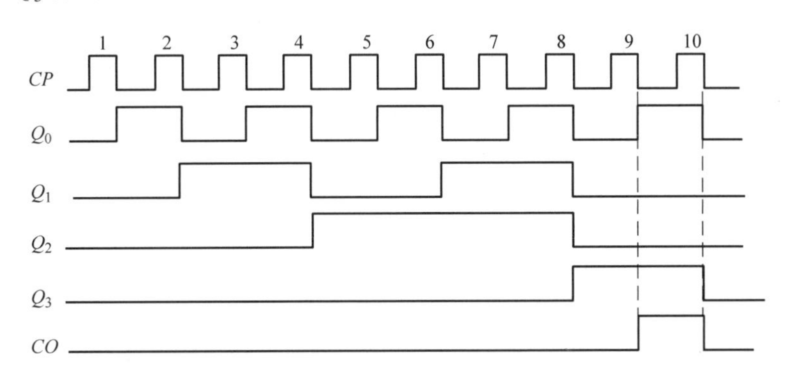

图 8-46 8421BCD 码同步十进制加法计数器时序图

（2）集成同步十进制可逆计数器（74192） 图 8-47 表示了集成同步十进制可逆计数器（双时钟输入式）74192、74LS192 的示意图，其状态表见表 8-15。

CR 是异步清零端，高电平有效；$\overline{LD}$ 端是异步置数控制端；CP_U 是加法计数脉冲输入端；CP_D 是减法计数脉冲输入端；$\overline{CO}$ 是进位脉冲输出端；$\overline{BO}$ 是借位脉冲输出端；$D_0 \sim D_3$ 是并行数据

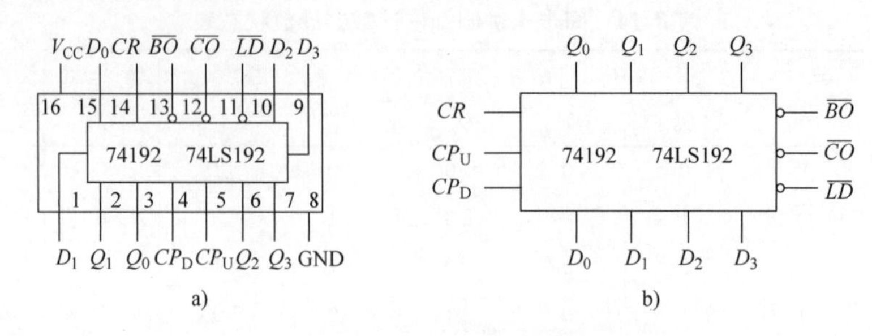

图 8-47 集成同步十进制可逆计数器

a）引出端排列 b）逻辑功能

输入端；$Q_0 \sim Q_3$是计数器状态输出端。

表 8-15 74192、74LS192 的状态表

输入								输出				说明
CR	$\overline{LD}$	CP_U	CP_D	D_0	D_1	D_2	D_3	Q_0^{n+1}	Q_1^{n+1}	Q_2^{n+1}	Q_3^{n+1}	
1	×	×	×	×	×	×	×	0	0	0	0	异步清零
0	0	×	×	d_0	d_1	d_2	d_3	d_0	d_1	d_2	d_3	异步置数
0	1	↑	1	×	×	×	×	加法计数				$\overline{CO}=\overline{\overline{CP_U}Q_3^nQ_0^n}$
0	1	1	↑	×	×	×	×	减法计数				$\overline{BO}=\overline{\overline{CP_D}\ \overline{Q_3^n}\,\overline{Q_2^n}\,\overline{Q_1^n}\,\overline{Q_0^n}}$
0	1	1	1	×	×	×	×	保持				$\overline{BO}=\overline{CO}=1$

表 8-15 具体反映了 74192、74LS192 具有：同步可逆计数功能；异步清零功能；异步置数功能和保持功能。当进行加法计数或减法计数时可分别利用CP_U或CP_D，此时另一个时钟应为高电平。$\overline{CO}$、$\overline{BO}$也可供多个双时钟可逆计数器级连时使用，只需将$\overline{CO}$和$\overline{BO}$分别连接后一级的CP_U和CP_D即可。

三、N 进制计数器

在计数脉冲作用下，计数器中循环的状态个数称为计数器的模数。如用M来表示模数，则n位二进制计数器的模数为$M=2^n$（n为构成计数器的触发器的个数）。所谓N进制计数器是指$M\neq2^n$，即非模2^n计数器，也称为任意进制计数器，如七进制、十二进制、六十进制等。获得N进制计数器常用的方法有两种：一是用时钟触发器和门电路进行设计，其方法实际上就是时序电路分析方法的逆过程；二是用现成的集成电路通过反馈归零或反馈置数的方法构成，而且由于现成的集成计数器产品品种很多，用这种方法构成的N进制计数器电路结构非常简单，因此，实际中广泛采用这种方法。这种方法的关键是要弄清楚集成计数器是同步清零（置数）还是异步清零（置数）。

1. 反馈归零法

反馈归零法就是利用计数器清零端的清零作用，截取计数过程中的某一个中间状态控制清零端，使计数器由此状态返回到零重新开始计数，这样就弃掉了一些状态，把模数较大的计数器改成了模数较小的计数器。

[**例 8-2**] 试利用十进制计数器芯片 74LS90 构成二十三进制计数器。74LS90 的状态表见表 8-16。

解：74LS90 为异步十进制计数器，其逻辑功能与图 8-40 所示的 74LS290 完全一致，只是引脚排列不同而已，现要求计数器的模$M=23$，故需用两块芯片才能完成。CP_1与Q_0相接，计数脉

冲 CP 从 CP_0 输入，构成十进制计数器。将低位的 Q_3 作为进位输出与高位的 CP_0 相连即可实现级连。

表 8-16 74LS90 的状态表

输 入			输 出				说 明
$R_{0A} \cdot R_{0B}$	$S_{9A} \cdot S_{9B}$	CP	Q_3^{n+1}	Q_2^{n+1}	Q_1^{n+1}	Q_0^{n+1}	
1	0	×	0	0	0	0	清零
×	1	×	1	0	0	1	置 9
0	0	↓	计			数	$CP_0 = CP \quad CP_1 = Q_0$

根据功能表，应将 S_{9A}、S_{9B} 接地，使其具有计数或清零条件。由于只要有清零信号，计数器立即清零，与 CP 无关，即异步清零，所以，为构成二十三进制计数器，在低位芯片为 3（$Q_1 = Q_0 = 1$），高位芯片为 2（$Q_1 = 1$）的瞬间，应立即执行归零功能，只要将此时处于 1 状态的 Q 端反馈给 R_{0A}、R_{0B}，使 $R_{0A} = R_{0B} = 1$ 就可以了。其逻辑电路如图 8-48 所示。

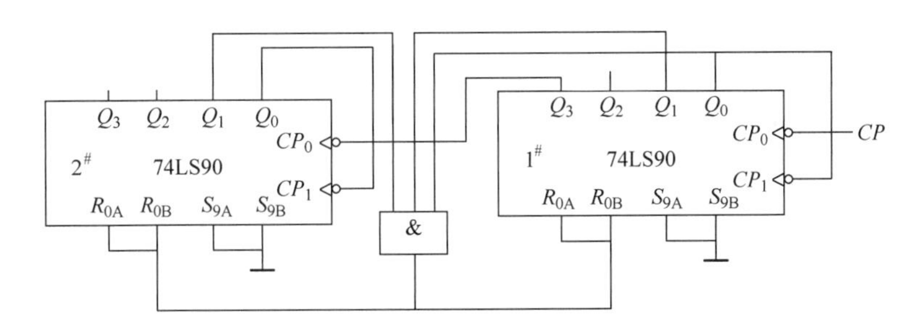

图 8-48 ［例 8-2］逻辑电路（$N = 23$）

［例 8-3］ 试用二进制计数器芯片 74LS163 构成一个八十六进制计数器。

解： 74LS163 功能表见表 8-13。其清零方式为同步清零，即当 $\overline{CR} = 0$ 后，必须要有 CP 触发沿（↑）才能完成清零。一片 74LS163 的最大模数为 16，要构成 86 进制计数器，应由两片 74LS163 完成（两片的最大模数为 $16 \times 16 = 256$）。在出现 $(85)_{10}$ 的下一个状态，即下一个 CP 触发沿到来时，计数器归零。这就要求计数器的清零所取输出代码为 $(85)_{10}$。由于 $(85)_{10} = (01010101)_2$，只要将高位芯片 Q_2、Q_0 和低位芯片 Q_2、Q_0 相**与非**，作为反馈归零信号接至 $\overline{CR}$ 端即可。其逻辑电路如图 8-49 所示。

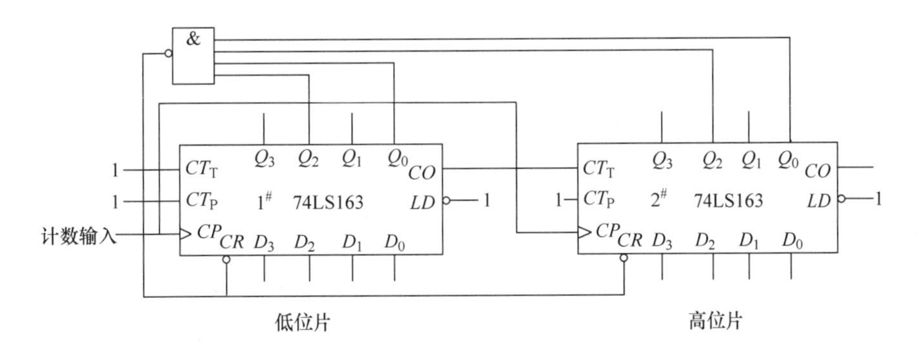

图 8-49 ［例 8-3］逻辑电路

由以上两例可知，确定归零所取代码是个关键，这与芯片的清零方式有关。异步清零以 N

作为清零输出代码，同步清零以 $N-1$ 作为清零输出代码。此外还要注意清零端的有效电平，以确定反馈引导门是**与**门还是**与非**门。

2. 反馈置数法

利用具有置数功能的计数器（如 74163），截取某一计数中间状态反馈到置数端，而将数据输入端 $D_3D_2D_1D_0$全部接 0，就会使计数器的状态在 0000 到这一中间状态之间循环，这种方法类似于反馈归零法。另一种方法是利用计数器到达 1111 这个状态时产生进位信号，将进位信号反馈到置数端，而数据输入端 $D_3D_2D_1D_0$置成某一最小数 $d_3d_2d_1d_0$，则计数器就可重新从这一最小数开始计数，整个计数器将在 $d_3d_2d_1d_0$ ~1111 等 N 个状态中循环。

[例 8-4]　试用二进制计数器 74163 构成一个计数状态为自然二进制数的十三进制计数器。

解：

方法一：74163 芯片在 CP 作用下才能置数，即同步置数，故用 $N-1=(12)_{10}=(1100)_2$ 作为置数信号，数据输入端 $D_3D_2D_1D_0$接为 0000，由 Q_3Q_2端引出的 1 信号经**与非**门送置数控制端$\overline{LD}$即可，计数状态从 0000 到 1100 共 13 个，其逻辑电路如图 8-50a 所示。

方法二：采用由进位信号置最小数的方法，当 $D_3D_2D_1D_0=1111$ 时，由进位端 CO 给出高电平，经**非**门送至$\overline{LD}$端，置入 $D_3D_2D_1D_0=0011$ 的最小数，使计数器从 0011 状态计到 1111，实现十三进制计数，其逻辑电路如图 8-50b 所示。

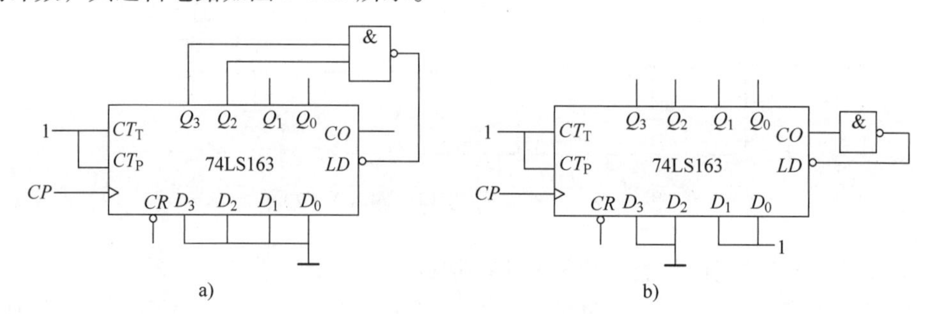

图 8-50　[例 8-4] 逻辑电路
a）方法一　b）方法二

四、集成计数器逻辑功能测试

1. 测试 74LS90 的逻辑功能

（1）74LS90 逻辑功能描述　74LS90 是异步二－五－十进制计数器，其引脚排列及逻辑功能如图 8-51 所示，状态表见表 8-17。

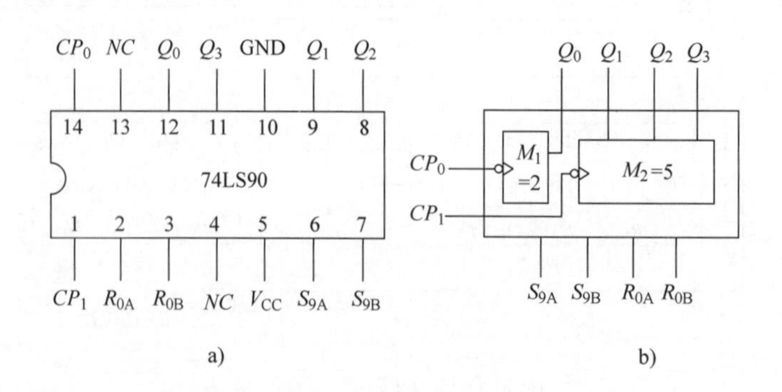

图 8-51　74LS90 引脚排列及逻辑功能
a）引脚排列　b）逻辑功能

表 8-17 74LS90 的状态表

输入						输出				
R_{0A}	R_{0B}	S_{9A}	S_{9B}	C_{P0}	C_{P1}	Q_0^{n+1}	Q_1^{n+1}	Q_2^{n+1}	Q_3^{n+1}	
1	1	0	×	×	×	0	0	0	0	（清零）
1	1	×	0	×	×	0	0	0	0	（清零）
×	×	1	1	×	×	1	0	0	1	（置9）
×	0	×	0	↓	0	二进制计数				
×	0	0	×	0	↓	五进制计数				
0	×	×	0	↓	Q_0	8421 码十进制计数				
0	×	0	×	Q_1	↓	5421 码十进制计数				

主要功能如下：

① 清零功能：当 $S_9=S_{9A}\cdot S_{9B}=0$ 时，若 $R_0=R_{0A}\cdot R_{0B}=1$，则计数器清零，与 CP 无关，这说明清零是异步的。

② 置“9”功能：当 $S_9=S_{9A}\cdot S_{9B}=1$ 时计数器置“9”，即被置成 1001 状态。不难看出，这种置“9”也是通过触发器异步输入端进行的，与 CP 无关，且其优先级别高于 R_0。

③ 计数功能：当 $S_9=S_{9A}\cdot S_{9B}=0$，$R_0=R_{0A}\cdot R_{0B}=0$ 时，根据 CP_0、CP_1不同的接法，对输入计数脉冲 CP 进行二－五－十进制计数。

若把输入计数脉冲 CP 加在 CP_0端，即 $CP_0=CP$，且把 Q_0与 CP_1从外部连接起来，即令 $CP_1=Q_0$，则电路将对 CP 按照 8421BCD 码进行异步加法计数。

若仅将 CP 接在 CP_0端，而 Q_0与 CP_1不连接起来，那么计数器的 F_0工作，构成一位二进制计数器。

若只把 CP 接在 CP_1端，显然 F_0不工作，F_1、F_2、F_3工作，构成异步五进制计数器。

倘若按 $CP_1=CP$、$CP_0=Q_3$连线，虽然电路仍然是异步十进制计数器，但计数规律就不再是 8421BCD 码了。

（2）测试 74LS90 的逻辑功能

1）按十进制 8421 码计数器接线，CP 用单次脉冲，输出用数码管显示，测试 74LS90 的清零功能和计数功能。

2）按十进制 8421 码计数器接线，CP 用 1kHz 时钟脉冲，用示波器观察各输出端的波形。

3）按十进制 5421 码计数器接线，重复上述步骤，并比较采用不同码制时输出波形有何不同。

4）按十进制 8421 码计数器组装计数、译码、显示电路，CP 用 1Hz 时钟脉冲，通过显示器观察电路的自动计数功能。

2. 测试 74LS163 和 74LS192 的逻辑功能

仿照 74LS90 的测试方法，分别测试 74LS163 和 74LS192 的逻辑功能，总结它们的工作方式，并自制表格记录测试结果。

任务三 简易定时器电路的制作

一、简易定时器的组成

带有 30s 和 60s 两种定时时间的简易定时器的组成框图如图 8-52 所示。

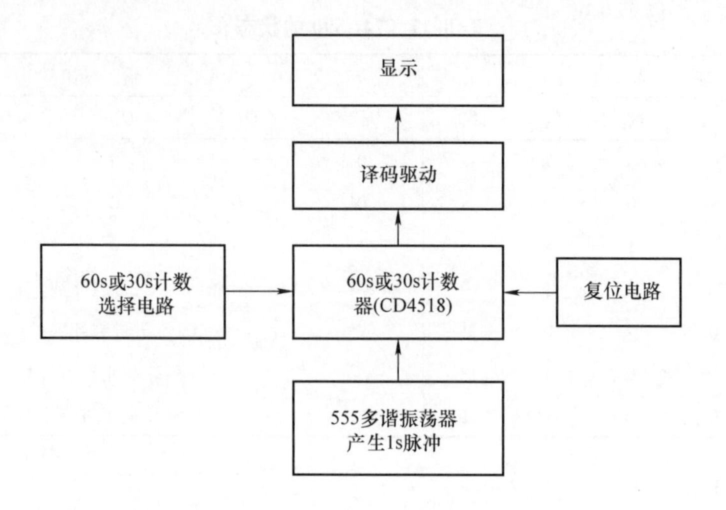

图 8-52 简易定时器的组成框图

二、简易定时器的工作原理分析

图 8-53 是两位数显式秒定时器的电路原理。该电路是由一只集成电路 555 多谐振荡器输出的 1s 脉冲信号作为时基信号而组成的。CD4518 内含两个二、十计数器，CD4511 是一个用于驱动共阴极 LED（数码管）显示器的 BCD 码—七段码译码器。利用 CD4518 计数器的使能端功能在 30s 和 60s 处设定两个定时时间。多谐振荡器的振荡频率可按下式计算：

$$f=\frac{1}{T}=\frac{1}{0.7(R_1+2R_2)C_1}\approx\frac{1.43}{(R_1+2R_2)C_1}$$

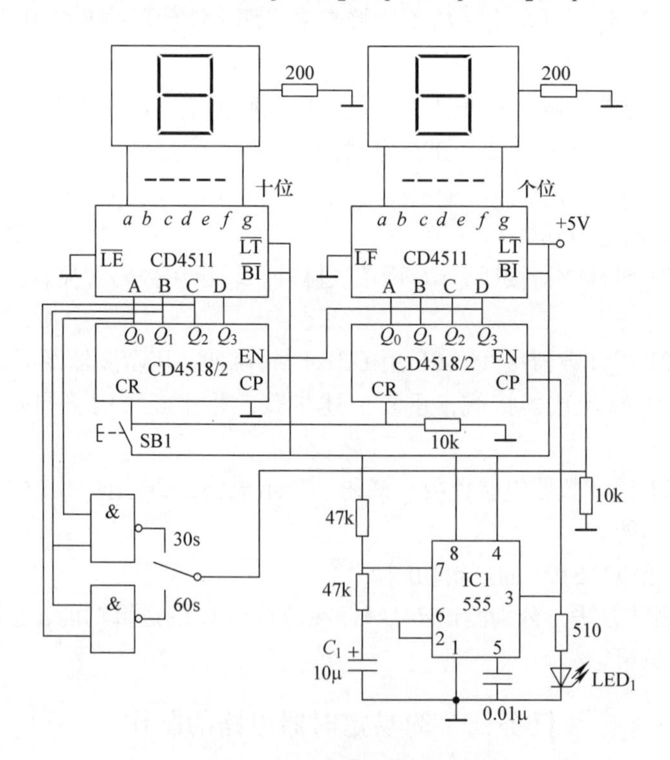

图 8-53 简易定时器电路原理

三、组装制作步骤

1）元器件的选择与准备。万能板2块或定时器PCB板，集成电路：CD4511 2片，74LS00 1片，共阴极显示器2个，电阻：200Ω 2个，510Ω 2个，47kΩ 2个，10kΩ 2个，二极管：LED 1个，按钮1个，拨动开关1个。

2）按表8-18的内容对所列元器件进行测试。

3）装配印制电路板（或万能板）。根据装配图安装印制电路板，印制电路板组件符合IPC－A－610D印制板组件可接受性标准的二级产品等级可接收条件。

4）通电测试。装配完成后，利用仪表测试个位的（IC4B）CD4518集成电路芯片的使能端（10脚）的电压，将结果记录于表8-19。

四、完成下列工艺文件

1）列出元器件清单。

2）列出工具设备清单。

3）简述电路装调的步骤。

表8-18 元器件测试表

<table>
<tr><td>元器件</td><td colspan="3">识别及检测内容</td></tr>
<tr><td rowspan="2">电阻器</td><td>色环或数码</td><td colspan="2">标称值（含误差）</td></tr>
<tr><td>红黑黑黑棕</td><td colspan="2"></td></tr>
<tr><td rowspan="3">发光二极管</td><td>所用仪表</td><td colspan="2">数字表□　指针表□</td></tr>
<tr><td rowspan="2">万用表读数（含单位）</td><td>正测</td><td></td></tr>
<tr><td>反测</td><td></td></tr>
<tr><td rowspan="2">NE555集成电路芯片</td><td>所用仪表</td><td colspan="2">数字表□　指针表□</td></tr>
<tr><td>1. 在右框中画出NE555集成电路芯片的外形，并标出引脚顺序及名称
2. 列表测量出NE555集成电路的电源脚、输出脚对接地脚的电阻值</td><td colspan="2"></td></tr>
</table>

表8-19 CD4518集成电路芯片的使能端（10脚）的电压

芯片引脚	电压值/V
10脚	

项目三 测频仪的设计与制作

任务一 掌握寄存器

寄存器是数字系统和计算机中用来存放数据和代码信息的一种基本数字逻辑部件。寄存器具有接收信息、存放信息或传递信息的功能。寄存器可由触发器构成，由于一个触发器只能存放一位二进制信息，那么，存放n位二进制信息的寄存器，就需要n个触发器来构成。

寄存器按功能分类，有基本寄存器和移位寄存器。后者除了寄存信息外，还有信息移位功能。

1）按接收信息的方式，寄存器有双拍工作方式和单拍工作方式。单拍工作方式就是时钟触发脉冲一到达，就存入新信息；双拍工作方式就是先将寄存器置0，然后再存入新的信息，现在大多采用单拍工作方式。

2）按输入输出信息的方式，寄存器有并入-并出、并入-串出、串入-并出、串入-串出等工作方式。寄存器的n位信息由一个时钟触发脉冲控制同时接收或发出，就称为并入或并出；寄存器的n位信息，由n个时钟触发脉冲按顺序逐位移入或移出n位寄存器，就称为串入或串出。

目前，寄存器一般都是TTL和CMOS中规模集成电路。

一、基本寄存器

图8-54所示为由4个边沿D触发器组成的集成寄存器74175。$D_0 \sim D_3$是并行数据输入端，$\overline{CR}$是清零端，CP是时钟脉冲控制端，$Q_0 \sim Q_3$是并行数据输出端。

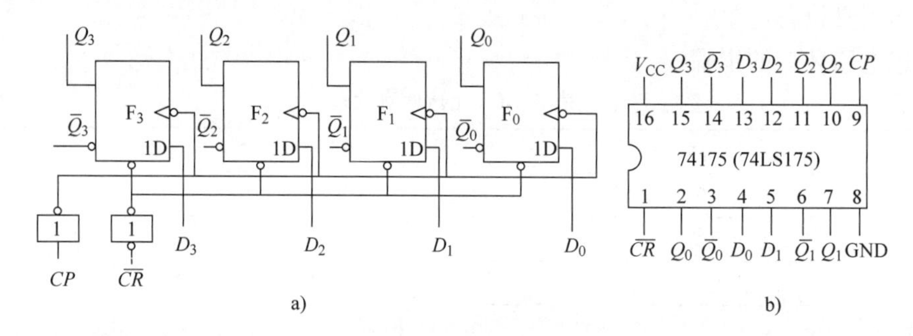

图8-54　集成寄存器74175

a）逻辑电路　b）引脚排列

其逻辑功能如下：

（1）异步清零　无论寄存器原来的状态如何，只要清零端$\overline{CR}=0$，输出端$Q_0 \sim Q_3$就直接清零，清零过程与CP无关。

（2）并行数据输入/输出　当$\overline{CR}=1$时，由于D触发器的特性方程为$Q^{n+1}=D$，所以，在CP上升沿作用下，数据$D_0 \sim D_3$并行置入寄存器，使$Q_0 \sim Q_3$与$D_0 \sim D_3$一一对应，实现并行输入/并行输出工作方式。$Q_0 \sim Q_3$以原码方式输出，$\overline{Q}_0 \sim \overline{Q}_3$以反码方式输出。

（3）保持　在$\overline{CR}=1$、CP上升沿以外的时间，寄存器保持内容不变，即各个输出端的状态与输入数据无关，都将保持不变。

二、移位寄存器

移位寄存器不但具有存储数码的功能，而且具有移位功能。移位寄存器可以用于存储数码，也可用于数据的串行-并行转换、数据的运算和数据的处理等。移位寄存器常按照在移位命令操作下，移位情况的不同，分为单向移位寄存器和双向移位寄存器两大类。

（1）单向移位寄存器　图8-55所示为由D触发器构成的右移移位寄存器。左边触发器的输出端接右边触发器的数据输入端，仅由第一个触发器F_0的输入端D_0接收外来的输入数据，D_i为串行输入端，$Q_0 \sim Q_3$为并行输出端，Q_3为串行输出端。

其工作原理如下：

驱动方程：$D_0=D_i$　$D_1=Q_0^n$　$D_2=Q_1^n$、$D_3=Q_2^n$

状态方程：$Q_0^{n+1}=D_i$　$Q_1^{n+1}=Q_0^n$　$Q_2^{n+1}=Q_1^n$　$Q_3^{n+1}=Q_2^n$　$CP\uparrow$有效

根据状态方程和假定的起始状态可列出如表8-20所示状态表。

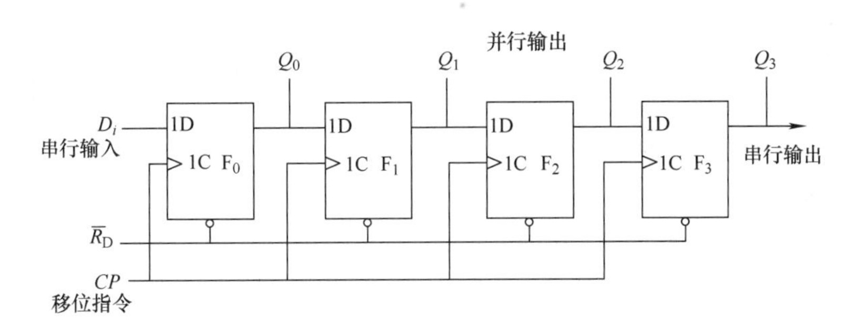

图 8-55　4 位单向右移移位寄存器

表 8-20　4 位单向右移移位寄存器的状态表

输入		现态				次态				说明
D_i	CP	Q_0^n	Q_1^n	Q_2^n	Q_3^n	Q_0^{n+1}	Q_1^{n+1}	Q_2^{n+1}	Q_3^{n+1}	
1	↑	0	0	0	0	1	0	0	0	连续输入四个 1
1	↑	1	0	0	0	1	1	0	0	
1	↑	1	1	0	0	1	1	1	0	
1	↑	1	1	1	0	1	1	1	1	
0	↑	1	1	1	1	0	1	1	1	连续输入四个 0
0	↑	0	1	1	1	0	0	1	1	
0	↑	0	0	1	1	0	0	0	1	
0	↑	0	0	0	1	0	0	0	0	

表 8-20 所示状态表具体描述了右移移位过程。当连续输入四个 1 时，D_i经 F_0在 CP 的操作下，依次被移入寄存器中，经过四个 CP 脉冲，寄存器就变成全 1 状态，即四个 1 右移输入完毕。再连续输入 0，四个 CP 之后，寄存器变成全 0 状态。

若将图 8-55 所示电路改为右边触发器的输出端接至左边触发器的数据输入端，即可构成左移移位寄存器，其工作原理与右移移位寄存器并无本质区别。

（2）集成移位寄存器　集成移位寄存器产品较多，下面介绍一种比较典型的 4 位双向移位寄存器 74LS194。

图 8-56 所示为 4 位双向移位寄存器 74LS194。$\overline{CR}$是清零端；M_0、M_1是工作状态控制端；D_{SR}和 D_{SL}分别为右移和左移串行数据输入端；$D_0 \sim D_3$是并行数据输入端；$Q_0 \sim Q_3$是并行数据输出端；CP 是移位时钟脉冲。

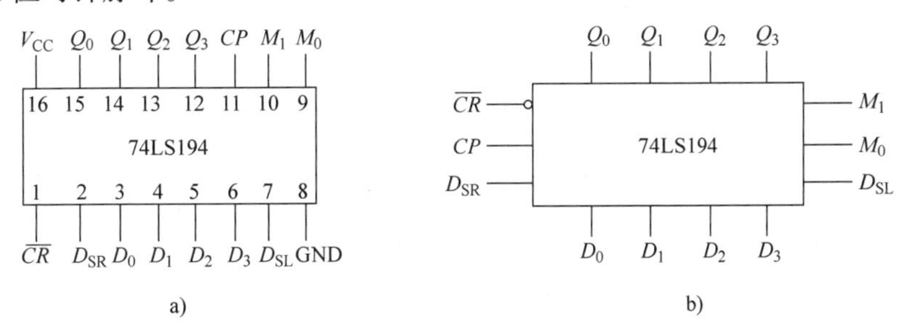

图 8-56　4 位双向移位寄存器 74LS194

a）引脚排列　b）逻辑功能

表 8-21 所示是 74LS194 的状态表。

表 8-21　74LS194 的状态表

输入							输出				说明
$\overline{CR}$	M_1	M_2	D_{SR}	D_{SL}	CP	$D_0D_1D_2D_3$	Q_0^{n+1}	Q_1^{n+1}	Q_2^{n+1}	Q_3^{n+1}	
0	×	×	×	×	×	××××	0	0	0	0	清　零
1	×	×	×	×	0	××××	Q_0^n	Q_1^n	Q_2^n	Q_3^n	保　持
1	1	1	×	×	↑	$d_0d_1d_2d_3$	d_0	d_1	d_2	d_3	并行输入
1	0	1	1	×	↑	××××	1	Q_0^n	Q_1^n	Q_2^n	右移输入 1
1	0	1	0	×	↑	××××	0	Q_0^n	Q_1^n	Q_2^n	右移输入 0
1	1	0	×	1	↑	××××	Q_1^n	Q_2^n	Q_3^n	1	左移输入 1
1	1	0	×	0	↑	××××	Q_1^n	Q_2^n	Q_3^n	0	左移输入 0
1	0	0	×	×	×	××××	Q_0^n	Q_1^n	Q_2^n	Q_3^n	保　持

从状态表可得 74LS194 具有下列逻辑功能：

（1）清零功能　当$\overline{CR}=0$时，双向移位寄存器异步清零。

（2）保持功能　当$\overline{CR}=1$，且 $CP=0$ 或 $M_1=M_0=0$ 时，双向移位寄存器保持状态不变。

（3）并行送数功能　当$\overline{CR}=1$、$M_1=M_0=1$ 时，CP 上升沿可将加在并行输入端 $D_0\sim D_3$的数据 $d_0\sim d_3$送入寄存器中。

（4）右移串行送数功能　当$\overline{CR}=1$、$M_1=0$、$M_0=1$ 时，在 CP 操作下，可依次把加在 D_{SR}端的数据从时钟触发器 F_0串行送入寄存器中。

（5）左移串行送数功能　当$\overline{CR}=1$、$M_1=1$、$M_0=0$ 时，在 CP 操作下，可依次把加在 D_{SL}端的数据从时钟触发器 F_3串行送入寄存器中。

任务二　掌握顺序脉冲发生器

在数控装置和计算机中，往往需要机器按照人们事先规定的顺序进行运算或操作，这就要求机器的控制部分不仅能正确地发出各种控制信号，而且要求这些控制信号在时间上有一定的先后顺序。通常采取的方法是，用一个顺序脉冲发生器来产生时间上有先后顺序的脉冲，以控制系统各部分协调工作。

顺序脉冲发生器也称为脉冲分配器或节拍脉冲发生器，一般由计数器（包括移位寄存器型计数器）和译码器组成。作为时间基准的计数脉冲由计数器的输入端送入，译码器即将计数器状态译成输出端上的顺序脉冲，使输出端上的状态按一定时间、一定顺序轮流为 1，或者轮流为 0。显然，前面介绍过的环形计数器的输出就是顺序脉冲，故可不加译码电路即可直接作为顺序脉冲发生器。

按其结构来分，顺序脉冲发生器可分为计数器型和移位型两种。

计数器型顺序脉冲发生器一般用按自然态序计数的二进制计数器和译码器构成。图 8-57a 所示为一个能循环输出 4 个脉冲的顺序脉冲发生器的逻辑电路。两个 JK 触发器构成一个四进制即 2 位二进制计数器；4 个**与**门构成了 2 位二进制译码器；CP 是输入计数脉冲；Y_0、Y_1、Y_2、Y_3是 4 个顺序脉冲输出端。

由图 8-57a 所示的逻辑电路，可得：

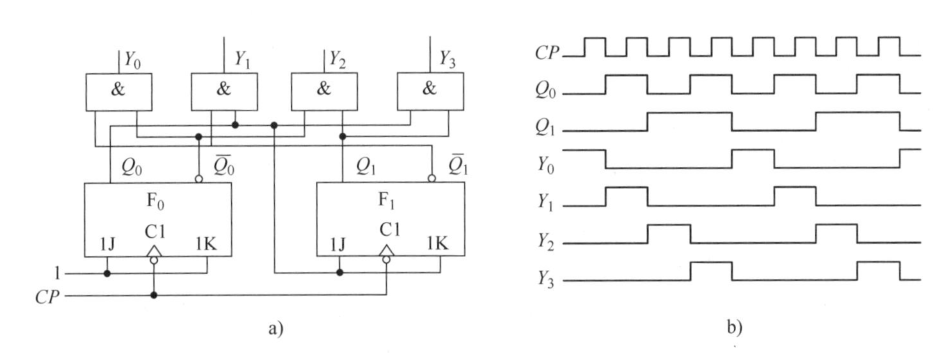

图 8-57　4 输出计数型顺序脉冲发生器的逻辑电路和时序图

a）逻辑电路　b）时序图

输出方程：$\begin{cases} Y_0 = \overline{Q}_1^n \overline{Q}_0^n \\ Y_1 = \overline{Q}_1^n Q_0^n \\ Y_2 = Q_1^n \overline{Q}_0^n \\ Y_3 = Q_1^n \overline{Q}_0^n \end{cases}$

状态方程：$\begin{cases} Q_0^{n+1} = \overline{Q}_0^n \\ Q_1^{n+1} = Q_0^n \overline{Q}_1^n + \overline{Q}_0^n Q_1^n \end{cases}$　　$CP\downarrow$有效

根据输出方程、状态方程及时钟方程 $CP_0 = CP_1 = CP$，可画出如图 8-57b 所示的时序图。由时序图可见图 8-57a 所示电路是一个 4 输出顺序脉冲发生器。

如果用 n 位二进制计数器，由于有 2^n 个不同的状态，则经过译码器译码后，可获得 2^n 个顺序脉冲。

任务三　熟悉数字电路系统设计基本技术

数字电路的种类很多，设计方法也不尽相同。设计一个数字电路系统，首先必须明确系统的设计任务，根据任务进行方案选择；然后对方案中的各部分进行单元电路的设计、参数计算和器件选择；最后将各部分连接在一起，画出一个符合要求的完整的系统电路图，并根据电路图进行电路的安装与调试，使电路达到预期的性能指标与要求。

一、数字电路系统的一般设计步骤

（1）明确系统设计任务、确定系统总体方案　这一步的工作要求是：对系统的设计任务进行具体分析，充分了解系统的性能、指标、内容及要求，以便明确系统应完成的任务；然后把系统要完成的任务分配给若干个单元电路，并画出一个能表示各单元功能的整机原理框图，以形成由若干个单元功能模块组成的总体方案。

总体方案可以有多种选择，需要通过实际的调查研究、查阅有关资料和集体讨论等方式，着重从方案能否满足要求、构成是否简单、实现是否经济可行等方面，对多种方案进行比较和论证，择优选取。对选取的方案，常用框图的形式表示出来。注意每个框应尽可能是完成某一种功能的单元电路，尤其是关键的功能模块的作用和功能一定要表达清楚。另外，还要表示出各个功能模块各自的作用和相互之间的关系，注明信号的走向和制约关系。

尽管各种数字电路系统的用途不同，具体电路也有很大的差别，但是若从系统功能上来看，各种数字电路系统都有共同的原理框图。图 8-58 所示为典型数字控制或测量装置的原理框图，它由以下 4 个部分组成：

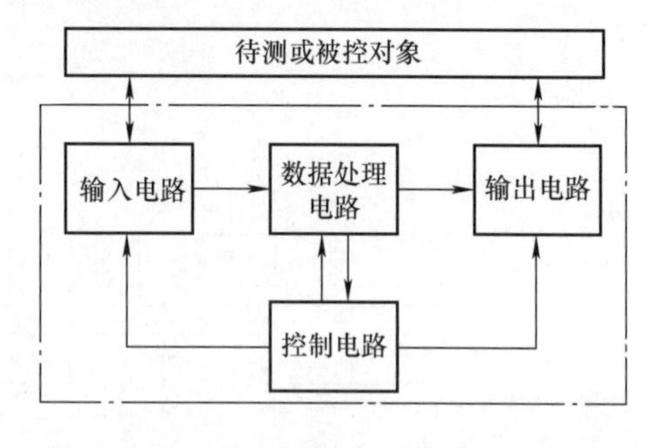

图 8-58　数字控制或测量装置的原理框图

1）输入电路：包括传感器、A－D 转换器和各种接口电路。其主要功能是将待测或被控的连续变化量，转换成在数字电路中能工作和加工处理的数字信号。这一变换过程，经常是在控制电路统一指挥下进行的。

2）控制电路：它包括振荡器和各种控制门电路。其主要功能是产生时钟信号及各种控制节拍信号。控制电路是整个数字装置的神经中枢，控制着各部分电路统一协调工作。

为了使系统有步骤地完成各个操作任务，需要把每个操作安排在不同时间里进行。这就要求根据时钟脉冲序列，产生一种节拍信号，去控制系统运行，完成这一任务的电路称为控制电路。

简单的控制电路实际上是一种节拍信号发生器。每一个时钟脉冲产生一个节拍信号，而且随着时钟的不断到来，产生不同的节拍信号，用它控制不同的单元电路完成相应的操作。完成操作之后，控制电路又回到它的初始状态。

复杂的控制电路需要根据输入信号的情况来控制节拍信号，这就要求控制电路必须接受来自输入端的信息，再产生控制信号序列。有的控制电路还能在不同指令下产生各种不同的控制信号序列，这种控制电路对确定的指令和输入信号同时响应，产生相应的控制信号。

3）数据处理电路：包括存储器和各种运算电路。其主要功能是加工和存储输入的数字信号和经过处理后的结果，以便及时把加工后的信号送给输出电路或控制电路。数据处理电路是实现各种计数、控制功能的主体电路。

根据数字系统功能的不同，对数据处理电路的要求也各异。一些简单数字电路装置，往往只要求对输入信号进行简单的加、减、比较或逻辑运算，并及时存储起来，以便在控制信号到来时将加工处理后的数据送往输出电路。所以这种数据处理电路往往是由寄存器、累加器、计数器等单元电路组成。对于较复杂的数字系统，如数字电子计算机，则需要专门的中央处理器、内存储器等部件来完成，而且还有输入和输出部件专门担任同外界打交道的任务。

4）输出电路：包括 D－A 转换器、驱动器和各种执行机构。其主要功能是将经过加工的数字信号转换成模拟信号，再作适当的能量转换，驱动执行机构完成测量或控制等任务。

以上 4 个部分中，控制电路和数据处理电路是整个数字电路系统的核心。

（2）单元电路的设计　任何复杂的电子电路装置和设备，都是由若干个具有简单功能的单元电路组成的。总体方案的每个模块，往往是由一个主要单元电路组成的，其性能指标比较单一。在明确每个单元电路技术指标的前提下，要分析清楚各个单元电路的工作原理，与前后级电路之间的关系，电路的结构形式。具体设计时，可以模仿成熟的先进的电路，也可以进行创新或改进，但都必须保证性能要求。而且，不仅各单元电路本身要设计合理，各单元电路间也要互相配合，注意各部分输入信号、输出信号和控制信号之间的关系。设计时还应尽可能减少元器件的类型、电平转换和接口电路，以保证电路简单、工作可靠、经济实用。

（3）元器件选择　单元电路确定之后，根据其工作原理和所要实现的逻辑功能，首先要选择在性能上能满足设计要求的集成器件。所选集成器件最好能完全满足单元电路的要求。当然在多数情况下集成器件只能完成部分功能，或者需要同其他集成器件和电子元器件配合起来组成所需的单元电路。选择集成器件时，不仅要注意在功能和特性上能实现设计方案，而且要满足功耗、电压、速度、价格等多方面的要求。

（4）参数计算　每个单元电路的结构、形式确定之后，为了保证单元电路能够达到技术指标的要求，还需要对影响技术指标的元器件参数进行计算。例如，振荡电路中的电阻、电容、振荡频率等参数的计算；延迟电路中的电阻、电容、延迟时间等参数的计算。这些计算有的需要根据电路理论的有关公式，有的则要按照工程估算方法，还有的需要利用经验数据。

计算电路参数时应注意下列问题：

1）元器件的工作电流、电压、频率和功耗等参数应能满足电路指标的要求。

2）元器件的极限参数必须留有足够裕量，一般应大于额定值的1.5倍。

3）电阻和电容的参数应选取在计算值附近的标称值。

（5）绘制系统总体电路图　为详细表示设计的整机电路及各单元电路的连接关系，设计时需要绘制系统总体电路图。

电路图通常是在系统框图、单元电路设计、元器件选择和参数计算的基础上绘制的，它是组装、调试和维修的依据。绘制电路图时要注意以下几点：

1）布局合理、排列均匀、图面清晰、便于看图、有利于对图的理解和阅读。总体电路图应尽可能画在一张图样上。如果电路比较复杂，需绘制几张图，则应把主电路画在一张图样上，而把一些比较独立或次要的部分画在另外的图样上，并且标明相互的连接关系。有时为了强调并便于看清各单元电路的功能关系，每一个功能单元电路的元器件应集中布置在一起，并尽可能按照工作顺序排列。

2）注意信号的流向。一般从输入端或信号源画起，由左至右或由上至下按信号的流向依次画出各单元电路，而反馈通路的信号流向则与此相反。

3）图形符号要标准，图中应加适当的标注。图形符号表示器件的项目或概念。电路图中的中、大规模集成电路器件，一般用方框表示，在方框中标出它的型号，在方框的边线两侧标出每根线的功能名称和引脚号。除中、大规模集成电路器件外，其余元器件符号应当标准化。

4）连接线应为直线，并且交叉和折弯应最少。通常连接线可以水平布置或垂直布置，一般不画斜线。互相连通的交叉线，应在交叉处用圆点表示。根据需要，可以在连接线上加注信号名称或其他标记，表示其功能或其去向。有的连线可用符号表示，例如器件的电源一般标电源电压的数值，接地线用符号“⊥”表示。

电子电路设计好后，便可进行安装和调试。电路的安装与调试就是把理论设计付诸实践，制作出符合设计要求的实际电路的过程。

对课程设计的电路进行安装时，通常采用焊接和在实验箱上插接两种方式。焊接组装可提高焊接技术，但元器件可重复利用率低。在实验箱上组装，元器件便于插接，且电路便于调试，并可提高元器件重复利用率。在实验箱上用插接方式组装电路，可按以下方法进行：

1）集成电路的装插　插接集成电路时，首先应认清方向，不要倒插，所有集成电路的插入方向要保持一致，注意引脚不要弯曲。

2）元器件的位置　根据电路图各部分的功能确定元器件在实验箱插接板上的位置，并按信号的流向将元器件顺序连接，以方便调试。相互有影响或产生干扰的元器件应尽可能分开或屏蔽，如强电（220V）与弱电（直流电源）之间、输出级与输入级之间要彼此安排远一些；干扰源（如频率较高的振荡器、电源变压器等）要注意屏蔽。

3）导线的选用和连接　导线直径应和插接板的插孔直径相一致，过粗会损坏插孔，过细则与插孔接触不良。为检查电路的方便，根据不同用途，导线可以选用不同的颜色。一般习惯是正电源用红线，负电源用蓝线，接地线用黑线，信号线用其他颜色的线。连接用的导线要求紧贴在插接板上，避免接触不良。连线不允许跨接在集成电路器件上，一般从集成电路器件周围通过，尽量做到横平竖直，这样便于查线和更换器件。导线应尽可能短一些，避免交织混杂在一起。微弱信号的输入引线应当选用屏蔽线，屏蔽线外层的一端要接地。直流电源引线较长时，应加滤波电路，以防止50Hz交流电干扰。

组装电路时还应注意，电路之间要共地。正确的组装方法和合理的布局，不仅使电路整齐美观，而且能够提高电路工作的可靠性，便于检查和排除故障。

电路安装完毕后，便可进行调试。电子电路的调试往往是先进行分调，后进行总调。分调是按某一合适的顺序（一般按信号流程），对构成总体电路的各个单元电路进行调试，以满足总体的单元电路的要求。总调是对已分调过的各单元电路连接在一起的总体电路进行调试，以达到总体设计指标。

由于受多种实际因素的影响，原来的理论设计可能要进行修改，原来选择的元器件需要调整或改变参数，有时还需要增加一些电路或元器件，以保证电路能稳定地工作。因此，调试后很可能要对前面所确定的方案再作修改，最后完成实际的总体电路。

二、设计举例

为了帮助大家了解电子电路的设计过程和步骤，现以“数字式电容测试仪”电路的设计为例，介绍电子电路的设计方法。

（1）技术指标和设计要求

1）用3位十进制数字显示，测量范围为1～999μF。

2）响应时间不超过2s。

（2）方案选择　数字式电容测试仪是将被测电容器的容量用十进制数字显示出来。其关键任务是检测被测电容器的容量大小，并且用十进制数字显示出来。数字式电容测试仪有多种实现方案，下面介绍两种方案。

1）方案一：

该方案把一个三角波输入给一个微分电路，把被测电容 C_X 作为微分电容，在电路参数合适的条件下，微分电路的输出与 C_X 成正比，再经过峰值检测电路或精密整流及滤波电路，可以得到与 C_X 成正比的直流电压 U_X，然后再经过A－D转换，送给数字显示器将结果显示出来。该方案的原理框图如图8-59所示，也可考虑用图8-60所示电路代替图8-59中虚线的右边部分。图中的压控振荡器输出矩形波，它的频率 f_x 与控制电压 U_X 成正比，而 U_X 又与被测电容量 C_X 成正比，因此 f_x 与 C_X 成正比。在计数控制时间 T_C 等参数合适的条件下，数字显示器所显示的数字 N 便是 C_X 的大小。

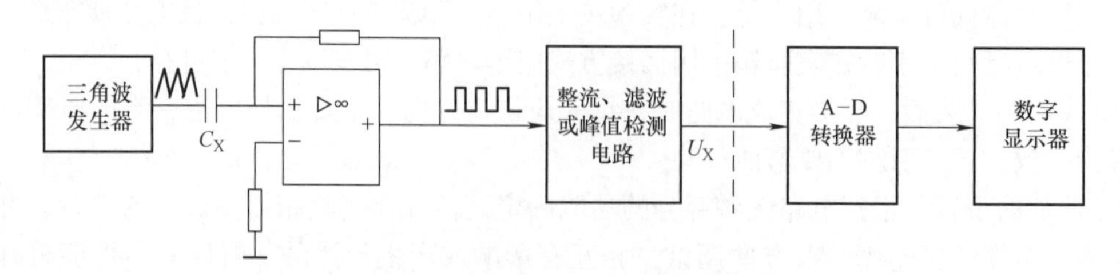

图8-59　数字式电容测试仪方案一的原理框图

2）方案二：

利用单稳态触发器或电容器充放电规律等，可以把被测电容量的大小转换成脉冲的宽窄，即

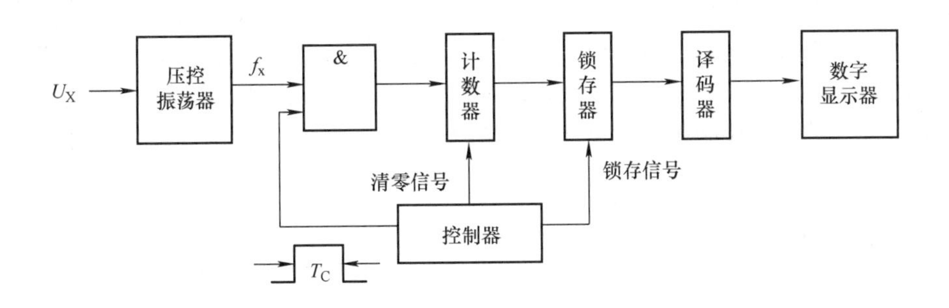

图 8-60　图 8-59 中虚线右边部分替代电路的框图

脉冲的宽度 T_X 与 C_X 成正比。只要把此脉冲与频率固定不变的方波即时钟脉冲相与，便可得到计数脉冲，把计数脉冲送给计数器计数，然后再送给显示器显示。如果时钟脉冲信号的频率等参数合适，数字显示器所显示的数字 N 便是 C_X 的大小。该方案的原理框图如图 8-61 所示。

3）方案选择：

方案一和方案二都可以将所测得的电容量以数字形式输出。

方案一必须有峰值检波电路或整流滤波电路和 A－D 转换电路，不仅电路比较复杂，而且信号经过两次变换会产生较大的误差，因此测量结果不很准确，该电路调试也较困难，所以该方案不是最佳选择。

方案二只要将被测电容量的大小转换成脉冲的宽窄，然后利用计数器便可直接测量出被测电容量的大小。只要能使控制脉冲宽度 T_X 严格与 C_X 成正比，就能保证测量的精度。这一电路实现起来并不困难。

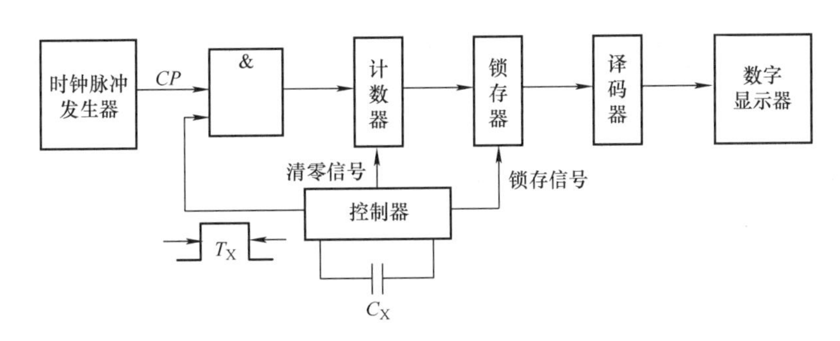

图 8-61　数字式电容测试仪方案二的原理框图

综上所述，可知方案二简单，因此选择方案二作为系统设计方案。

（3）单元电路设计、参数计算和元器件选择　现根据方案二的原理框图，分别说明各单元电路的设计、参数计算和元器件选择。

1）控制器。

控制器的主要功能是根据被测电容 C_X 的容量大小形成与其成正比的控制脉冲宽度 T_X。如采用多谐振荡器，利用 C_X 作为振荡电容，从而影响振荡周期，产生对应的脉冲宽度；如采用单稳态电路，由 C_X 影响暂稳态的时间，从而形成对应宽度的控制脉冲。这里介绍由单稳态电路构成的控制电路。

图 8-62 所示为单稳态控制电路的原理图。该电路的工作原理如下：

当被测电容 C_X 接到电路中之后，只要按一下开关 S，电源电压 V_{CC} 经微分电路 C_1、R_1 和反相器，送给 555 定时器的低电平触发端 2 一个负脉冲信号，使单稳态电路由稳态变为暂稳态，其输出端 3 由低电平变为高电平。该高电平控制与门使时钟脉冲信号通过，送入计数器计数。暂稳态的脉冲宽度为 $T_X=1.1RC_X$。然后单稳态电路又回到稳态，其输出端 3 变为低电平，从而封锁与门，停止计数。可见，控制脉冲宽度 T_X 与 RC_X 成正比，如果 R 固定不变，则计数时钟脉冲的个数将与 C_X 的容量值成正比，可以达到测量电容量的要求。

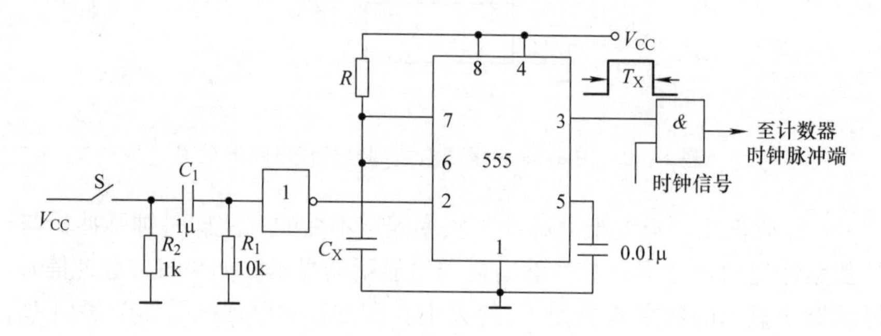

图 8-62　单稳态控制电路的原理图

由设计要求可知，C_X 的变化范围为 1～999μF，且测量时间小于 2s，即 $T_X<2s$，也就是 C_X 最大（999μF）时 $T_X<2s$，根据 $T_X=1.1RC_X$，可求得：

$$R<\frac{T_X}{1.1C_X}=\frac{2}{1.1\times999\times10^{-6}}\Omega=1820\Omega$$

取 $R=1.8k\Omega$。

微分电路可取经验数值，取 $R_1=1k\Omega$，$R_2=10k\Omega$，$C_1=1\mu F$。

2）时钟脉冲发生器。

产生时钟脉冲的电路也很多。这里选用由 555 定时器构成的多谐振荡器来实现时钟产生功能。其电路及其输出波形如图 8-63 所示。

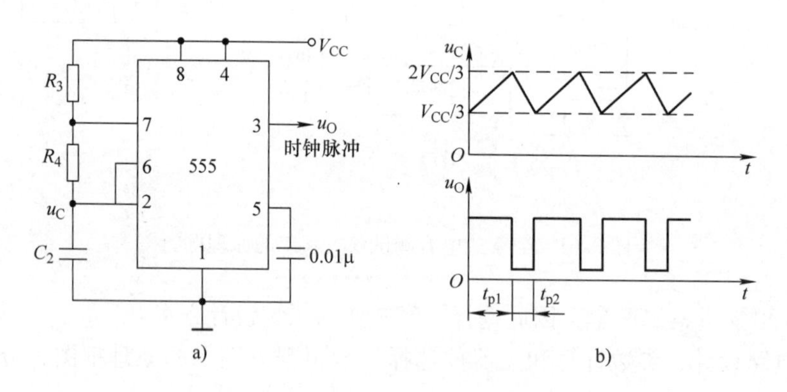

图 8-63　时钟脉冲发生器
a）电路　b）工作波形

振荡波形的周期为

$$T=t_{p1}+t_{p2}\approx0.7(R_3+2R_4)C_2$$

其中 $t_{p1}\approx0.7(R_3+R_4)C_2$，$t_{p2}\approx0.7R_4C_2$。

占空比为

$$q=\frac{t_{p1}}{T}=\frac{R_3+R_4}{R_3+2R_4}$$

因为时钟脉冲周期 $T\approx0.7(R_3+2R_4)C_2$ 是在忽略了 555 定时器 6 脚的输入电流条件下得到的，而实际上 6 脚约有 10μA 的电流流入。因此，为了减小该电流的影响，应使流过 R_3、R_4 的电流最小值大于 10μA。又因为要求 $C_X=999$ μF 时 $T_X=2s$，所以需要时钟脉冲发生器在 2s 内产生 999 脉冲，即时钟脉冲周期应为 $T\approx2ms$，则有：

$$T=t_{p1}+t_{p2}=2ms$$

如果选择占空比 $q=0.6$，即

$$q=\frac{t_{p1}}{T}=0.6$$

由此可求得：

$$t_{p1}=0.6T=0.6\times2ms=1.2ms$$

$$t_{p2}=T-t_{p1}=(2-1.2)ms=0.8ms$$

取 $C_2=0.1\mu F$，则有：

$$R_4=\frac{t_{p2}}{0.7C_2}=\frac{0.8\times10^{-3}}{0.7\times0.1\times10^{-6}}\Omega\approx11.43k\Omega$$

$$R_3=\frac{t_{p1}}{0.7C_2}-R_4=\left(\frac{1.2\times10^{-3}}{0.7\times0.1\times10^{-6}}-11.43\times10^3\right)\Omega\approx5.713k\Omega$$

取标称值为

$$R_3=5.6k\Omega\quad R_4=12k\Omega$$

最后还要根据所选电阻 R_3、R_4 的阻值，核算流过 R_3、R_4 的最小电流是否大于 10μA。从图 8-63a 可以看出，当 C_2 上电压 u_C 达到 V_{CC} 2/3 时，流过 R_3、R_4 的电流最小值为

$$I_{R\min}=\frac{V_{CC}-\frac{2}{3}V_{CC}}{R_3+R_4}=\frac{V_{CC}}{3(R_3+R_4)}=\frac{5}{3\times(5.6+12)\times10^3}A\approx95\mu A$$

振荡周期为

$$T\approx0.7(R_3+2R_4)C_2=0.7\times(5.6+12\times2)\times10^3\times0.1\times10^{-6}s=2.07ms$$

可见所选元器件基本满足设计要求。为了调整振荡周期，R_3 可选用 5.6kΩ 的电位器。

3）计数、锁存、译码和显示电路。

由于计数器的计数范围为 1 ~ 999，因此需采用 3 个二 - 十进制加法计数器。这里选用 3 片 74LS90 级联起来构成所需的计数器。因为 74LS90 的异步清零端为高电平有效，即 $R_{0A}=R_{0B}=1$ 时计数器清零，因此，用控制器输出信号的低电平清零时，必须加一级反相器再接到每个计数器的 R_{0A} 和 R_{0B} 端。

如果将计数器输出直接译码显示，则显示器上显示的数字就会随计数器的状态不停地变化，只有在计数器停止计数时，显示器上显示的数字才能稳定下来，所以需要在计数和译码电路之间设置锁存电路。锁存器选用 3 片 4 位 D 锁存器 74LS75，其工作状态也由控制器控制。注意 74LS75 的锁存端为低电平有效，即 $G_1=G_2=0$ 时，锁存器的输出被锁存在跳变时的状态不变，所以，可直接用控制器输出信号锁存。

译码器选用 3 片 74LS48，直接驱动 3 个共阴极数码管。

图 8-64 所示为 1 位计数、锁存、译码和显示电路。

(4) 绘制整机电路图　根据方案二的原理框图和设计的各部分单元电路，绘制出数字式电

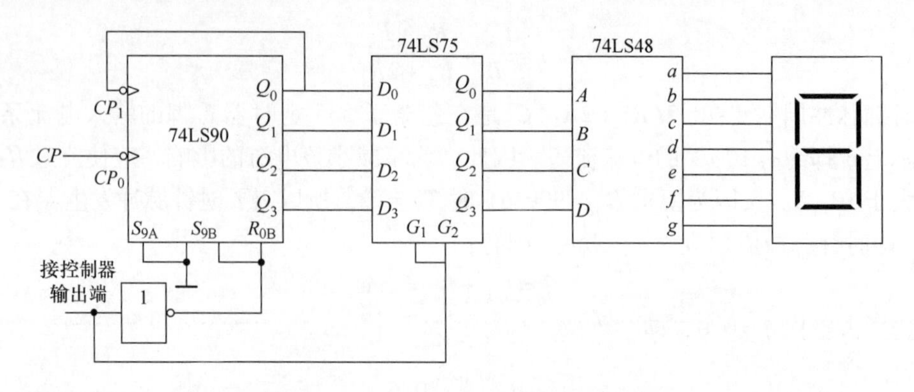

图 8-64　计数、锁存、译码和显示电路

容测试仪的整机电路图，如图 8-65 所示。

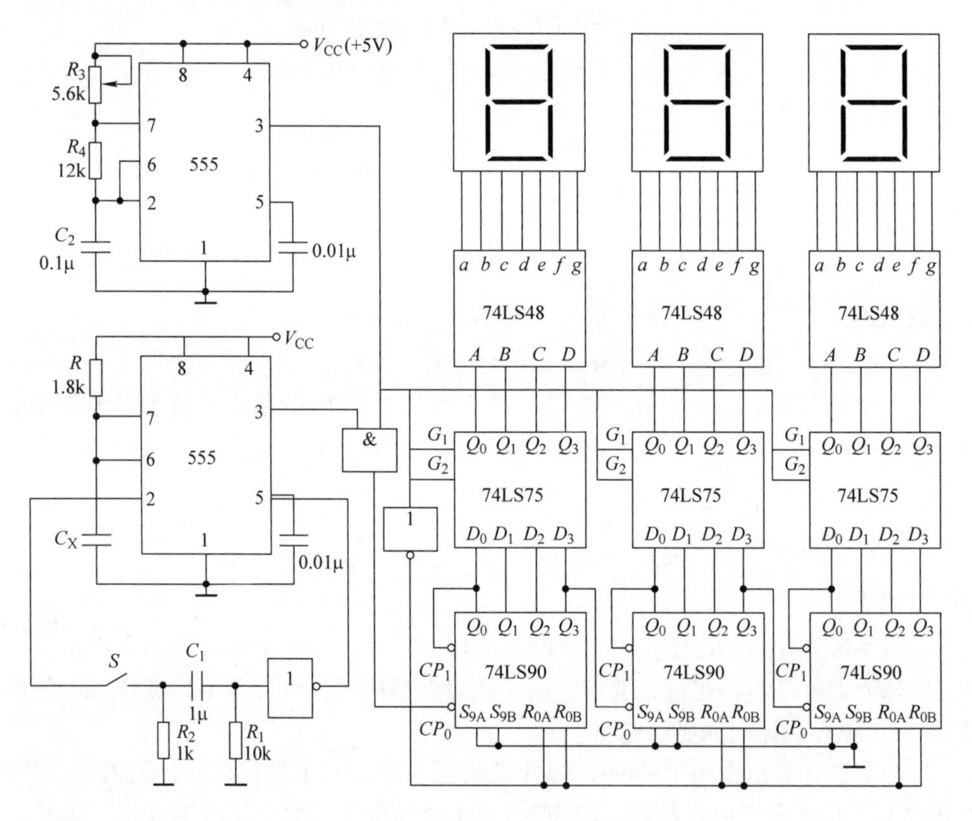

图 8-65　数字式电容测试仪整机电路图

（5）电路的调试要点　按照整机电路图接好电路，检查无误后即可通电调试。计数、锁存、译码和显示电路只要连接正确，一般都能正常工作，不用调整，主要调试时钟脉冲发生器和控制器。

1）调试时钟脉冲发生器，使其振荡频率符合设计要求。用频率计检测电路的输出端，最好用示波器监测波形。调整 R_3 电位器，使输出脉冲频率约为 500Hz，占空比约为 0.6。

2）调试控制器，将一个 100μF 的标准电容接到测试端，按一下开关 S，使单稳态电路产生一个控制脉冲，其脉宽 $T_X = 1.1RC_X$，它控制与门使时钟脉冲通过并开始计数。如果显示器显示的数字不是 100，则说明时钟脉冲的频率仍不符合要求，可以调节 R_3 再重复上述步骤，经多次调整直到符合要求为止。

任务四 测频仪设计与制作的步骤

一、测频仪的组成及原理分析

测频仪组成框图如图 8-66 所示，二位和三位测频仪原理图如图 8-67、图 8-68 所示，它们主要以芯片 NE555 和计数显示译码芯片 CC40110 为核心，实现对输入信号频率的测量，包含四个模块：单稳态 1s 脉冲产生模块、起动复位电路、计数译码及显示模块、输入控制电路模块。

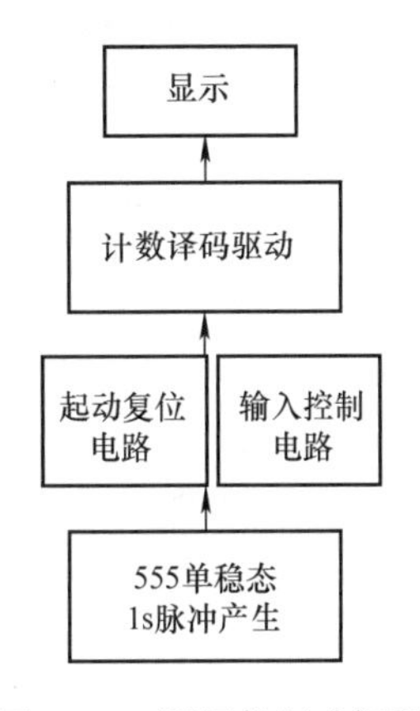

图 8-66 测频仪组成框图

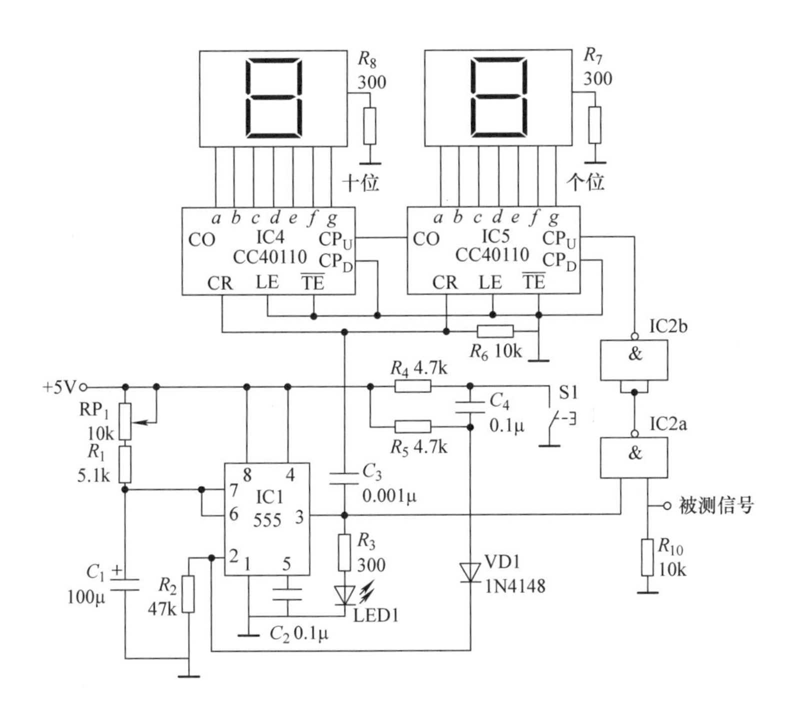

图 8-67 二位测频仪原理图

二、测频仪的工作原理分析

以二位测频仪原理图为例：S1 处于断开时 555 的 2 端为高电压，3 端输出为 0，C_1 通过 7 端放电，其电压为 0，电路处于稳态，当 S1 按下时 2 端电压低于 $V_{CC}/3$，触发使其进入暂稳态，3 端输出高电压，给计数器清零后打开测量门，测量计数开始。此时 7 端对地通道断开，电容 C_1 被充电，当充电到 V_{CC} 2/3 时 3 端输出变为低电压回到稳态，测量结束，显示测量结果。

十进制加减计数译码器芯片 CC40110 的引脚排列如图 8-69 所示。

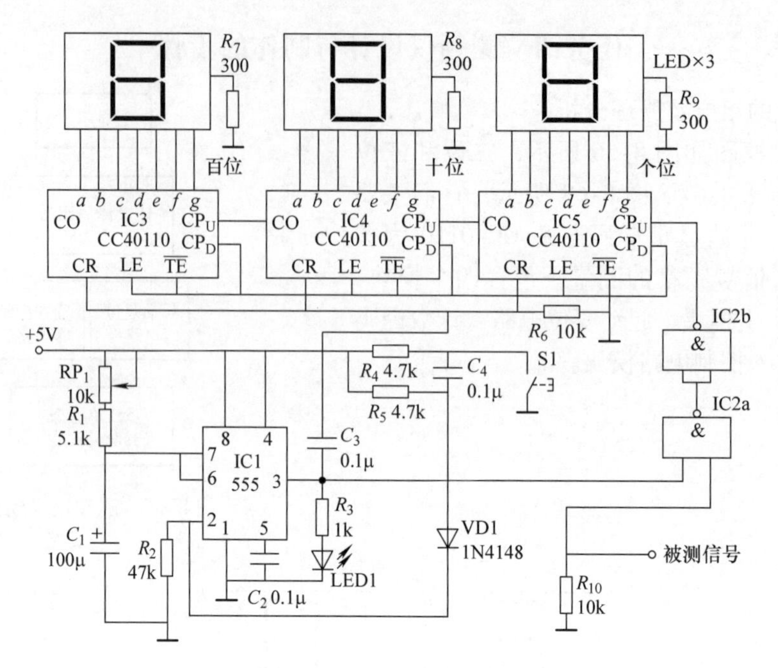

图 8-68　三位测频仪原理图

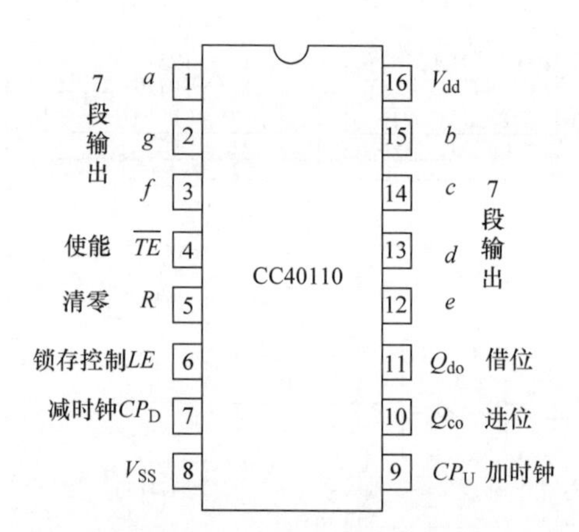

图 8-69　CC40110 引脚排列

三、测频仪的组装

1）元器件的选择与准备。

二位测频仪的元器件清单见表 8-22。领取组装套件后按表清点元器件。

表 8-22　测频仪元器件清单

序号	名称	型号	封装	单位	数量
1	555 定时器	NE555	插件	个	1
2	4-2 输入与非门	74LS00	插件	个	1
3	计数译码器	CD40110	插件	个	2
4	轻触按钮	6.3×6.3	插件	个	1
5	瓷片电容	102	插件	个	1
6	瓷片电容	104	插件	个	2

（续）

序号	名称	型号	封装	单位	数量
7	电解电容	100μF/16V	插件	个	1
8	电位器	10kΩ，RM065 蓝白卧式电位器	插件	个	1
9	电阻	300Ω，1/4W	插件	个	3
10	电阻	10kΩ，1/4W	插件	个	2
11	电阻	4.7kΩ，1/4W	插件	个	2
12	电阻	47kΩ，1/4W	插件	个	1
13	电阻	5.1kΩ，1/4W	插件	个	1
14	二极管	1N4148	插件	个	1
15	发光二极管	$\phi 3$，红色	插件	个	1
16	数码管	一位共阴，0.5in	插件	个	2
17	排针	40 针单排，脚距 2.54mm	插件	个	1

2）元器件测试。按表 8-23 的内容对所列元器件进行测试。

3）安装印制电路板（或万能板）。根据装配图安装印制电路板，印制电路板组件符合 IPC－A－610D 印制板组件可接受性标准的二级产品等级可接收条件。

4）装配完成后，调节电位器，校准本测频仪，要求全量程误差低于 ±5%，并填写表 8-24。

四、工艺文件的完成

1）列出元器件清单。

2）列出工具设备清单。

3）简述电路装调的步骤。

表 8-23　元器件测试

<table>
<tr><td>元器件</td><td colspan="3">识别及检测内容</td></tr>
<tr><td rowspan="2">电阻器</td><td>色环或数码</td><td colspan="2">标称值（含误差）</td></tr>
<tr><td>黄紫黑棕棕</td><td colspan="2"></td></tr>
<tr><td>电容</td><td>104</td><td colspan="2"></td></tr>
<tr><td rowspan="3">发光二极管</td><td>所用仪表</td><td colspan="2">数字表□　指针表□</td></tr>
<tr><td rowspan="2">万用表读数（含单位）</td><td>正测</td><td></td></tr>
<tr><td>反测</td><td></td></tr>
<tr><td rowspan="2">NE555 集成电路</td><td>所用仪表</td><td colspan="2">数字表□　指针表□</td></tr>
<tr><td>1. 在右框中画出 NE555 集成电路的外形图，且标出引脚顺序及名称
2. 列表测量出 NE555 集成电路的电源脚、输出脚对接地脚的电阻值</td><td colspan="2"></td></tr>
</table>

表 8-24　测频仪校正

序号	信号源输出频率/Hz	测频仪测量值/Hz	配分
1	10		2
2	50		2
3	100		2
4	500		2
5	980		2

习　题

1. 试分别写出 *RS* 触发器、*JK* 触发器、*D* 触发器、*T* 触发器、*T'* 触发器的特性方程和特性表。

2. 在如图题 8-1 所示的基本 *RS* 触发器电路中，已知 $\bar{R}_d$ 和 $\bar{S}_d$ 的波形，试画出 Q、$\bar{Q}$ 端的波形。

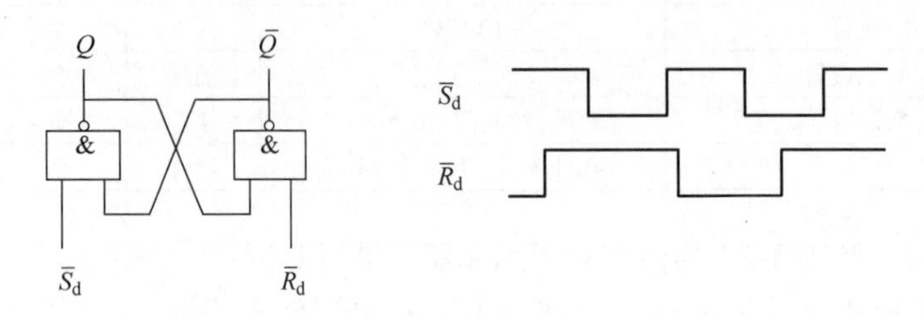

图题 8-1

3. 设一边沿 *JK* 触发器的初始状态为 0，*CP*、*J*、*K* 信号如图题 8-2 所示，试画出触发器 *Q* 端的波形。

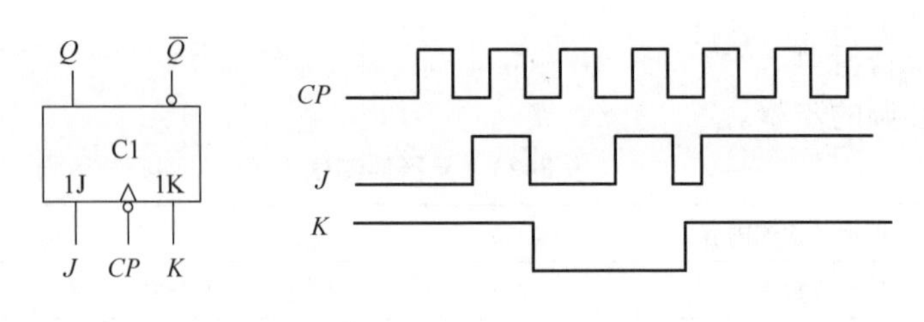

图题 8-2

4. 利用触发器的特性方程写出图题 8-3 中各触发器次态（Q^{n+1}）与现态（Q^n）和 *A*、*B* 之间的逻辑函数式。

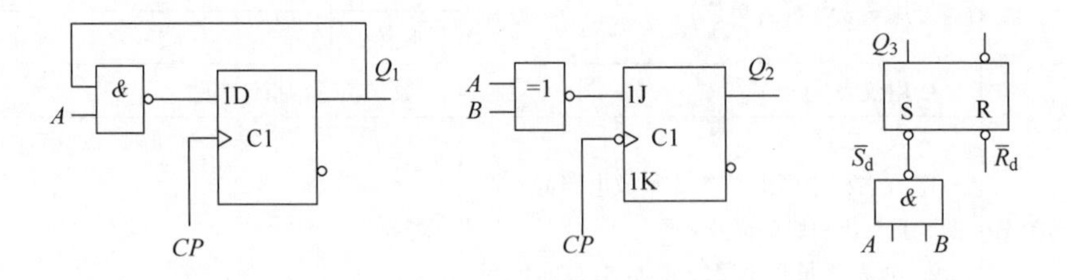

图题 8-3

5. 用 CT74LS72 和**与非**门组成如图题 8-4 所示的“检 1”电路（只要输入在 $CP=1$ 期间为 1，*Q* 端就输出一串持续正向脉冲，每个脉冲宽度为 *CP* 维持低电平的时间），这个电路常用来检测数字系统中按规定时间间隔是否有 1 状态出现。试说明其工作原理（工作过程），画出其工作波形（输入给定周期性方波，其频率低于 *CP* 频率）。有条件者可用实验验证。

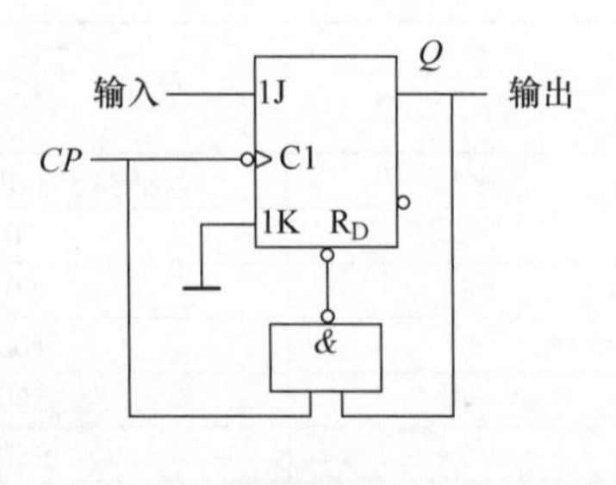

图题 8-4

6. 画出图题 8-5 中各触发器在时钟信号作用下输出端电压的波形。设所有触发器的初始状态皆为 0。

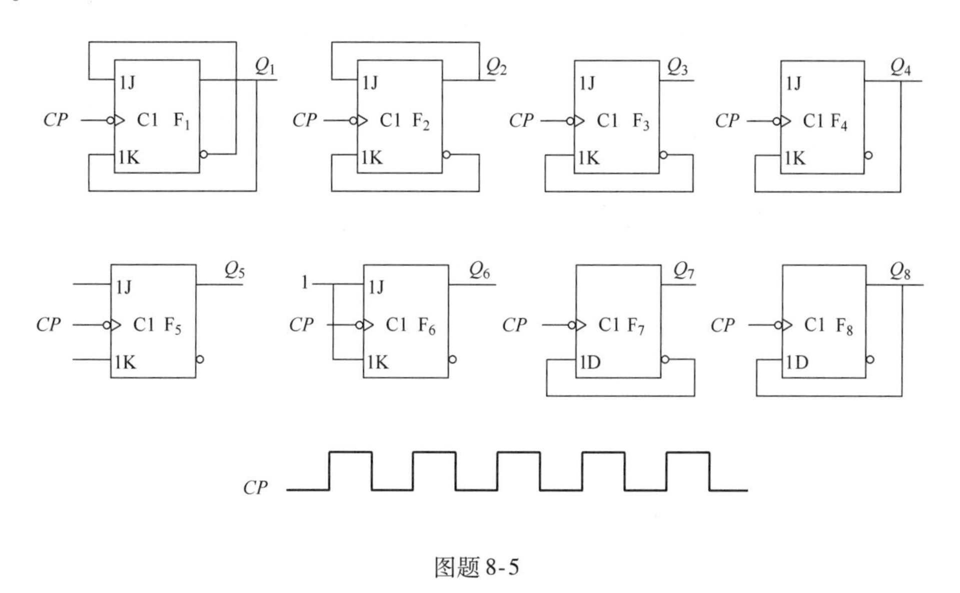

图题 8-5

7. 一逻辑电路如图题 8-6 所示，试画出在 CP 作用下，Φ_0、Φ_1、Φ_2、Φ_3的波形。

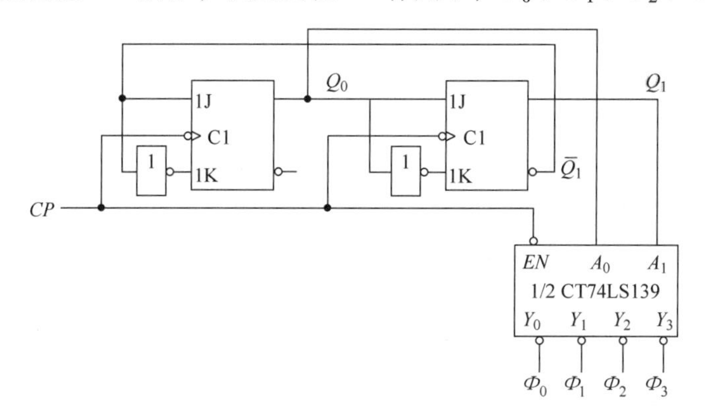

图题 8-6

8. 分析如图题 8-7 所示时序电路的逻辑功能，写出电路的驱动方程、状态方程和输出方程，画出状态转换图和时序图，并简要说明电路的逻辑功能。

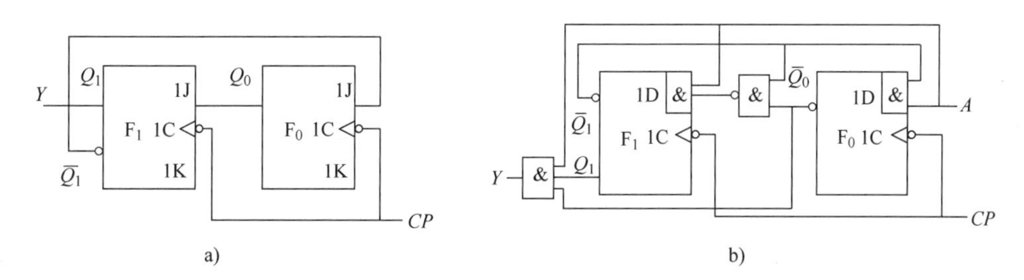

图题 8-7

9. 试用边沿 JK 触发器和门电路设计一个按自然态序进行计数的七进制同步加法计数器。

10. 分析图题 8-8 所示各电路，画出状态图和时序图，指出各是何种进制计数器。

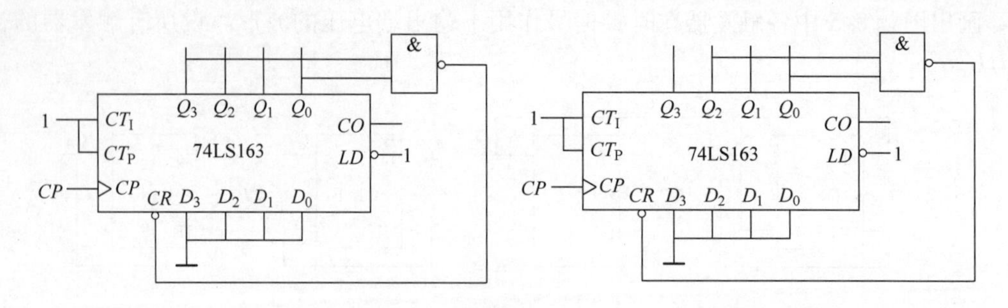

图题 8-8

11. 试分析如图题 8-9 所示逻辑电路为几进制计数器，画出各触发器输出端的波形图。

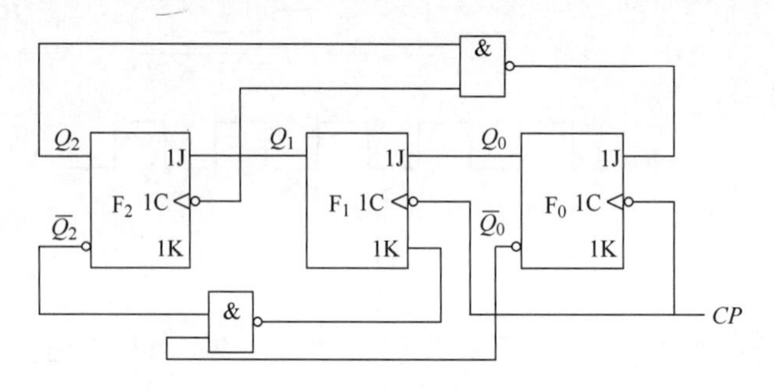

图题 8-9

12. 分别画出利用下列方法构成的五进制计数器的连线图。

1）利用 74LS161 的异步清零功能。

2）利用 74LS163 的同步清零功能。

3）利用 74LS161 或 74LS163 的同步置数功能。